U0177783

Blooming under the microscope

镜待花开

奇妙的植物微观世界

洪亚平 ◎ 著

中国农业出版社
北　京

图书在版编目（CIP）数据

镜待花开 奇妙的植物微观世界 / 洪亚平著. —北京：中国农业出版社，2021.9
ISBN 978-7-109-27384-9

Ⅰ. ①镜… Ⅱ. ①洪… Ⅲ. ①植物－普及读物 Ⅳ. ①Q94-49

中国版本图书馆CIP数据核字（2020）第185720号

中国农业出版社出版
地址：北京市朝阳区麦子店街18号楼
邮编：100125
责任编辑：国 圆 孟令洋 文字编辑：谢志新 郭 科
版式设计：杜 然 责任校对：吴丽婷
印刷：北京中科印刷有限公司
版次：2021年9月第1版
印次：2021年9月北京第1次印刷
发行：新华书店北京发行所
开本：787mm × 1092mm 1/16
印张：21
字数：500千字
定价：188.00元

前言

本书是在前著《花的精细解剖和结构观察新方法及应用》的基础上，进一步补充完善花的显微解剖方法，同时又选择了一些种类对其花显微解剖照片进行展示和标注，以便读者及爱好者能更全面、灵活地掌握花的显微解剖方法。

利用新的花显微解剖技术，不仅能生动地显示花的内在结构特征，还能使解剖者和读者从中获得新知。例如，拳卷胚珠，在《植物学》或《植物生物学》教科书中，几乎都是只有文字描述和简笔画示意，难以见到真实的照片。拳卷胚珠到底长什么样？在子房中又是怎样着生的？通过对仙人球花的解剖，不仅能观察到拳卷胚珠的样子、在子房中的着生方式和胚珠的结构，还能发现前人对拳卷胚珠的描述并不全面。还有，在《植物学》《植物分类学》教科书中，葫芦科的花都被描述成单性花，其3个雄蕊中有2个雄蕊具2个药室，1个雄蕊只有1个药室，但是通过对小马泡和钮子瓜花的解剖，就会发现葫芦科花的特征与教科书中的描述并不相符。另外，通过对金丝桃花的解剖，会发现即使像《中国植物志》和《Flora of China》这样的植物分类学专著也存在对花特征描述的不准确性。

花的显微解剖研究不输其他学科的研究，要想做好绝非易事。笔者所提出的花显微解剖技术包含了3项国家发明专利和1项正在申请的国家发明专利，该技术耗时13年才得以完善，经历过无项目和经费资助、年终科研考核不合格、所获得的成果被排斥在晋升之外等诸多困难。笔者之所以能够坚持下来，一是因为花显微解剖领域是一块巨大的处女地，但是这块处女地却因耗时、费力、出不了“高档次”论文而少有人耕耘。到目前为止，人类都没能积累出一套完整的、全球或地区性的花显微解剖彩色图库来，这也是一些植物学专著会出现错误的原因之一。二是因为要获得一张完美的花显微解剖照片并非一件易事，需要投入时间、精力和智慧。花的显微解剖过程充满了难题，但在解剖花的过程中又会产生很多灵感，使一些困难迎刃而解。“因难见巧”是笔者自创的用于激励自己的座右铭。三是因为花显微解剖技术及研究结果有实用价值和推广意义，可广泛应用于科研、教学和科普工作中。笔者曾指导学生参加了2018年“首届河南省大学生生命科学竞赛”和2019年“第二届河南省大学生生命科学竞赛”，连续两次获得了二等奖，通过花显微解剖技术的训练、使用和竞赛，学生们的兴趣和潜能等都被激发出来，尤其是2018年参赛的5名学生，有4人考上了研究生。希望更多有抱负的学生和爱好者能够加入到花显微解剖领域中来，不畏艰难，耕耘于斯，收获于斯，最终积累出一套中国植物的花显微解剖彩色图库。到那时，就会激发更多人，特别是孩子们，去探究花的微观结构奥秘。

本书的内容研究及出版虽然未获得任何项目资助，但却得到了一些朋友和学生们的支持与帮助。中国农业出版社为本书的早日出版做了大量的工作，河南科技大学农学院的唐铭欣、王唤唤、孙志伟和孙嘉繁将2019年参加“第二届河南省大学生生命科学竞赛”并获二等奖的部分参赛项目照片提供给本书使用，笔者在此对他（她）们表示衷心的感谢。同时，要感谢复旦大学已故的钟扬教授和中国科学院植物研究所的陈之端研究员二位导师以及中国科学院植物研究所原所长路安民对笔者的培养和引路。也感谢我的已故父亲洪增彦和母亲陈喜荣，他们在笔者数十年既无项目和经费支持又得不到认可时，鼓励和支持着我，并用他们省吃俭用节省下来的钱资助本书出版，从而使笔者能够专心于花解剖并提出花的显微解剖新方法。

由于笔者的业务水平和物质条件有限，本书还存在着很多不足之处，敬请读者能够谅解，并给予批评指正。

著　者

2021年6月28日

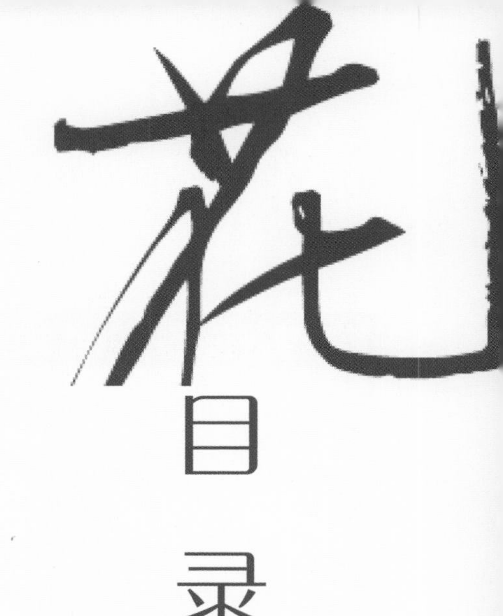

目录

第二章　花的显微解剖

第一章 花的显微解剖方法

花的显微解剖，是指借助解剖镜（又称实体显微镜或体视显微镜）或显微镜对花材料放大后所做的观察和解剖，目前也可称为“花的精细解剖”。但是一些植物学家并不认同目前流行于植物学界的“精细解剖”概念，故在这里以“花的显微解剖”称之。

花的显微解剖所用的工具主要有解剖镜、显微镜、尖镊、解剖针、尖剪、胶块、单面刀片（或小号裁纸刀）和标尺等（图1-1）。花显微解剖所用的尖镊越尖越细，用起来越方便。解剖针是由刺血针装入雕刻刀的刀柄中制作。解剖针的塑料管帽，一端用胶块封堵，使用时直接将解剖针插入塑料管帽中即可。解剖用的尖剪需用细磨石将剪尖磨得尖细。标尺可用普通的透明尺子制作，也可用条形码标签自制小标尺。制作时，需在解剖镜下找出线宽为1mm的2条线，然后用尖剪将其剪下，就可制成一个宽为1mm的小标尺（也可用刻度尺贴纸制作）。单面刀片最好使用锋利的新刀片。如果没有单面刀片，可用小号裁纸刀替代。黑纸板用于制作花解剖照片的黑色背景。花显微解剖所用的胶块可以是水洗口香糖获得的胶块，也可以是其他类似的胶块。新洗出的口香糖胶块（新胶块）色白、软，并且黏性较大。在使用的过程中，口香糖胶块会变黑、发硬，同时黏性变小（旧胶块）。在进行花解剖时，可根据需要选用不同黏性的新、旧胶块（或其他胶块）。

第一节　金丝桃花的显微解剖方法

金丝桃（*Hypericum monogynum* Linn.）为藤黄科（Guttiferae）金丝桃属植物。由于现有的植物志对金丝桃（属）子房结构的描述存在不准确，而且同属相近类群的精细解剖也不够精细，子房横切片的研究结果同样容易使人产生不正确的认识，故在这里以金丝桃花为例，介绍花的显微解剖方法并说明该花的真实结构。

一、一些非花性状的观察

对花之外的一些非花性状进行观察，既可用于植物种类的鉴定，又可用于全面了解植

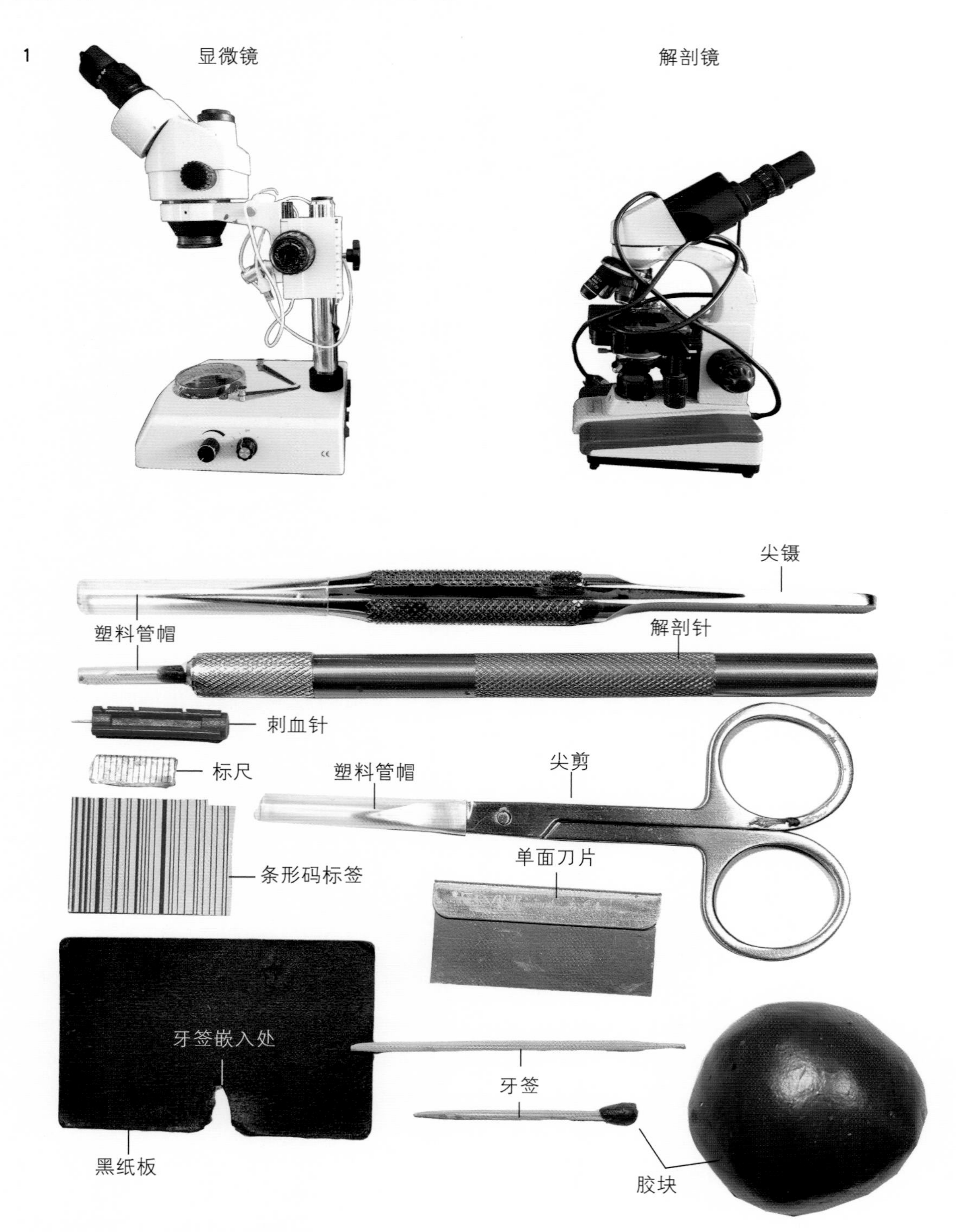

图1-1 花显微解剖所需的主要工具

物的特征。这些非花性状的观察及解剖，可在花显微解剖的前后根据需要选做。

在野外可直接用手机（或相机）对着植株、枝、叶、花序、花和果实等进行拍照（图1-2至图1-4）。

在室内观察时，需将枝条和叶片先固定在牙签顶端的小胶块上，再将牙签下端插在解剖镜的玻璃工作盘上较大的旧胶块中，然后不用解剖镜或经解剖镜放大后即可进行观察并使用手机等进行照相（图1-5至图1-12）。还可使用显微镜对叶片内的腺体进行放大观察和照相（图1-13）。由于花材料使用解剖镜的反射光照明、混合光照明和暗视野照明时，观察结果存在色彩和透明度等差异，可取长补短，结合起来使用（图1-5至图1-7）。

金丝桃的观察材料来自河南省洛阳市某小区和河南科技大学校园内，前者的照片拍摄于2015年5月3日和2020年7月28日，后者的照片拍摄于2018年5月29日和2019年11月28日。

图1-2　花期的植株（2018年）

金丝桃为灌木，叶对生，花序生于枝的顶端，由顶芽发育而成。

图1-3　花序中1朵正在开放的花（2018年）

图1-4 枝条上叶的排列方式（2019年）

枝条的每个节上都生有2片对生的叶，它们与相邻节上对生的叶成交互对生（约呈90°夹角）。若由枝条的顶端往下方看，枝条上的叶片大致排列成4列。

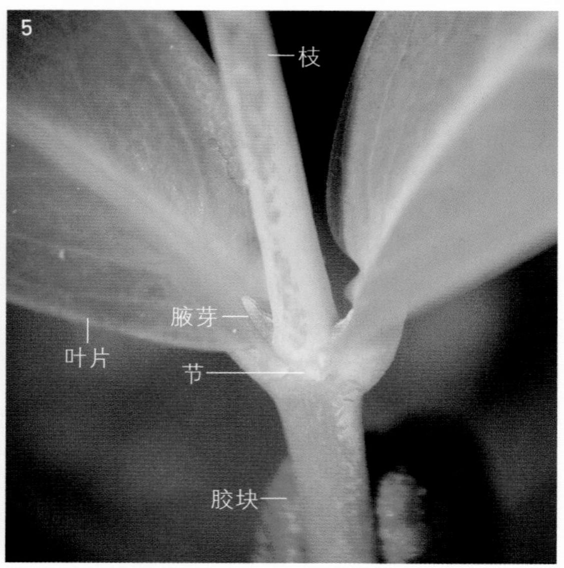

图1-5 枝条的1个节处（2015年）

节上的2片叶对生，在每片叶的叶腋内都有1个腋芽（也称“侧芽”）。

图1-6 图1-5的混合光观察（2015年）

图1-7 图1-5的暗视野观察（2015年）

图1-8　将1片叶粘在牙签顶端的胶块上进行观察（叶片的上面观/腹面观/近轴面观，2020年）

叶呈披针形，无叶柄，叶缘无锯齿（全缘叶），叶基楔形，叶片上可见叶脉（叶片内的维管束）。叶片上标尺的格值为1mm。

图1-9　叶片的部分放大（上面观，2020年）

叶片的表面光滑，无表皮毛。

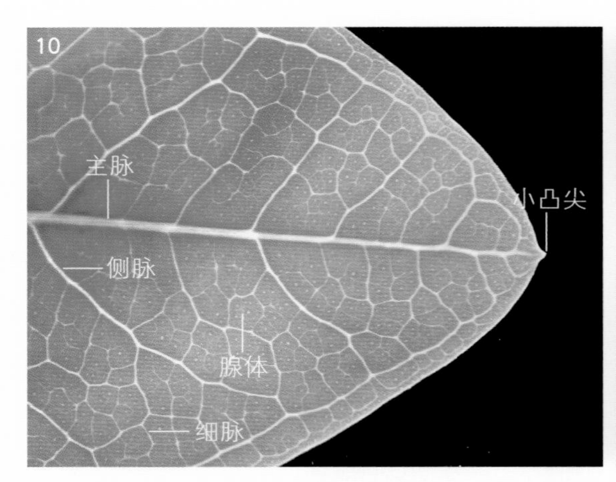

图1-10 叶片上端的放大（暗视野观察，2020年）

叶片的顶端有小凸尖，脉序为网状脉，其叶脉（主脉、侧脉及其分支所形成的细脉）相连成网状。叶片内还散生着一些小而透明、点状的腺体。

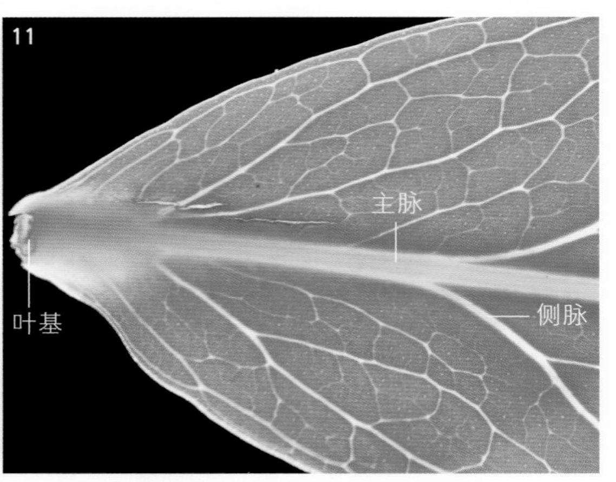

图1-11 叶基的放大（暗视野观察，2020年）

叶基楔形，无叶柄。

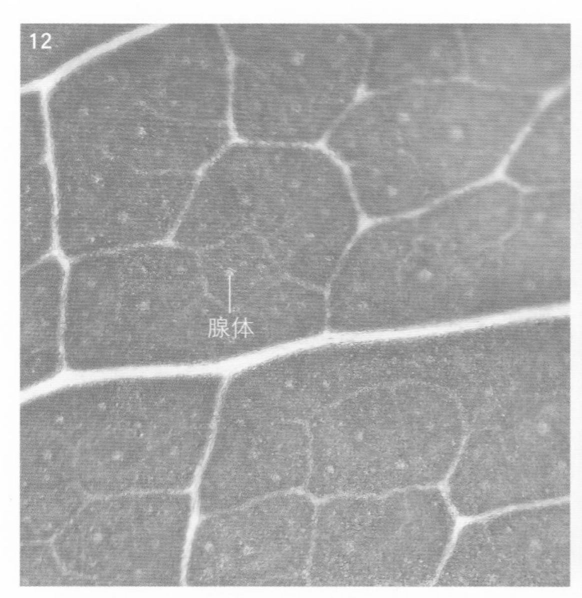

图1-12 叶片表面的部分放大，示叶片内的腺体（2020年）

腺体呈点状，透明。

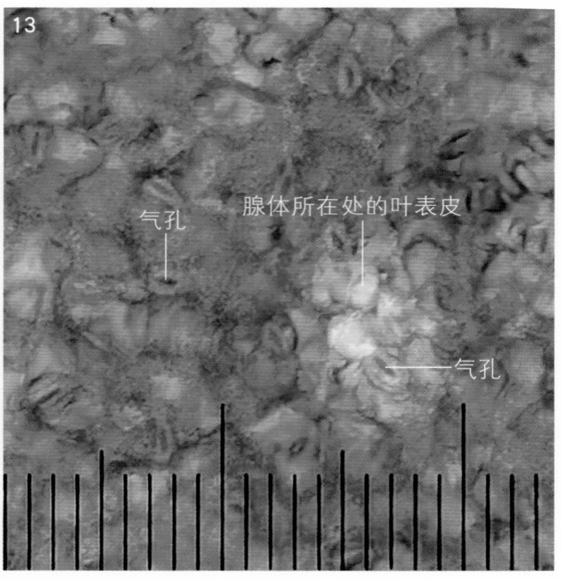

图1-13 叶片表面的进一步放大，示叶片内的腺体（叶片的下面观/背面观/远轴面观，2020年）

腺体所在处的叶片较透明，但经显微镜放大后其边界变得模糊。在叶片的下表皮上，还可见散生的气孔。图中目镜测微尺的格值为0.01mm（显微镜的物镜和目镜的放大倍数均为10×，照相时使用手机进行适当地放大）。

二、花的观察和解剖

1. 花蕾的观察和解剖

对未成熟的花蕾进行观察和解剖可加深对成熟花的了解和认识，这部分内容可根据需要选做。

观察花序时，将花枝用胶块固定后，由于花序较大，无法用解剖镜对花序进行整体照相，可用手机对花序直接进行拍照（图1-14，图1-15）。将花蕾摘下，固定在牙签顶端的胶块上，再用解剖镜进行观察和照相（图1-16）。在解剖时，将花蕾粘在玻璃工作盘上方的旧胶块上，经过解剖镜适当放大后，用解剖针依次由外向内将萼片、花瓣、雄蕊束除去。剥掉的花各部及剥去花各部后的花蕾都要进行观察和照相（图1-17至图1-43）。花蕾的切片、子房的解剖和纵切片也都是借助解剖镜对花材料进行放大，然后在胶块上进行解剖和切片（图1-44至图1-48）。若想观察花瓣的排列方式，可用单面刀片在胶块上对花瓣未展开的花蕾进行横切制片（图1-21），然后将它们转移到载玻片上的水液中制成临时水装片，不盖盖玻片就可在显微镜或解剖镜下观察花瓣的排列方式。

花蕾材料采自河南省洛阳市某小区，于2015年5月3日进行观察和解剖。

图1-14　花枝顶端的花序

金丝桃的花序为二歧聚伞花序。

图1-15 对花序进行不同角度的观察

图中右侧的二级分枝花序梗顶端，左侧的腋芽已发育成一个三级分枝，而右侧苞片腋内的腋芽未开始发育，是休眠芽。三级分枝的顶生花的花柄下方有2个对生的苞片，每个苞片腋内应有1个休眠芽。在植物分类学术语中，将那些生于花梗（花柄）上的苞片称为小苞片，可能是由于未观察到小苞片腋内还有休眠芽所致。图中花序中，部分苞片已脱落（早落）。

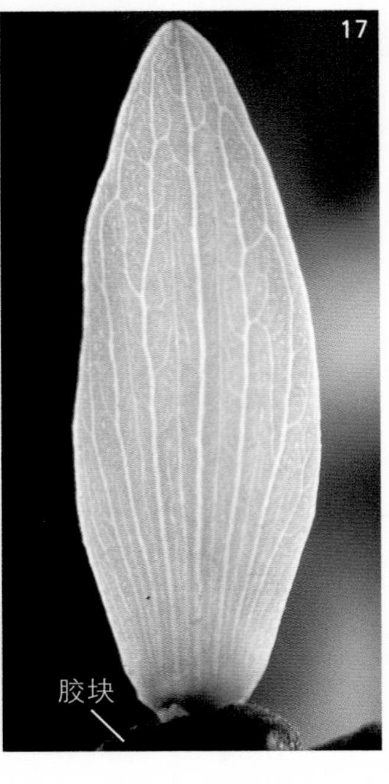

图1-16 花蕾的侧面观

花蕾的萼片未张开，非二级分枝的顶生花蕾。

图1-17 将摘下的萼片粘在胶块的边缘进行暗视野观察

萼片的脉序与叶片的脉序不同。

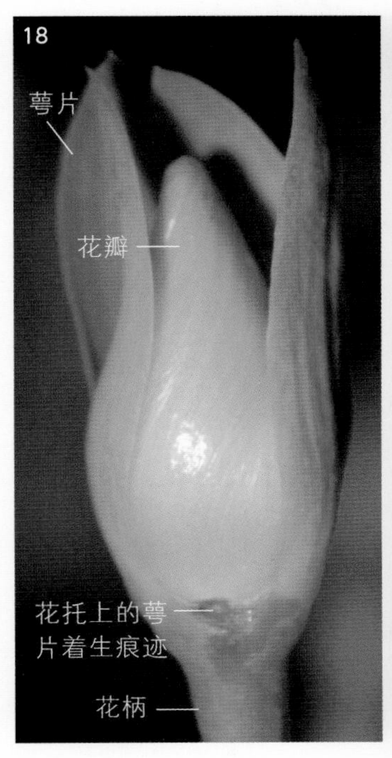

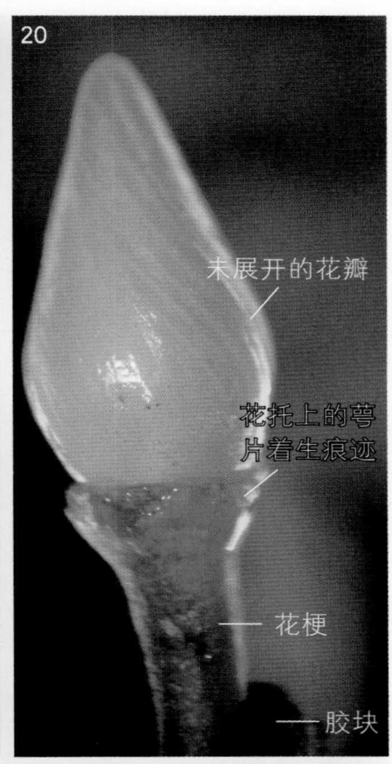

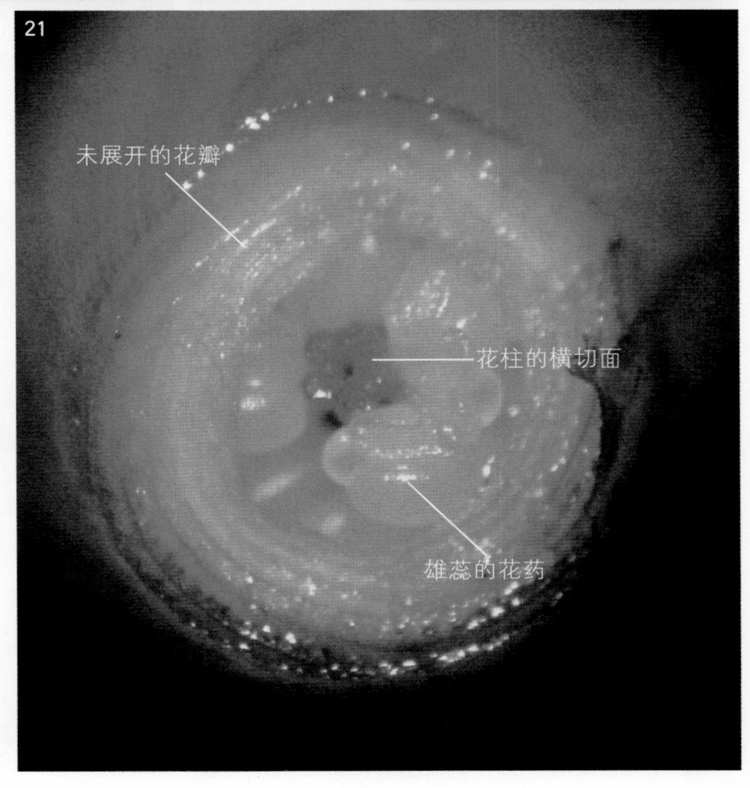

图1-18　摘下1片萼片后，花蕾的侧面观

萼片内有卷叠在一起、未展开的花瓣。

图1-19　图1-18的混合光（照明）观察照片和暗视野（照明）观察照片的堆叠处理结果

图1-20　摘下萼片并将花柄粘在胶块上之后，花蕾的侧面观

图1-21　将花蕾的上部横切掉一部分之后，花蕾的上面观

从横断面上看，5片花瓣卷叠在一起。

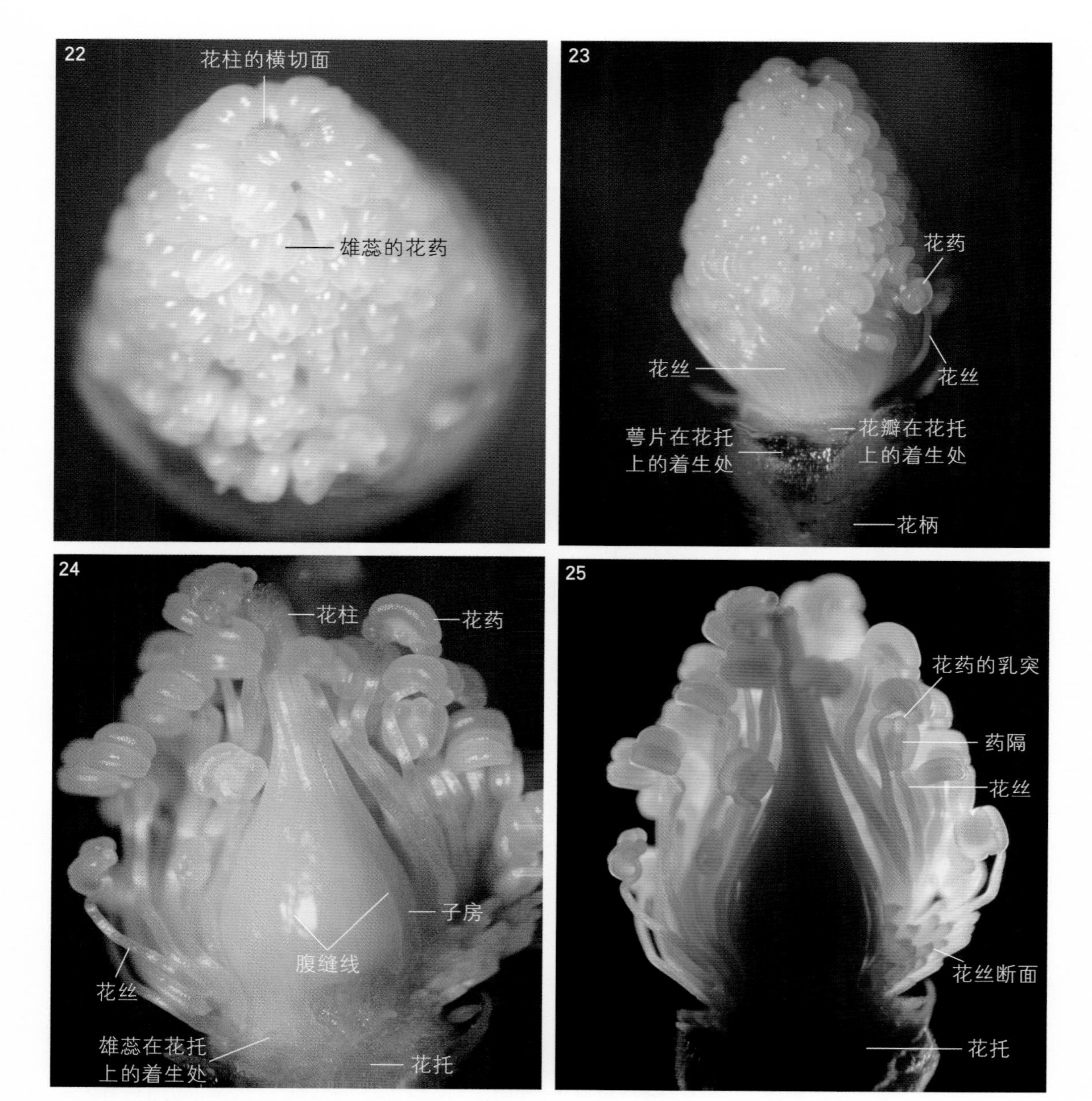

图1-22 将花蕾的花瓣除去后，花蕊的近上面观

图1-23 花蕊的侧面观

图1-24 将部分雄蕊除去后，花蕊的侧面观

图1-25 图1-24的暗视野观察

雄蕊由花药和花丝两部分组成，花药的每一侧有2个花粉囊，与两侧花粉囊相连的部分为药隔。花丝的顶端就着生在花药远轴面靠近中部的药隔上，为“丁”字形着药，药隔的上端形成乳突（《中国植物志》仅描述金丝桃属“药隔上有腺体”，但无图示）

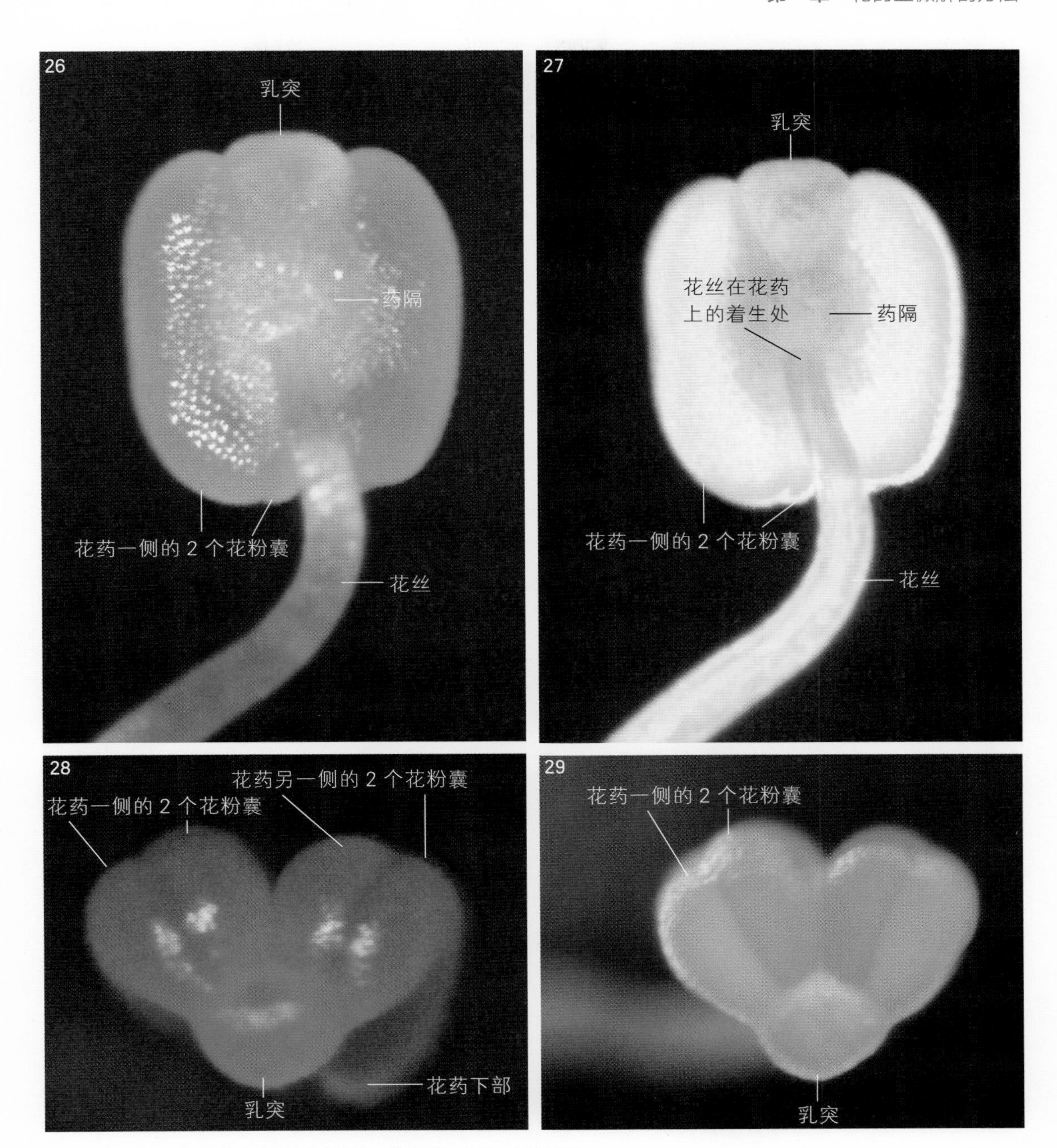

图1-26 花丝在花药上的着生位置（花药的下面，远轴面）

图1-27 图1-26的暗视野观察（丁字形着药）

图1-28 花药上部的上面观（近轴面）

图1-29 图1-28的暗视野观察

花药的药隔两侧都有2个界限分明的花粉囊。

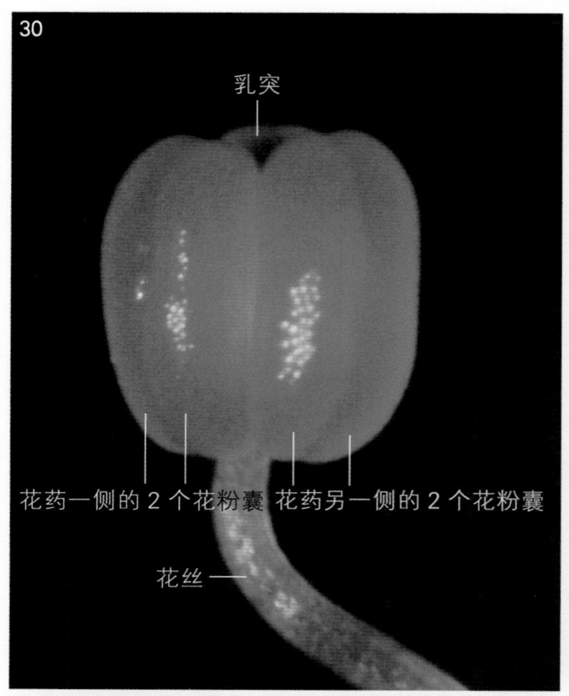

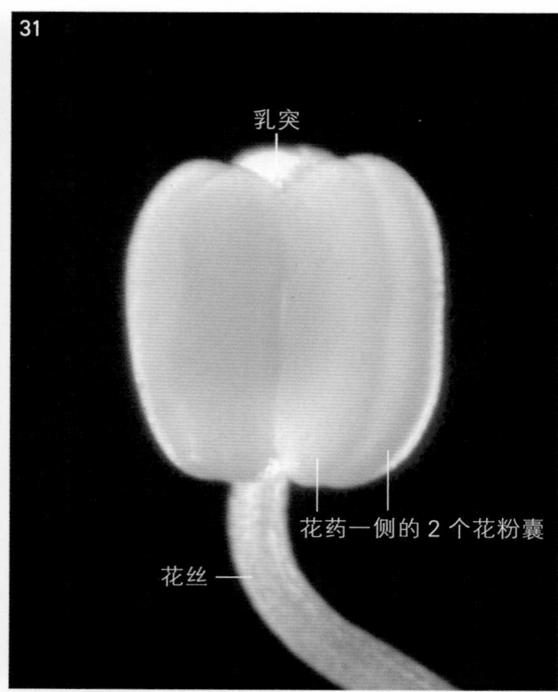

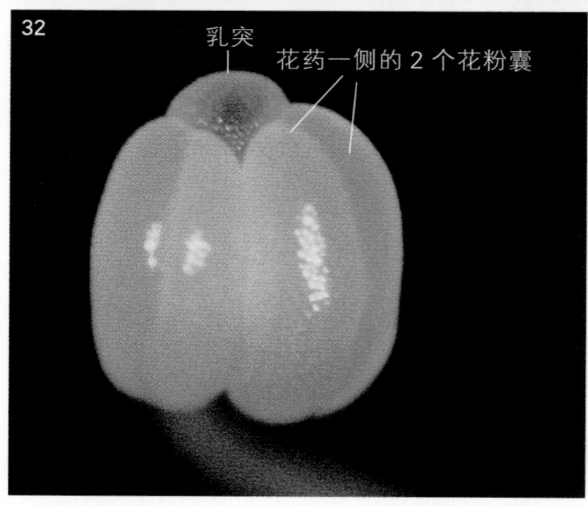

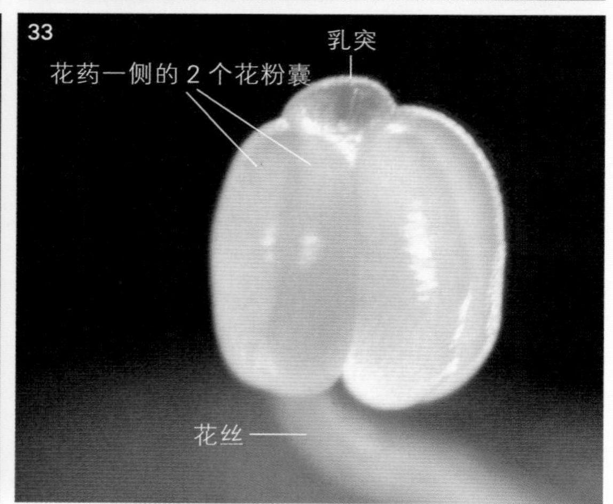

图1-30 花药的外露面（花药的内面，近轴面）

花药每一侧的2个花粉囊界限分明。

图1-31 图1-32的暗视野观察

图1-32 花药的不同角度观察

由于花丝未在聚焦面上，因此其图像模糊。

图1-33 图1-32的混合光观察

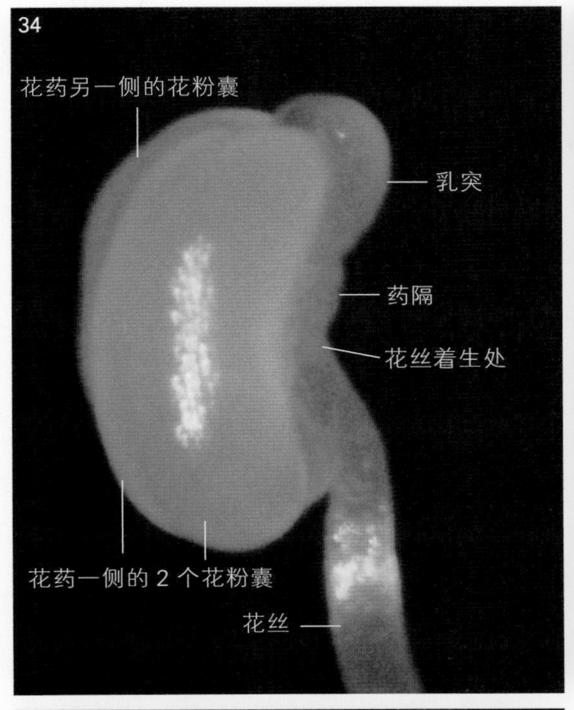

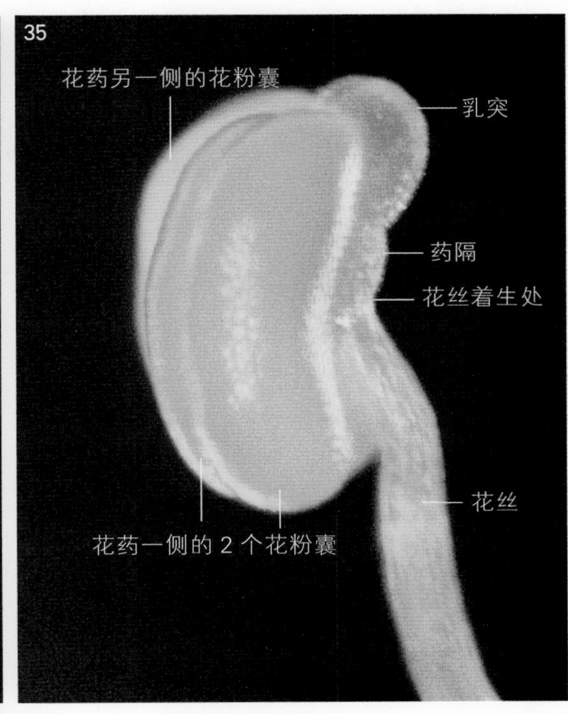

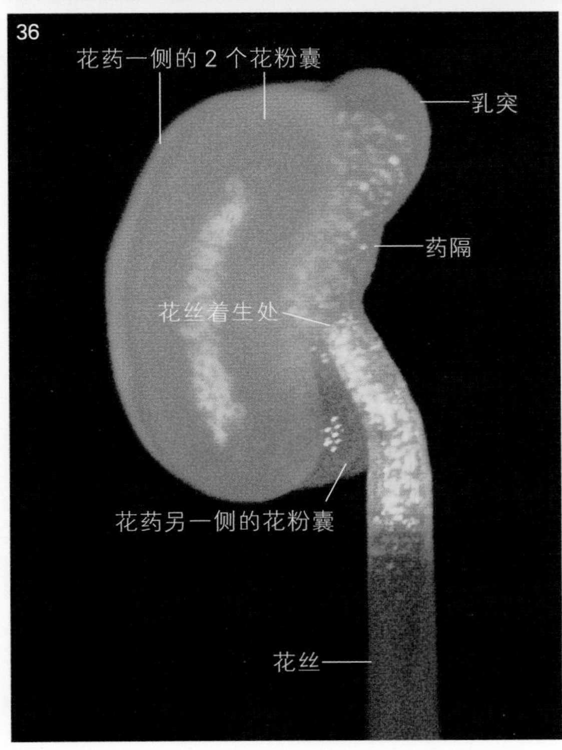

图1-34　花药的侧面观
图1-35　图1-34的混合光观察
图1-36　花药的不同角度观察
　　此角度能较容易地观察到花丝在花药上的着生位置（丁字形着药）。

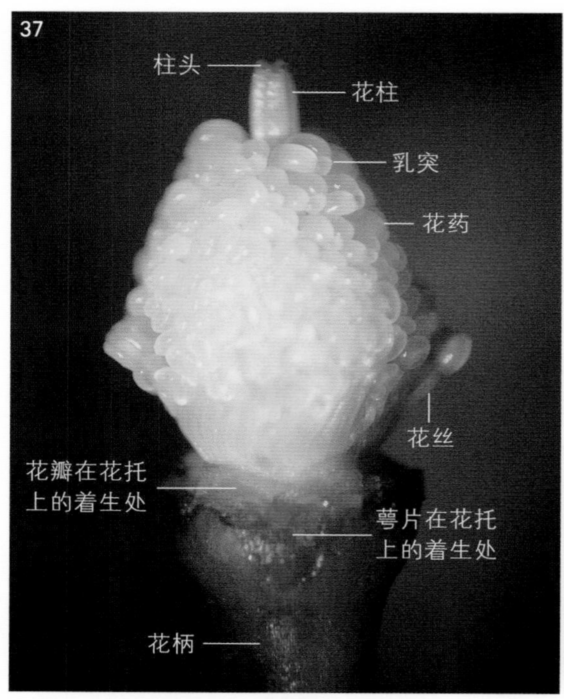

图1-37 除去萼片和花瓣后，花蕊的侧面观

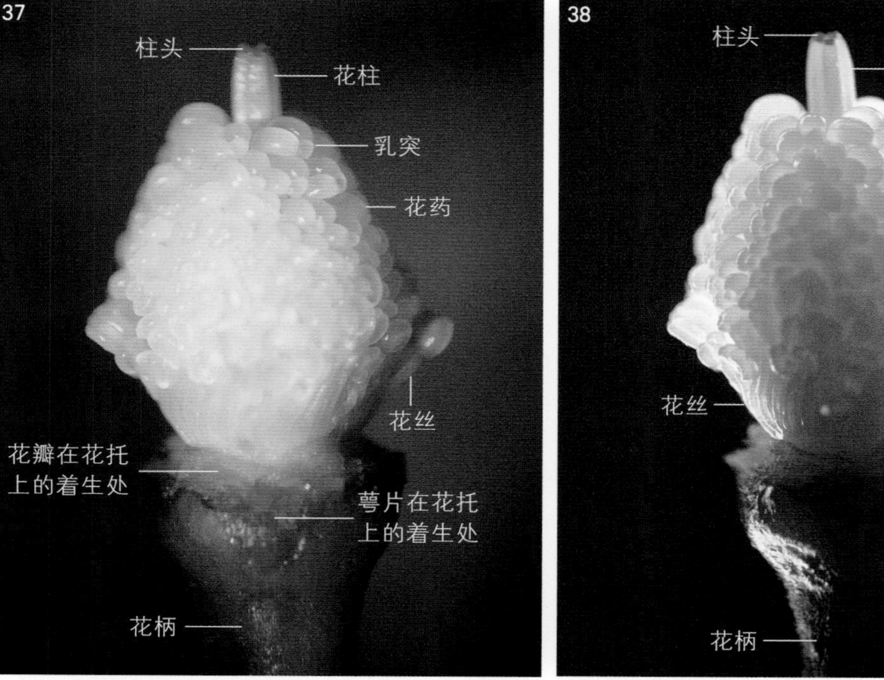

图1-38 图1-37的暗视野观察

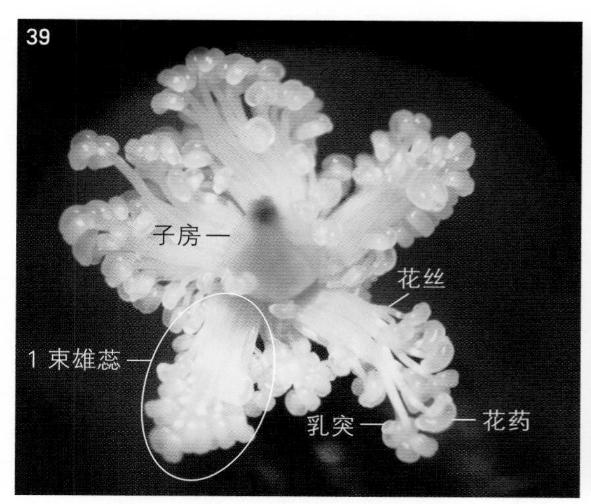

图1-39 除去萼片和花瓣并将雄蕊束展开后，示雄蕊分为5束的花蕊

当花内的雄蕊分为5束及以上时，通常将雄蕊称为“多体雄蕊”，这里也可将其称为“五体雄蕊”。

图1-40 图1-39的暗视野观察

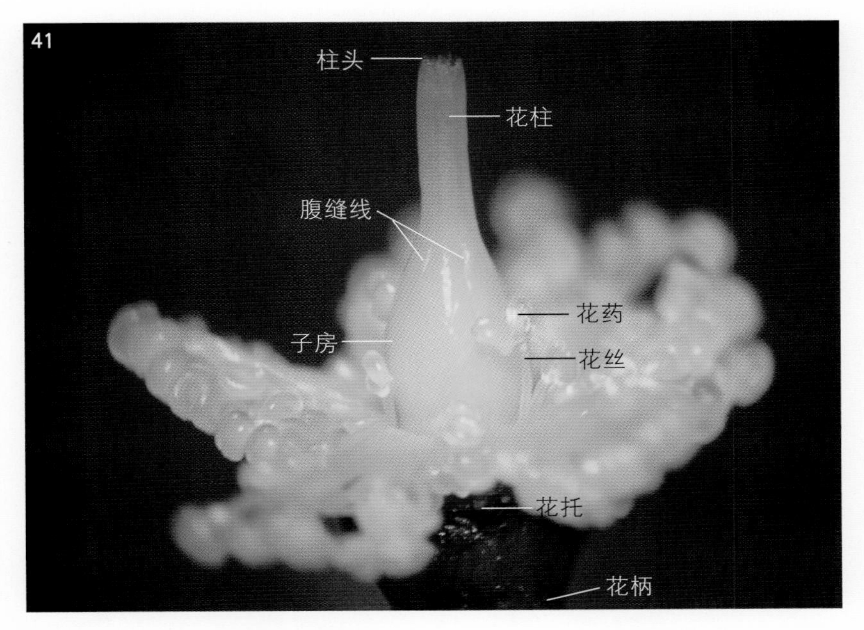

图1-41　图1-39花蕊的侧面观

子房表面可见2条腹缝线凹陷痕迹（共5条）。

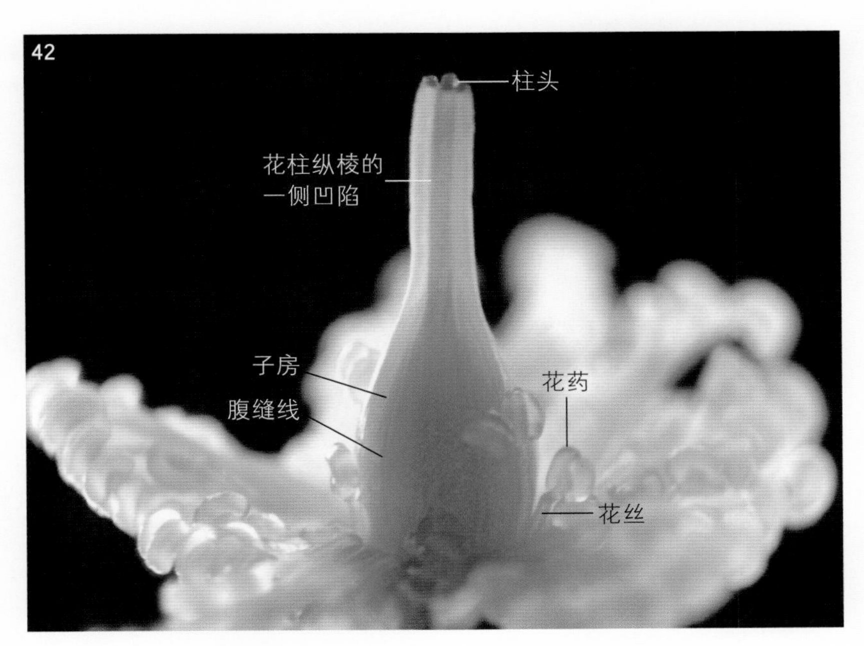

图1-42　图1-41雌蕊的暗视野观察

子房表面的腹缝线与花柱纵棱两侧的凹陷相连，即纵棱两侧的凹陷是花柱腹缝线所在的位置。

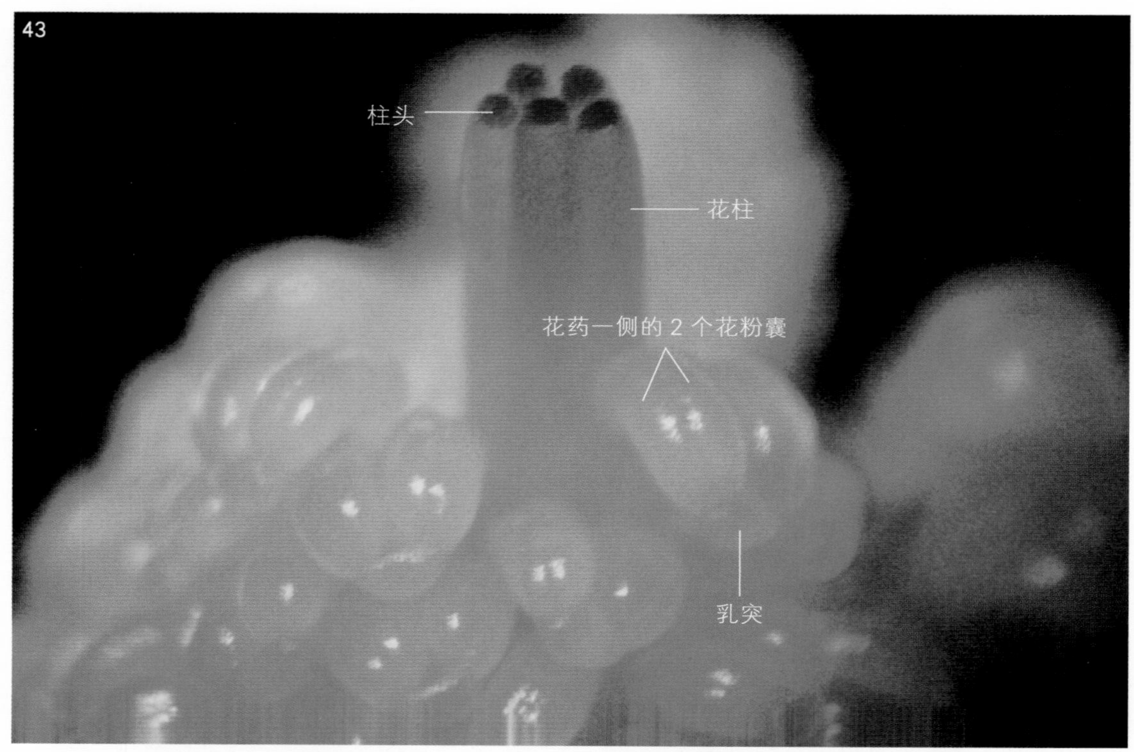

图1-43 花柱的上端及柱头的放大

花柱有5个纵棱，5个离生的花柱上端并列在一起，似合生；花柱末端的5个柱头红色，离生，较小。

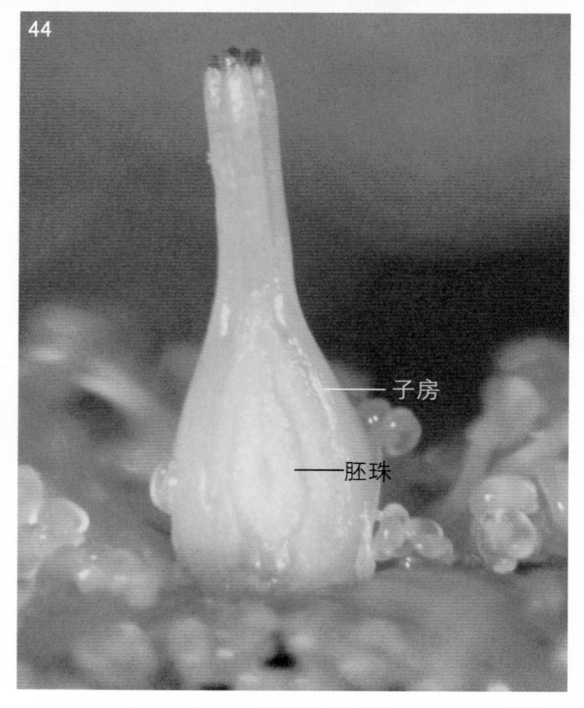

图1-44 除去部分子房壁后，示子房室内胚珠的着生情况

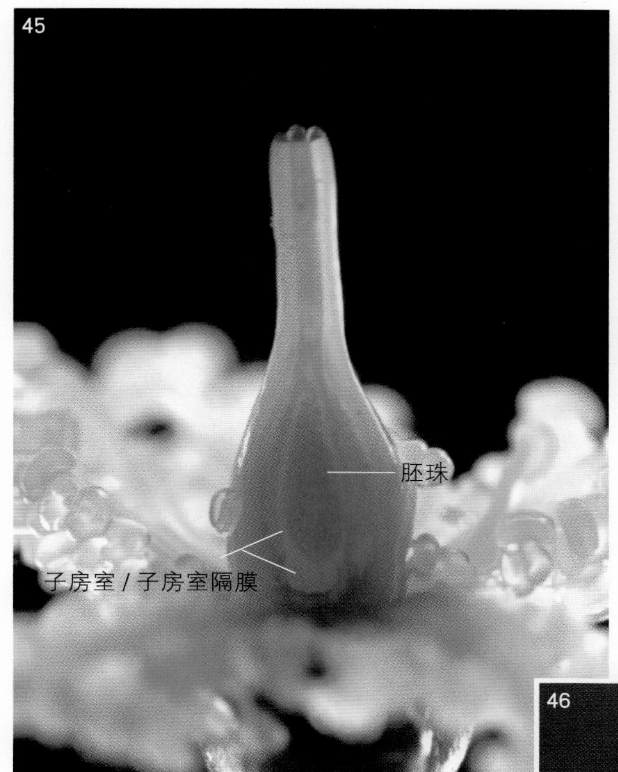

图1-45　雌蕊的暗视野观察

胚珠位于由子房内壁和子房室隔膜分隔而成的空间内，即子房室中。图中的“子房室/子房室隔膜”，既指由子房内壁和子房室隔膜分隔而成空间（子房室），又指所看到的子房室隔膜。

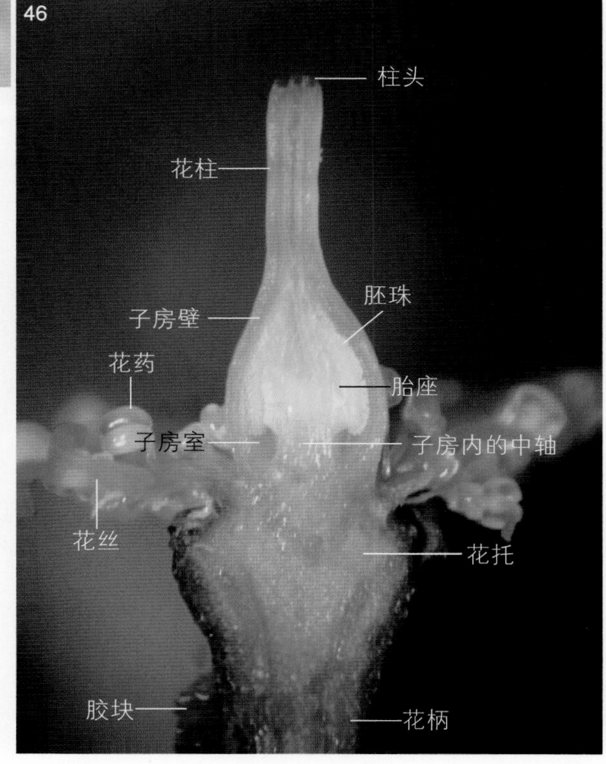

图1-46　除去萼片和花瓣后，花的1个纵切面

图中，可将花柄和花托看成是一个变态枝条，花柄上端有节，节间极度缩短的位置即花托，在花托的节上依次着生萼片、花瓣、雄蕊和雌蕊（图中只标注出花托的一点，未标注其所包含的范围）。雌蕊的子房着生在花托的最顶端，为子房上位，因萼片、花瓣和雄蕊束在花托上的着生位置低于子房，所以称花为下位花。

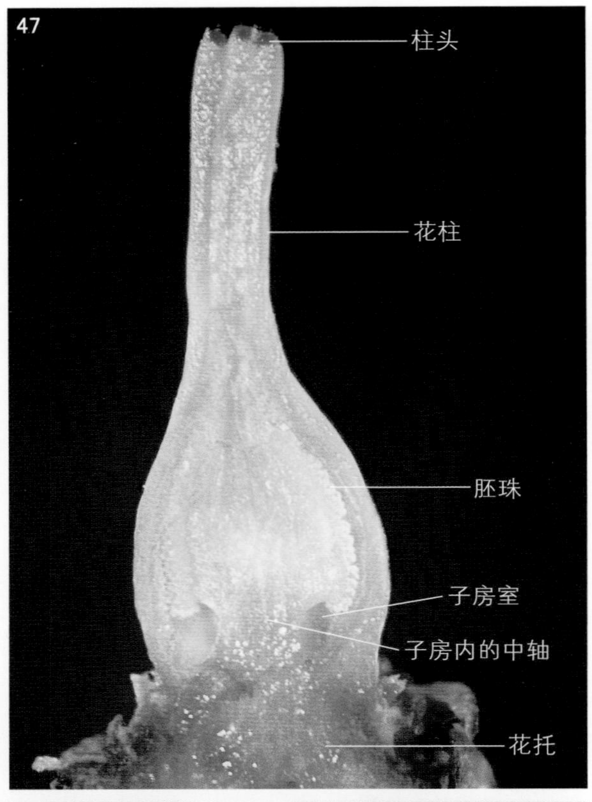

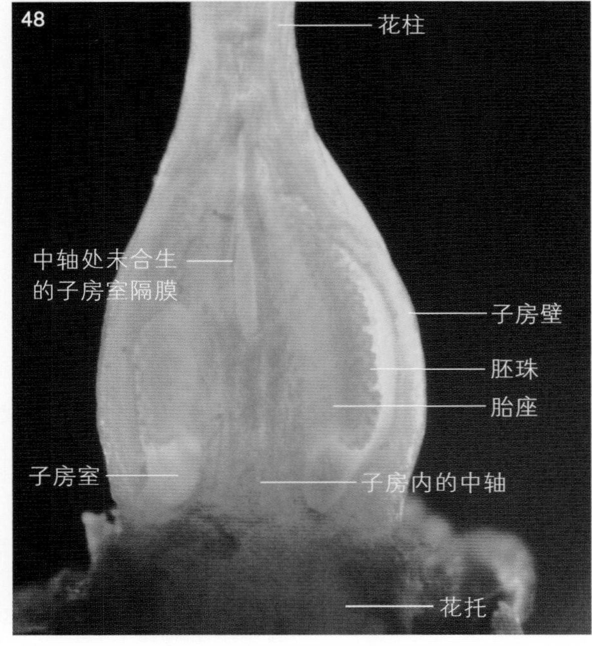

图1-47 除去萼片、花瓣和雄蕊后，雌蕊的纵切面

本图是由反射光、混合光和暗视野观察照片堆叠而成。

图1-48 子房纵切面的放大（暗视野观察）

子房内的中轴，上部是由汇聚于子房中轴处的子房室隔膜构成，非合生而成的真中轴，下部是由子房室隔膜合生而成的真中轴，也就是说子房室内5个纵向的子房室隔膜未将子房室分隔为5个完全封闭的子房室，这使得子房室内上方的胎座为侧膜胎座，下方的胎座为中轴胎座（见后述的子房横切片部分）。

2. 成熟花的观察和解剖

成熟的花在胶块上的固定方法很多，如：（1）先将一块较大的旧胶块粘在解剖镜的玻璃工作盘上方，然后将花柄粘在胶块上（图1-49）。（2）当花较大，可将花固定在一个饮料瓶（或截取其上段使用）瓶盖上方的胶块上，饮料瓶的下方可放置黑纸板制作黑色背景（图1-50）。（3）折一段牙签，在折断处粘上适当大小的胶块，将花柄固定在胶块上后，将牙签的尖端插入耐热玻璃工作盘（见后述）上方的胶块中，还可以用黑纸板制作黑色背景（图1-51）。在实际应用时，可根据需要选用合适的花材料固定方法。

图1-49　花在胶块上的固定方法（2015年）

图1-50　花在饮料瓶顶端瓶盖上的固定方法（2015年）

图1-51　花在牙签顶端的固定方法（2020年）

在观察时，先从多个角度对完整的花进行观察和照相（图1-52至图1-60）。若花较大，无法用解剖镜拍摄花的整体时，可用手机（或相机）直接进行拍照（图1-52至图1-56，图1-59，图1-60）。然后，在胶块上利用解剖镜、解剖针和尖镊依次将萼片、花瓣、雄蕊束等剖下，并分别对所剖下的花各部和剖去花各部后的花进行固定、观察和照相（图1-61至图1-81）。在对花进行纵切时，先将花放在胶块上，然后用单面刀片将花切成两半（图1-82），或将子房前后的花部切去（图1-83，图1-84），还可将后者放在胶块上，然后将花瓣和雄蕊束及萼片进一步除去，以便观察雌蕊的形态和子房在花托上的着生位置（图1-85至图1-89）。

花材料采自上述的河南省洛阳市某小区和河南科技大学校园内，前者于2015年5月19日进行观察和解剖，后者于2019年5月14～15日和2020年5月10日进行观察和解剖。

2019年金丝桃花观察和解剖照片选自河南科技大学农学院的学生唐铭欣（生物科学系2017级）、王唤唤（生物科学系2017级）、孙志伟（生物技术系2017级）和孙嘉繁（生物科学系2017级）参加2019年“第二届河南省大学生生命科学竞赛”并获得二等奖的参赛项目照片，该项目同时获得了“第三届全国大学生生命科学竞赛”优胜奖。

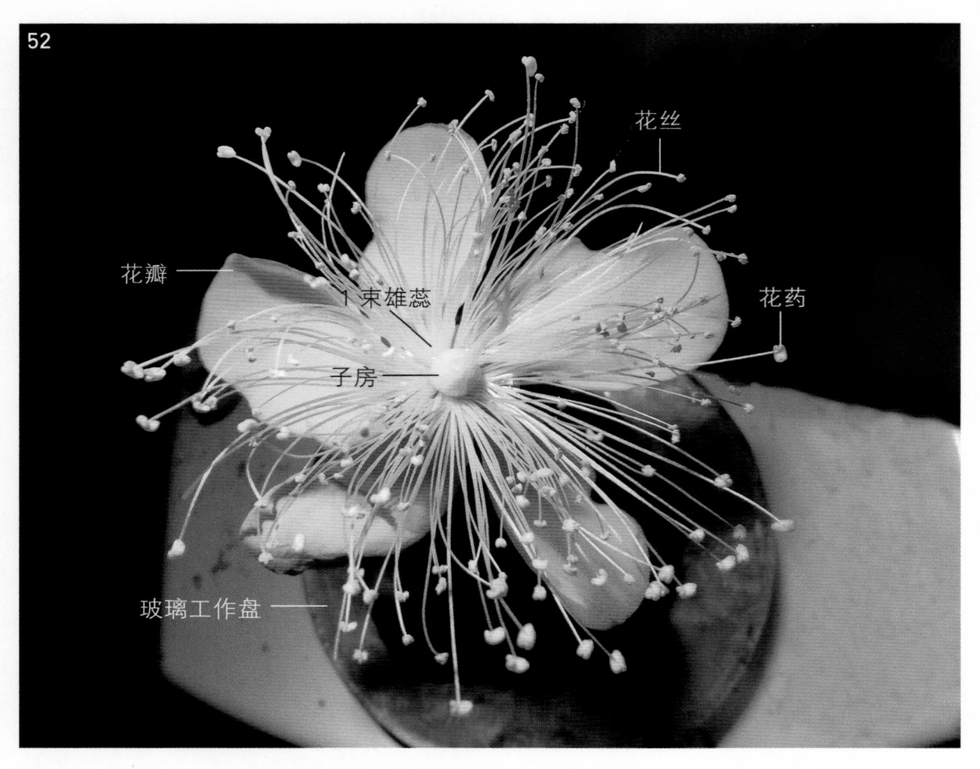

图1-52 图1-51花的上面观（2020年）

花瓣5片，离生；雄蕊多数，花丝在基部连合成5束，为五体雄蕊。

图1-53　花的上面观（2015年）

雄蕊的花丝弯曲，未充分展开，雄蕊束与花瓣对生。

图1-54　花的上面观（唐铭欣、王唤唤、孙志伟和孙嘉繁的参赛项目照片，2019年）

花瓣5片，离生，不等大。

图1-55　将固定在饮料瓶上的花倾斜后，花的侧面观（2020年）

萼片着生于2个花瓣之间，与花瓣互生；花丝的上部弯曲，雄蕊围绕着雌蕊未充分展开。

图1-56　将花固定在牙签顶端后，花的侧面观（2020年）

此花的雄蕊围绕着雌蕊斜向上展开，花丝较直。

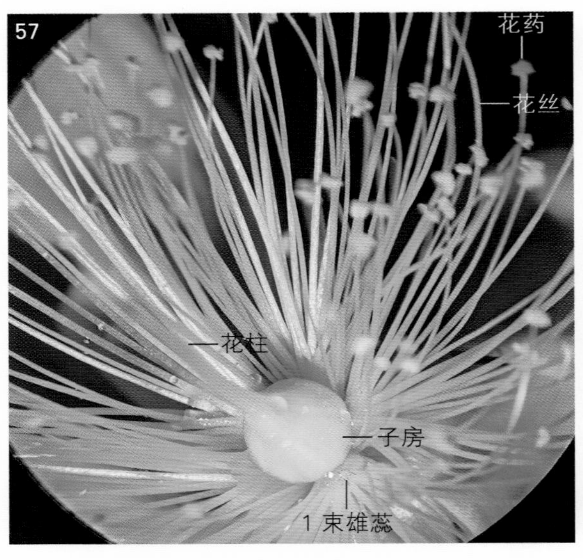

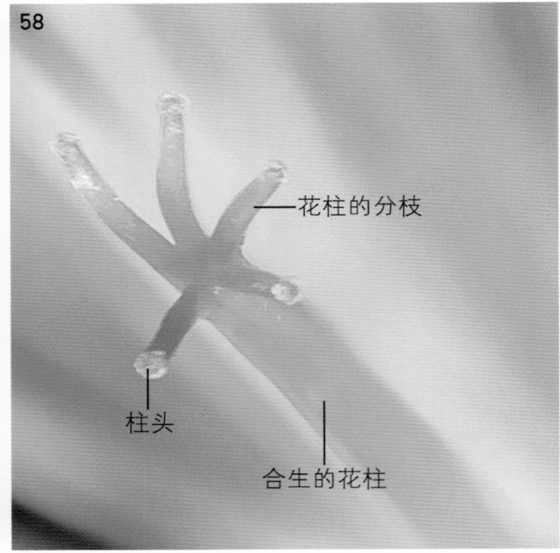

图1-57 花蕊的部分放大（2020年）

雄蕊连成5束，雌蕊的子房上位，花为下位 花。雌蕊的柱头及花柱上部未在聚焦面上，因而图像模糊。

图1-58 柱头及花柱上端的放大（2020年）

花柱在上端分为5枝，每个分枝的顶端即为柱头，柱头5个，离生。

图1-59 花的下面观（2020年）

萼片5片，离生，与花瓣互生；花瓣5片，不等大。标尺的格值为1mm。

图1-60 另一朵花的下面观（2015年）

图1-61　花萼在胶块上的展开（内面观，2020年）

图1-62　图1-61花萼的展开（外面观，2020年）

图1-63　萼片的内面观（唐铭欣、王唤唤、孙志伟和孙嘉繁的参赛项目照片，2019年）

图1-64　萼片的外面观（唐铭欣、王唤唤、孙志伟和孙嘉繁的参赛项目照片，2019年）

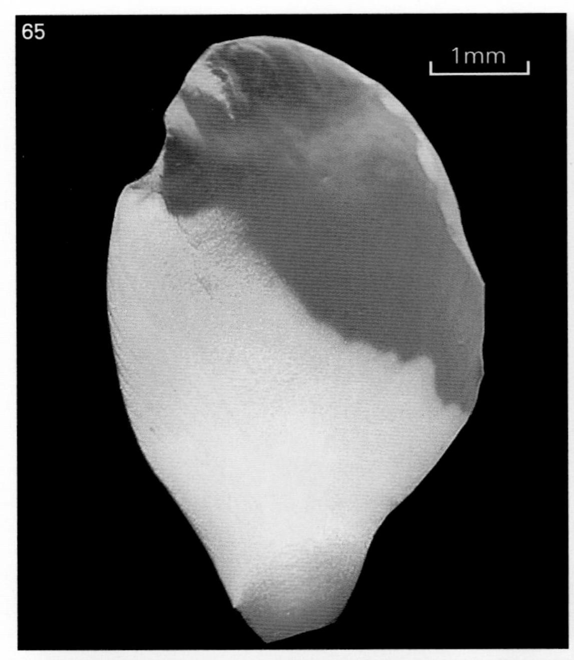

图1-65 花瓣的内面观（唐铭欣、王唤唤、孙志伟和孙嘉繁的参赛项目照片，2019年）

花瓣内凹，无法在二维平面上完全展开，花瓣基部收缩成爪。

图1-66 花瓣的外面观（唐铭欣、王唤唤、孙志伟和孙嘉繁的参赛项目照片，2019年）

花瓣的基部收缩成爪。

图1-67 除去 花瓣后，花的上面观（唐铭欣、王唤唤、孙志伟和孙嘉繁的参赛项目照片，2019年）

雄蕊分为5束（五体雄蕊），雄蕊束与萼片互生，与花瓣对生。

图1–68 除去花瓣后，花的侧面观（唐铭欣、王唤唤、孙志伟和孙嘉繁的参赛项目照片，2019年）

花药已经开裂（纵裂），花柱在顶端分为5枝，花柱分枝末端的柱头稍膨大。

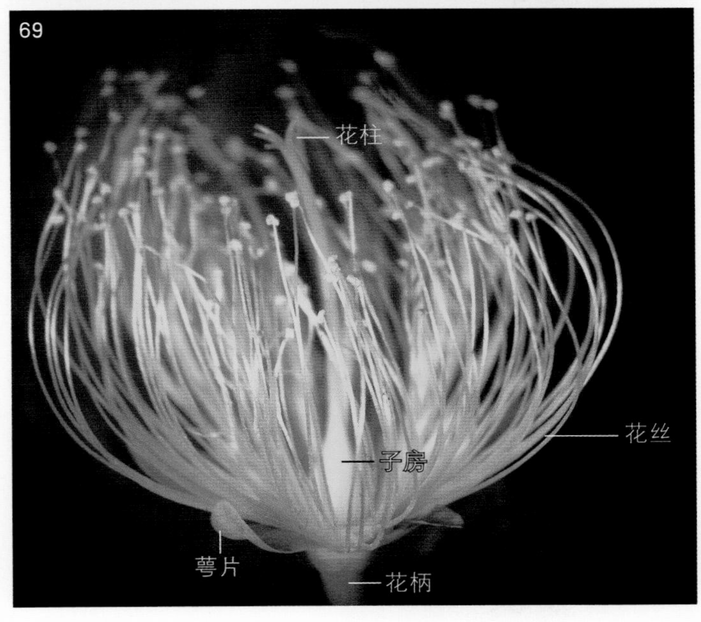

图1–69 除去花瓣后，花蕊的侧面观（2015年）

图1-70 图1-69花的暗视野观察（2015年）

图1-71 除去花瓣并剪掉雄蕊的部分花丝后，花的上面观（2015年）

花内的雄蕊连成5束，花柱及柱头未在聚焦面上。照片由反射光和混合光照明照片堆叠而成。

图1-72　将图1-71雄蕊的花丝进一步剪短后，花的上面观（2015年）

5束雄蕊与5枚萼片互生。

图1-73　图1-72花的暗视野观察（2015年）

图1-74　图1-72花的侧面观（2015年）

对花的侧面进行观察，可了解萼片和雄蕊的伸展情况。

图1-75 图1-72花的下面观（2015年）
5枚萼片离生，萼片的基部着生在花托上。

图1-76 图1-72花的暗视野观察（2015年）

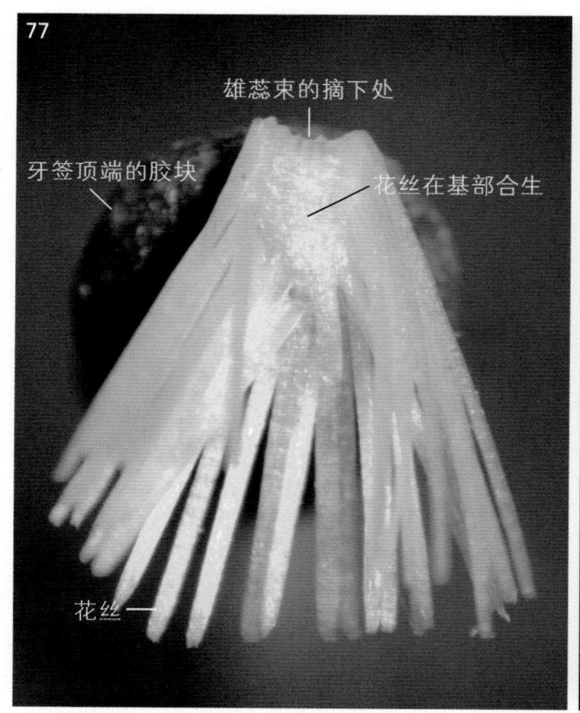

图1-77 图1-72的1束雄蕊（2015年）
观察时，将雄蕊束固定在牙签顶端的小胶块上。

图1-78 1束雄蕊的暗视野观察（2015年）
每束雄蕊的花丝在基部合生在一起。

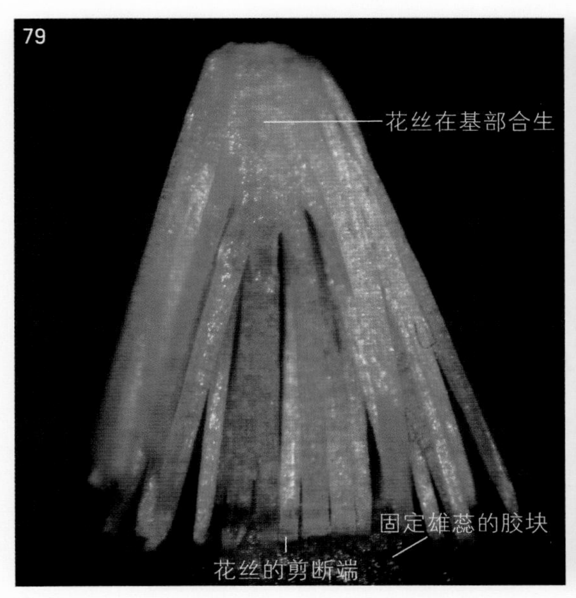

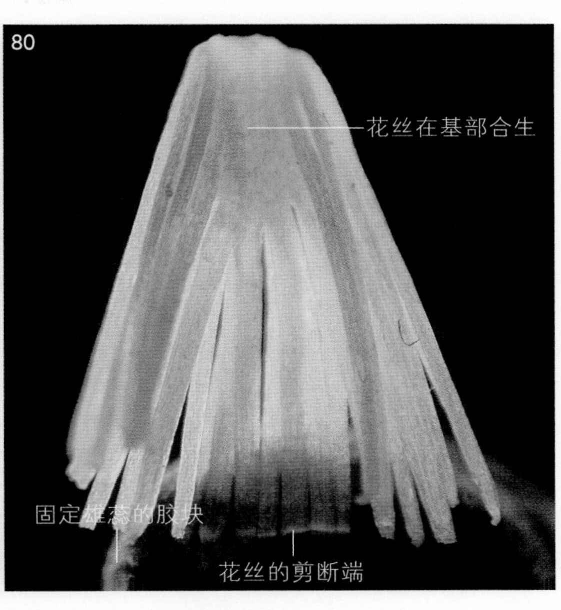

图1-79　1束雄蕊的不同固定方法（2015年）

这束雄蕊的花丝剪断端被固定在胶块的边缘。

图1-80　左图的暗视野观察（2015年）

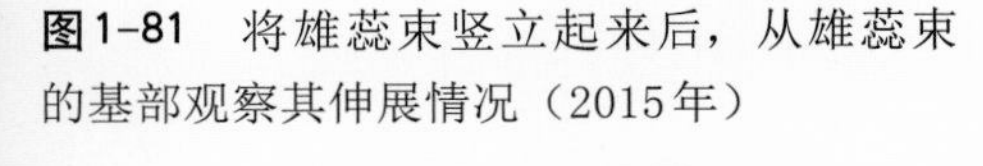

图1-81　将雄蕊束竖立起来后，从雄蕊束的基部观察其伸展情况（2015年）

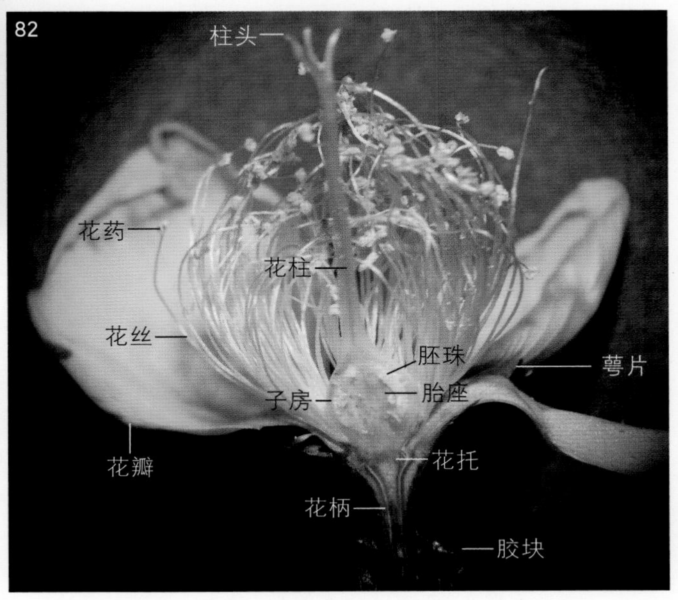

图1-82　花的纵切（唐铭欣、王唤唤、孙志伟和孙嘉繁的参赛项目照片，2019年）

花托上，由下至上依次着生萼片、花瓣、雄蕊和雌蕊，雌蕊的子房上位，花为下位花。

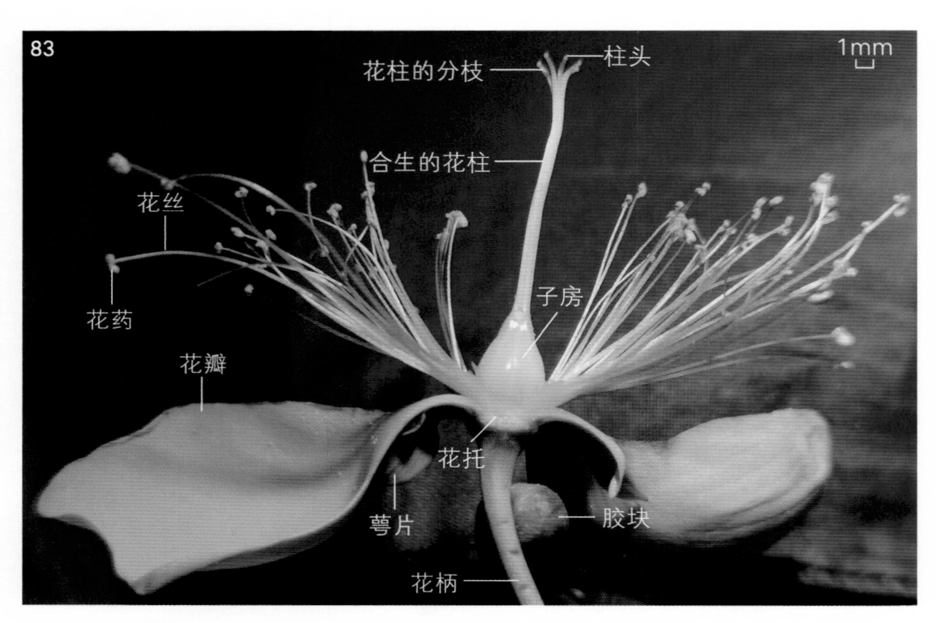

图1-83 花的纵切片（2020年）

花柱的大部分合生成柱状（具有5棱），顶端分为5枝，柱头稍微膨大。子房的基部着生在花托的顶端，子房上位。

图1-84 图1-83的部分放大（2020年）

在花柄上端的花托上，由下至上可见萼片、花瓣和雄蕊束的着生痕迹。图右上角的重影是2张照片堆叠成1张照片时留下的痕迹。

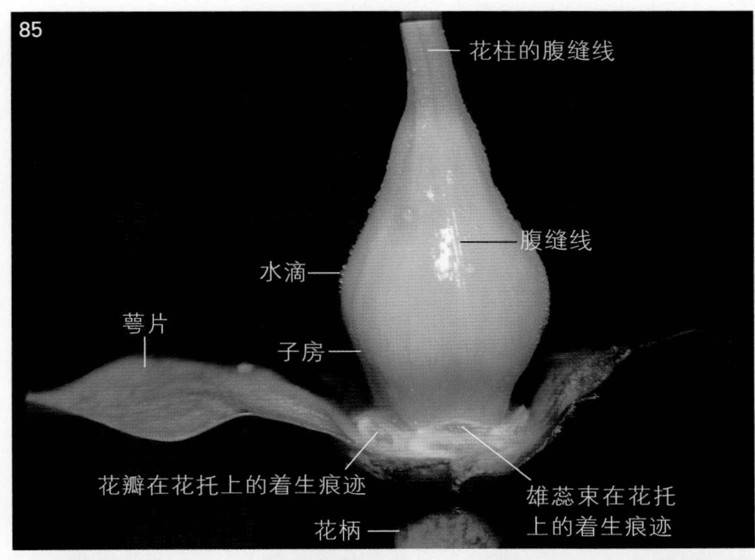

图1-85 除去花瓣、雄蕊束和部分萼片后，示花托上着生的子房（2020年）

子房约呈卵球形，表面有5条腹缝线凹陷，它们分别与合生花柱5个棱两侧的凹陷（花柱的腹缝线）相连。子房表面附着了一些小水滴，可能是花材料在冰箱冷藏时吸附的冷凝水。

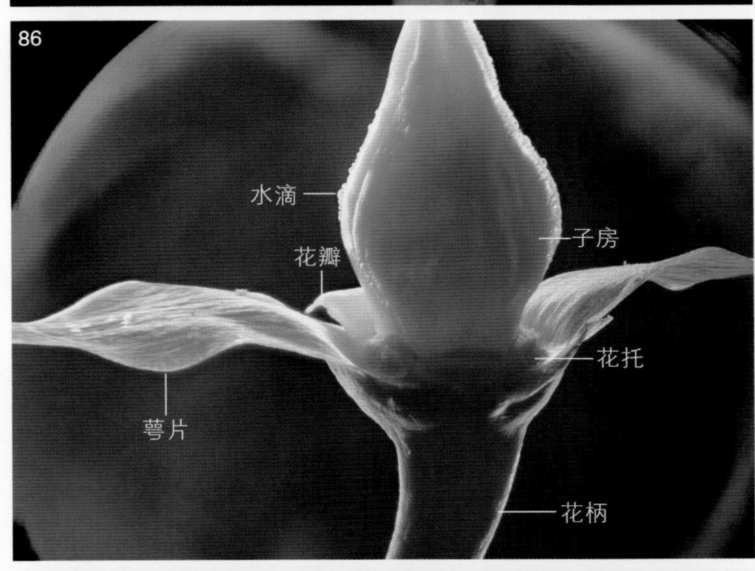

图1-86 图1-85的暗视野观察（2020年）

萼片、花瓣、雄蕊束和子房着生的位置都属于花托。

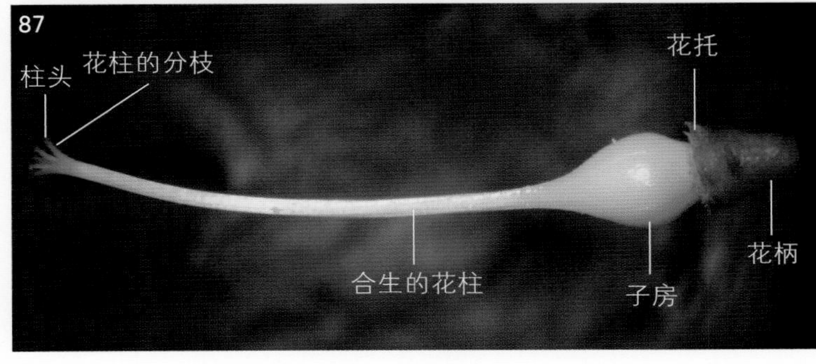

图1-87 除去萼片、花瓣和雄蕊后，雌蕊的侧面观（2015年）

雌蕊分化为子房、花柱和柱头三部分，子房膨大，约呈卵球形，花柱细长，顶端分为5枝，花柱分枝的末端为柱头。

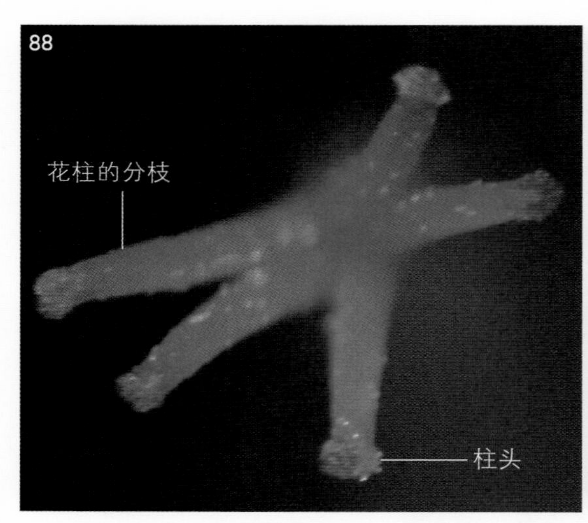

图1-88 柱头和花柱顶端的5个分枝（2015年）

柱头约呈淡红色，微膨大，离生，5个。

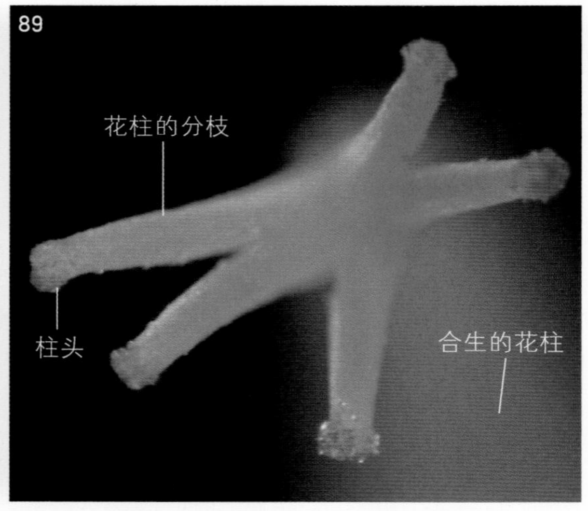

图1-89 图1-88的混合光观察（2015年）

合生的花柱未在聚焦面上，因而图像模糊。

3. 子房的解剖和纵切

进行子房解剖时，先将子房粘在胶块上（图1-90），然后用解剖针剥去2条腹缝线间的子房壁，将花柄固定在牙签顶端的小胶块上，就能在解剖镜的视野中对1个未完全封闭的子房室内的胚珠进行放大观察和照相（图1-91，图1-92）。若想观察子房室内的胎座，可将剖开的子房粘在胶块上，用解剖针剥掉胚珠后，将花柄固定在牙签顶端的胶块上，就可用解剖镜进行观察和照相（图1-93，图1-94）。还可以在胶块上将子房壁完全剥去，然后观察子房内所有胚珠的着生情况（图1-95）。进行子房的纵切制片时，先将子房粘在胶块上（图1-90），然后用单面刀片将子房纵切为两半或3～4片（切片越薄，透光性越好），然后选出结构清晰的切片用解剖镜观察和照相（图1-96，图1-97）。若需观察所有的纵切片，需注意将暂时未观察的纵切片连同胶块一起转移到塑料盒内（盒内滴上一些水），然后盖上盖子后放入冰箱冷藏室内暂存。

子房的解剖材料采自河南科技大学校园内，分别于2019年5月15日和2020年5月10～12日解剖。其中，2019年子房解剖照片选自唐铭欣、王唤唤、孙志伟和孙嘉繁的“第二届河南省大学生生命科学竞赛”参赛项目照片。

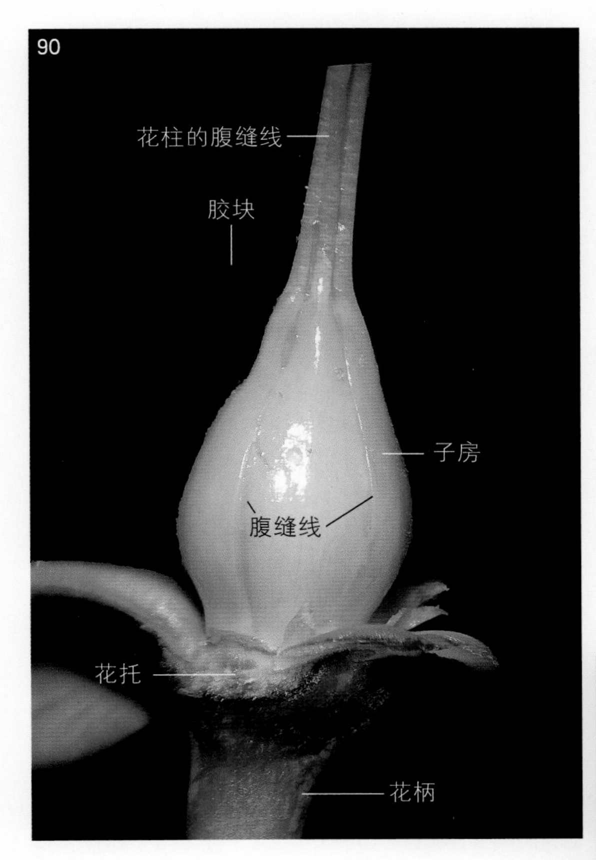

图1-90 除去雄蕊束和大部分萼片以及花瓣后，示子房和合生花柱表面的腹缝线（2020年）

子房表面共有5条纵向凹陷（即腹缝线，图中2条腹缝线已用解剖针划痕），它们分别与合生花柱的5个纵棱的凹陷（花柱表面的腹缝线位置）相连。

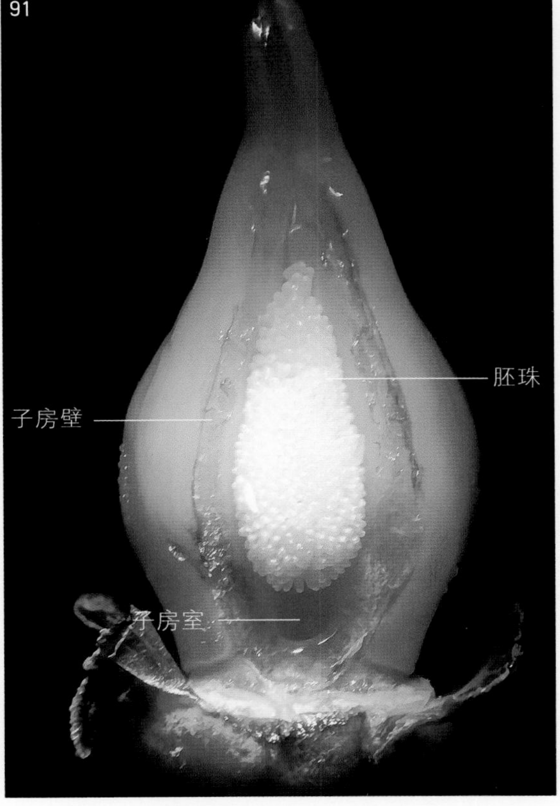

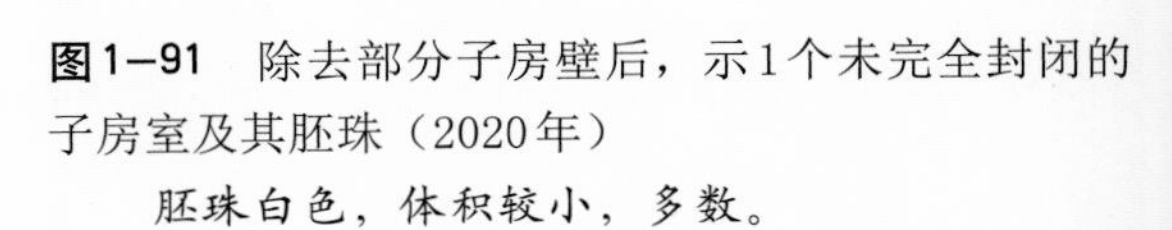

图1-91 除去部分子房壁后，示1个未完全封闭的子房室及其胚珠（2020年）

胚珠白色，体积较小，多数。

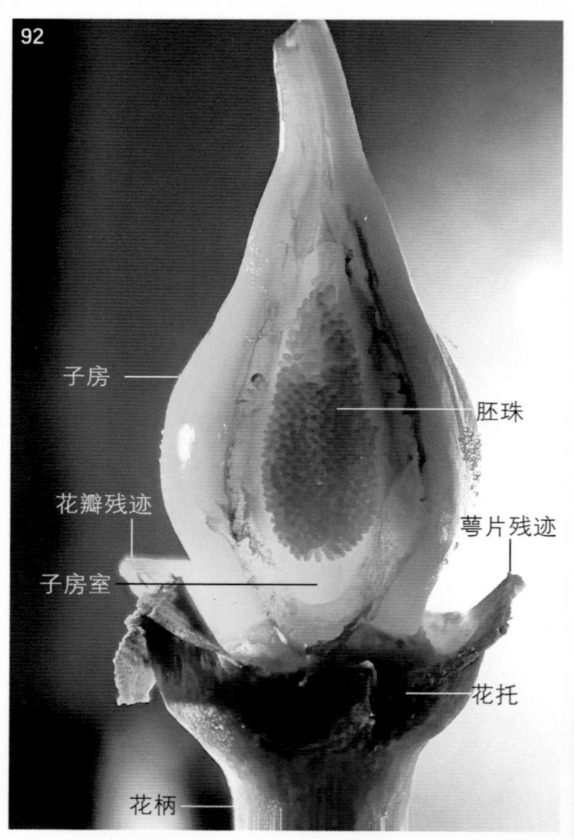

图1-92 除去一个心皮的部分子房壁后，示1个未完全封闭的子房室内胚珠的着生情况（2020年）

每个未封闭的子房室内，上、下两端均无胚珠着生。

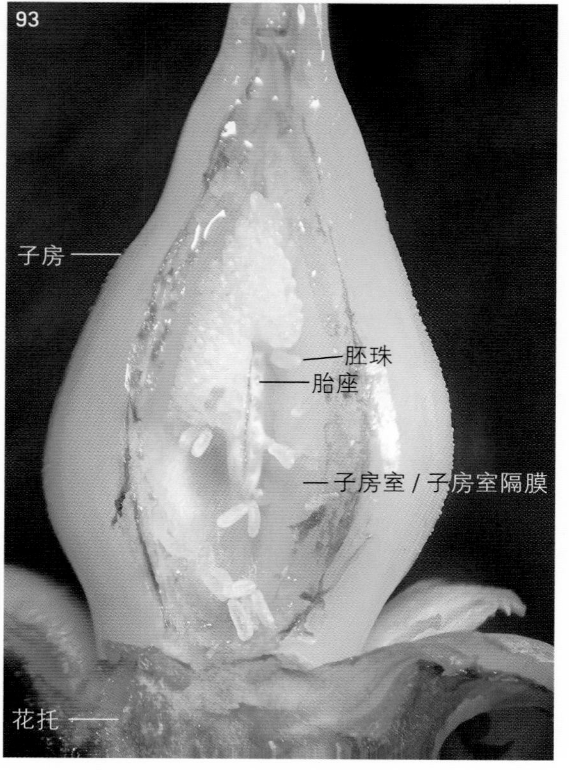

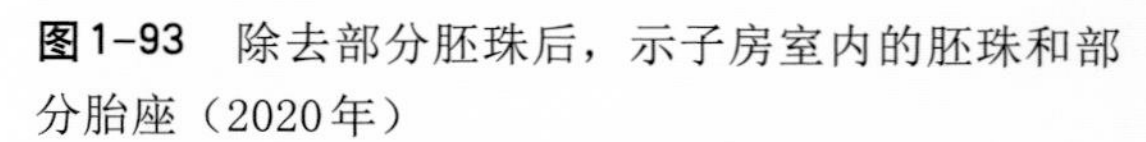

图1-93 除去部分胚珠后，示子房室内的胚珠和部分胎座（2020年）

胚珠在子房室内的着生位置即为胎座，图中仅标出胎座的一点，未标出整个胎座的所属区域（下同）。

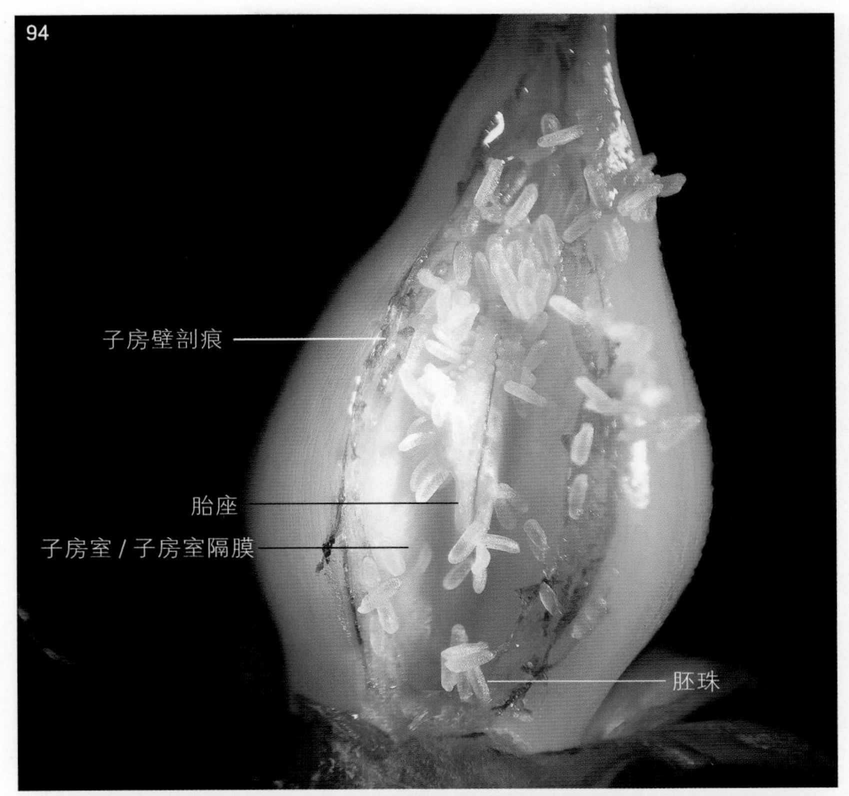

图1-94 除去大部分胚珠后，示子房室内的胚珠和胎座（2020年）

图中，子房壁的剖痕已经褐化。

图1-95 除去子房壁和部分子房室隔膜后，示子房内胚珠的着生情况（唐铭欣、王唤唤、孙志伟和孙嘉繁的参赛项目照片，2019年）

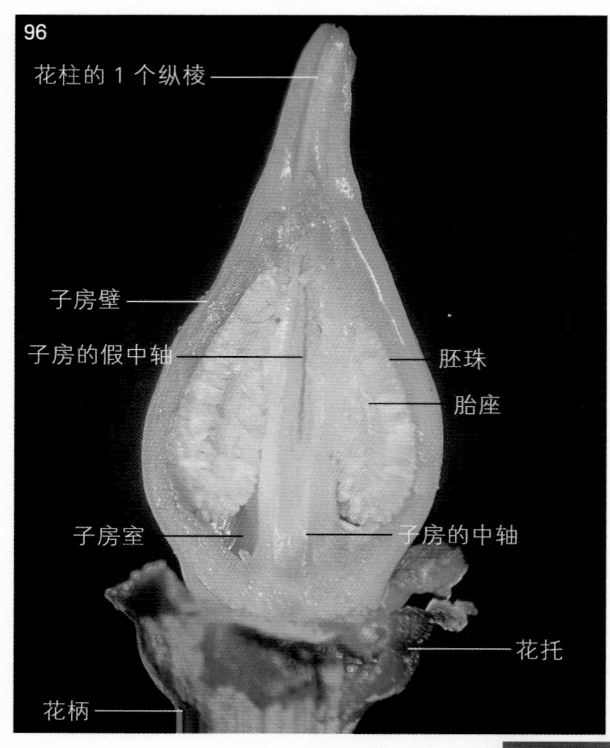

图1-96 子房的1个纵切片（2020年）

图中，子房上部的中轴为假中轴（子房室隔膜未在中轴处合生在一起），子房下部的中轴为真中轴（子房室隔膜在中轴处合生在一起）。

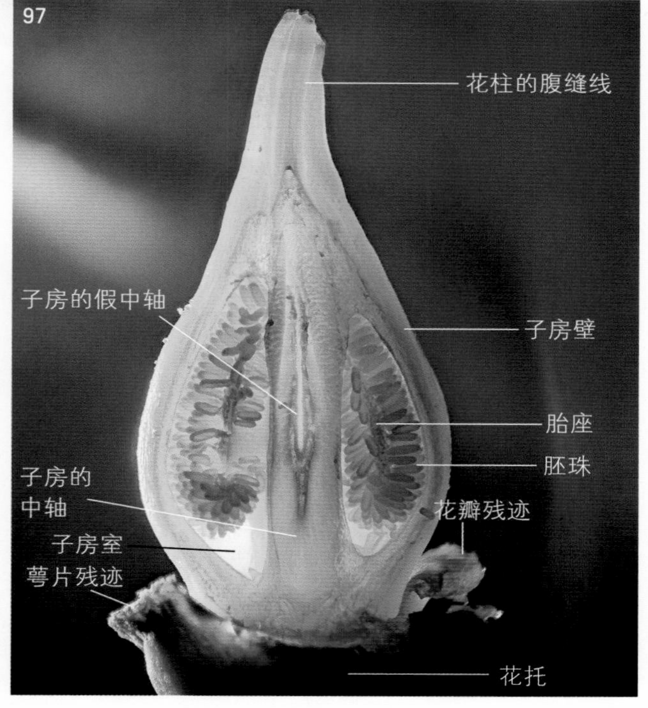

图1-97 子房纵切片的不同照明光观察（2020年）

子房的上部，中轴处呈中空状态，为假中轴，而子房的下部，逐渐形成实心的真中轴。

4. 子房横切片的结构观察

制片时，在解剖镜视野中先用锋利的单面刀片对粘在胶块上的子房（图1-98）进行横切制片（图1-99），然后在切片上滴上适量的水，水浸入切片间可防止切片干缩。用尖镊依序将切片分别转移到载玻片上的水中，即可作为临时水装片用于显微镜或解剖镜的观察和照相（图1-100至图1-112）。因子房的横切片通常不用显微镜的高倍物镜观察，所以临时水装片不需盖盖玻片。子房底部若未制作临时水装片，可将其固定在胶块上，然后进行观察和照相（图1-113）。观察时，要按照顺序对每个切片的上、下两面分别进行记录、观察和照相，并根据需要灵活选用显微镜或解剖镜，或者两者结合起来使用（图1-100至图1-113）。若使用显微镜进行观察，还需记录物镜和目镜的放大倍数，以便对目镜测微尺的格值进行换算。照相时，要注意拍一些能够同时显示花材料和标尺（或测微尺）的照片（图1-100，图1-105至图1-112），并记录格值的大小。

金丝桃的雌蕊由5个心皮合生而成，为复雌蕊，其子房的结构比较复杂（子房的上部为假中轴，胎座为侧膜胎座，子房的下部为真中轴，胎座为中轴胎座，5个子房室的上部均未封闭，是不完全的子房室），现有的文献对其描述得不全面。

子房横切片的材料采自河南科技大学校园内，于2020年5月10～12日进行切片观察。

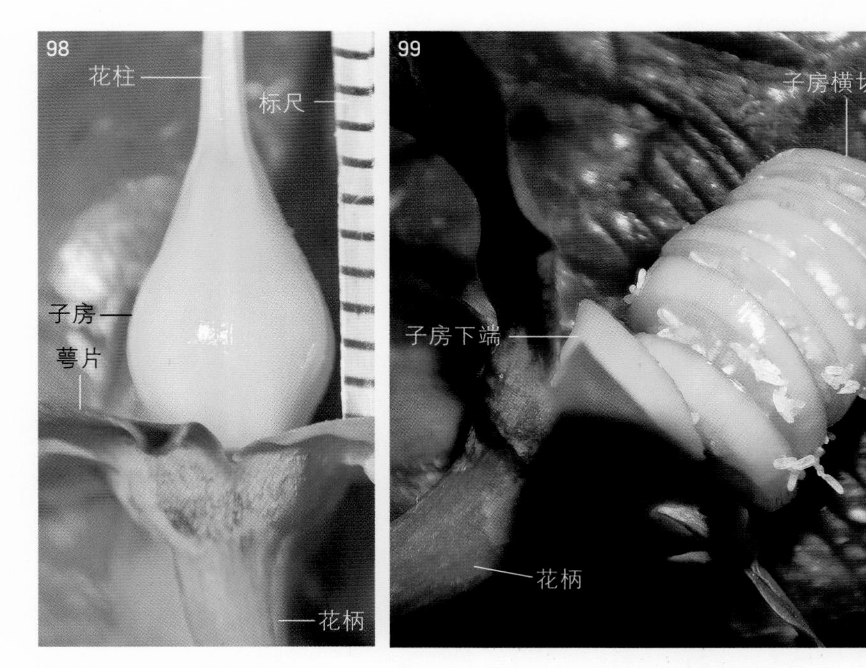

图1-98 除去花瓣和雄蕊后，将子房粘在胶块上

标尺的格值为1mm。

图1-99 在胶块上对子房进行横切制片

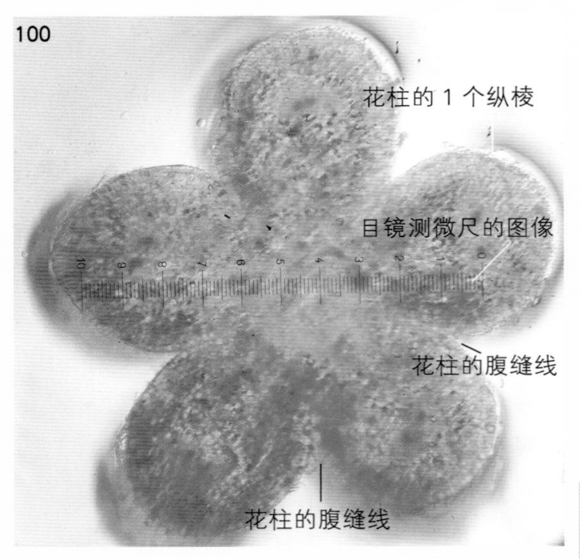

图1-100 花柱的横切片

合生花柱具有5个纵棱，每个纵棱两侧的凹陷处是合生花柱的腹缝线处（共5条，图中仅标出2处），合生花柱的背缝线在花柱表面无明显标志，需根据解剖学特征确定（见下述）。图中显微镜的目镜测微尺的格值为0.01mm。

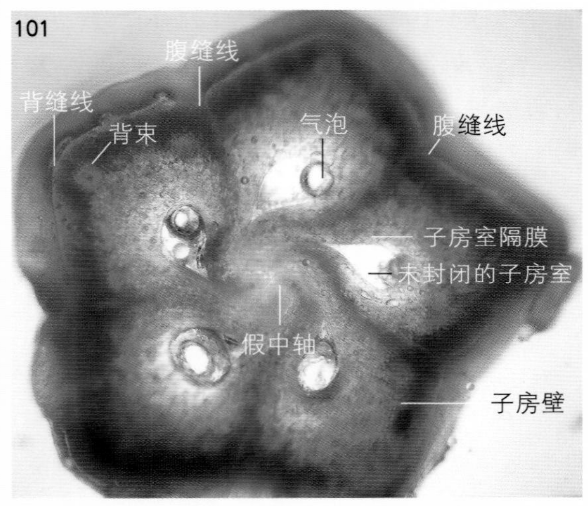

图1-101 花柱下端、子房上端的1个横切片

此切片的子房室看似5室，但由于5个子房室隔膜只是汇聚在子房的中轴处，未合生在一起（在此切面上无真中轴），故5个子房室均是未完全封闭的子房室（即不完全的子房室），此切片上的子房室也可看作1室。子房壁表面的5条（纵向）凹陷为腹缝线位置，背缝线的大致位置需根据每个心皮的主脉（背束）来确定，即背缝线处的子房壁内有较粗大的维管束（背束）。

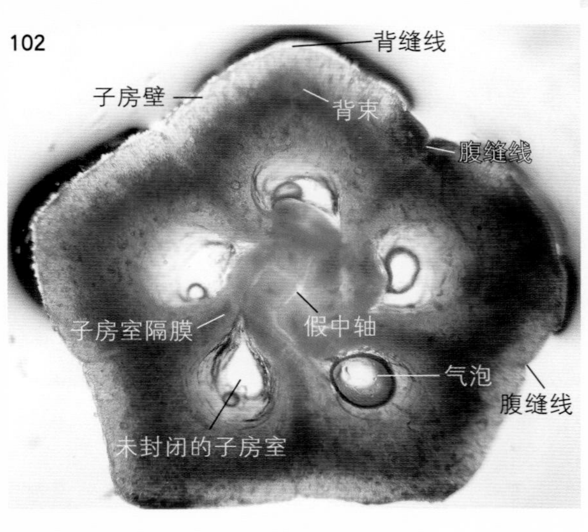

图1-102 图1-101切片的下面观

子房室内的隔膜是由侵入子房室内的、相邻2个心皮的边缘合生而成。此切片的子房室隔膜在子房的中轴处卷贴、汇聚在一起，未合生出子房的真中轴。因此，此切片的子房室看似5室，其实为1室。

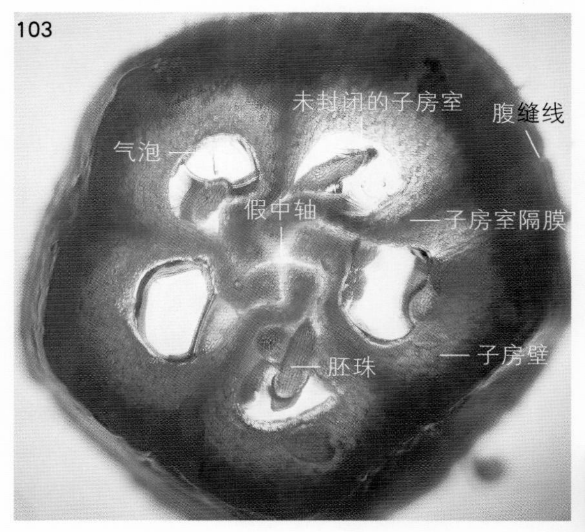

图1-103　图1-102切片下方、未直接相连的1片子房横切片

5个子房室隔膜在子房的中轴处仍未合生，无真中轴，此切片的子房仍为1室，但在子房室内开始出现胚珠。

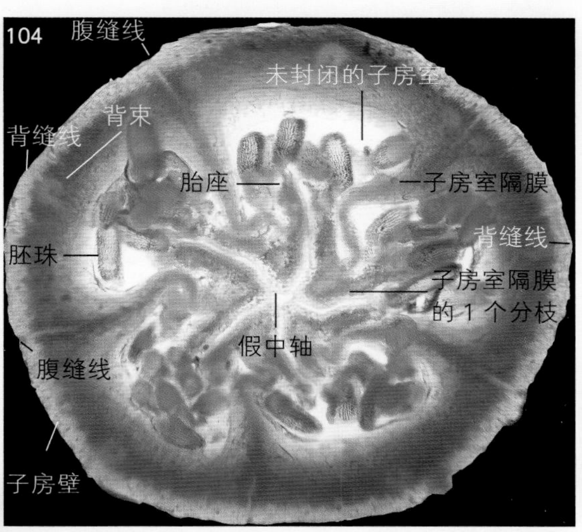

图1-104　图1-103切片下方的1个子房横切片

每个子房室隔膜在子房中轴处向外产生2个反折的分枝，子房室隔膜和其左右2个分枝呈箭头状，2个分枝间的子房室隔膜弯曲。在每一个未封闭的子房室内，都有2个相邻的子房室隔膜分枝，每个分枝的末端即为胎座，其表面有胚珠着生。此切片的子房室看似5室，其实还是1室，其胎座看似中轴胎座，其实是侧膜胎座。

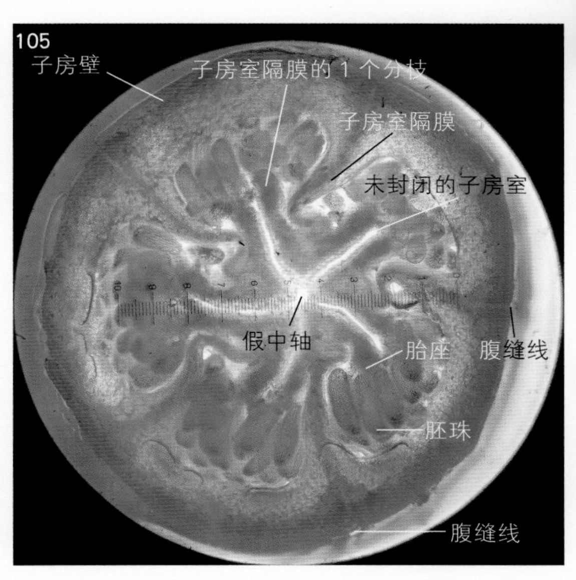

图1-105　图1-104切片下方的一个子房横切片

此切片的子房室仍为1室，每个子房室隔膜的2个箭头状分枝的末端（即侧膜胎座）有些膨大，胚珠的着生数量增多。

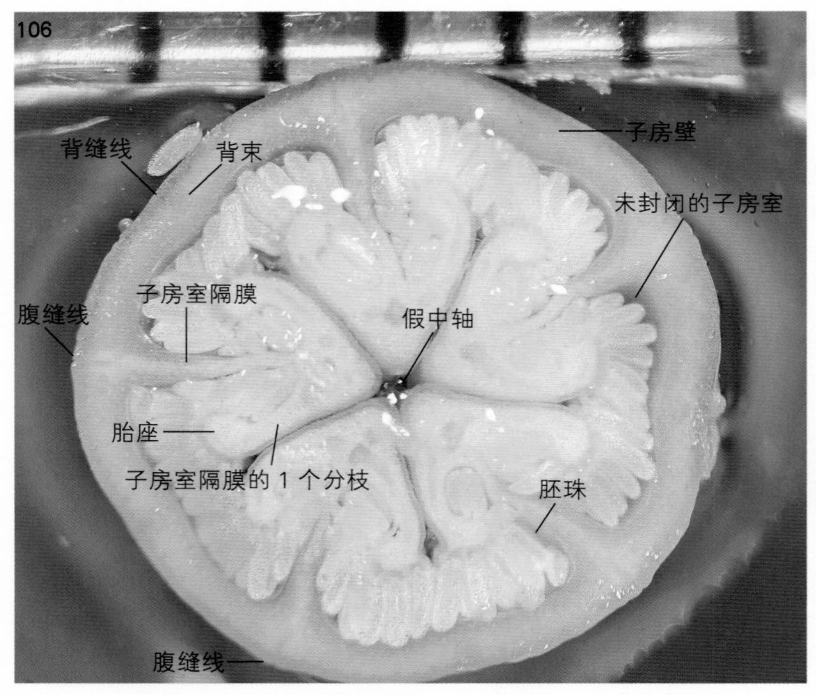

图1-106 图1-105切片下方的1个子房横切片

此切片的子房室仍为1室，2个箭头状分枝之间的子房室隔膜未完全伸直，胎座体积增大并弯向临近的子房室隔膜，胎座上着生的胚珠数量较多。子房壁表面的腹缝线位置较易确定，背缝线的大致位置需根据背束的位置确定。标尺的格值为1mm。

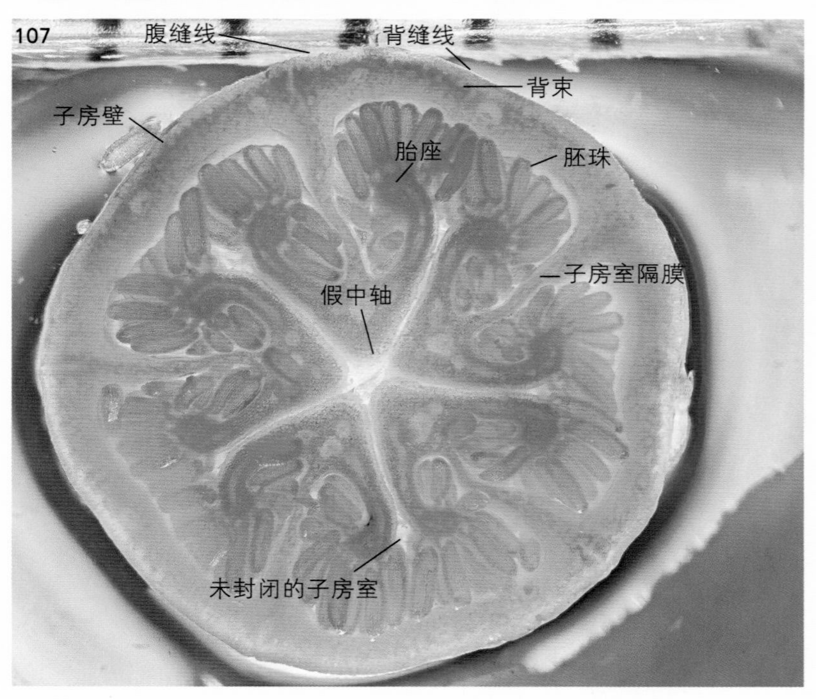

图1-107 图1-106子房横切片的不同照明观察

此切片的子房室仍为1室，胎座为侧膜胎座。

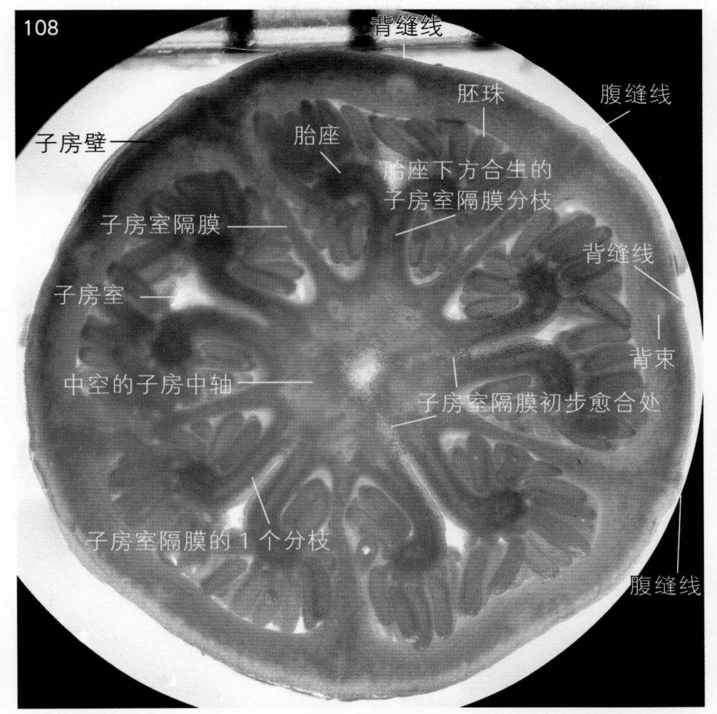

图1-108　图1-107切片下方的1个子房横切片

5个子房室隔膜在子房中轴处初步合生在一起（还有1个子房室隔膜与相邻的子房室隔膜只是初步愈合在一起，其界限可辨），形成了中空的子房中轴和5个封闭的子房室。此时的胎座已变成胎座侵入子房室内的中轴胎座。此切片上，箭头状分枝间的子房室隔膜几乎都伸直，并出现相邻子房室隔膜的分枝在胎座下方合生在一起的现象，但是胎座未合生，仍各自弯向自身（临近）的子房室隔膜。

2个相邻子房室隔膜的分枝和其顶端的胎座以及胚珠所占据的空间都属于子房室，图中的子房室只标出了一点。

图1-109　图1-108切片下方的1个子房横切片

5个子房室隔膜在子房中轴处合生成实心的子房中轴（子房室数和胎座同上），相邻的子房室隔膜的分枝在靠近中轴处开始合生。有2个相邻的子房室隔膜的分枝，不但胎座下方的相邻分枝合生在一起，而且2个相邻的胎座合生在一起，合生后的胎座外表面的凹陷变浅。

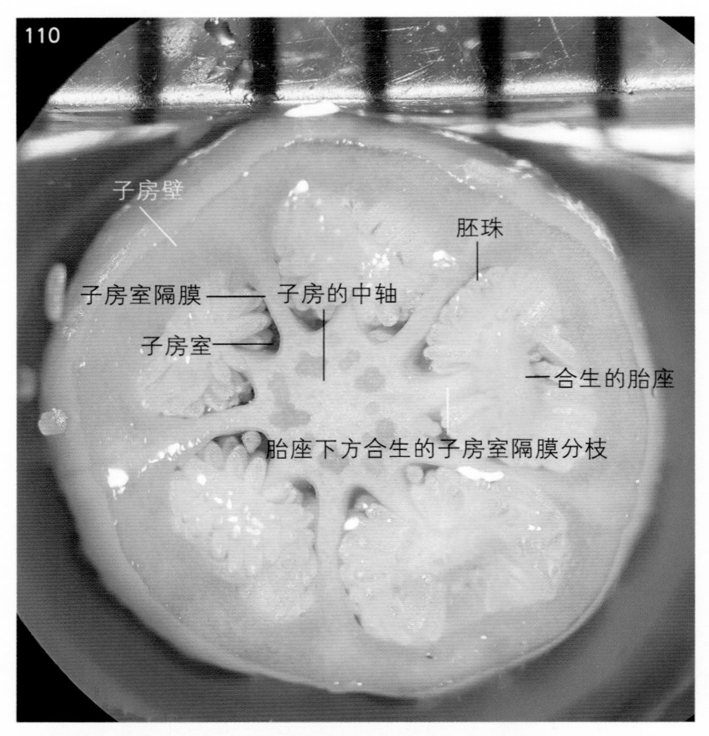

图1-110 图1-109切片下方的1个子房横切面

相邻的2个子房室隔膜的分枝不但在胎座下方完全合生在一起，而且相邻的2个胎座合生在一起。合生后的胎座体积明显增大，着生的胚珠数量增多。

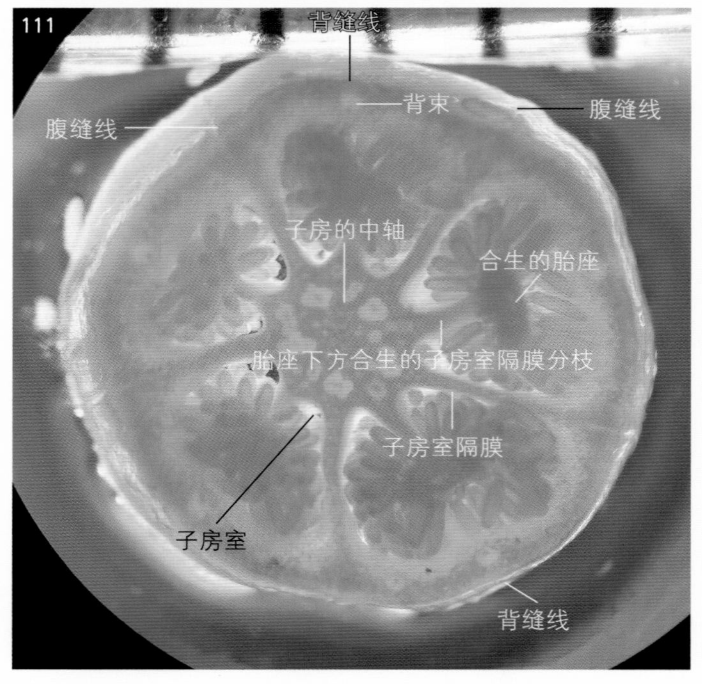

图1-111 图1-110切片的不同照明观察

此切片的胎座仍为中轴胎座，子房室内的空间几乎都被相邻的2个子房室隔膜的分枝（已合生）和分枝顶端的2个胎座（已合生）以及大量的胚珠所占据。每个子房室隔膜的箭头状分枝在此切片上已难以分辨。

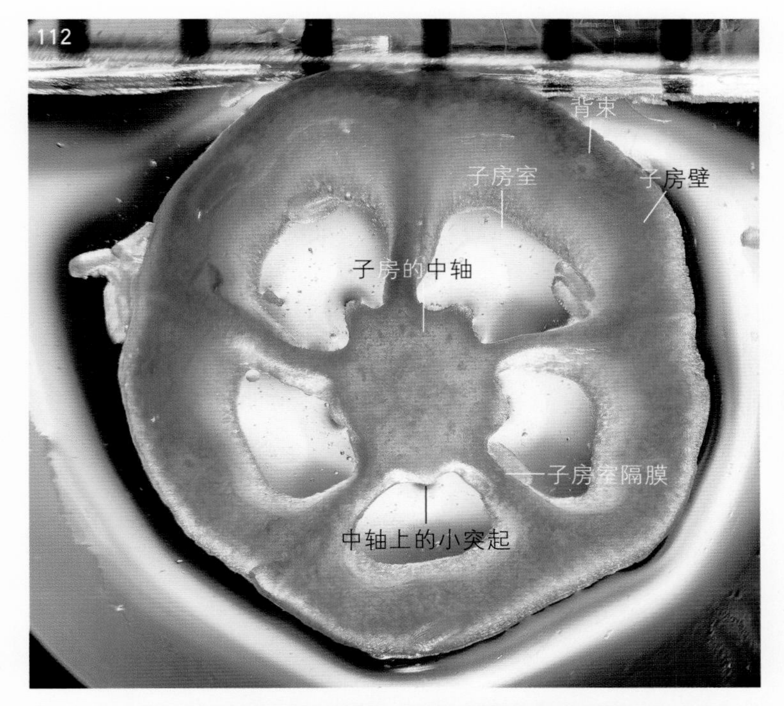

图1-112　图1-111切片下方的1个子房横切片

子房有中轴，5室，背束5个，可推知金丝桃的雌蕊是由5个心皮合生而成，为复雌蕊。此切片的每个子房室内的中轴上有1个小突起，但无胎座和胚珠（图中的胚珠是由其他位置散落到此切片上）。

图1-113　子房横切制片后，剩余的子房底部（上面观）

子房5室，室内的中轴上已无小突起，也无胚珠着生。

5. 胚珠的结构观察

制片时，先将部分或完全除去子房壁，暴露出胚珠的子房（图1-91，图1-95）放入盛有84消毒液原液的小称量瓶（或其他容器）中浸泡，浸泡时盖上盖子。待胚珠变透明后，将子房转移到载玻片上的水液中，在解剖镜视野中用解剖针刮下一些完整的胚珠，移走子房，即制成胚珠的临时水装片，用显微镜观察并照相（图1-114）。若需对胚珠染色，需将子房及胚珠充分浸泡，以除去残余的84消毒液成分。由于通常不使用显微镜的高倍物镜观察，所以胚珠的临时水装片不用盖盖玻片即可用于观察和照相。为了获得更多的胚珠结构信息，还可以用暗视野对整体透明后的胚珠进行观察和照相（图1-115，图1-116）。

胚珠材料来自子房解剖材料，于2020年5月11 ～ 12日进行整体透明处理及照相。

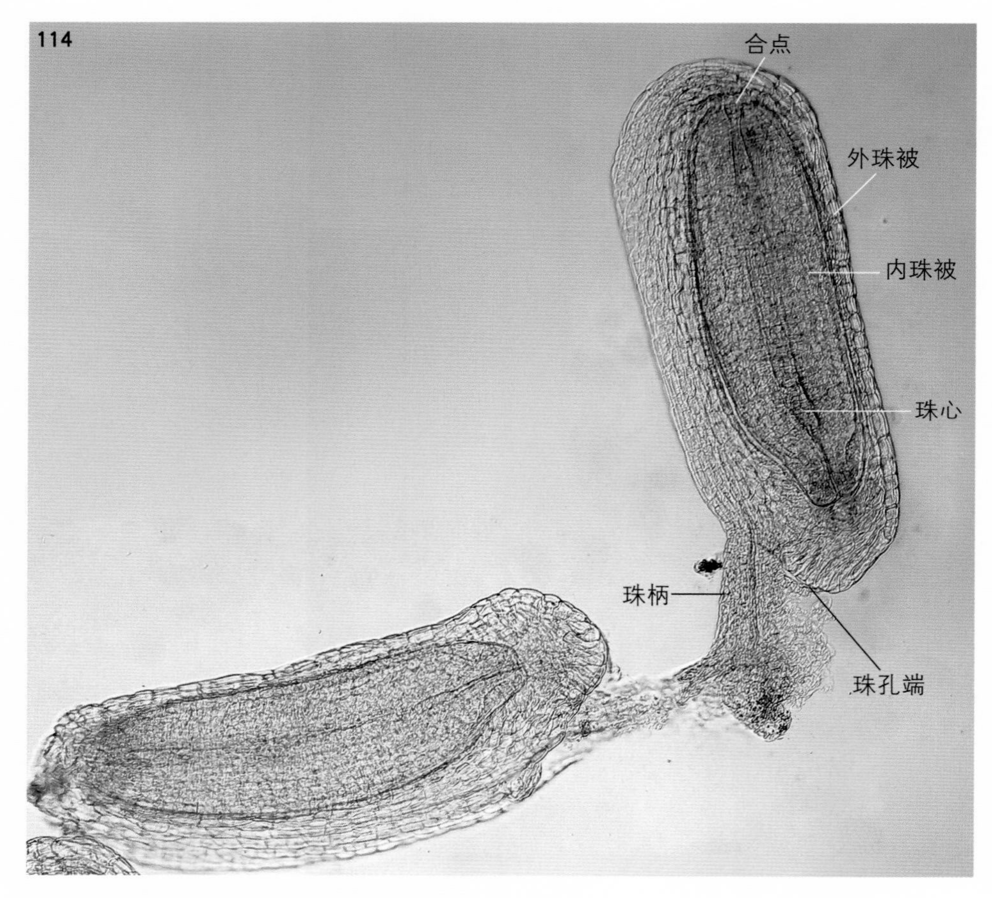

图1–114 胚珠的整体透明观察（未染色）

胚珠为倒生胚珠，珠柄明显，珠被2层，珠心细长，珠心内的胚囊未能分辨。

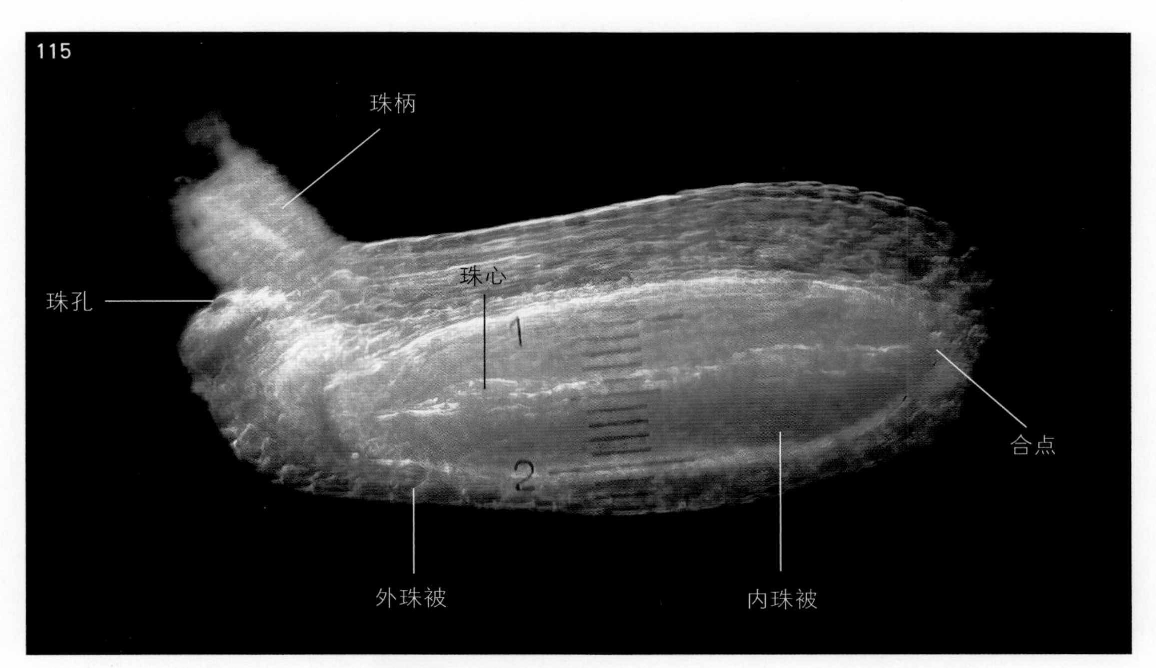

图1-115　经整体透明后，未染色胚珠的暗视野观察

胚珠的珠孔靠近珠柄，较明显，胚珠为倒生胚珠。目镜测微尺的格值为0.01mm。

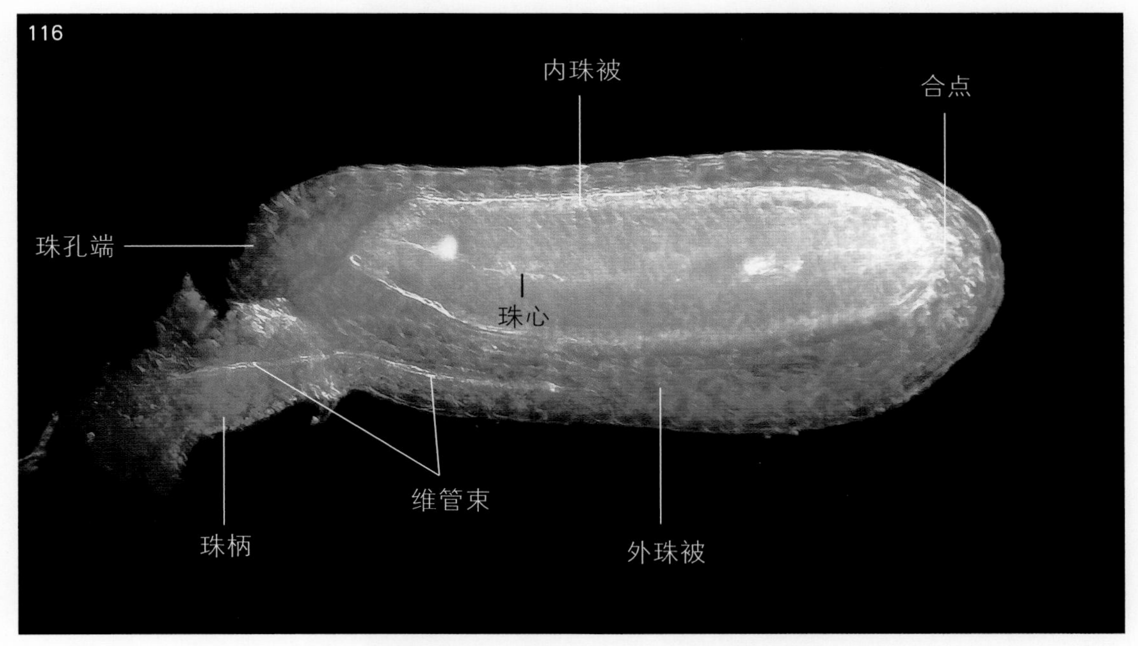

图1-116　经整体透明后，未染色胚珠的暗视野观察，示胚珠内的维管束

在胚珠的珠柄和部分外珠被中，可见较明亮的、线条状的维管束，其在外珠被的近中部逐渐消失。

第二节　改善花的显微解剖照片质量的方法

一、增大花的特定部位与背景反差的方法

在对显微解剖前后的花进行观察时，由于花部之间的色彩相似，照相之后，会发现不同花部之间因反差小而变得不清晰。这时可撕下或剪下一个小纸片（纸片的颜色可根据具体情况选用），然后将其夹在要观察或照相的花部后，就可以达到将其和背景花部分隔开来，增大反差的效果。

以杜仲的雄花为例，若不在雄花的雄蕊群中夹入有色的叶片或纸片等物，就难以在不摘下雄蕊时数清楚其离生雄蕊的数目（图1-117至图1-123）。

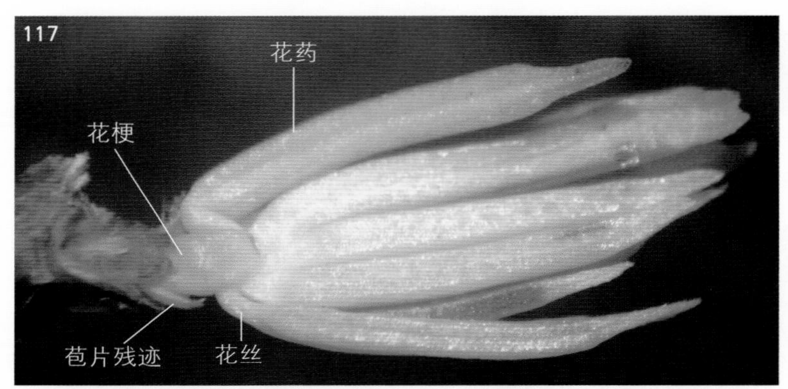

图1-117　除去花梗基部的苞片（1片）后，杜仲雄花的侧面观（近轴面）

由于雄蕊群的不同雄蕊之间反差较小，若不将雄蕊摘下来就难以将离生雄蕊的数目数清楚。

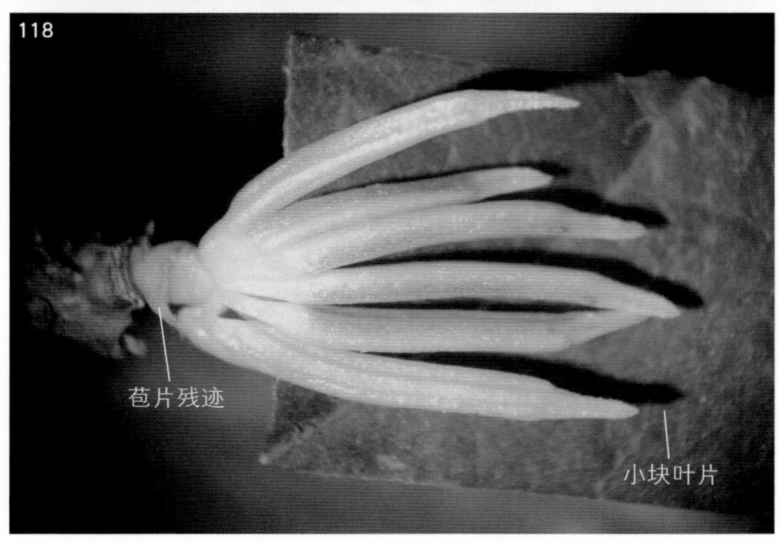

图1-118　在雄蕊群中夹入绿色的小块叶片后，杜仲雄花的侧面观（远轴面）

图1-119　图1-118雄花的另一面（近轴面）

由图1-118和图1-119可知，杜仲雄花的雄蕊群由10个离生雄蕊组成。

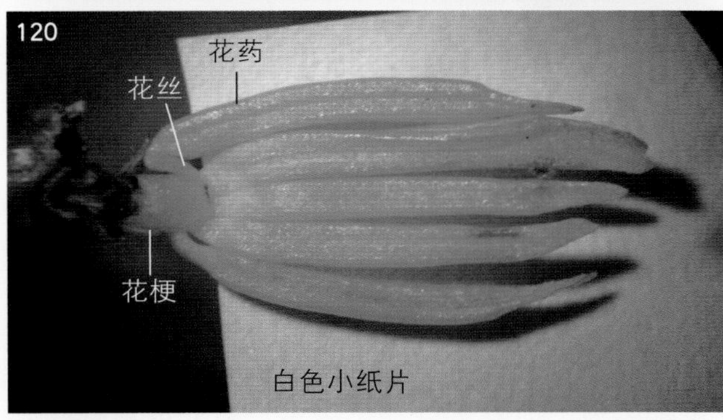

图1-120　在雄蕊群中夹入白色小纸片后，杜仲雄花的侧面观（近轴面）

图1-121　图1-120雄花的另一面（远轴面）

由图1-120和图1-121可知，杜仲雄花的雄蕊群由10个离生雄蕊组成。图中，白色纸片上用笔点上一点作为雄花某一面的记号。

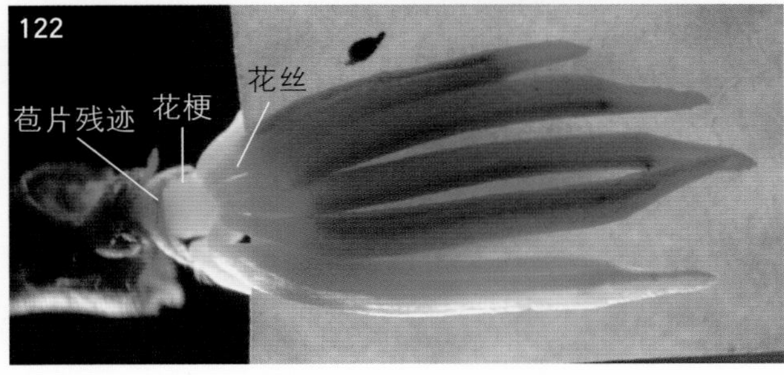

图1-122　图1-121雄花的侧面观（暗视野照明）

雄花的花柄也清晰可见。

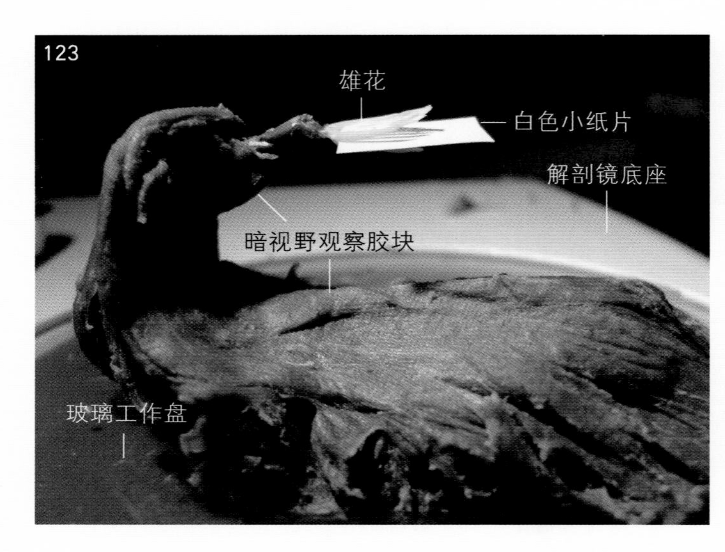

图1-123 白色小纸片在杜仲雄花中的插入方法

二、用暗视野照明弥补其他照明方法的不足并增加照片的美感

在花的显微解剖过程中，一般使用反射光、混合光和暗视野三种照明光进行观察和照相。通常，这三种不同照明光下拍出的照片很容易识别出来，但是近年来智能手机的照相和调节功能越来越强大，使得反射光和混合光照明时拍出的照片差异变小，识别起来比较困难。不过，暗视野照明时拍出的照片却很容易被识别出来。

使用暗视野照明对花进行拍照，不仅轮廓清晰，而且可以提供很多反射光或混合光照明时难以提供的一些信息。如图1-122，可以很容易地看到花梗上方的雄蕊着生位置。

若比较杜仲雌花、玉竹花和淫羊藿花的精细观察照片及解剖照片，同样能发现暗视野照明照片能提供很多反射光或混合光照明照片无法提供的信息，其照片同时具有美感（图1-124至图1-131）。

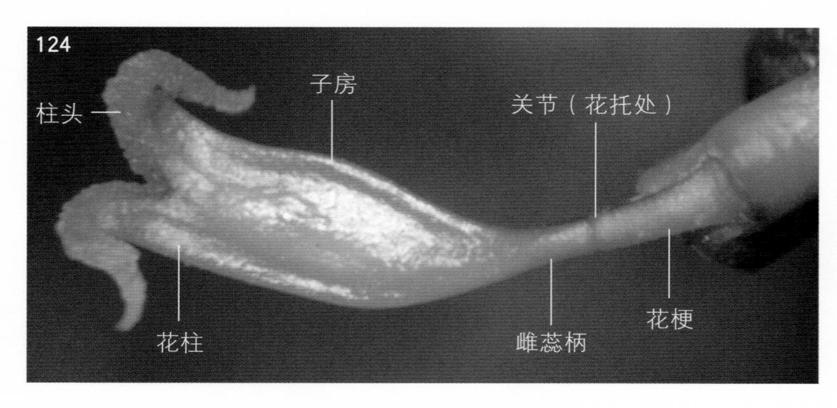

图1-124 杜仲的雌花（反射光照明）

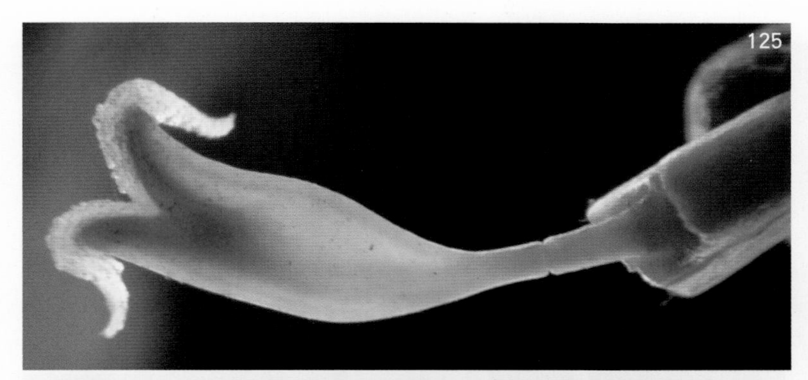

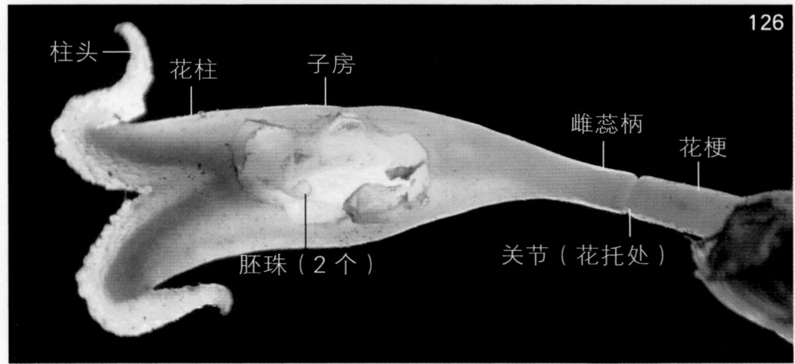

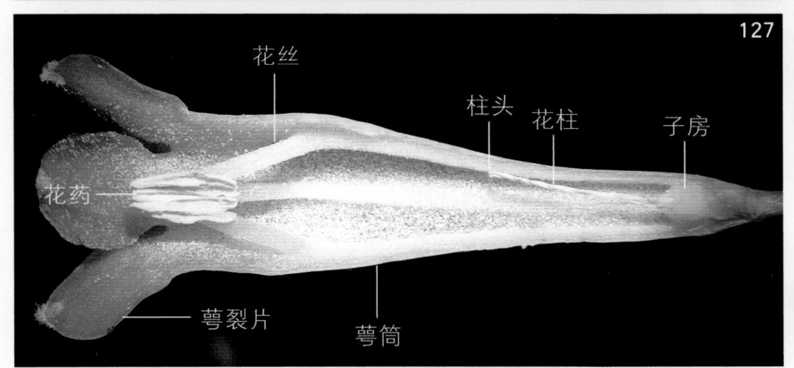

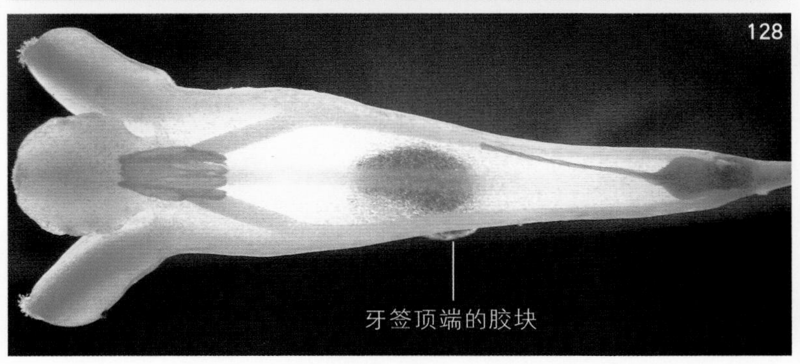

图1-125 杜仲的雌花（暗视野照明）

图1-126 除去部分子房壁后，示杜仲雌花子房室内的胚珠（暗视野照明）

图1-127 玉竹花的纵剖（反射光照明）

图1-128 玉竹花的纵剖（暗视野照明）

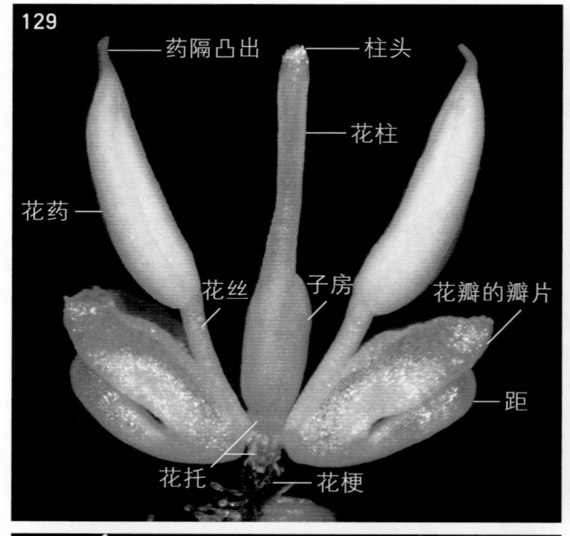

图1-129 淫羊藿花蕾的解剖，示2个外展的花瓣及2个雄蕊与雌蕊（侧面观，反射光照明）

图1-130 淫羊藿花蕾的解剖（暗视野照明）

与图1—129相比，本图显得更加美观、漂亮。

图1-131 图1-129和图1-130堆叠后的照片

右侧花药的内面（近轴面）出现重影，是由于用手机拍摄暗视野照明照片时，照相的位置发生了微小改变（见下述）。

三、一种花显微解剖照片的堆叠处理方法

1. 三维立体的放大物像

与所观察的物体相比，解剖镜或显微镜等助视仪器所观察到的物像在横向和纵向上都被放大了，其横向放大率等于纵向放大率，这样物像才能不失真，不变形*。

---

* 纵向放大率可通过旋转调焦螺旋，观察物像（整体或某部分）在纵轴上从出现至消失时，物镜在纵轴上的移动距离与被观察物体（整体或特定部分）在纵轴上的实际长度之比来测算。

使用手机相机直接对助视仪器所观察到的三维物像拍照时，在所获得的二维平面式的数码照片中，都是某一聚焦面及其景深范围之内的物像细节比较清晰，景深范围之外的物像细节比较模糊。但是，若通过一些软件处理，就可以获得物像在纵轴上各个水平方向都很清晰的数码照片。

2. 花显微解剖照片的堆叠处理方法

目前，已有多种图像处理软件（如PS和Zerene Stacker）可以将同一物像清晰位置不同的多张照片，合成为一张物像纵轴上各个聚焦面（水平方向）都很清晰的数码照片。这种高清数码照片的合成方法，也称“堆叠”的或“景深合成”，两者含义相同。目前市场上已有带有照片景深合成功能的解剖镜在售，一般分为自动操作和手动操作两种类型，前者的售价较高，后者的售价相对低一点，但也需近万元。

下面，以Zerene Stacker软件（这里简称为ZS软件）和图1-132至图1-134为例，介绍一种低成本的、由同一物像不同聚焦面清晰的多张数码照片合成出一张高清花显微解剖数码照片的方法。

（1）照相方法　用手机拍摄用于堆叠的多张照片时，手机的照相位置要保持不变，即只依靠手机的照相调节系统驱动镜头改变物像的聚焦面，或者手动调节助视仪器聚焦，使照相时的聚焦面仅沿着物像的纵轴（向上/向下）平移。具体方法如下：

①手持手机，让手机的镜头对着解剖镜或显微镜（或其他助视仪器）目镜中的观察结果进行聚焦。

②用左手的小拇指和无名指握住（或抵住）镜头下的镜筒，用左手的大拇指和食指握住手机相机，释放出右手，用右手的食指点击手机显示屏上需要聚焦的图1-132的位置1，也可找其他人帮助触屏聚焦。通过触屏聚焦使图1-132的位置1变清晰，然后照相，得到图1-132。

③用左手握住相机（握法同上），保持照相位置不变，用右手食指触屏聚焦图1-133的位置2。当位置2的图像变清晰后，进行照相，获得图1-133。

④必要时，可以再选择几处，作为位置3、位置4和位置5等，依上述方法依次触屏聚焦位置3和位置4并照相（图1-133）。但是，在触屏聚焦位置5（雄蕊下的子房位置）时，由于目前手机触屏调焦功能的不完善，手机的调焦系统会误操作为对雄蕊的花药聚焦。这时，可以转动解剖镜的调焦螺旋，进行手动调焦。当花药下的子房图像变清晰后，即可对子房进行照相。

这里仅选择了图1-133的位置1和位置2两处进行触屏聚焦和照相，得到2张不同聚焦面清晰的数码照片。在连续照相过程中，一定要确保手机的镜头与助视仪器的目镜的位置保持不变，同时保证花材料处于静止状态，这样堆叠出来的照片才不会有重影（图1-134）。否

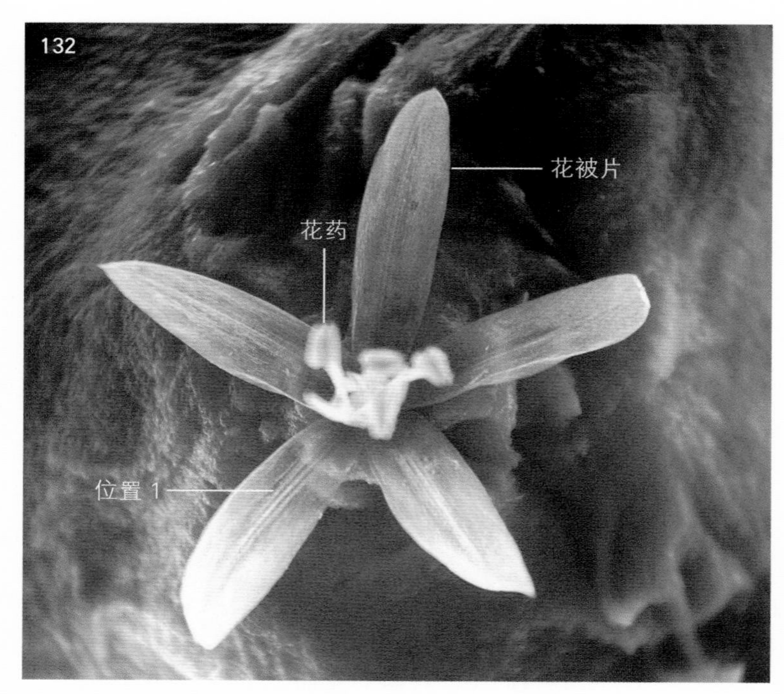

图1-132 青葙（*Celosia argentea* L.，苋科）花的上面观（暗视野照明）

图中的位置1比较清晰。

图1-133 图1-132的不同聚焦面观察（暗视野照明）

图中的位置2比较清晰。

则的话，堆叠出来的照片就会出现轻微或严重的重影（图1-131）。

（2）堆叠软件的使用方法 ZS软件是收费软件，可下载到电脑上试用。试用期满后，可根据需要购买不同的版本。ZS软件的使用方法如下：

①点击电脑上安装的ZS软件。

②点击软件左上角的“File”下拉菜单，点击“Add File(s)”，出现“Add source files”选择框，找出存放堆叠照片的文件夹后，选中要堆叠的两张照片（此处为图1-132和图1-133），打开即可。

③点击软件左上方的“Stack”下拉菜单，点击“Align & Stack All (PMax)”。软件自动将两张照片合成为一张位置1和位置2都清晰的照片。

④点击软件左上角的“File”下拉菜单，点击“Save Output Image(s)”，出现“Set image file format”选择对话框，将“Compression Quality”的标尺选择钮拉至右侧最大处，并选中（或不选）“Show these parameters during image save”（若选中，文字前的方框内出现√），然后点击“Save image”按钮，即出现“Save”保存对话框，在“对象名称”（即堆叠照片保存后的文件名）栏填入堆叠的两张图片的编号（图1-132+图1-133），点击“保存（S）”键后，出现“Image file size”对话框，点击“确定”即可。这样堆叠后的照片，文件名即为“图1-132+图1-133.jpg”（堆叠结果照片见图1-134）。

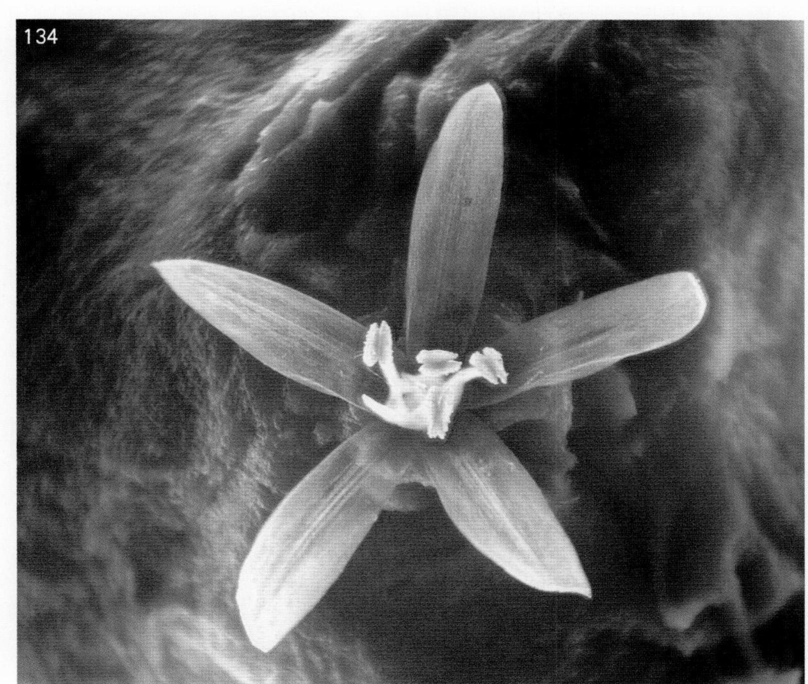

图1-134 图1-132和图1-133两张照片经过堆叠处理后的照片

如果自己不命名，软件会自动命名。自动命名的文件名不利于事后研究，最好自己命名。

⑤找到堆叠照片所在的文件夹，打开此文件夹后，便可打开堆叠后的照片并查看堆叠的效果是否符合要求。如果堆叠的照片有重影，说明手机在拍照时，相机位置发生了或大或小的改变。

在堆叠时，不同照明条件下获得的照片可以相互堆叠。例如，反射光照明的照片可以和反射光照明、混合光照明和暗视野照明的照片堆叠。堆叠后，照片的色彩会发生一些改变。如果是暗视野照明的照片和反射光或混合光照明的照片堆叠，堆叠后的照片将不再具有明显的暗视野照明照片的特点（图1-129至图1-131）。

第三节　解剖镜耐热玻璃工作盘的制作和花材料的固定等方法

在对花材料进行显微解剖时，解剖镜的照明方式一般有反射光照明、透射光照明和自然光照明三种。由于透射光照明为逆光照明，花材料的观察面暗而不清，而自然光照明又无法满足室内观察需要，所以通常的花显微解剖都是在反射光照明条件下进行的。笔者曾提出一种使用胶块增加解剖镜照明方式的方法，该方法使解剖镜的照明方式又增加了暗视野照明和混合光照明两种方式。但是，在使用胶块进行暗视野观察时，由于玻璃工作盘上的胶块距离解剖镜底座内的透射光照明光源太近，亮而热的照明光源会使玻璃工作盘上的胶块快速升温、变黏，以至融化，这使得花显微解剖及观察难以继续进行。为此，笔者提出一种适用于暗视野观察用的解剖镜耐热玻璃工作盘的制作及观察方法，该方法可较好地克服暗视野照明观察时，胶块受热以至融化的弊病。

一、解剖镜耐热玻璃工作盘的制作方法

（1）取下解剖镜（S6IF的XZT-DT型）底座上的玻璃工作盘（图1-135），将普通玻璃培养皿（外盖直径9.5 cm，内盖直径9 cm）的内盖口朝下，倒扣在玻璃工作盘的凹槽内，在凹槽边缘放上数块胶块对培养皿内盖固定。

（2）在培养皿内盖外面的底部边缘，选择3至多处粘上一些小胶块，然后将半透明的塑料袋剪成的圆形塑料片粘着、固定在培养皿内盖的底部外面（图1-136）。

（3）在塑料片外侧的3至数处粘上小胶块，盖上培养皿外盖，依靠培养皿内、外盖和塑料片间的胶块将它们固定在一起（图1-136）。此时的培养皿外盖未嵌入玻璃工作盘的

凹槽内（图1-137）。

（4）在培养皿外盖的底部边缘3至数处粘上适量大小的胶块，然后粘上一块一面为毛玻璃的圆玻璃（直径约9.5 cm、厚约3 mm，毛玻璃的光面朝上），即制成了解剖镜耐热玻璃工作盘（图1-136，图1-137）。

（5）在制作好的耐热玻璃工作盘的毛玻璃光面中央，粘上暗视野照明观察用的硬胶块，然后插入一段牙签（长约3.5 cm，或根据需要选用适当的长度），在牙签的另一端粘上小胶块即可用于固定花材料（图1-137）。

耐热玻璃工作盘制作好后，其表面约高出正常解剖镜底座2 cm（约为培养皿外盖的高度和单面毛玻璃的厚度之和），培养皿内盖和外盖之间有约3 mm的缝隙。耐热玻璃工作盘的表面远离照明光源、多层的结构和内外盖间的缝隙，这些都是耐热玻璃工作盘耐热的原因所在。

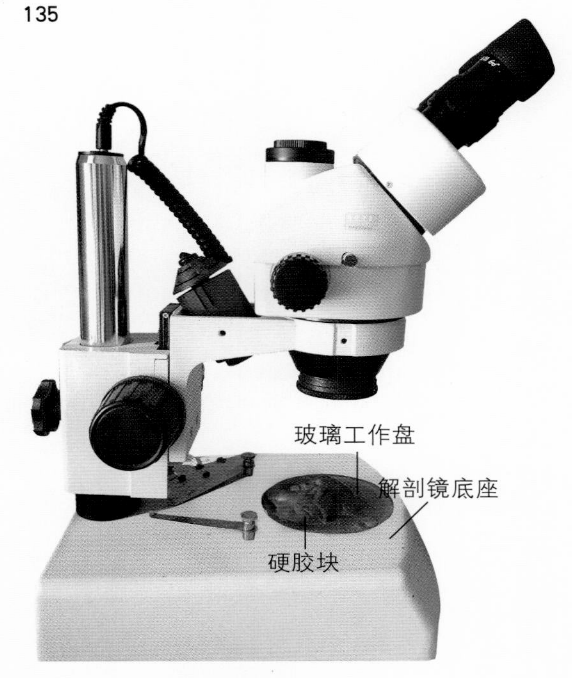

图1-135　解剖镜的侧面观

解剖镜的底座上有玻璃工作盘，其上有可用于暗视野照明观察用的硬胶块。

在野外没有交流电源、无法照明时，可预先将培养皿的外盖和内盖的一侧边缘同时除去一部分，这样就可以在培养皿下方插入1至数个USB灯（用移动电源供电），在野外进行暗视野照明观察。

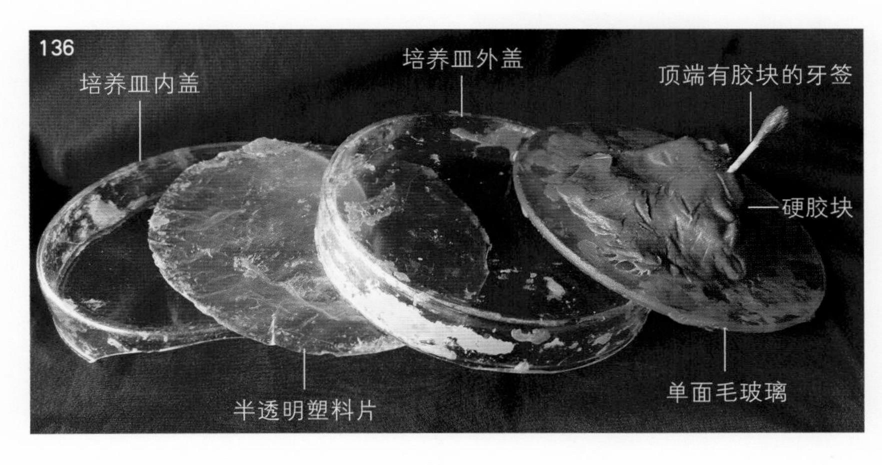

图1-136　耐热玻璃工作盘的构成（近侧面观）

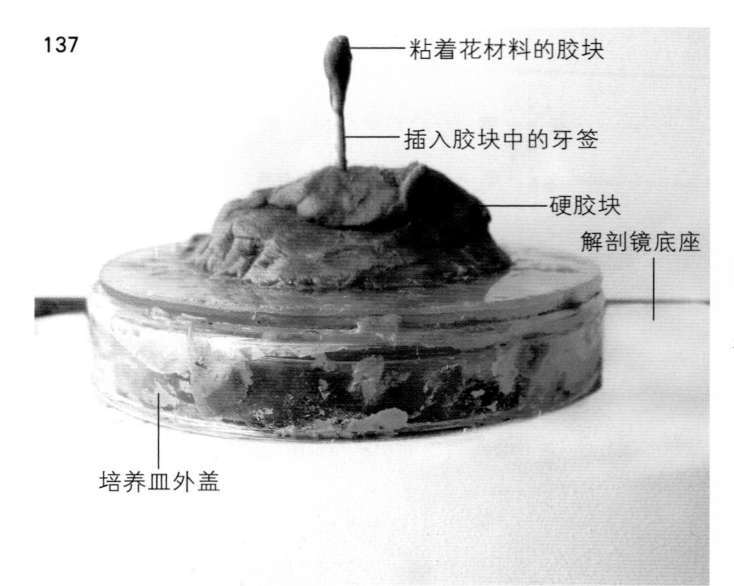

图1-137 制好的解剖镜耐热玻璃工作盘

耐热工作盘上有硬胶块及固定花材料的牙签。

图1-138 将培养皿的一侧除去一部分

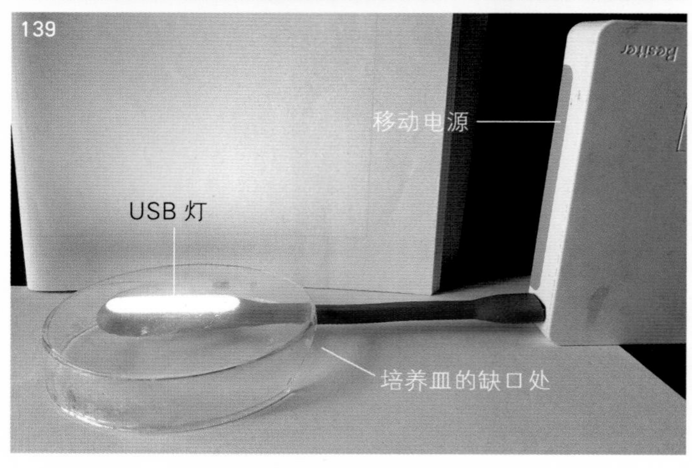

图1-139 将USB灯插入培养皿中，可在野外无交流电源时进行暗视野照明观察

二、花材料的固定和改变照相背景的方法

将花或其他植物材料粘在牙签顶端的小胶块上，在牙签下的胶块上倾斜放置一块黑色小纸板（图1-140）。黑纸板的顶端外倾（也可根据需要内倾），其后用1～2个下端插入胶块中的牙签顶住，这样可以避免黑纸板在反射光照明和混合光照明时产生反光，以免影响观察和照相（图1-141）。

若在黑色纸板一侧的中间位置剪出一个凹槽，在放置黑色纸板时使此凹槽嵌入牙签中，就能使花材料下方都能被黑色纸板遮挡成黑色（图1-140至图1-142）。若仅部分被遮挡为黑色，可深挖凹槽，或在黑纸板下方、从牙签的另一侧倾斜塞入另一个有凹槽的黑纸板，两个黑纸板的倾斜方向一致，这样就能确保照相时花材料的背景全部呈黑色（图1-142）。

若想使花照片的背景呈现其他颜色，可使用其他颜色的纸板。在进行暗视野照明观察时，为防止黑纸板遮光，可根据需要撤下黑纸板。如果顶住黑纸板的牙签会进入照相画面的话，也要及时拔出并用右手食指将胶块整平，以免干扰和影响照片画面的美观（图1-143）。

为防止外界光线影响暗视野照明的观察和照相效果，可用非白色的色布将解剖镜包起来（图1-144），这样会使暗视野照明照片更加美观（图1-128）。

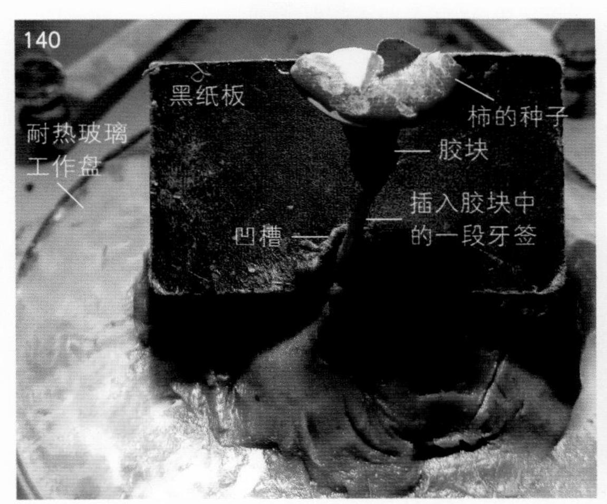

图1-140 植物材料在耐热玻璃工作盘上的固定方法

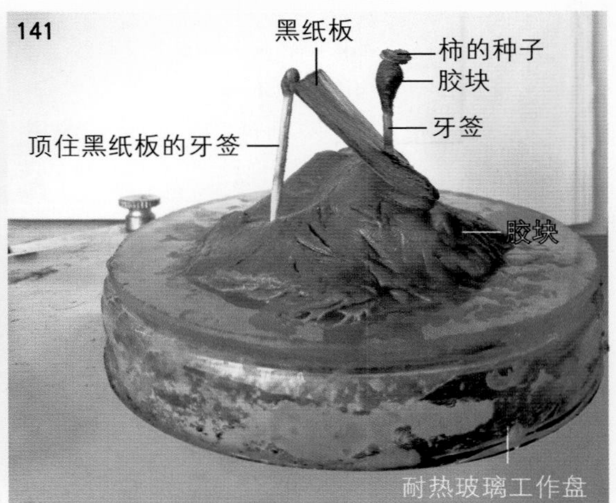

图1-141 植物材料在耐热玻璃工作盘上的固定方法，同时示黑纸板的放置方法

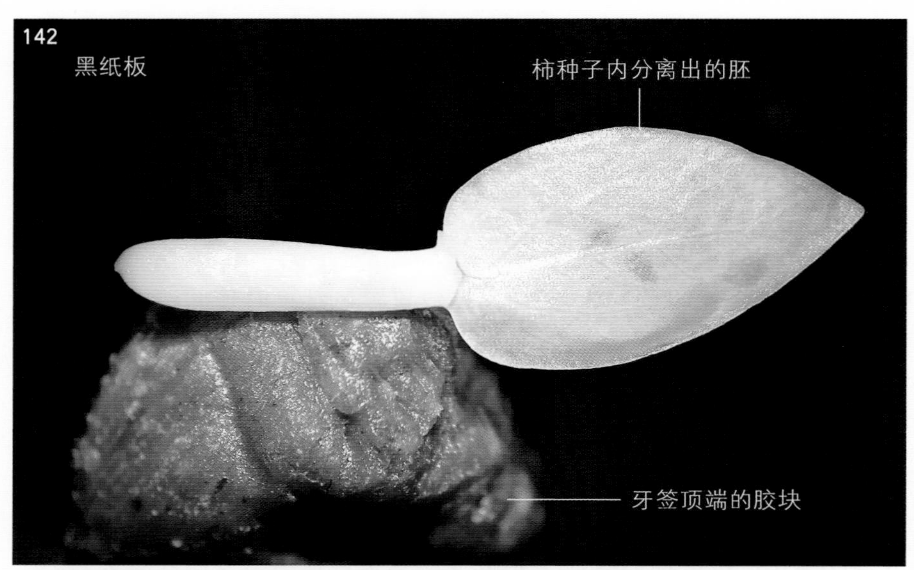

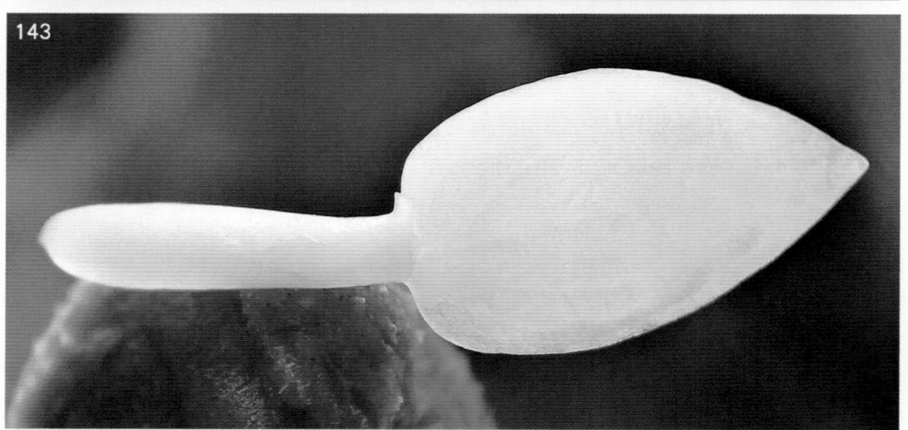

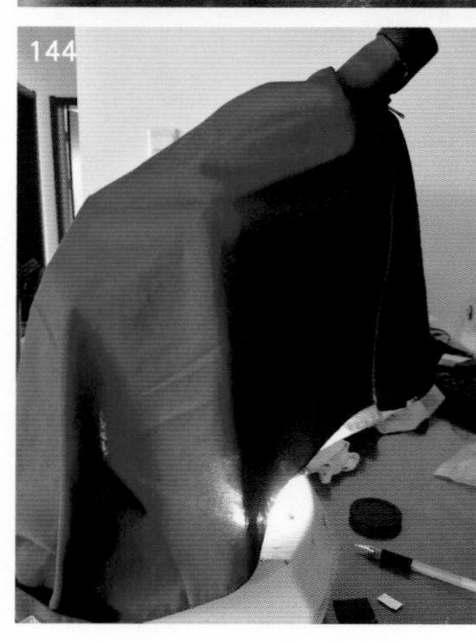

图1-142 图1-141的观察效果（反射光照明观察），照片中的黑色背景由胶块上的黑色纸板形成

图1-143 暗视野照明时，注意撤下黑色纸板和顶住它的牙签。同时，要将胶块整平

图1-144 用色布将解剖镜包起来的方法（侧面观）

第二章 花的显微解剖

一、三白草科（Saururaceae）

1. 三白草（*Saururus* sp.）

三白草属（*Saururus*）。水生草本。圆锥花序由总状花序和花序的分枝组成，两性花，有花梗和苞片，无花被；雄蕊6或7个，离生，花丝长于花药；复雌蕊由4个部分合生的心皮组成，子房上位，4室，每个子房室内有2个胚珠，胎座为非典型的中轴胎座，花柱4个，离生，柱头4个。

花、果材料均采自河南省洛阳市，花材料于2017年6月7日解剖，未成熟果实于2018年7月27日进行切片观察。根据《中国植物志》记载，三白草属约有3种植物，我国仅有三白草（*S. chinensis*）1种，其花丝比花药稍长。由于花材料的花丝显著长于花药，与已知的三白草不同，因此这里未按三白草书写其种名。

图2-1 花期的植株
图2-2 摘下的花序

花序梗（总花梗）表面光滑，花序轴上的花序为总状花序，在花序轴的基部有1个小的花序分枝，此分枝仍为总状花序，这种花序属圆锥花序（复总状花序）。《中国植物志》未记载三白草的花序类型，只记载该属为总状花序。总状花序的开花顺序是由下至上依次开放，即越往上，花越幼嫩或花蕾正在分化形成。

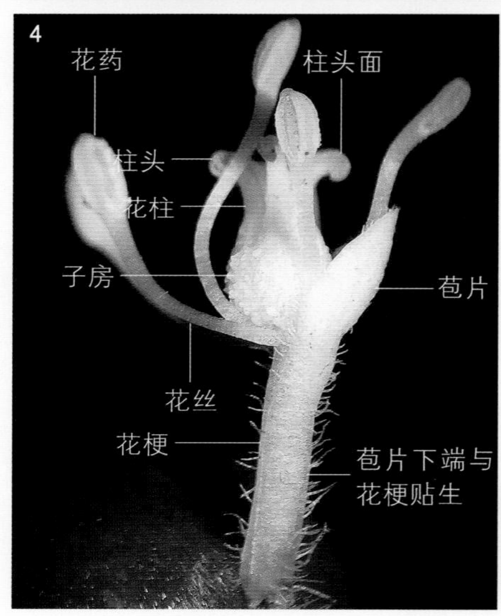

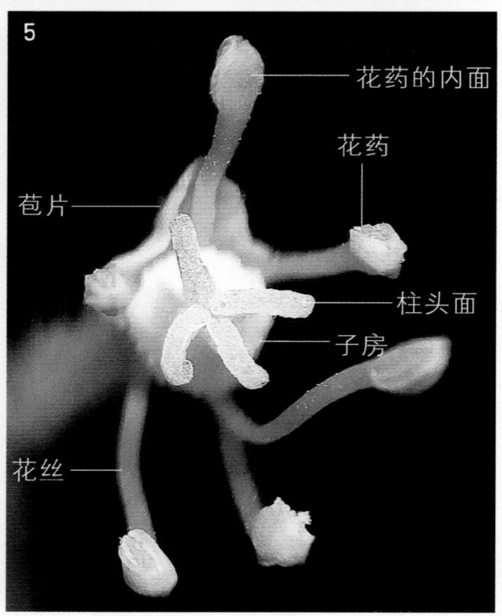

图2-3 花序的部分放大

经解剖镜放大后，可见花序轴和花梗的表面生有柔毛，花梗较长。

图2-4 从总状花序上摘下的1朵花

花梗顶端可见1片苞片，花无花被（属于无被花），雄蕊离生，花丝显著长于花药，这与《中国植物志》描述的“花丝比花药略长”不符。

图2-5 花的上面观

离生雄蕊6个，花药纵裂，其开裂面朝外，为外向药。雌蕊的花柱4个，离生，柱头的内面呈毛茸状，此即《中国植物志》描述的三白草属花柱“内向具柱头面”。花柱及柱头的外面（远轴面）均较光滑，非毛茸状。

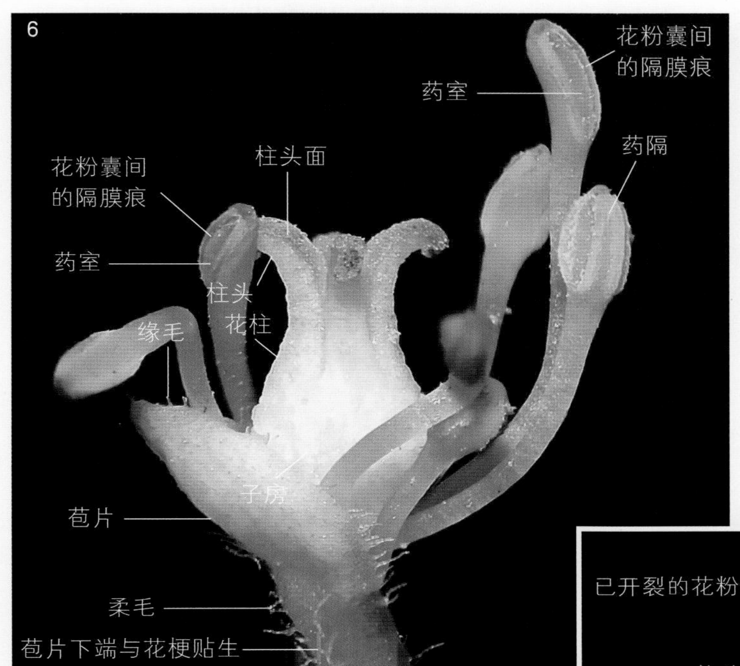

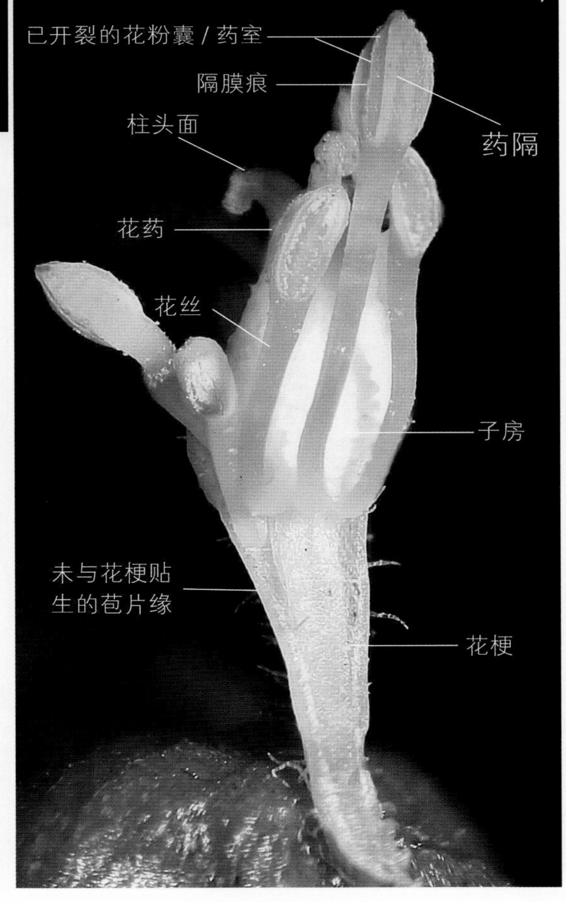

图2-6　另一朵花的侧面观

花下的苞片生有缘毛，花内有7个离生雄蕊，花药为贴着药（背着药），每侧的药室内有1个残留的、2个花粉囊之间的隔膜痕。雌蕊的子房上位，子房表面生有疣状突起。

图2-7　花的侧面观

苞片近轴面的下部与花梗贴生，但是苞片的边缘游离。从开裂后的花药形态看，花药的每一侧都有2个花粉囊。

图2-8 将苞片粘在胶块上后，花的侧面观

与子房相比，花柱的外面比较光滑，这与毛茸状的柱头内面（即柱头面）形态不同。

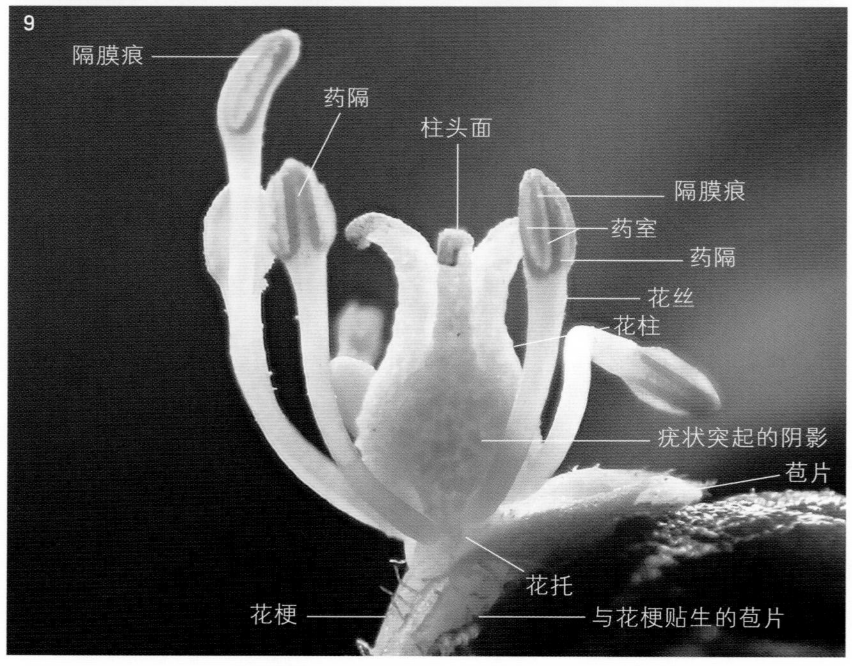

图2-9 图2-8花的暗视野观察

子房壁表面可见疣状突起及其阴影。

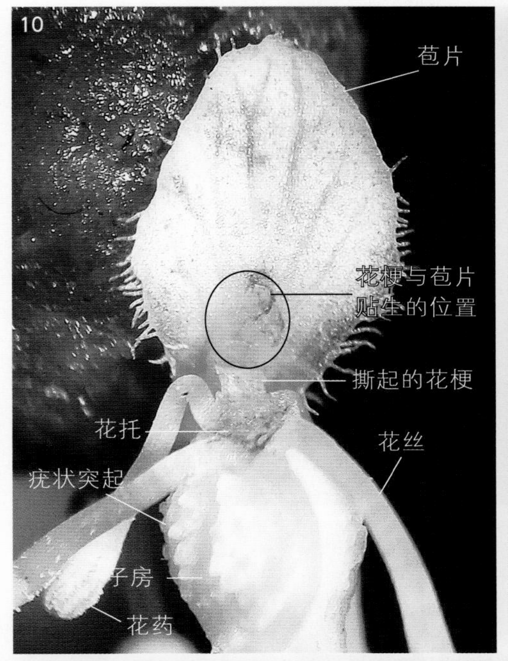

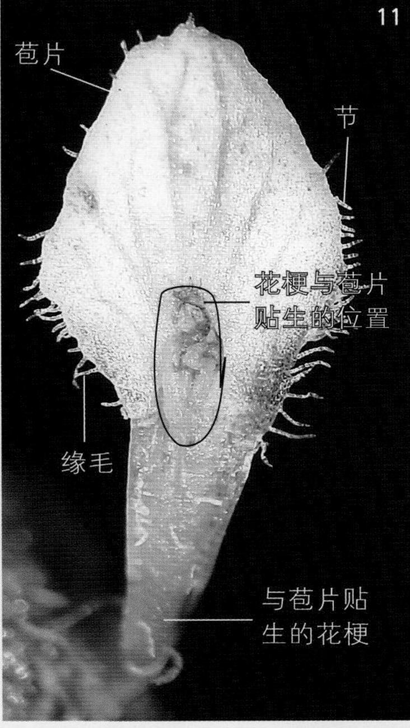

图2-10　将苞片粘在胶块上，并将花梗上端从苞片内面撕下后，示苞片内面与花梗上端的贴生位置

苞片上的圈为花梗上端与苞片贴生的大致位置。

图2-11　将图2-10撕起的花梗和花蕊除去后，苞片的内面观。

苞片匙形，图中圈内为花梗上端与苞片贴生的大致位置。苞片的缘毛有"节"，为单列细胞组成的多细胞表皮毛。

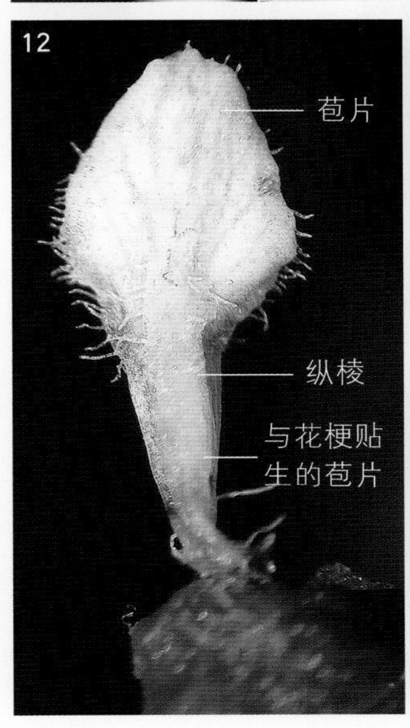

图2-12　苞片的外面观（远轴面）

在苞片的外面，苞片与花梗贴生处形成纵棱，纵棱两侧的苞片缘未与花梗贴生。

图2-13　另一朵花的苞片上部（内面观）

图2-14　图2-13的侧面观

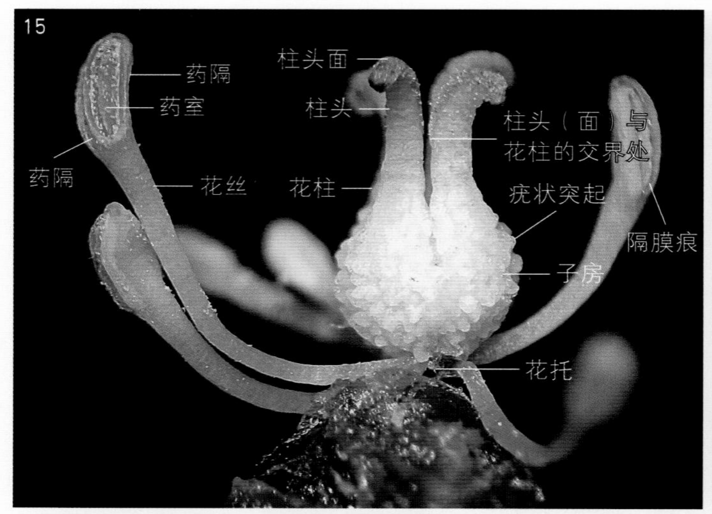

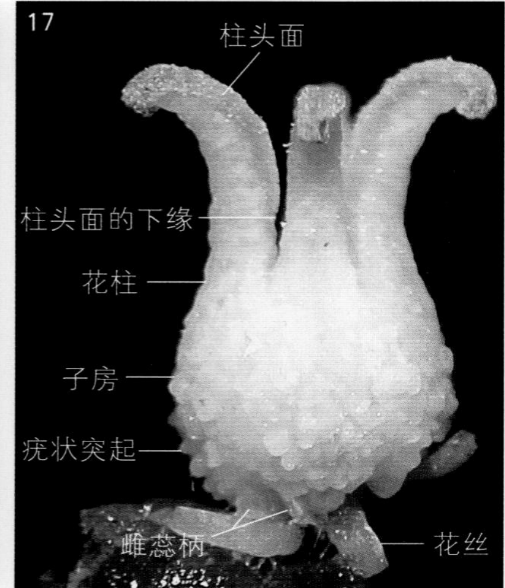

图2-15 除去苞片后，花的侧面观

子房的表面不光滑，有疣状突起。

图2-16 图2-15花的暗视野观察

每个花药均有2个被药隔相互隔开的药室，每个药室都由2个开裂的花粉囊组成，两者之间有隔膜分隔。当药室或花粉囊开裂后，2个花粉囊间的隔膜会被破坏并在药室中留下痕迹（隔膜痕）。三白草的雌蕊为复雌蕊，由4个部分合生的心皮组成。

图2-17 分离出的雌蕊

子房的基部有很短的柄，为雌蕊柄。图中花柱的近轴面上端可见毛茸状柱头面的下缘，为花柱与柱头的交界面。

图2-18 图2-17的暗视野观察

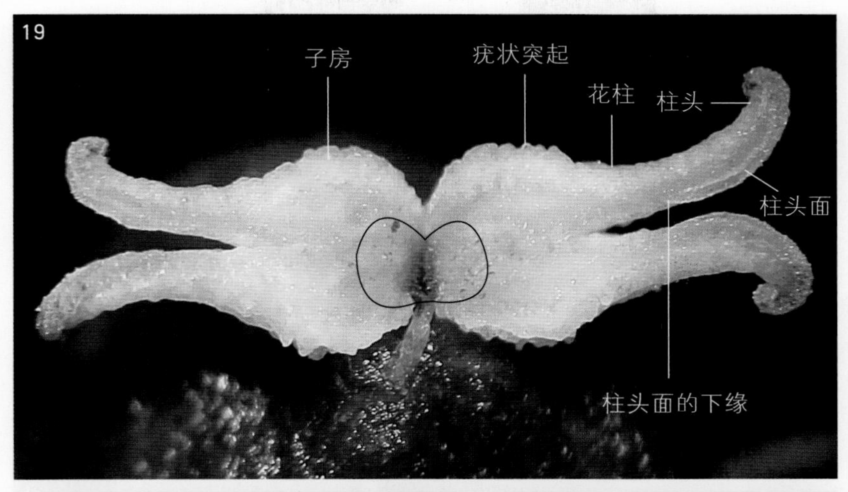

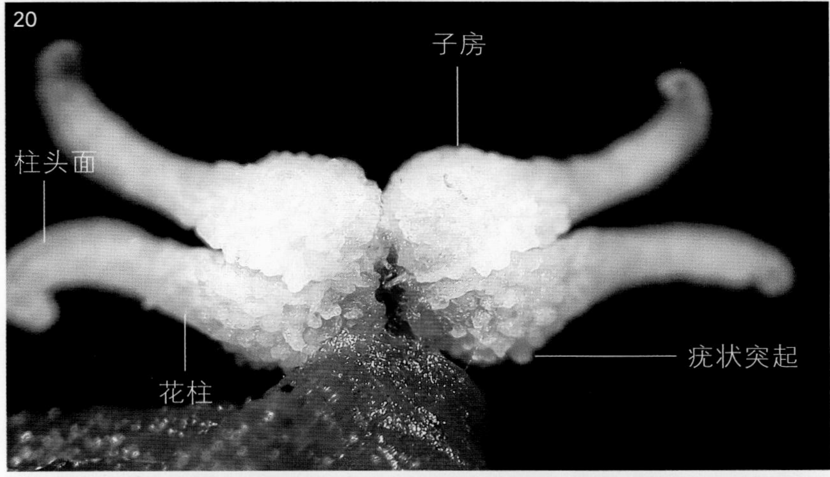

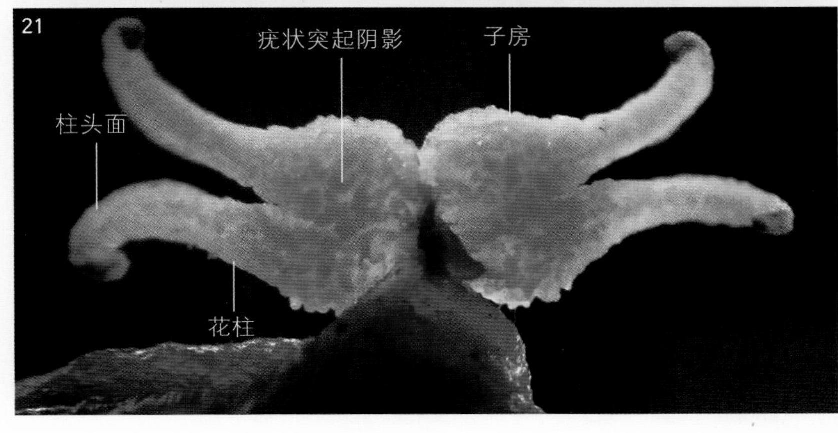

图2-19　将雌蕊纵向分为两半并展开

圈内为两半雌蕊间、子房部分合生的大致范围，子房的内面比较光滑，无疣状突起。《中国植物志》未描述三白草的柱头细节，仅描述三白草属“花柱4，离生，内向具柱头面”，似乎是把花柱的内面，即柱头面当作柱头。由于花柱与柱头面之间有明显的柱头面下缘作为分界线，因此这里将柱头面下缘之下的花柱部分作为花柱，将柱头面下缘之上的部分作为柱头。柱头的内面（近轴面，即柱头面）呈毛茸状，其他面非毛茸状，疣状突起较小，比较光滑。

图2-20　展开雌蕊的外面观

复雌蕊的4个子房在外表面上彼此分离。

图2-21　图2-20的暗视野观察，示子房表面的疣状突起

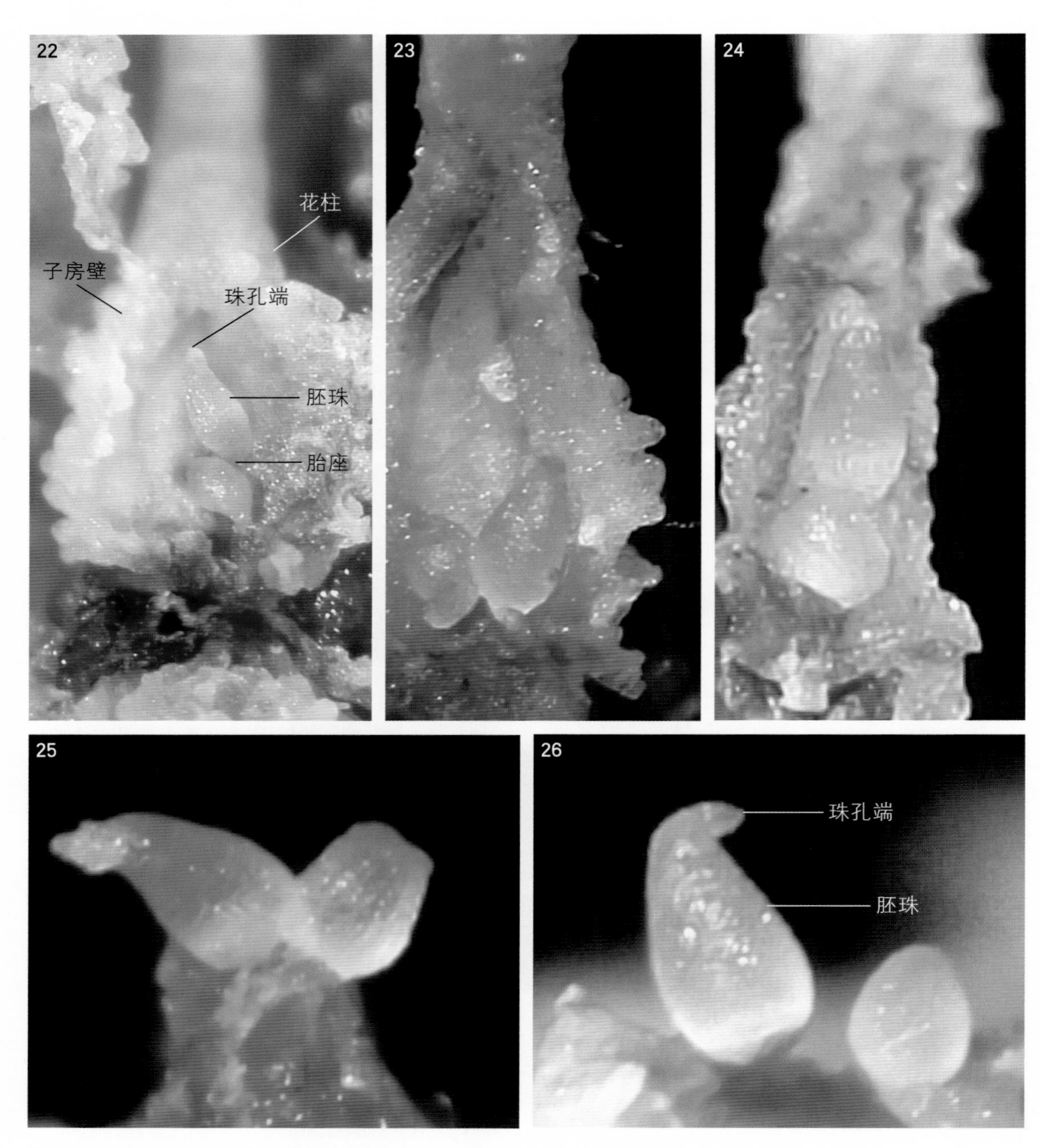

图2-22 将复雌蕊的1个心皮纵向剖开后，示子房室内的2个胚珠

图2-23 从另一个纵剖的子房室内拨出的2个胚珠

图2-24 其他子房的纵剖，示子房室内的2个胚珠

图2-25 从子房室内分离出的2个胚珠

图2-26 从另一个子房室内分离出的2个胚珠

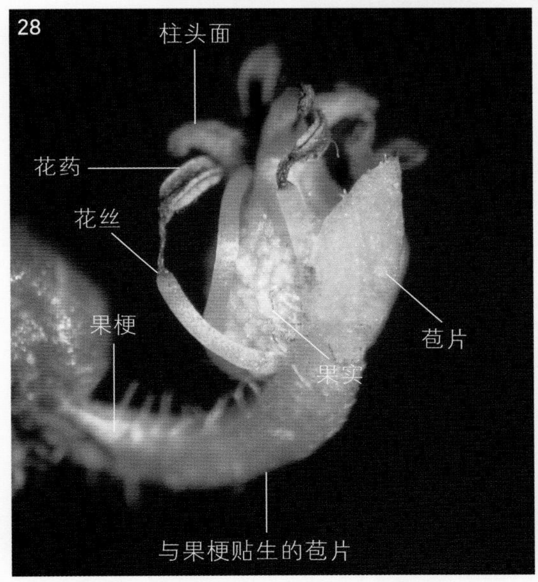

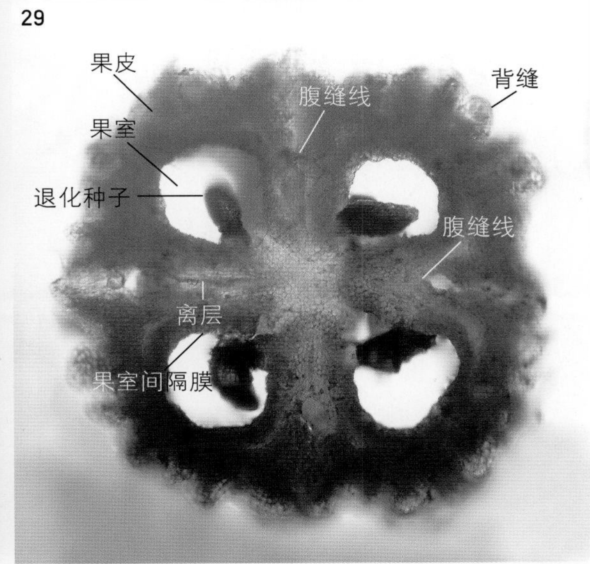

图2-27 部分果序

果序上的果实未成熟。

图2-28 一个未成熟的果实

雄蕊的上部及花药枯萎。

图2-29 未成熟果实横切片的显微镜观察

果实是由4个心皮组成的复雌蕊发育而来，4个果皮（心皮）在腹缝线处浅裂，腹缝线的下方可见线条状的离层。果实成熟后沿着离层分为4个果瓣，因而果实属于分果。果室内的种子（由花期时的胚珠发育而来）已经枯萎，为不育的退化种子。退化种子未着生在果室内的中轴上，而是着生在果室间隔膜的近中轴位置，其胎座不是典型的中轴胎座，有点像睡莲的片状胎座。

2. 蕺(jí)菜*(*Houttuynia cordata* Thunb.)

蕺菜属(*Houttuynia*),本属目前有1或2种植物。草本,茎叶在折断揉搓后有特殊气味;穗状花序,花序下生有4片白色的总苞片,两性花,花小,有苞片,无花被和花梗;雄蕊3个,离生;复雌蕊由部分合生的3个心皮组成,子房上位,1室,胚珠多数,侧膜胎座,花柱和柱头均为3个。

花材料采自河南省洛阳市河南科技大学校园内,并于2016年5月24日解剖。

图2-30 花期植株

图2-31 摘下的花序

穗状花序下生有4片白色的总苞片。

图2-32 鱼腥草的穗状花序(侧面观)

穗状花序的花序轴上着生了很多无花梗的两性花,在总苞片下隐约可见花序梗。

图2-33 穗状花序的暗视野观察

在叶柄和花序间有一个未展开的枝芽。

---

* 在植物志文献中,鱼腥草被称为“蕺(jí)菜”,但是“蕺菜”无论在书写、读音、使用等方面都远不及鱼腥草方便、简单和流行。由于鱼腥草具有一种特殊味道,《中国植物志》称其为“腥臭草本”,以“鱼腥草”称之远较蕺菜贴切,该名称在《本草纲目》中就已使用,而且每当说到蕺菜,总要以鱼腥草做解释,因此建议以“鱼腥草”作为该植物的中文学名。

图2-34 穗状花序的近下面观

图2-35 总苞片的下面观

图2-36 花序的部分放大

花序轴上的花彼此贴近。

图2-37 花序不同部分的进一步放大，示1朵花及其苞片

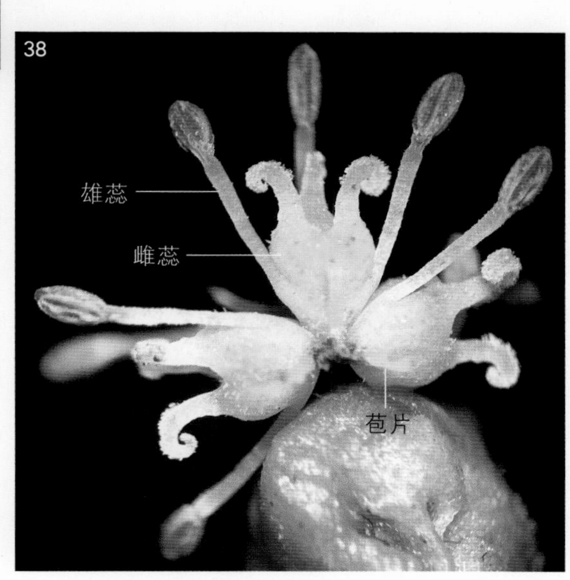

图2-38 从花序上分离出的3朵花

每朵花由1个苞片、3个离生雄蕊和1个雌蕊组成，没有花被和花梗，属于无被花。

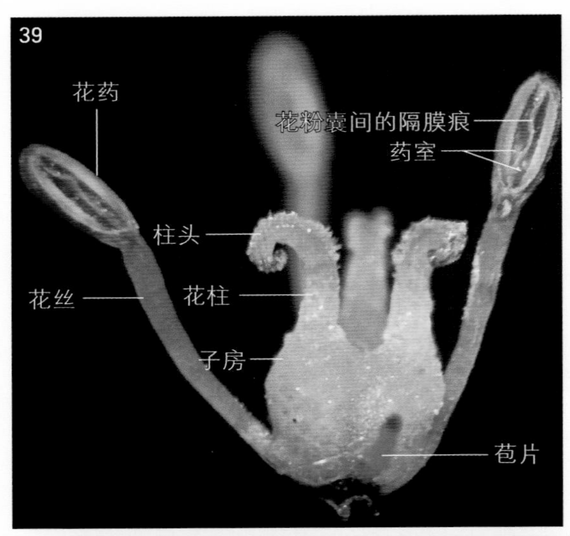

图2-39 花的侧面观（远轴面）

在花药的每一侧药室内，残存有2个相邻花粉囊的隔膜痕。花药的基部与花丝的顶端相连，属于底着药。雌蕊由3个心皮组成，为复雌蕊，其子房上位，花柱和柱头均为3个，并与雄蕊对生，苞片与雄蕊及子房互生。

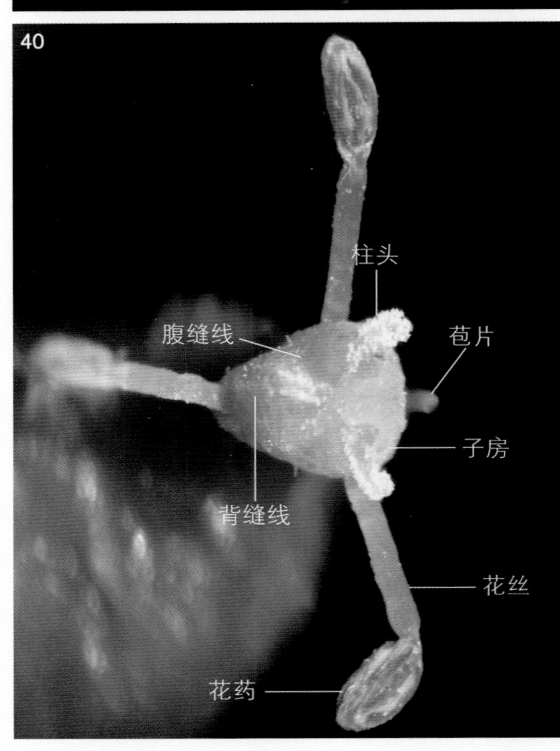

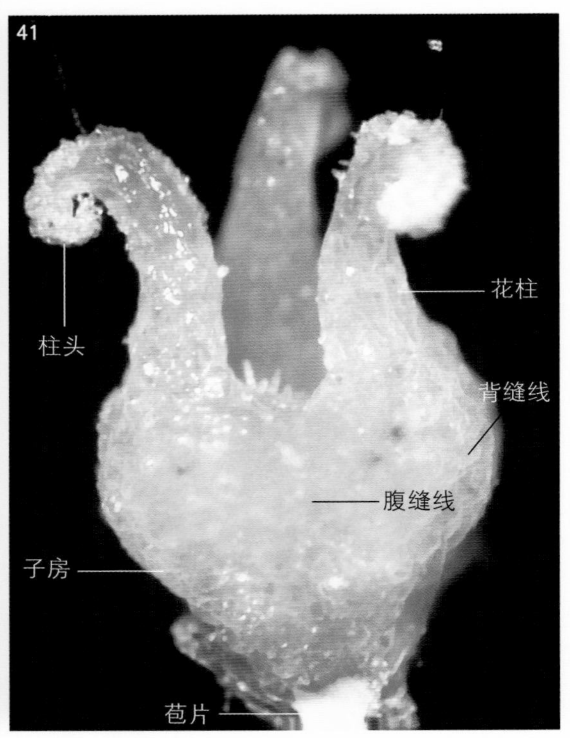

图2-40 花的上面观

雄蕊3个，与柱头（及背缝线）对生或近对生。雌蕊的子房壁表面与雄蕊对生处为背缝线（心皮的纵向中肋处）的大致位置，与苞片对生处以及两个背缝线之间的近中央位置（子房壁表面的凹陷处）为腹缝线（心皮边缘或心皮之间的纵向合生处）的大致位置（下同）。

图2-41 雌蕊的侧面观

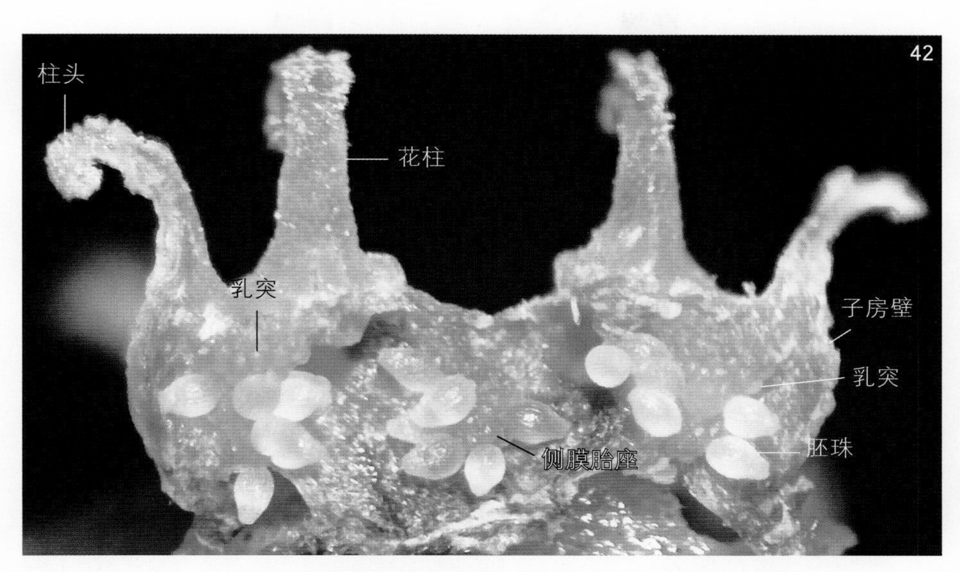

图2-42 沿着一个花柱将子房纵剖并展开后，示子房室内胚珠的着生情况

复雌蕊由3个心皮合生而成，子房1室，胚珠多数，侧膜胎座。从图中看，子房室内壁不光滑，生有乳突。

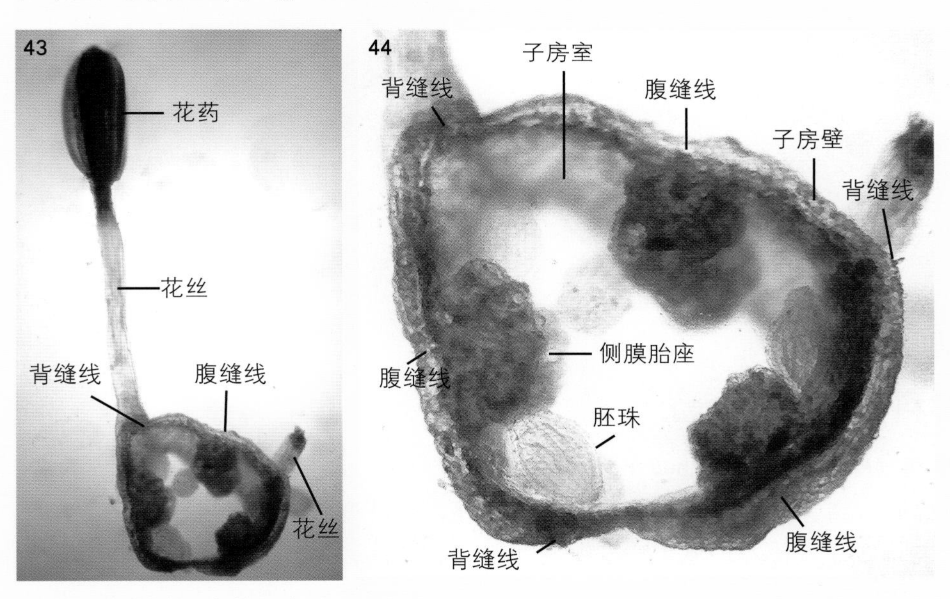

图2-43 子房的1个横切片

根据子房切片左侧的雄蕊着生位置，可以很容易判定花丝、花柱和柱头都与背缝线对生。

图2-44 图2-43的放大

侧膜胎座在子房室内凸出、膨大。由于没有花丝的着生位置作参照物，图下方的子房壁表面的背缝线位置为大致位置。需要确定背缝线的位置时，最准确的方法是依据子房壁内背束（维管束）的分布位置来确定。

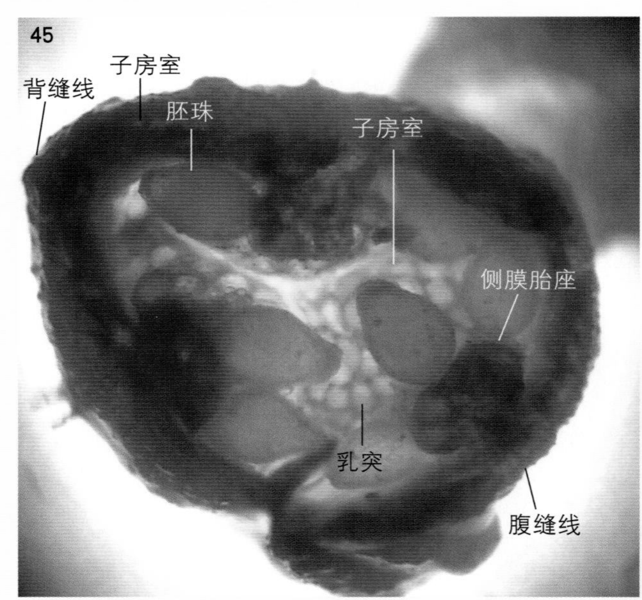

图2-45 子房横切片的解剖镜观察结果

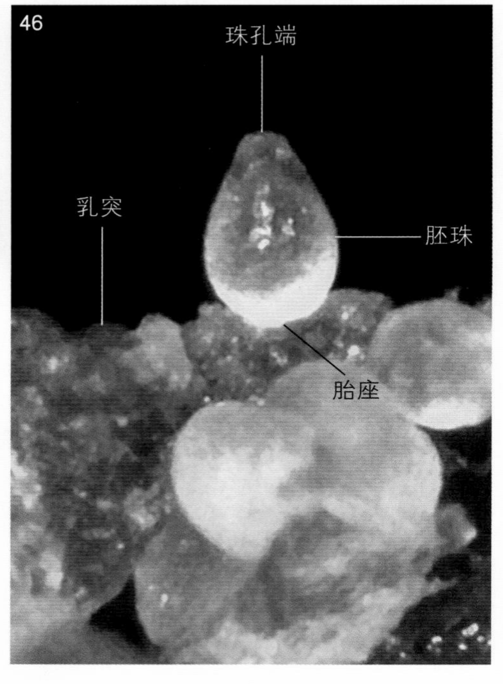

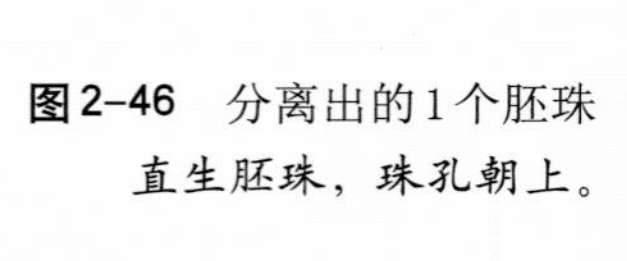

图2-46 分离出的1个胚珠

直生胚珠，珠孔朝上。

二、杨柳科（Salicaceae）

1. 中华红叶杨（*Populus* ‘Zhonghua hongye’）

杨属（*Populus*）。高大乔木，单叶互生；柔荑花序，先叶开放，单性花，无花被和花梗。雄花：花梗上生有1片苞片，离生雄蕊多数，生于花盘内，花内无雌蕊。雌花：苞片早落，复雌蕊生于花盘内，并由3心皮组成，子房上位，侧膜胎座，倒生胚珠多数，花柱短，柱头3个。

红叶杨是一种速生物品种，在《中国植物志》中无记载，其拉丁名是依据百度百科的“中华红叶杨”拉丁名书写。花材料于2018年3月23日采自河南省洛阳市河南科技大学开元校区被砍伐的雌、雄株。

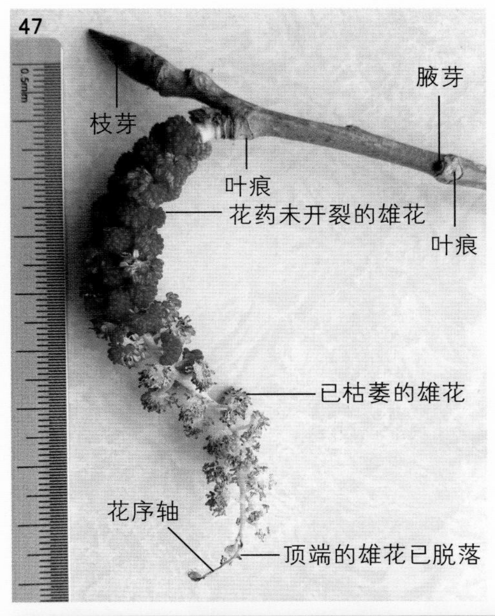

图2-47 枝上的雄柔荑花序

雄柔荑花序由去年生枝上的花芽发育而成，在枝顶端可见较瘦长的枝芽（在花期之后长出新的枝叶，为活动芽），在花序下方的枝上可见叶脱落后留下的痕迹，即叶痕（位于节处），在其叶腋内有1个体积较小的腋芽（或称侧芽），此腋芽为休眠芽。在雄柔荑花序的下方，雄花的花药尚未开裂，呈深红色，而花序上方雄花的花药已经开裂、枯萎并失色，同时花序顶端的一些雄花已枯萎、脱落。

在《植物学》教科书中，柔荑花序被归入无限花序，无限花序的开花顺序是由下至上依次开放（如龙爪柳的雄花序），并认为柔荑花序在开花后或结果后，一般是整个花序或果序一同脱落。但是，从图中可看出：⑴红叶杨雄柔荑花序的开花顺序是：花序上方的花成熟、先开放，花序下方的花后成熟、后开放。此特征与植物学文献和教科书中无限花序的开花顺序不符。⑵红叶杨雄柔荑花序前端的雄花已部分脱落，非花败后随整个花序一同脱落。

图2-48 雄柔荑花序的部分放大

照片左侧为花序靠近下端的部分，其雄花的花药饱满，排列较紧密，花药未开裂，呈深红色；照片的右侧为花序靠近上端的部分，大部分雄花的花药已开裂、枯萎并失去鲜艳颜色，花药间排列疏松，雄花的苞片也已脱落，留下苞片痕。

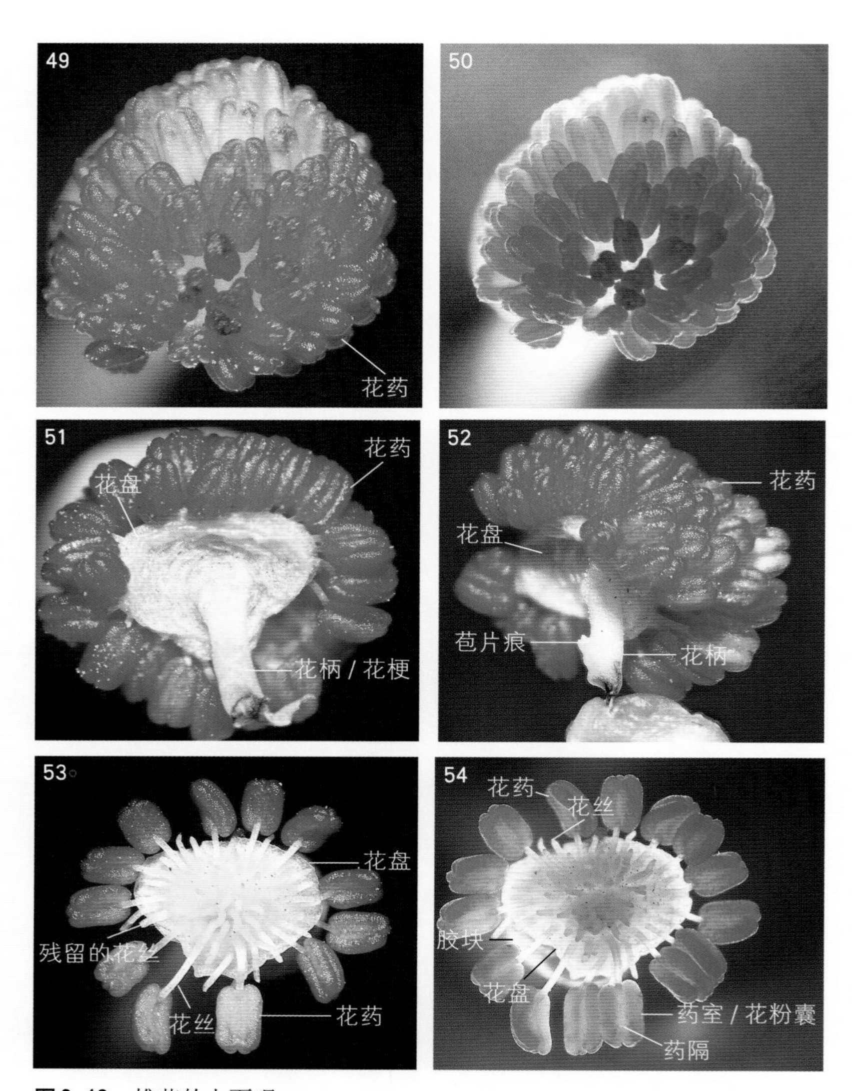

图2-49　雄花的上面观

雄花的雄蕊多数，离生。由于花丝受花药遮挡，因而未见。

图2-50　雄花的暗视野观察

图2-51　雄花的下面观

雄花有花柄或花梗，花柄的顶端扩展成盘状（有褶皱），为花盘，其上面有雄蕊着生的位置即花托的位置。

图2-52　雄花的侧面观

图2-53　除去部分雄蕊后，雄花的上面观

雄蕊的花丝着生在盘状的花托上，《中国植物志》称其为花盘。图中，花盘内的一些雄蕊已被摘掉，留下花丝残迹。

图2-54　除去部分雄蕊后，雄花的上面观（暗视野观察）

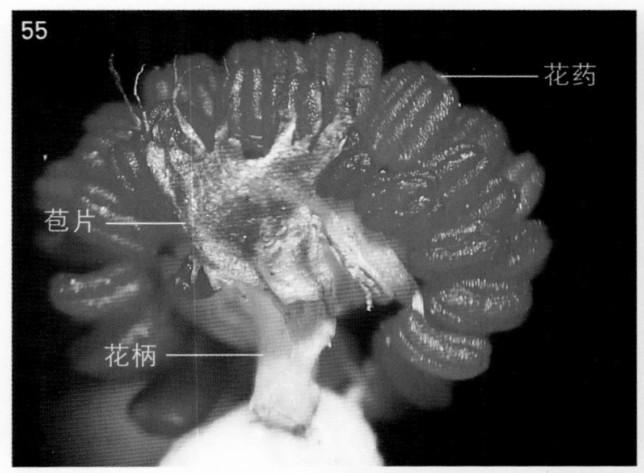

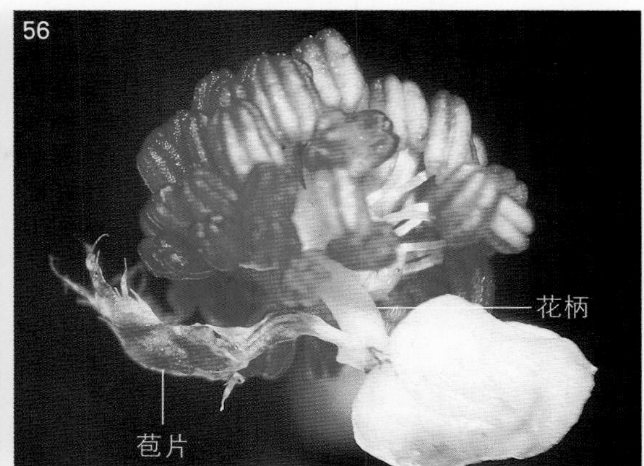

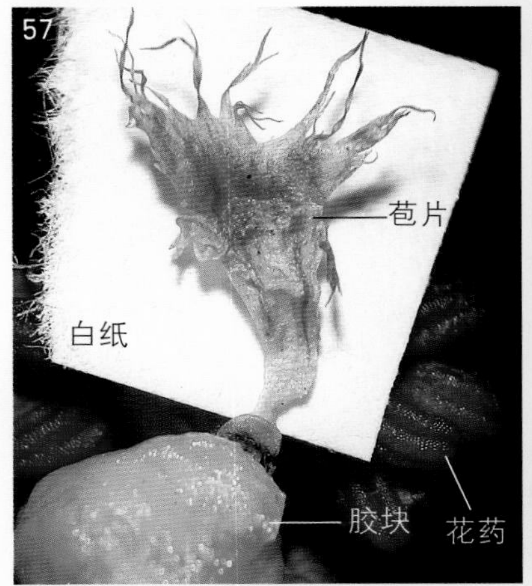

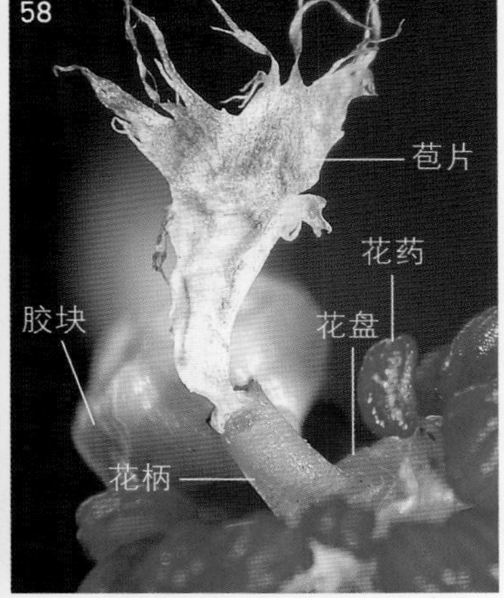

图2-55 苞片未脱落的雄花

苞片与花的其他部分反差小，分辨起来较困难。

图2-56 将苞片外挑后，苞片的侧面观

图2-57 在苞片和雄蕊间插入小纸片后，苞片的外面观

为增大苞片与雄蕊群背景的反差，使苞片的形状更清晰，可在苞片与花的其他部分之间插入一个白色（或其他颜色）的小纸块。

图2-58 苞片的展开（混合光照明）

图2-59 苞片在载玻片上的水液中展开（暗视野观察）

载玻片下放置黑纸板以改变背景颜色。

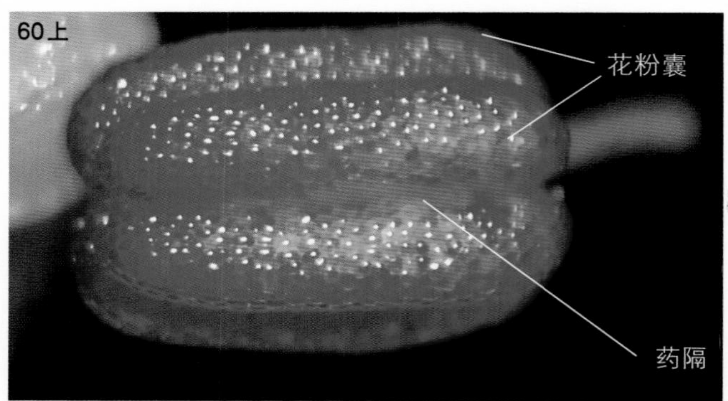

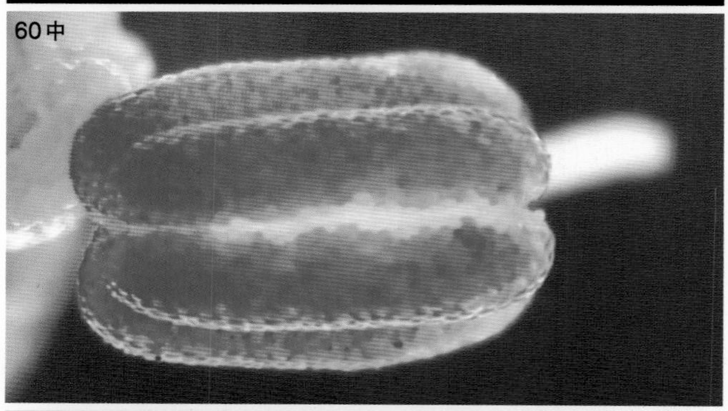

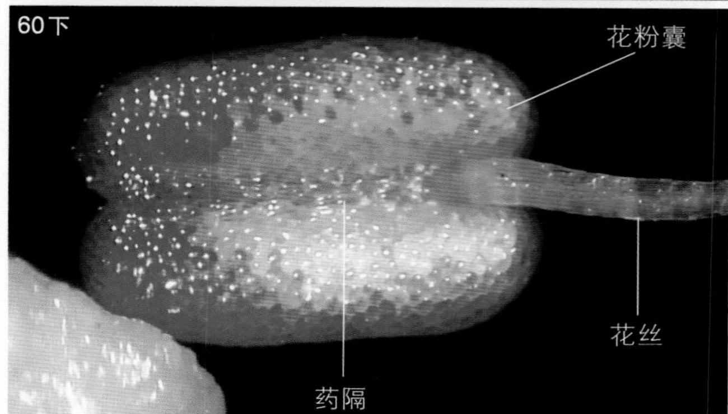

图2-60 花药的不同角度观察

上图为花药的远轴面观，中图为改变照明光后花药的远轴面观，下图为花药的近轴面观。

图2-61 花药的上面观

从外形上看，花药有4个花粉囊，在药隔的每侧各有2个。

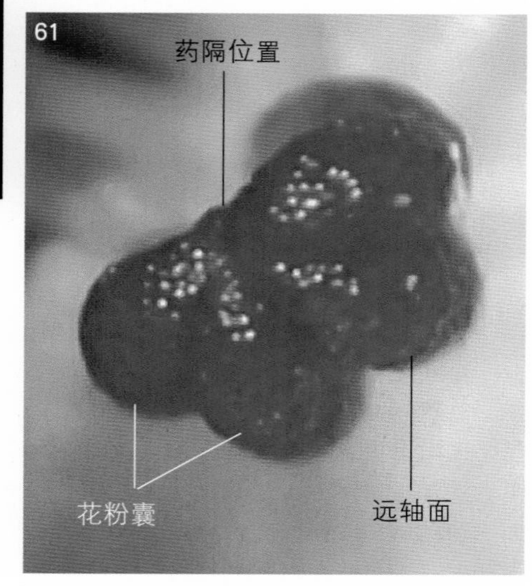

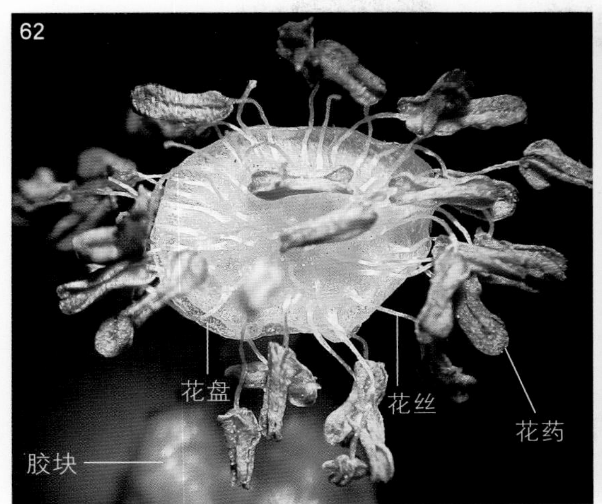

图2-62　花药已纵裂、枯萎的雄花

花丝细长。

图2-63　枯萎雄花的暗视野观察，在花盘中未见雌蕊的痕迹

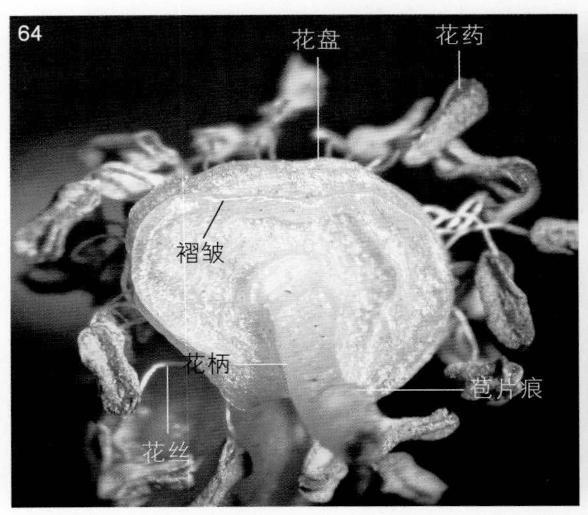

图2-64　枯萎雄花的下面观，示花盘外缘下方的褶皱

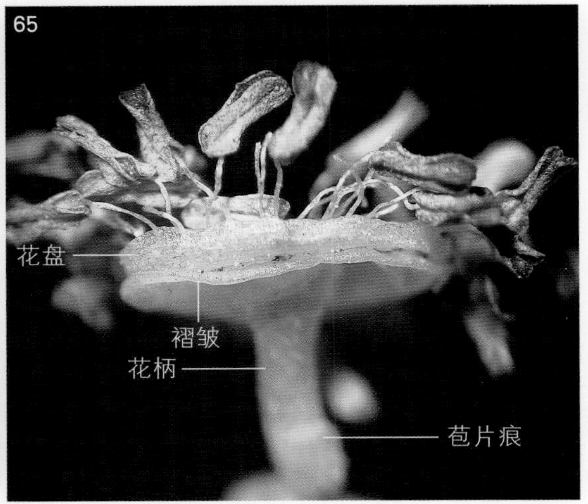

图2-65　枯萎雄花的侧面观

在浅盘状的花盘外缘下方有1个横向褶皱。

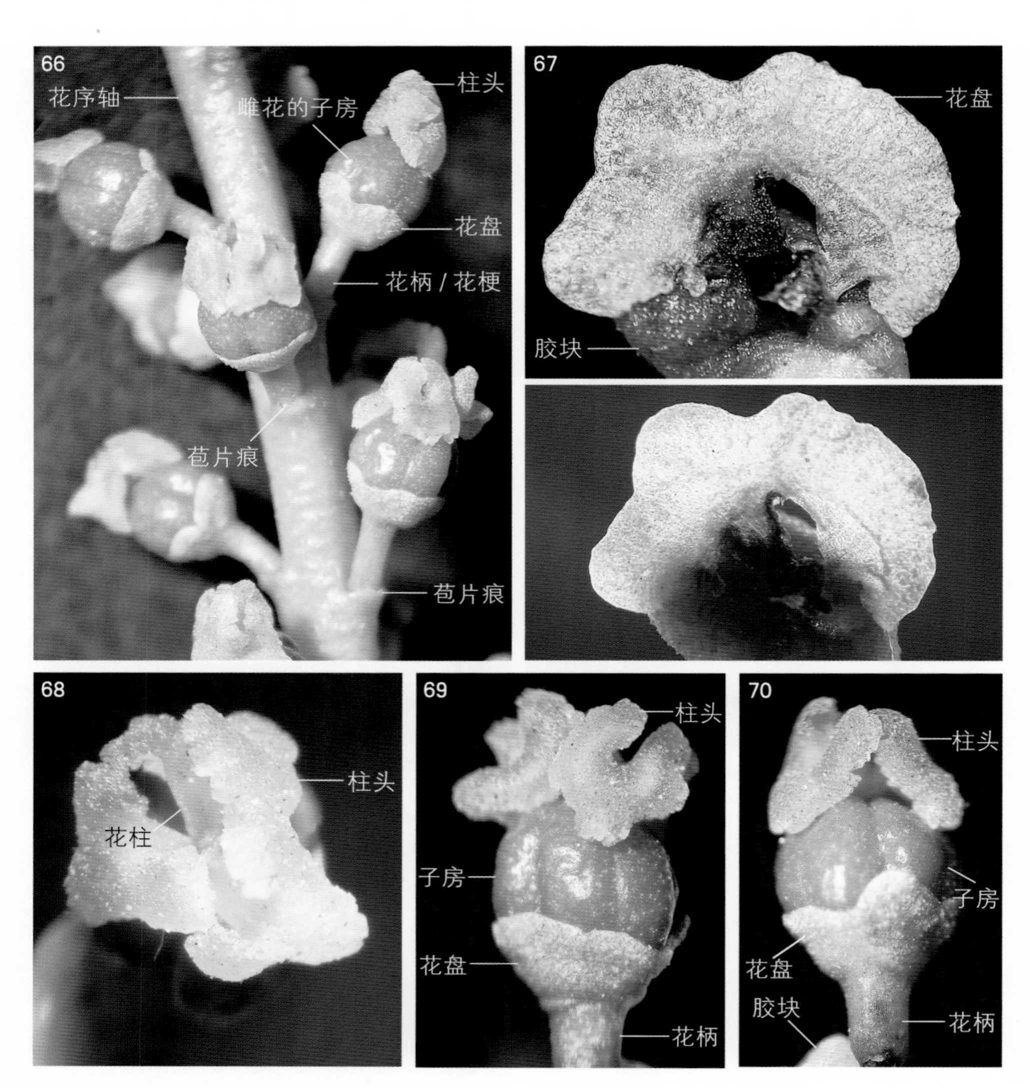

图2-66 雌柔荑花序的部分放大

花序轴光滑，雌花有花柄，但是雌花的苞片早落，留下苞片痕。

图2-67 雌花花盘的展开

上图为展开的花盘（外面观），下图为展开花盘的暗视野观察。

图2-68 雌花的柱头（上面观）

雌蕊分化为子房、花柱和柱头三部分，花柱和柱头均为3个。

图2-69 雌花的侧面观

雌蕊的花柱较短，因侧面观时被柱头遮挡而未能显示。雌蕊的子房上位，围绕在子房下部的花盘看起来像花萼，在文献中有杨柳科的花盘（及蜜腺）是由花被退化而来的说法。若不看文献或教科书，极有可能会将花盘称为“花萼”或“花被”。

图2-70 雌花的不同角度观察。在子房的表面，有纵向的圆棱及凹陷

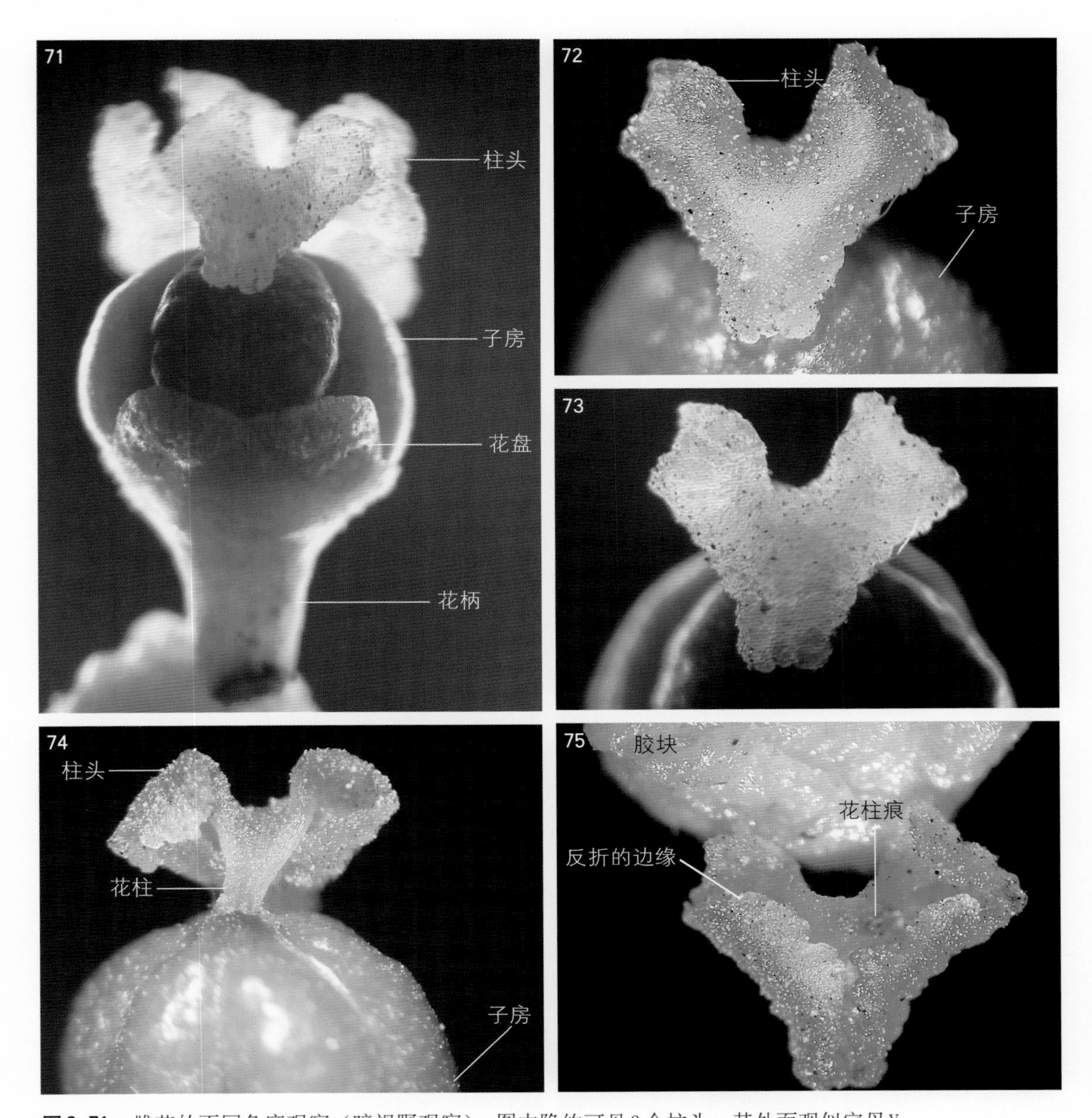

图2-71　雌花的不同角度观察（暗视野观察）。图中隐约可见3个柱头，其外面观似字母Y。

图2-72　除去2个柱头后，柱头的外表面

柱头的外表面不光滑，有乳突。

图2-73　图2-72柱头的暗视野观察

图2-74　图2-72的内面，花柱的内面观

花柱较扁，约呈倒梯形。

图2-75　分离出的柱头（内面观）

柱头的边缘向内面反折。

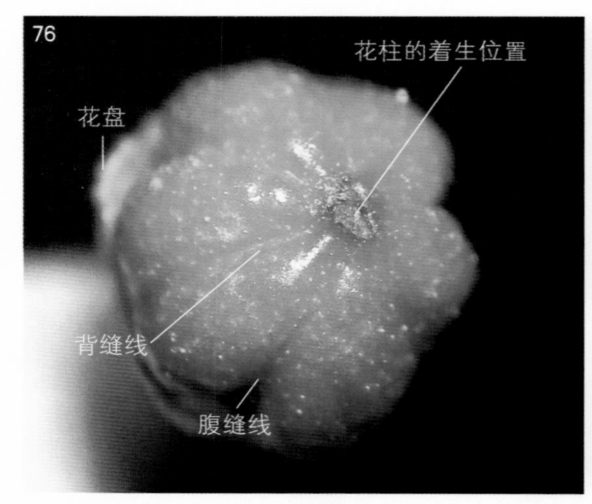

图2-76 除去花柱后，子房的近上面观

子房表面有纵向圆棱，棱间的纵向凹陷较深处为腹缝线位置（共3条，此处的子房内壁上有胚珠着生，杨柳科植物为侧膜胎座），圆棱表面纵向凹陷的较浅处为背缝线位置（共3条）。

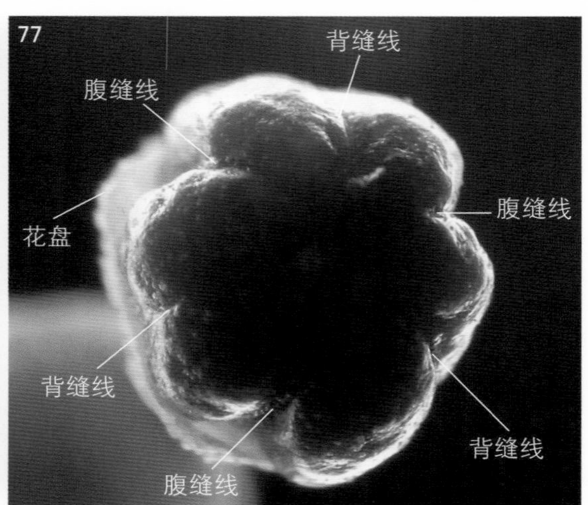

图2-77 子房的暗视野观察，示子房表面的背缝线和腹缝线

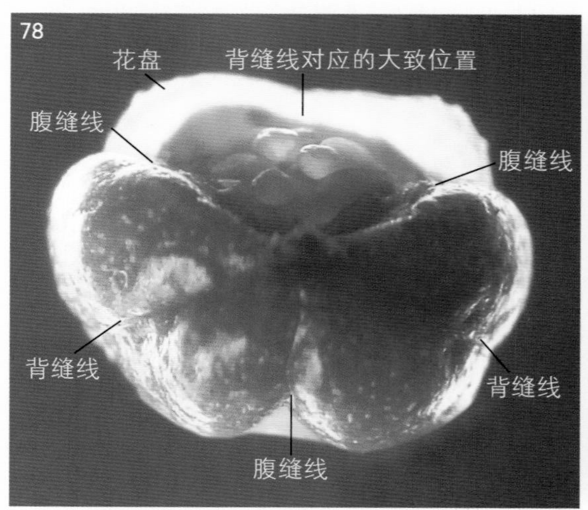

图2-78 除去部分子房壁后，示子房室内的胚珠

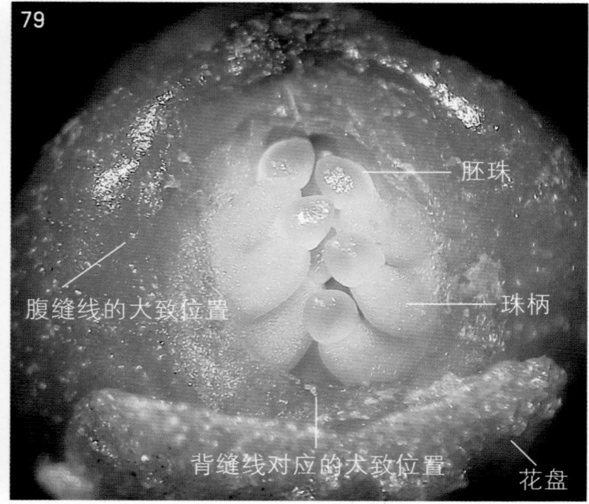

图2-79 图2-78子房的侧面观

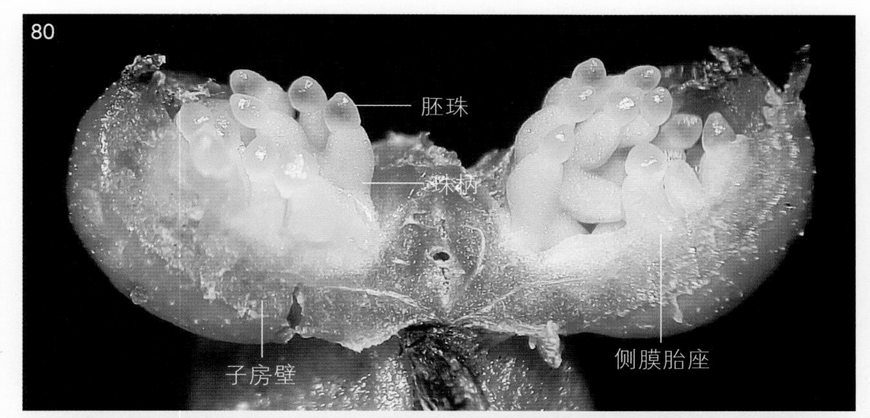

图2-80　将子房纵剖为两半并展开后，示子房室内的胚珠

胚珠多数，着生在侧膜胎座上，胚珠下方的珠柄粗壮。

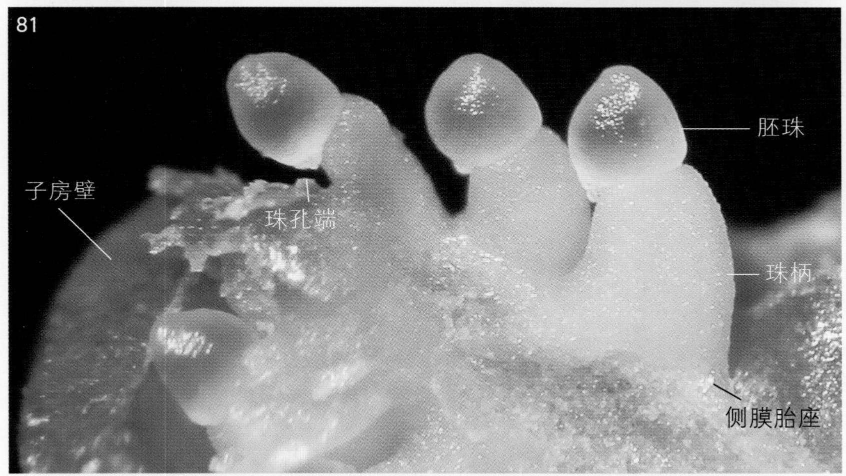

图2-81　子房室内部分胚珠的放大

胚珠与珠柄交界处，胚珠的左下方凸出，为珠孔端。

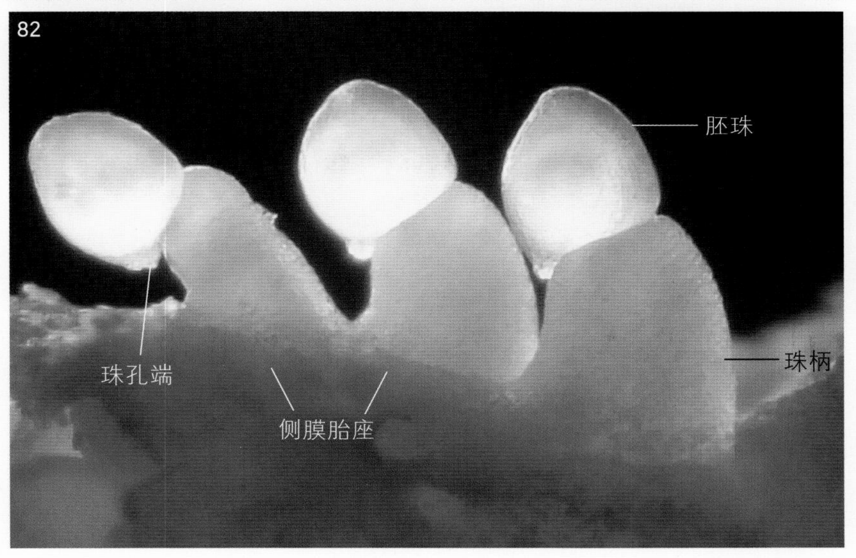

图2-82　图2-81胚珠的暗视野观察

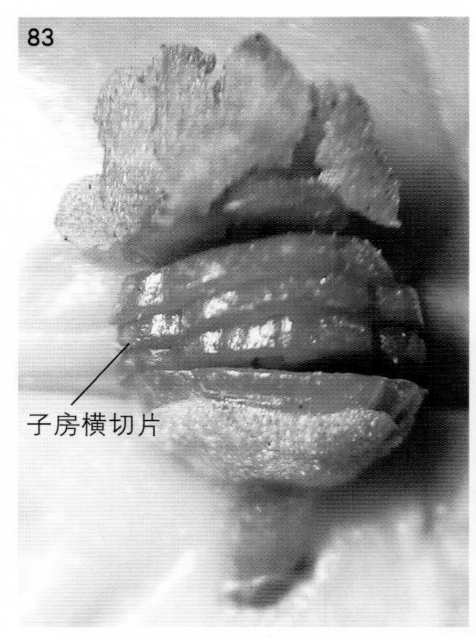

图2-83　将子房粘在胶块上进行横切制片

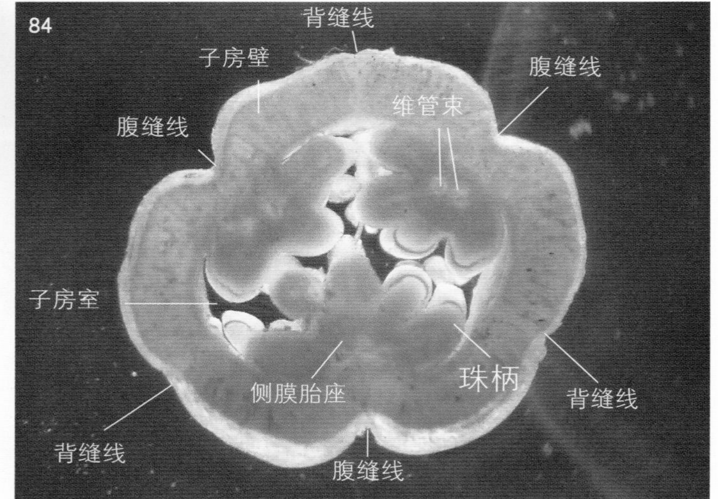

图2-84　子房的横切片观察

复雌蕊由3个心皮组成，2条纵向的腹缝线间的子房壁为1个心皮，子房1室，胚珠多数，侧膜胎座。

图2-85　子房的横切，示子房室的结构

2. 龙爪柳（*Salix matsudana* Koidz. f. *tortuosa* Vilm.）的雄花

柳属（*Salix*）。落叶乔木，枝扭曲，叶互生；单性花，雌雄异株。雄花序：柔荑花序，直立或有些弯曲，花序轴密被毛。雄花：苞片卵形；雄蕊2，离生，花药纵向开裂，花丝基部生有长毛；离生的腺体2个，不等大，花内无雌蕊。雌花序和雌花未采到。

雄花序材料于2016年3月12日采自河南省洛阳市洛浦公园。

图2-86 雄株枝条上的柔荑花序

图2-87 由很多雄花组成的雄柔荑花序

图2-88 雄花的侧面观

雄花由2个雄蕊（花药已纵向开裂）、2个腺体（文献认为由花被退化形成）和1个苞片组成。图中苞片腋内的腺体被遮挡，另一个与苞片对生的腺体呈黄色，其顶端有球形、黏稠的蜜液。

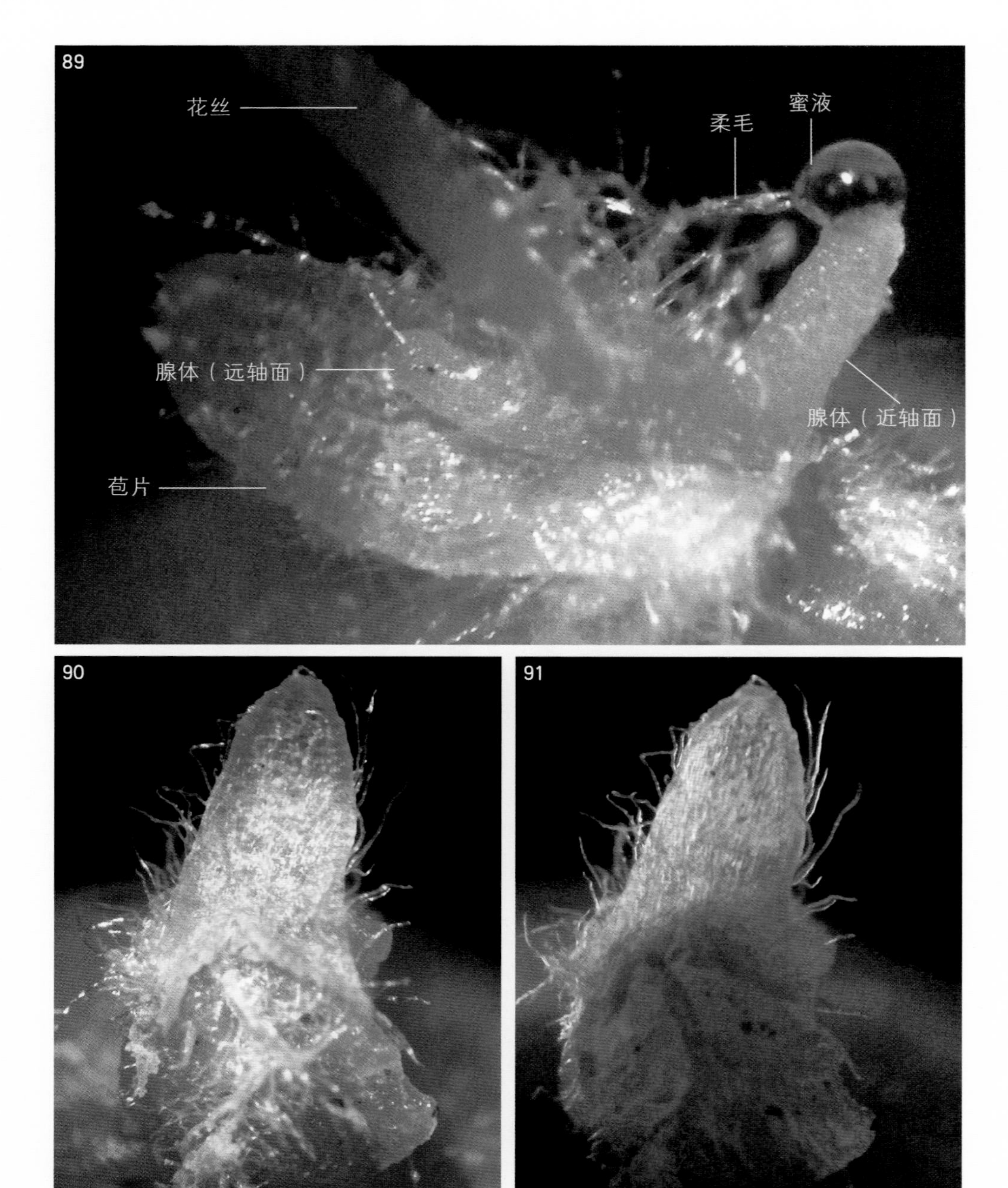

图2-89 将雄花基部的苞片一侧展开后，示雄花的2个腺体

苞片腋内的腺体较小，位于花序轴的远轴面；与苞片对生的腺体较大，位于花序轴的近轴面。

图2-90 从雄花基部分离出的苞片（内面观）

图2-91 苞片的暗视野观察

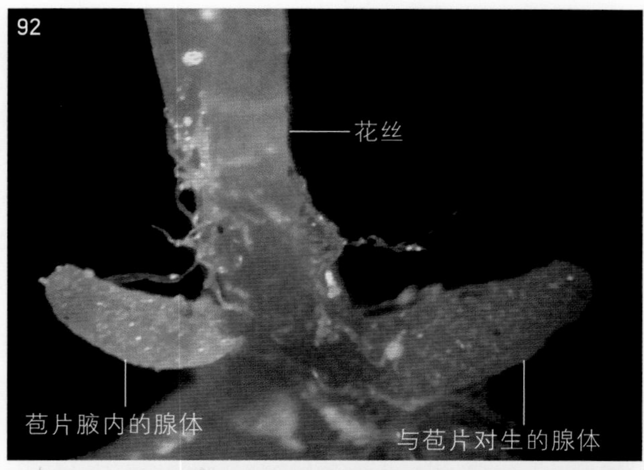

图2-92 除去苞片后，示花丝基部的2个不等大的腺体

图2-93 与苞片对生的较大腺体（内面观，为花序轴的远轴面观）

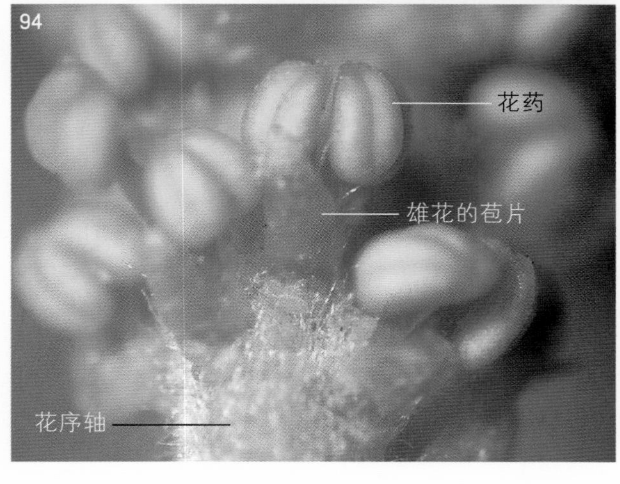

图2-94 雄花序的基部，示花药尚未开裂的雄花

花序轴上生有柔毛。

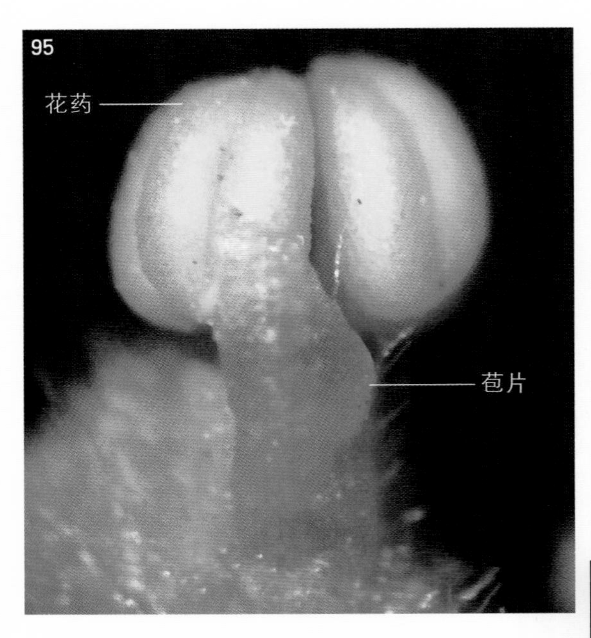

图2-95 1朵花药尚未开裂的雄花（远轴面观）

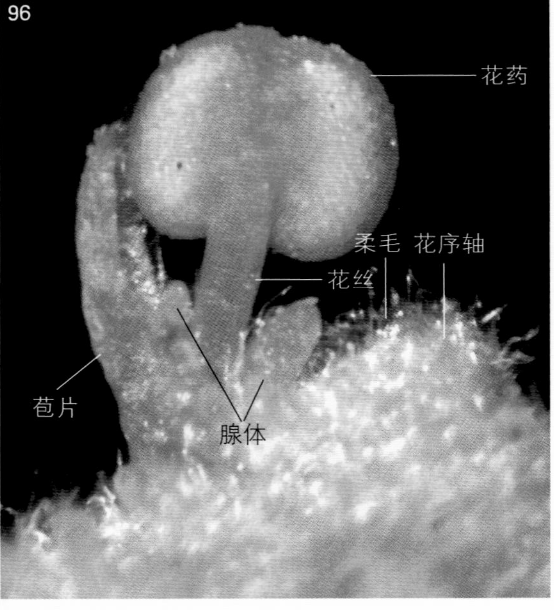

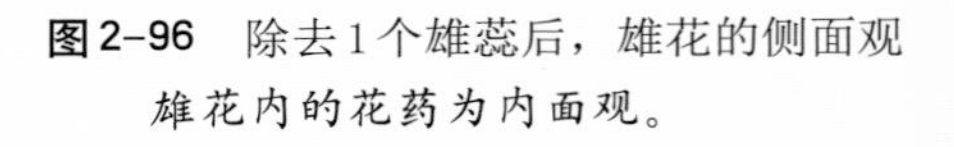
图2-96 除去1个雄蕊后，雄花的侧面观
雄花内的花药为内面观。

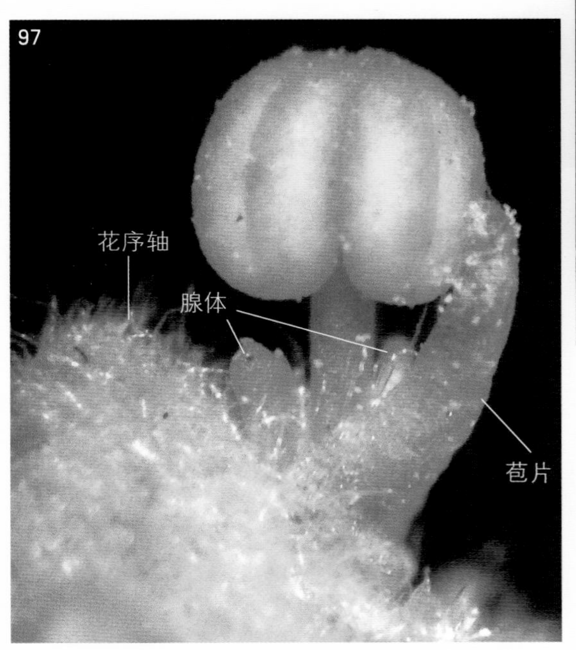

图2-97 雄花内花药的外面观

3. 垂柳（*Salix babylonica* L.）的果实和柳絮

柳属（*Salix*）。垂柳的果实是由2个心皮组成的复雌蕊发育而来，果实有苞片。果实成熟后，沿着2条背缝线开裂，这种果实属于蒴果。每个果实内有1个果室，果室内有2个侧膜胎座，每个侧膜胎座上生有2个种子。虽然种子的表面光滑，但是种子下方的种柄和胎座周围的果皮内壁上却密生有纵向的丝状长毛，这些丝状长毛将种子层层包围。当果实成熟和果皮开裂后，由珠柄发育而来的种柄折断成上下两段，下段残留在果室内的胎座上，而上段则和它的丝状长毛及很轻的种子，连带着种柄下段及胎座周围自行脱落的丝状长毛一起自行挤出果室。挤出果室后，这些夹着的种子的丝状长毛会自动奓开，遇风便成为在风中轻盈飘荡的柳絮（杨絮的形成与之类似）。

垂柳的果实采自河南省洛阳市洛浦公园，于2019年5月10日解剖。采集时，雌株上的绝大部分雌果序都已散出柳絮并脱落，本文采集的果实材料为树上剩余的、果皮都已开裂的雌果序。

每年4～5月，北方的杨树和柳树的果实成熟。果实成熟时，果皮开裂，释放出果实内的丝状长毛和种子，形成杨絮或柳絮。要防治城市的

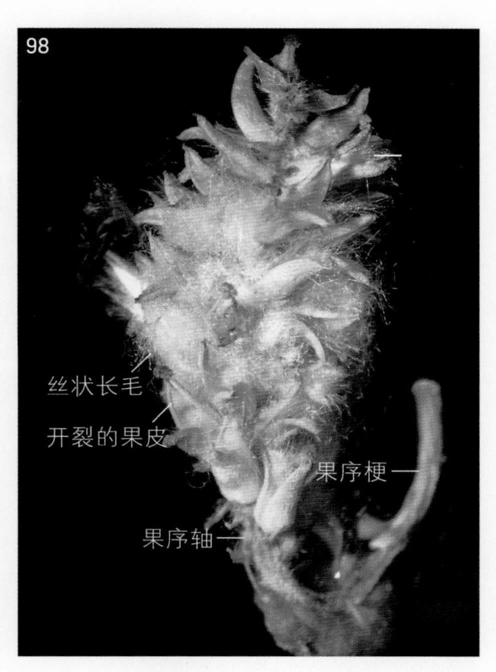

图2-98 果实成熟、散出柳絮后的果序
果序上有部分果实未能释放出柳絮。

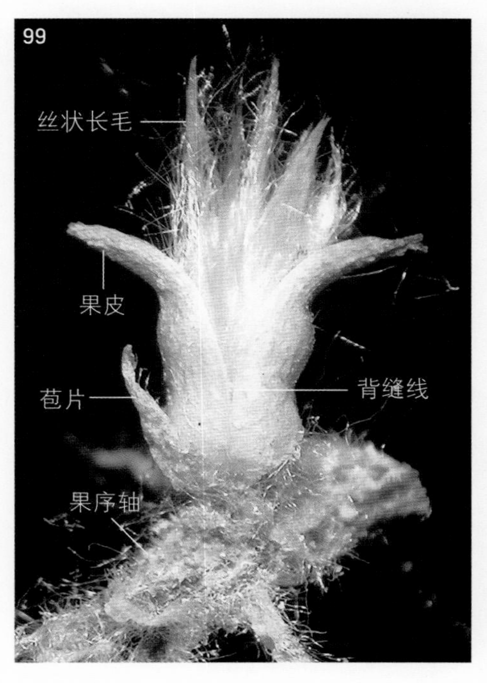

图2-99 分离出的成熟果实，果皮已经开裂
柳树的果实为蒴果，成熟后果皮沿着2条背缝线开裂。果实开裂后，果实内产生的丝状长毛一般会自行脱出并奓开，形成随风飘荡的柳絮。图中的果实内的丝状长毛未能自行脱出形成柳絮。

杨絮和柳絮，只需在政府的组织下，有计划地伐雌株、种雄株即可实现。但是，从资源的保护和物种的生存角度考虑，还是应该在人口非稠密区保留一些雌株。

图2-100 将图2-99蒴果内的表皮毛拉出，表皮毛会自行参开形成柳絮

此果实的柳絮中，未见到正常发育的种子

图2-101 另一个开裂的蒴果

果实内的大部分丝状长毛已形成柳絮散播出去，果实的基部可见较短的果柄（果梗，由花柄发育而成）。

图2-102 开裂果皮的外面观（暗视野观察）

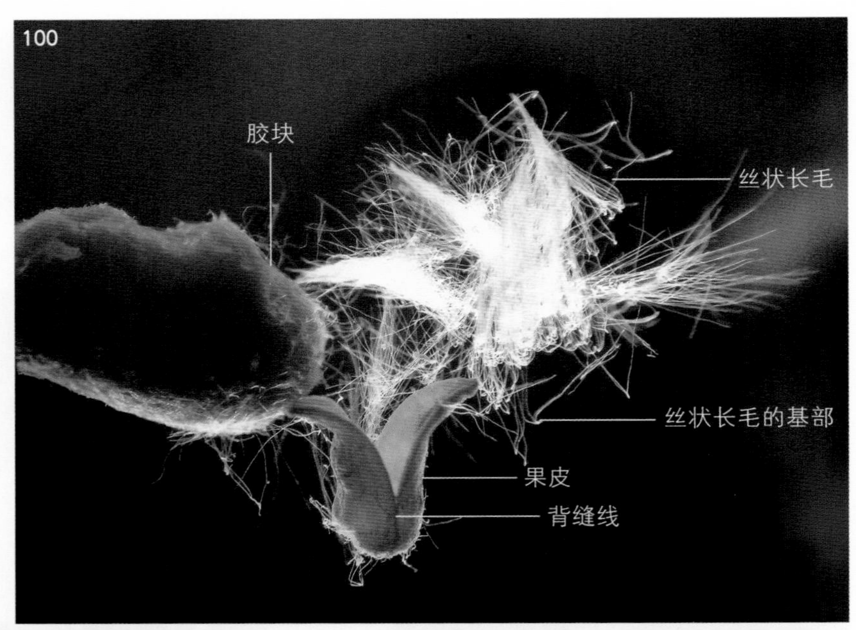

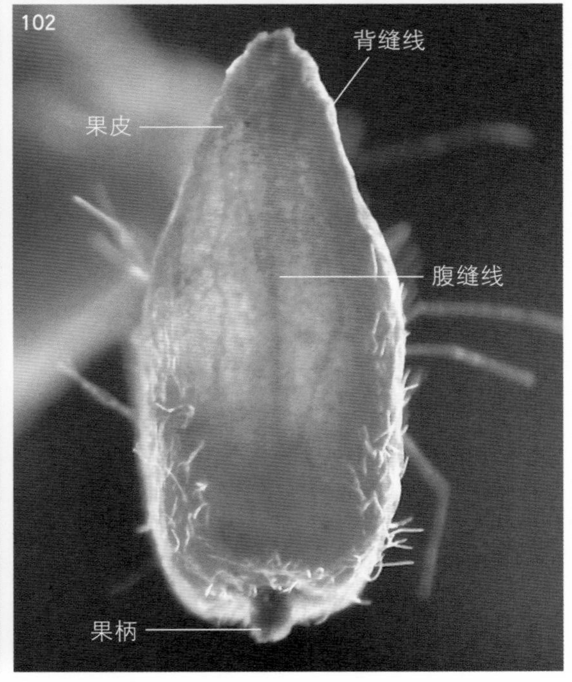

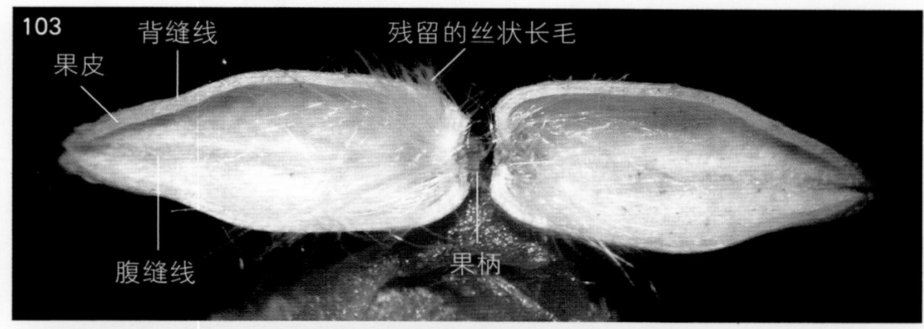

图2-103 将开裂的果皮展开

果实内的大部分表皮毛已形成柳絮自行扬出，果实内的种子已随柳絮散播。

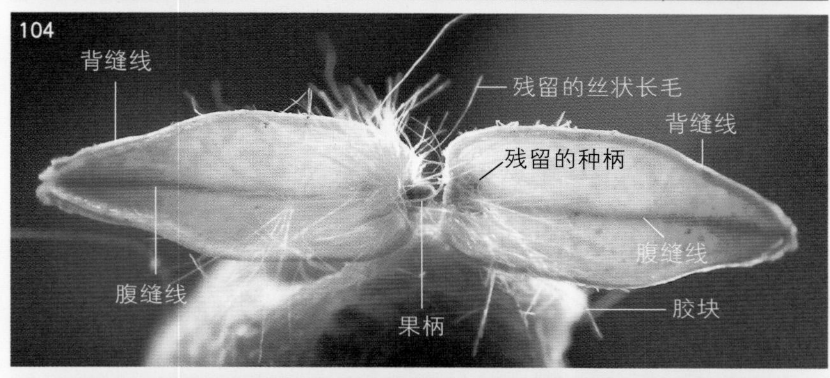

图2-104 图2-103的暗视野观察

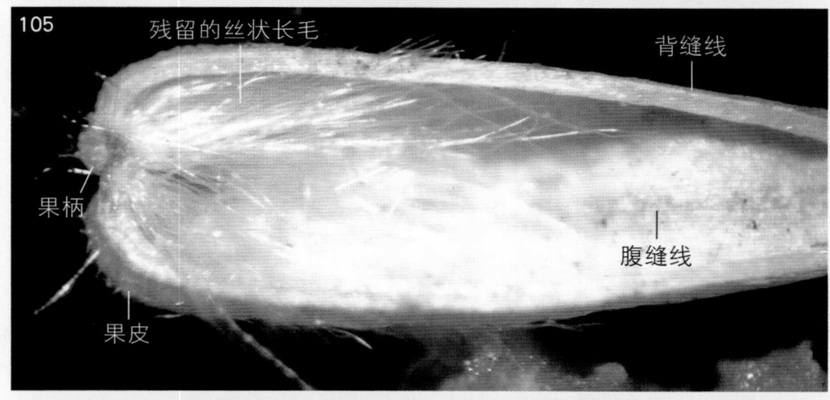

图2-105 一半果皮的内面观

果室内残留的丝状长毛较密，这些丝状长毛由果实基部及胎座周围的果皮内壁上生出。

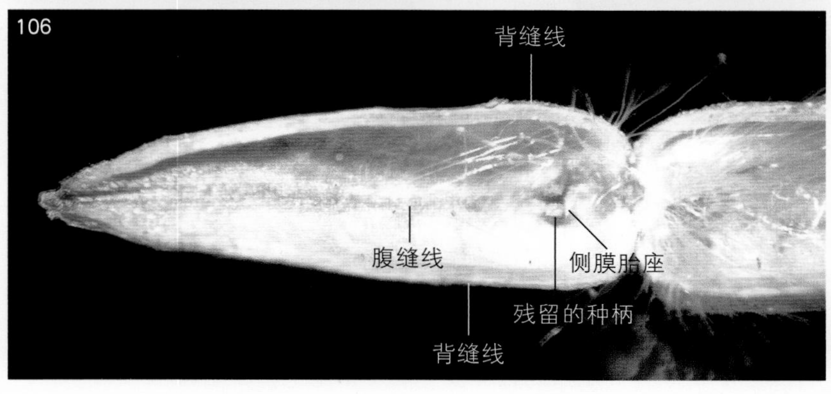

图2-106 将果皮内壁上残留的大部分表皮毛摘掉后，示果室内2个残留的种柄

果实成熟后，果皮沿着2条背缝线开裂，2个残留的种柄位于果皮内壁的腹缝线上，其胎座为侧膜胎座。

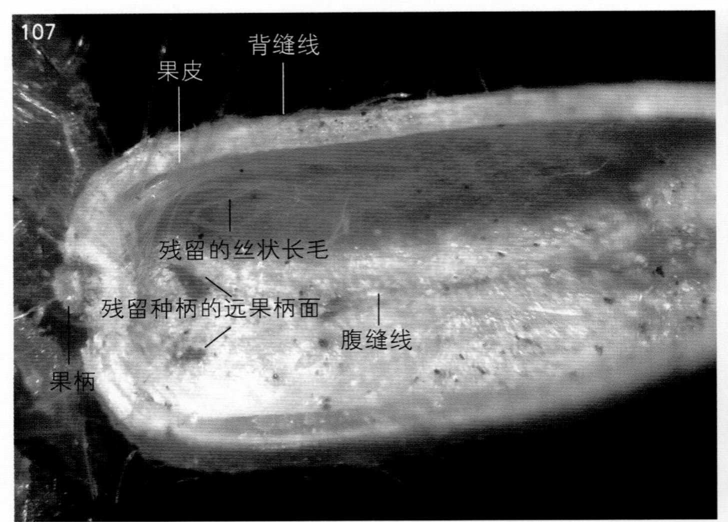

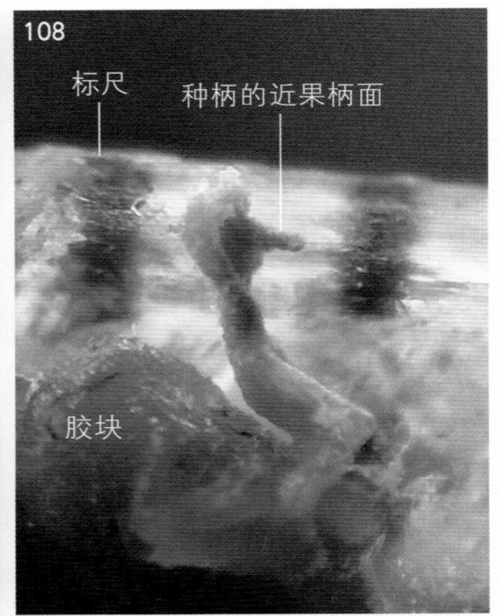

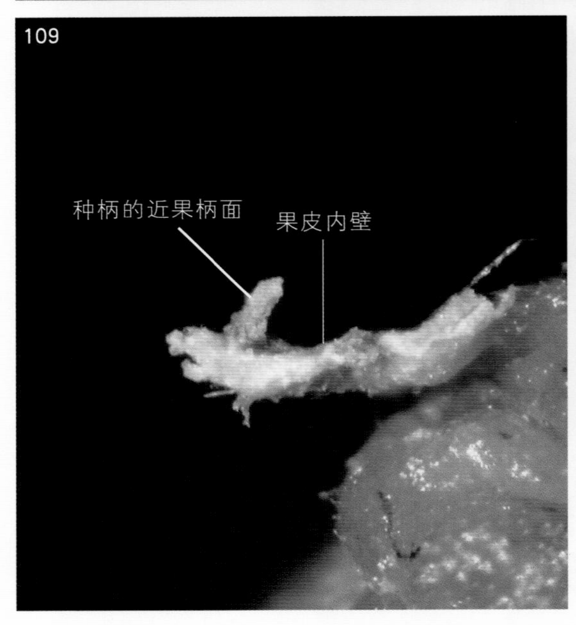

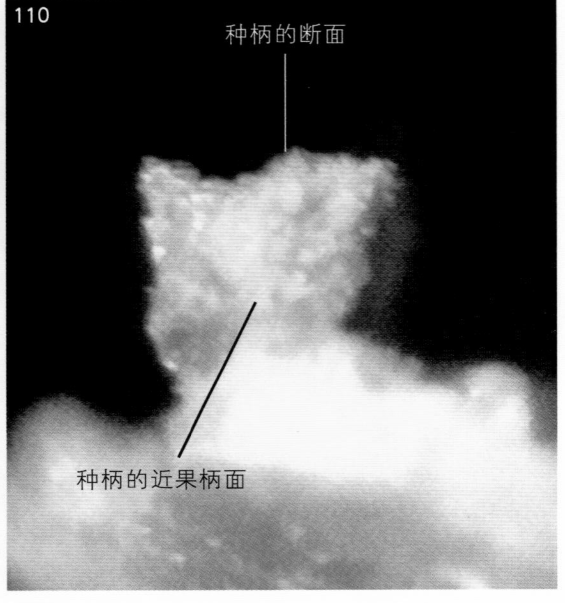

图2-107 将一半果皮内的大部分丝状长毛除去后，示果皮内壁上残留的2个种柄

图2-108 将大部分果皮除去后，示果皮内壁上残留的种柄

标尺的格值为1mm。

图2-109 果皮内壁上残留的种柄（侧面观）

图2-110 残留果柄的近果柄面观

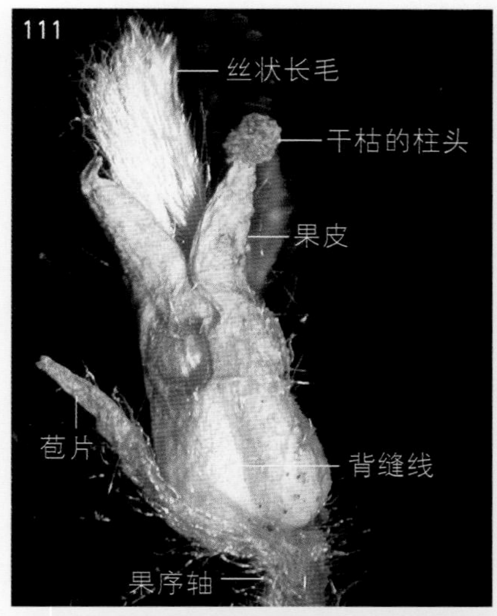

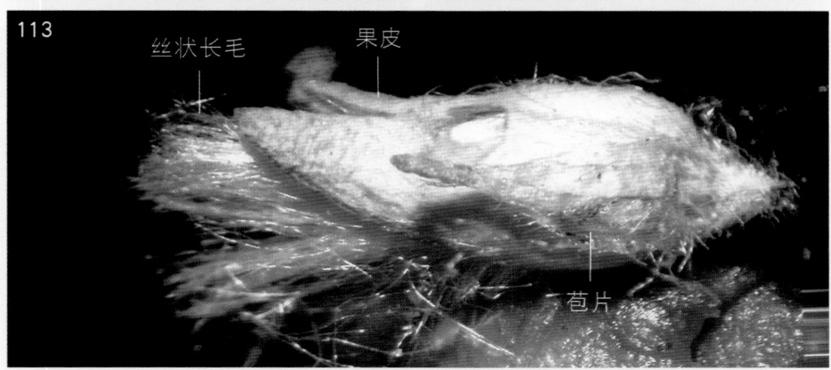

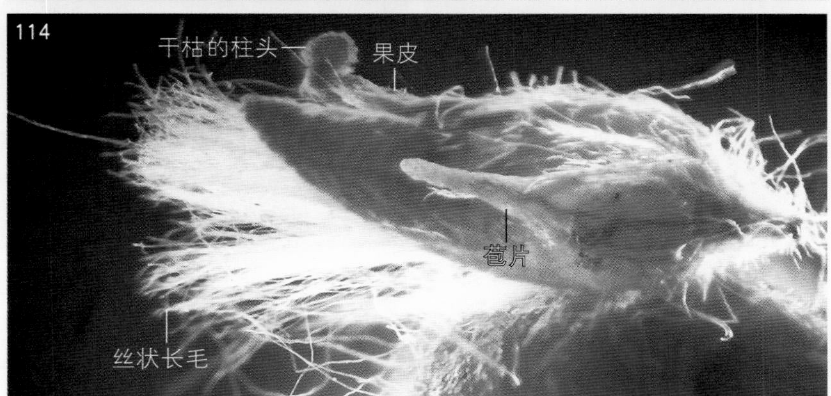

图2-111　分离出的第三个开裂果实
图2-112　开裂果实的暗视野观察
图2-113　开裂果实的不同角度观察
图2-114　图2-113果实的暗视野观察

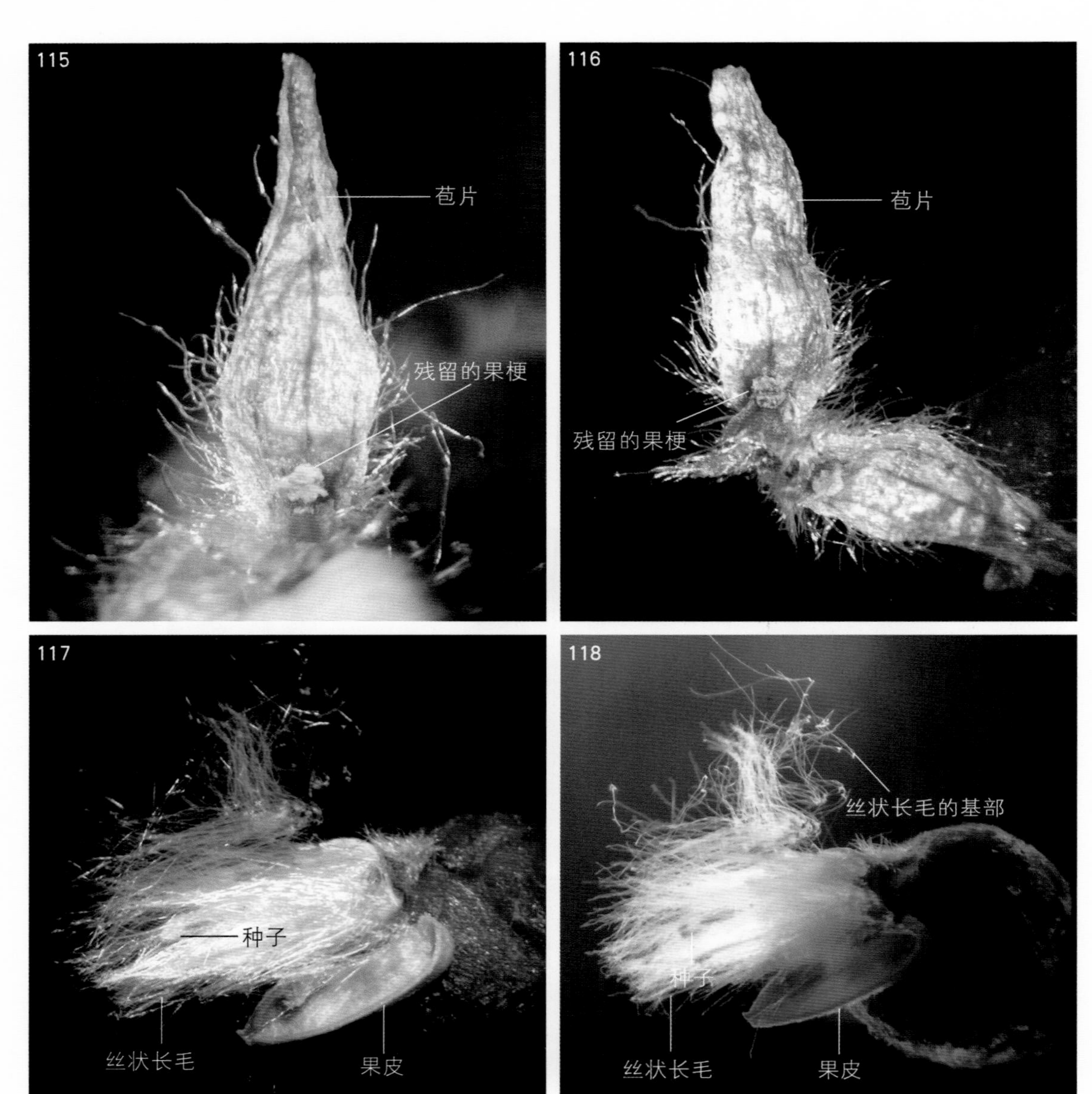

图2-115 从果实下方分离出的1片苞片（内面观）

图2-116 从花序轴上分离出的2片苞片（内面观）

图2-117 将开裂果实的两半分开，示果皮内形成柳絮的丝状长毛

图2-118 图2-117的暗视野观察

在丝状长毛中夹杂着1个种子。

图2-119　夹杂着种子的丝状长毛

图2-120　夹杂着种子的丝状长毛（暗视野观察）

图2-121　从丝状长毛中分离出的种子

图中，种子的基部已与种柄的顶端脱离，种柄顶端的丝状长毛向上伸展，将种子包围起来。

图2-122　从丝状长毛中分离出的种子（暗视野观察）

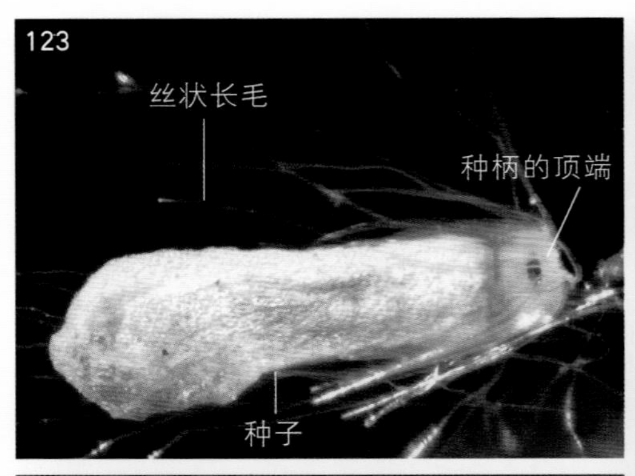

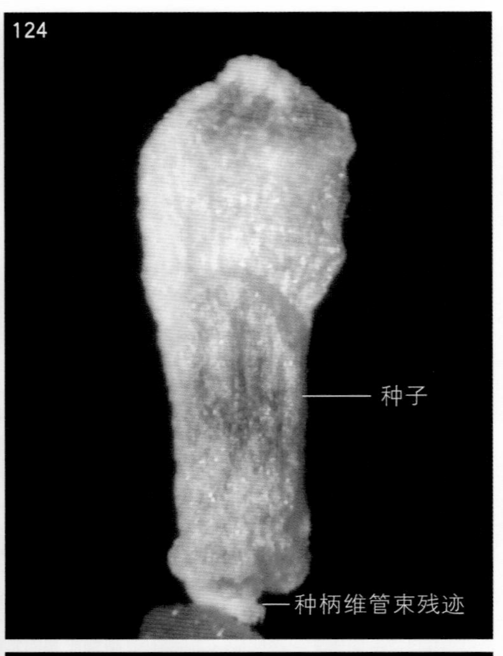

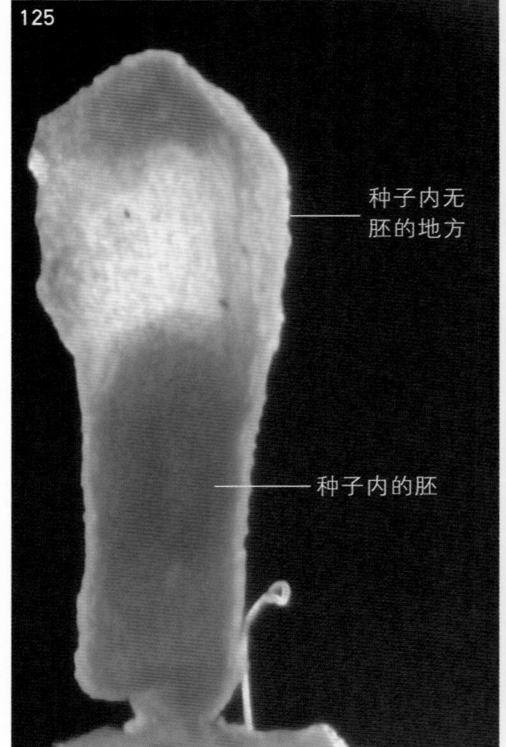

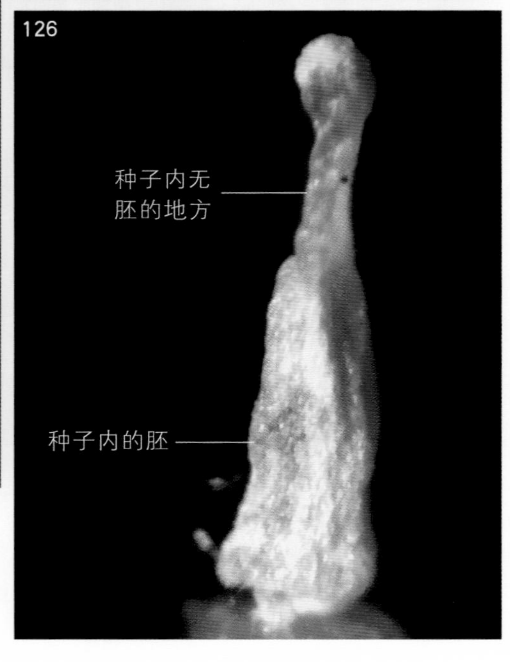

图2-123 与种柄顶端分离的种子

与种子基部脱离后，种柄顶端的中央留下1个孔洞，它是种柄顶端的维管束随种子一起脱离后留下的孔洞。

图2-124 分离出的种子

种子的基部保留着种柄顶端的维管束残迹。

图2-125 分离出的种子（暗视野观察）

种皮内隐约可见绿色的胚。胚位于种子内的中下部，其上部仅有种皮。

图2-126 图2-125种子的侧面观

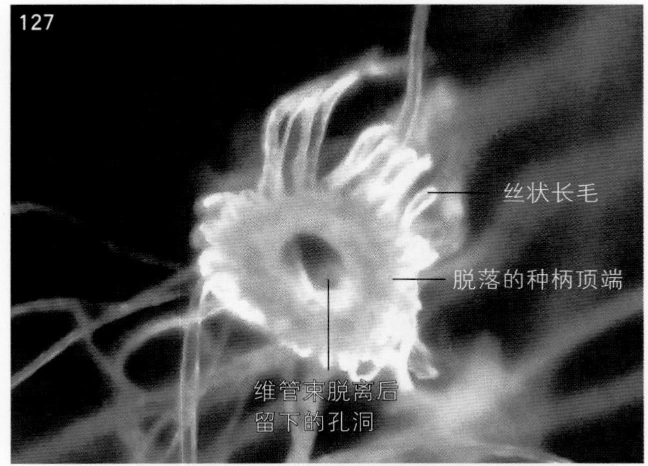

图2-127 从种子基部脱落的种柄顶端（下面观，即远种子面）

种柄顶端的中央有一个孔洞，是种柄顶端的维管束脱离后留下的孔洞。

图2-128 在柳絮中观察到的种子及其脱落的种柄顶端

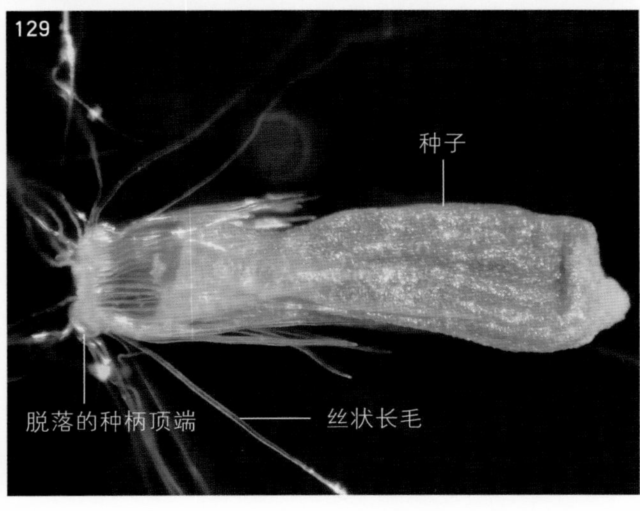

图2-129 从柳絮中分离出的种子及其脱落的种柄顶端

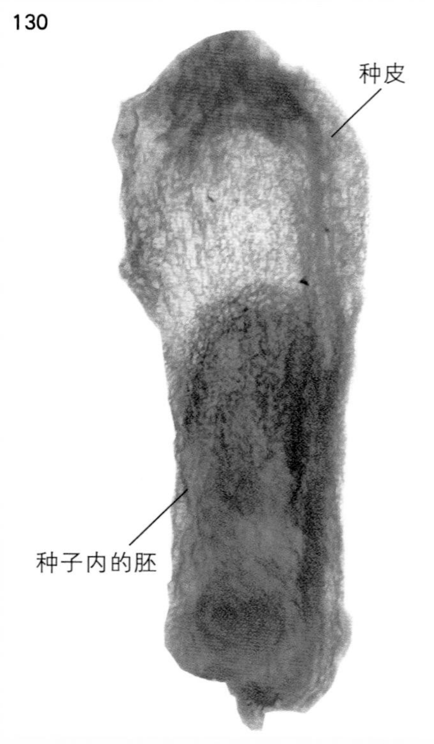

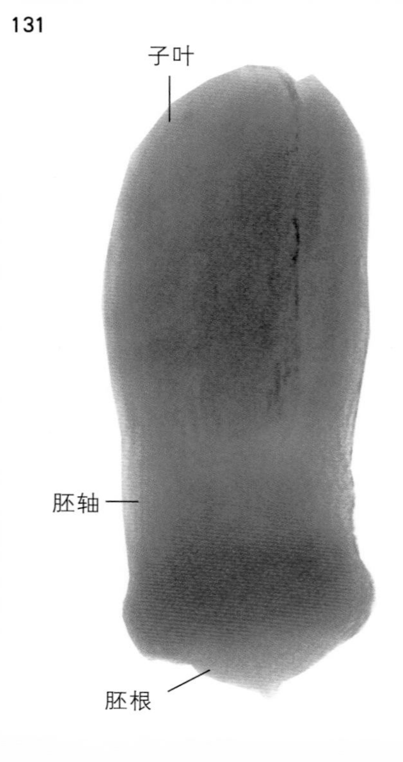

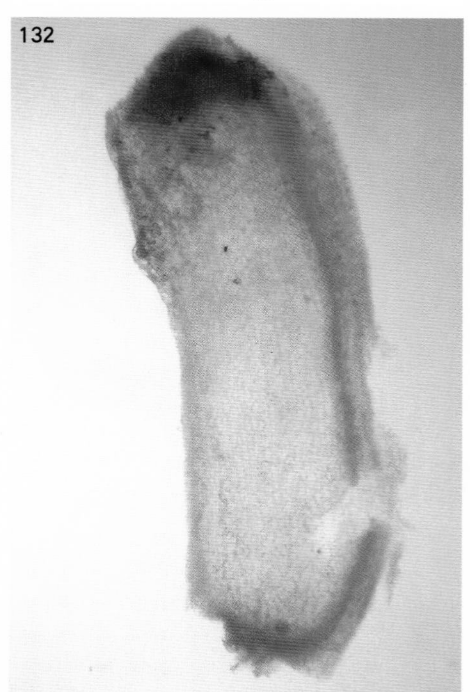

图2-130 种子的显微镜观察

透过种皮能够看到种子内的胚，种子的上部无胚。

图2-131 分离出的胚（显微镜观察）

将种子粘在胶块上分离出胚，然后制成临时水装片在显微镜下观察，可看到胚的2片子叶、胚轴和胚根，但是胚芽由于受子叶遮挡，因而不可见。

图2-132 分离出胚后，剩下的膜质种皮

种子内无胚乳，这样的种子属于无胚乳种子。

三、胡桃科（Juglandaceae）

胡桃（*Juglans regia* L.）

胡桃属（*Juglans*）。落叶乔木，枝条的纵切面可见片状髓，羽状复叶；单性花，雌雄同株。雄花序为柔荑花序，雄花有1片苞片、2片小苞片和4片花被片，离生雄蕊多数，无雌蕊。雌花单生于当年生枝的顶端，雌花外有壶状的总苞（由苞片和小苞片合生而成），壶状总苞内为花被；壶状总苞、花被和子房三者合生在一起，花被的上端4裂；花内无雄蕊；复雌蕊由2心皮合生而成，子房下位，1室，基生胎座，柱头2个。

花材料于2014年4月2日采自河南省洛阳市内。

图2-133 枝上的雄柔荑花序

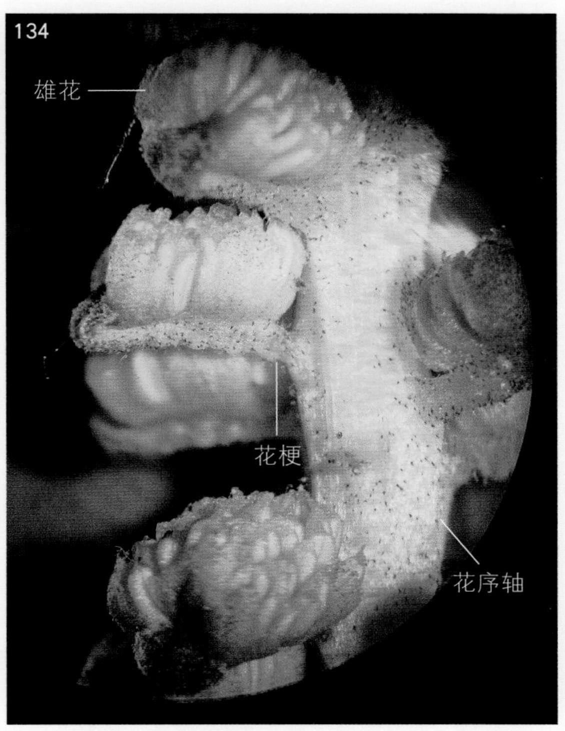

图2-134 部分雄花序的放大

雄花有花梗。

图2-135 雄花的上面观

《中国植物志》未记载胡桃的花被片数目，只记载胡桃属有3片花被片，但是这里的雄花有4片花被片，其苞片因被图中右侧的花被片遮挡而未见。

图2-136 雄花的侧面观

图2-137 雄花的下面观

雄花有苞片1片，小苞片2片，花被片4片（1片花被片因被2片小苞片遮挡而未见）。

图2-138 雄花的前端

从雄花的前端看，雄花有1片苞片，2片小苞片，在2片小苞片间还有1片与苞片对生的花被片。

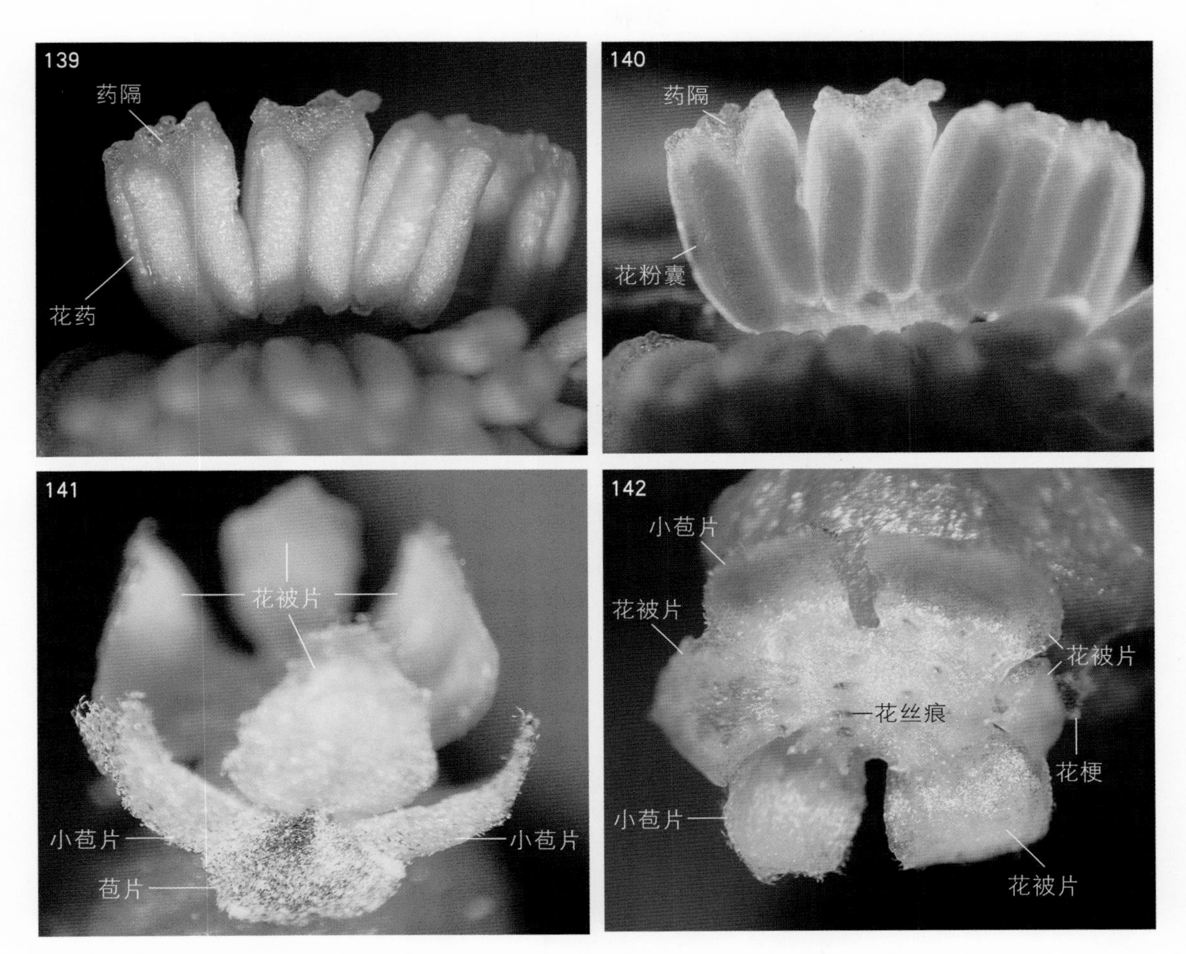

图2-139 雄花的部分雄蕊

图2-140 雄蕊的暗视野观察

雄蕊的花丝极短，花药的花粉囊和药隔清晰可见。

图2-141 除去雄蕊后，示雄花的苞片、小苞片和花被片

图2-142 除去雄蕊后，雄花的内面观

在雄花的左侧，苞片因被左侧的花被片遮挡而未见。在雄花的内面，有雄蕊被摘掉后留下的花丝残迹（花丝痕，部分已褐化）。

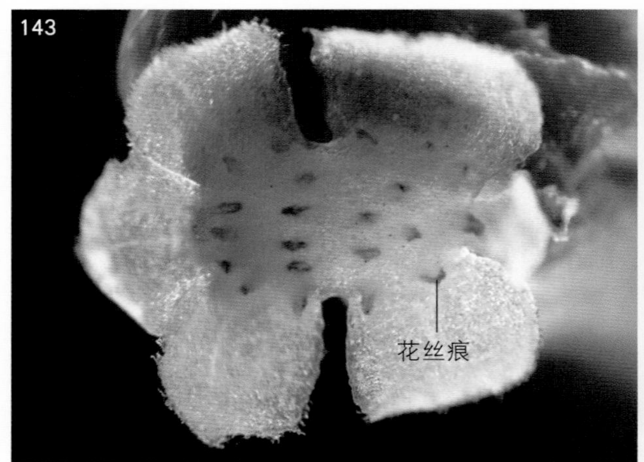

图2-144 雌花的侧面观（暗视野观察）

由于观察数量有限，这里未见《中国植物志》描述的、由数朵雌花组成的穗状花序。

图2-143 除去雄蕊后，雄花的内面观（暗视野观察）

图2-145 雌花的侧面观

雌花的外表面有密生腺毛的壶状总苞，在其内侧的柱头下方可见2片花被裂片，壶状总苞和其内侧的花被及子房合生在一起（贴生），雌蕊的子房下位。

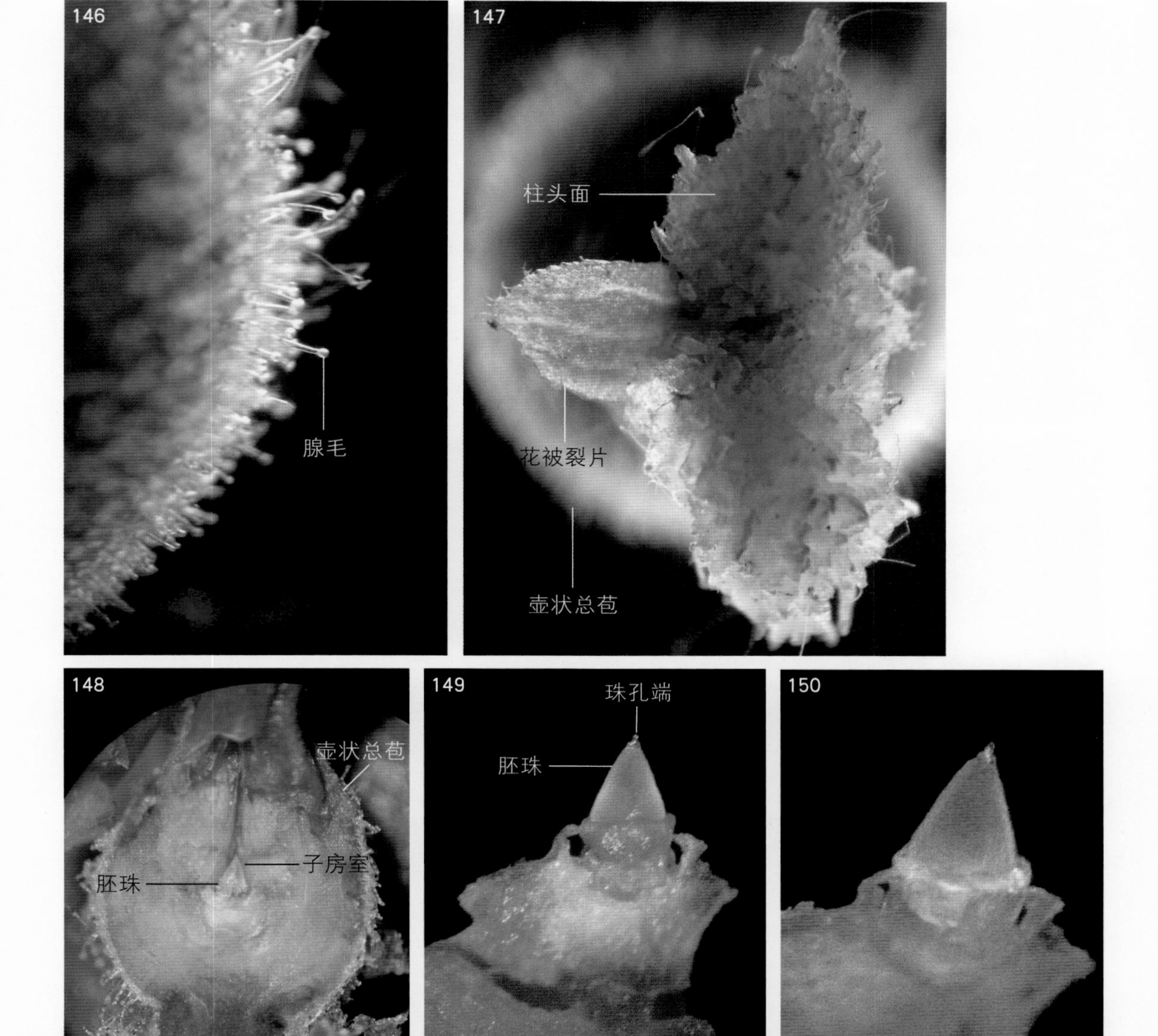

图2-146 壶状总苞的表面生有腺毛

图2-147 雌花的上面观（暗视野观察）

柱头的内面在《中国植物志》中被称为柱头面，在柱头的下方可见1片花被裂片（共4片）。

图2-148 将壶状总苞、花被和下位子房合生的壁纵剖并除去一半后，示子房室内的胚珠

子房1室，直生胚珠，基生胎座。

图2-149 从子房室内分离出的直生胚珠

图2-150 直生胚珠的暗视野观察

图2-151 将雌花粘在胶块上进行横切制片

图2-152 雌花的部分横切片

在制作雌花横切片的临时水装片时，如果不使用显微镜的高倍物镜观察，可以不盖盖玻片。不同位置的雌花横切片的图案不一样。

图2-153 下位子房处的1个雌花横切片

从此切片可看出，复雌蕊由2个心皮合生而成，子房1室。雌花横切片的壁由外至内依次由壶状总苞、花被和子房3个部分合生组成，其中总苞和花被形成的壁界限不明显，但子房壁间的大致界限较明显。在总苞和花被形成的壁内有一圈较大的总苞维管束，其内侧隐约可见一圈较小的花被维管束。胡桃的果实为核果状的坚果（属假果），其坚果（由子房长成，核壳称内果皮）外肉质化的"外果皮"由总苞和花被长成（成熟后，可区分出外果皮和中果皮）。

图2-154 上图雌花横切片上方的一个切片

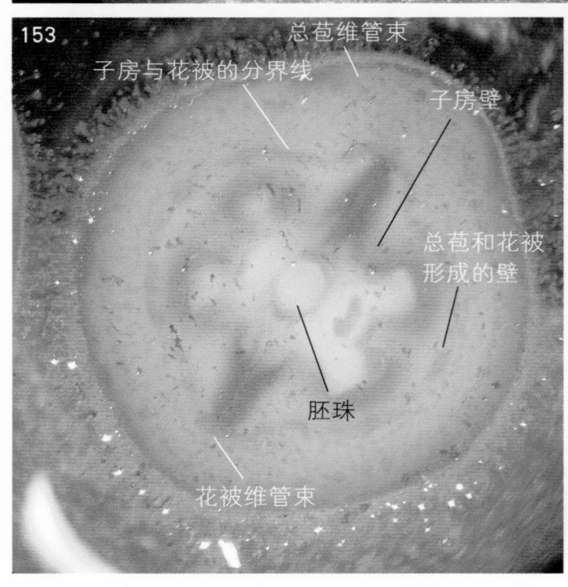

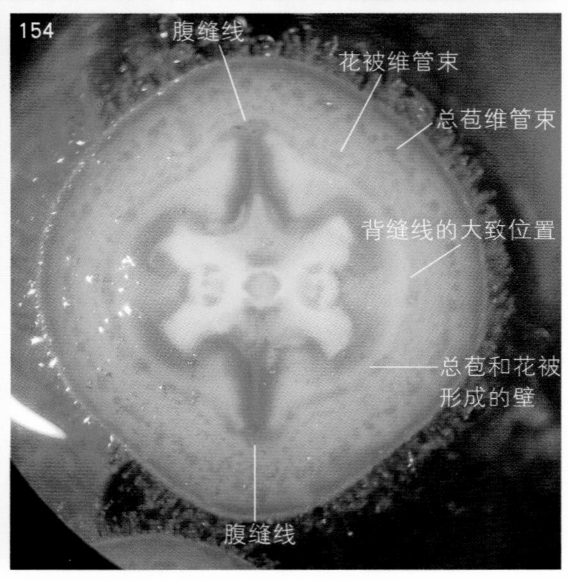

四、桑科（Moraceae）

葎草 [*Humulus scandens* (Lour.) Merr.]

葎草属（*Humulus*）[在恩格勒系统中，葎草属于桑科，但是在哈钦松、克朗奎斯特和最新的APG系统中，葎草则属于大麻科（Cannabaceae）]。草质藤本，茎、枝和叶柄上生有斜T形刺（文献中称“倒钩刺”）和柔毛，枝叶折断后有伤流液流出（非白色的乳汁）；单性花，单被，雌雄异株，雄花序为圆锥花序，雌花序为球果状的穗状花序。雄花：有花梗，花被5裂，离生雄蕊5个，花药大，花丝细而短，无退化雌蕊。雌花：有苞片，无花梗，花被膜质、筒状，包裹在雌蕊的子房外，子房上位，1室，子房室内生有1个胚珠，柱头2。

花材料采自河南省洛阳市，并分多次进行观察和解剖，此处的照片主要选用2015年10月12日的精细解剖结果照片（未标注日期，其他时间的观察和解剖照片标注日期）。

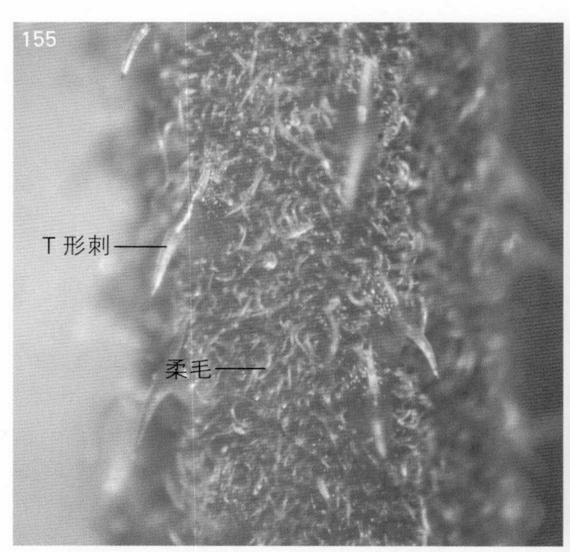

图2-155 枝上着生有斜T形刺（自拟名）和柔毛

在《中国植物志》中，斜T形刺被称为倒钩刺。

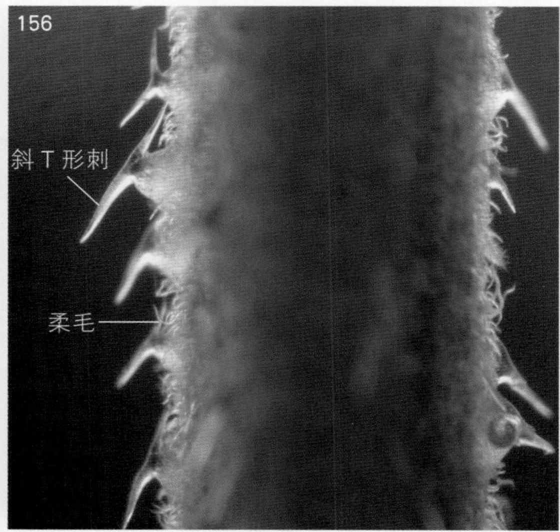

图2-156 部分枝的暗视野观察

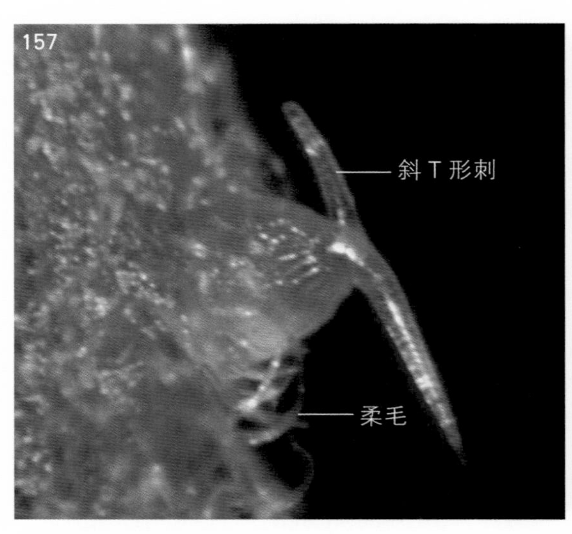

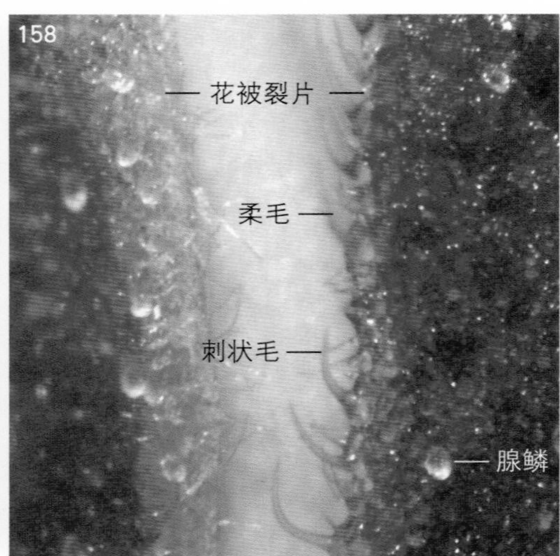

图2-157 枝上的1个斜T形刺

图2-158 雄花的2个花被裂片缘的部分放大

花被裂片缘着生的是刺状毛，而非T形刺（2011年8月17日照片）。

（1）雄花

图2-159 雄株的部分圆锥花序（2009年8月20日照片）

图2-160 雄花的上面观

雄花为单被花（仅有花萼的花，其花萼称为“花被”），花被5裂，雄蕊5个。

图2-161 雄花的展开

雄蕊的花药大，花丝细而短，这种花属于风媒花。

图2-162 雄蕊的侧面观

雄蕊的花药大而长，但是花药基部的花丝却细而短。

图2-163 雄花的下面观

雄花有花梗。

图2-164 已经开裂、干枯的花药（2011年8月21日照片）

花药的花粉囊开裂方式为孔裂，但在《中国植物志》中未记载葎草及其科属的花药开裂方式。

（2）雌花

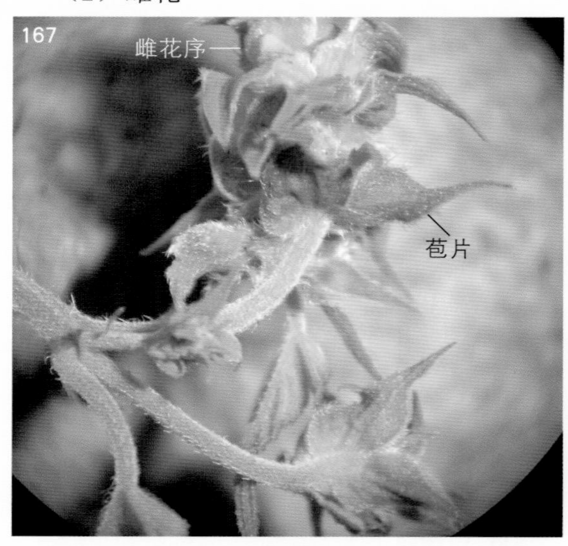

图2-165 花粉囊正在开裂的花药（孔裂，2011年8月21日照片）

图2-166 花药已经干枯、散粉后的雄花

在雄花的花托的中央位置，未见退化雌蕊。雄蕊的花丝，下部呈锥台状，上部细缩呈线状（2011年8月21日照片）。

图2-167 雌株的雌花序

雌花序上的“叶”被称为苞片，雌花着生在苞片的叶腋内。

图2-168 雌花序的上面观

除最顶端的雌花外，此花序的大部分雌花都已开败，其子房上端的花柱及柱头已经脱落，此时的子房可以改称为幼嫩的果实（或幼果）。

图2-169 分离出的雌花序的上端部分

雌花序的苞片有两种类型：一种苞片的腋内无雌花，其腋内有1片较小的苞片，后者的腋内有雌花。为了描述方便，笔者在这里将苞片腋内无雌花的苞片称为“花外苞片”，将苞片腋内有雌花的苞片称为“花内苞片”。

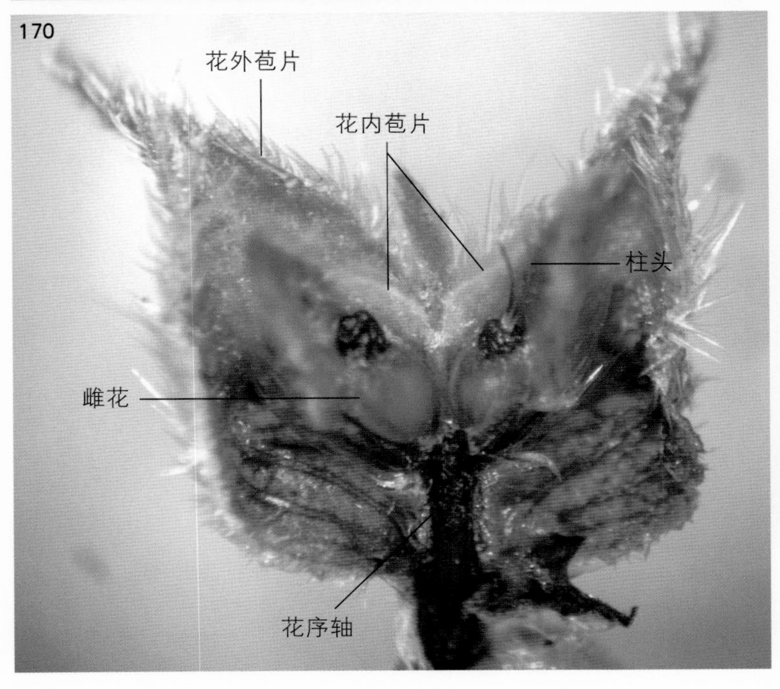

图2-170 从雌花序上分离出的2朵雌花

这2朵雌花均已开败，其中左侧雌花的花柱及柱头已脱落，右侧雌花的花柱及柱头已干枯。雌花外（下方）均有花内苞片，花内苞片外（下方）还有花外苞片，其外表面生有较粗大的刺状刚毛。雌花的子房外，有筒状花被包围。

图2-171 图2-170的上面观

每1个花外苞片都与其苞腋内的花内苞片对生。

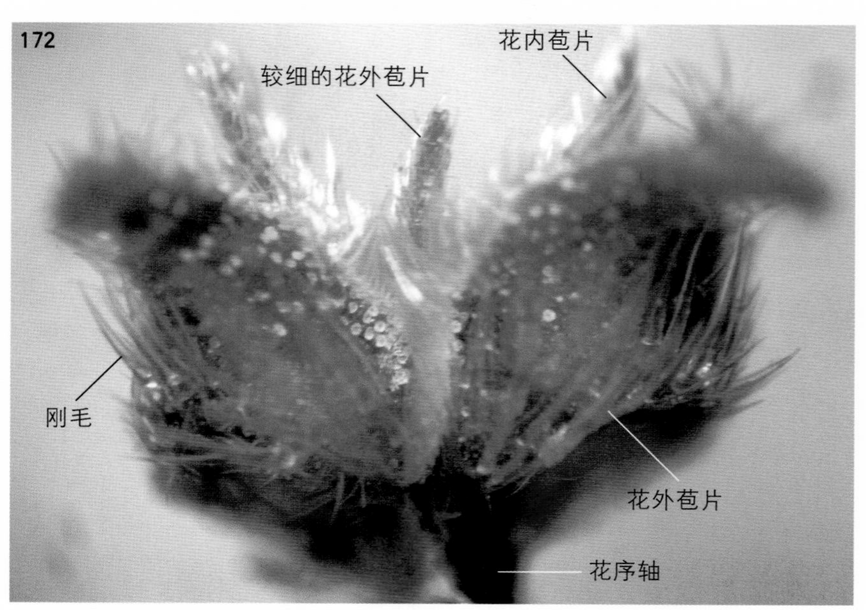

图2-172 图2-171的侧面观

在2个花外苞片内可见花内苞片的先端部分，在2个花外苞片之间的内侧，还可见1个较细的花外苞片。

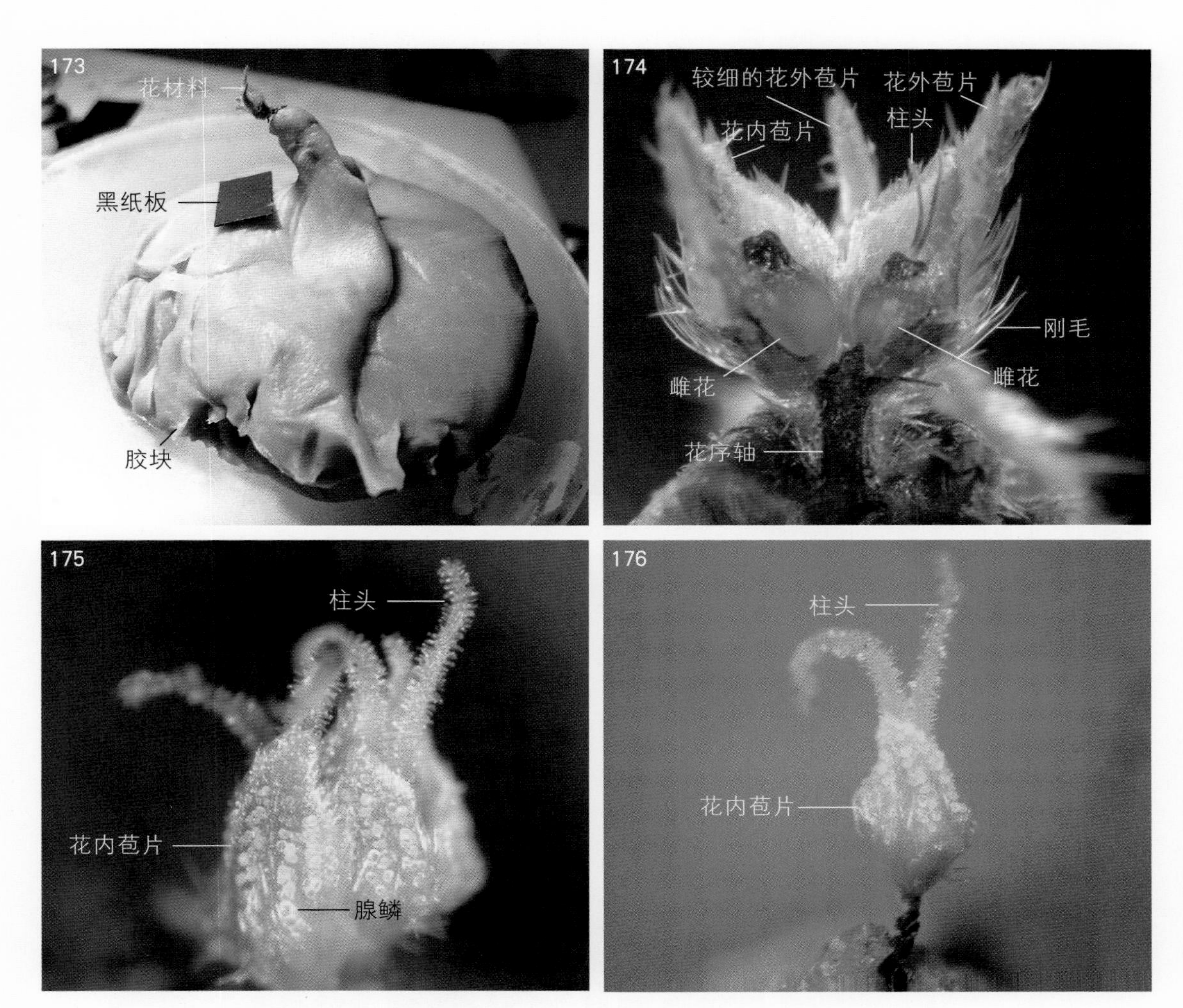

图2-173 图2-172花材料在胶块上的固定方法（未放黑色小纸板）

如果在胶块上放置黑色小纸板，可以使照片的背景为黑色。

图2-174 除去2片与花内苞片对生的花外苞片后，花内苞片和雌花的内面观（暗视野观察）

图中左侧的雌花，其子房已可以改称为幼果。

图2-175 分离出的雌花序顶端部分

在花内苞片的内侧可见雌花的柱头，外侧雌花的柱头有些干枯，位于雌花序顶端的柱头则比较新鲜。花内苞片的外表面生有腺鳞（为鳞片状的腺毛，其柄部很短）。

图2-176 分离出的1个花内苞片和其腋内的雌花。

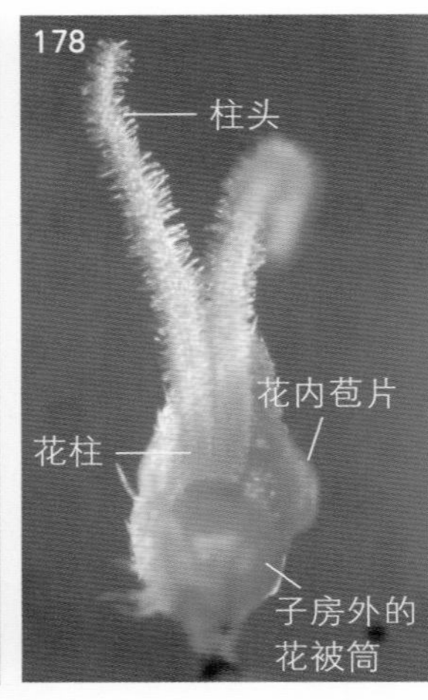

图2-177 花内苞片和雌花的侧面观

图2-178 花内苞片和其腋内的雌花（内面观）

雌花的子房外有花被筒包围，子房上端的花柱较短，无柱状乳突，而花柱上方的柱头较长，其表面生有试管刷状的柱状乳突。

图2-179 花内苞片的外面观

腺鳞约呈纵向排列。

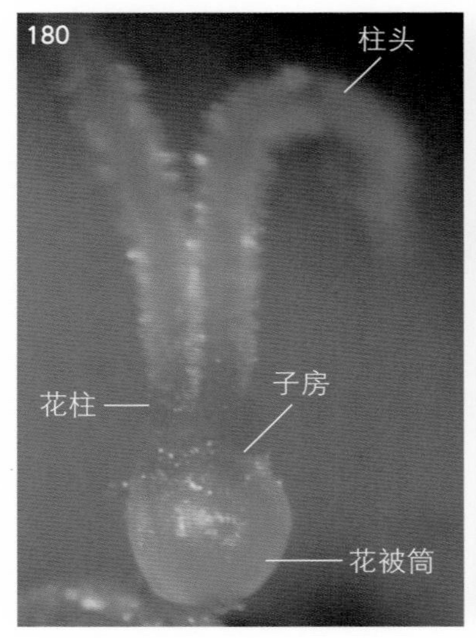

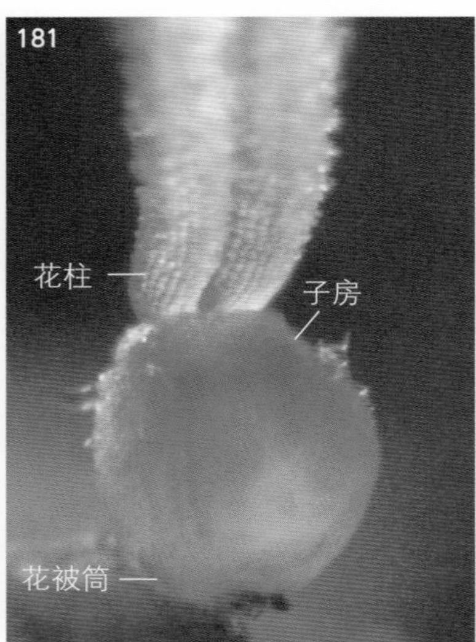

图2-180 分离出的雌花

子房外有膜质、筒状的花被筒。

图2-181 雌花下部的放大（暗视野观察）

子房上端的花柱无柱状乳突。

图2-182 不同雌花的侧面观

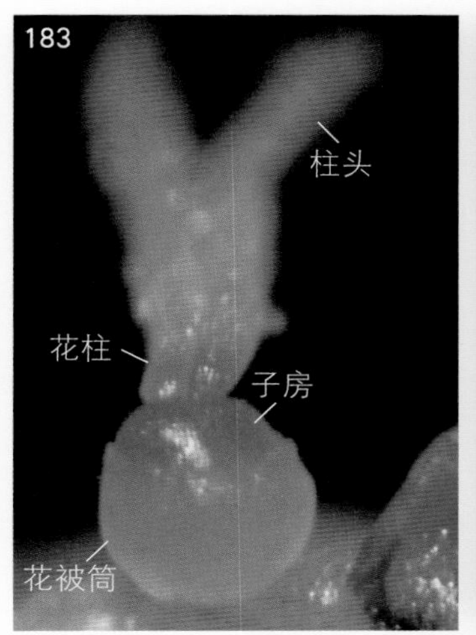

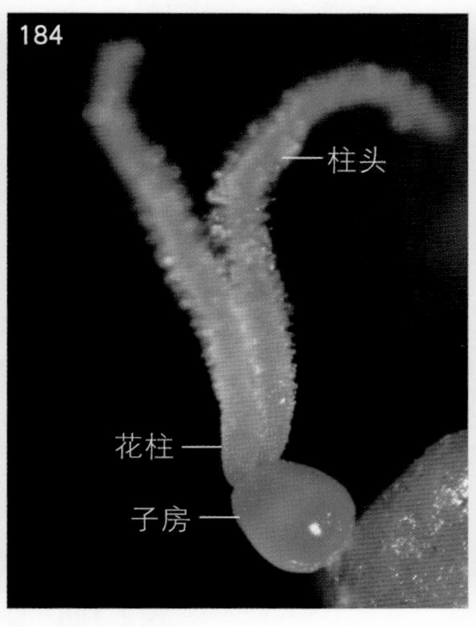

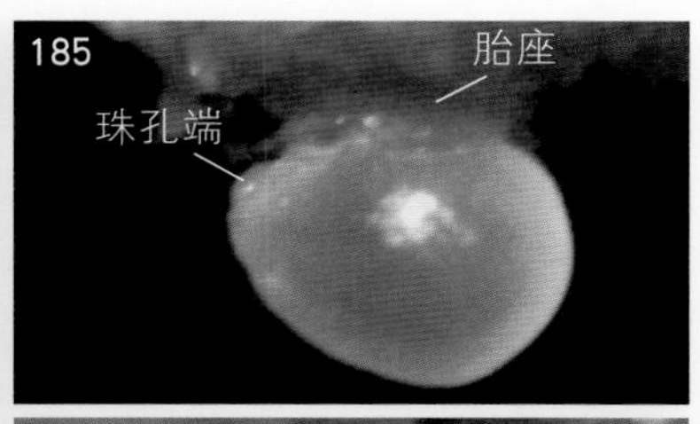

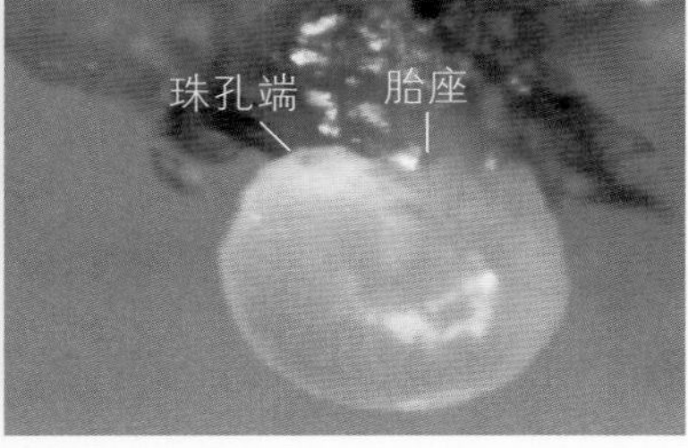

图2-183 雌花下部的放大，示子房外的花被筒

图2-184 除去花被筒后的雌蕊

图2-185 除去子房壁后，示子房室内的弯生胚珠、顶生胎座（上图）和另一个子房室内的胚珠（下图）

上图的弯生胚珠在形态上有点像横生胚珠。下图胚珠的外缘隆起并弯曲，珠孔（端）向上弯曲并靠近胎座，为弯生胚珠。

（3）幼果的解剖和幼胚的分离

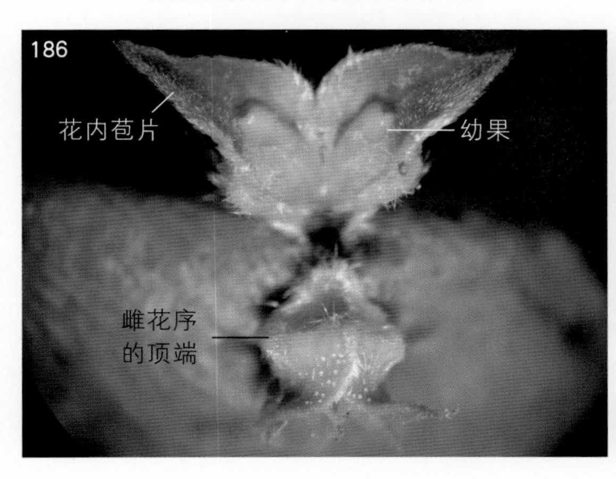

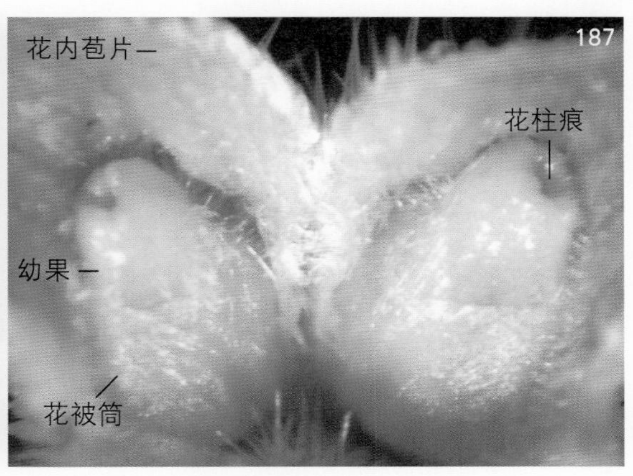

图2-186 从雌花序上端分离出的2个花内苞片及其腋内的幼果（由子房发育而成，柱头已脱落）

图2-187 图2-186幼果的放大

幼果（由花时的子房长成）外有宿存、膜质的花被筒。

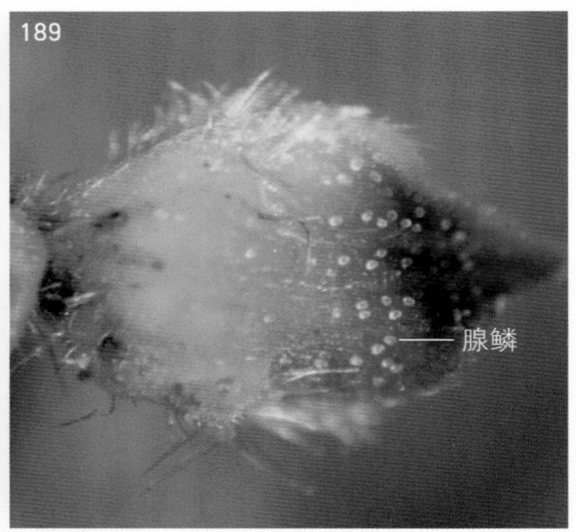

图2-188 图2-187花内苞片的近侧面观

苞片的外表面疏生腺鳞。

图2-189 花内苞片的外面观

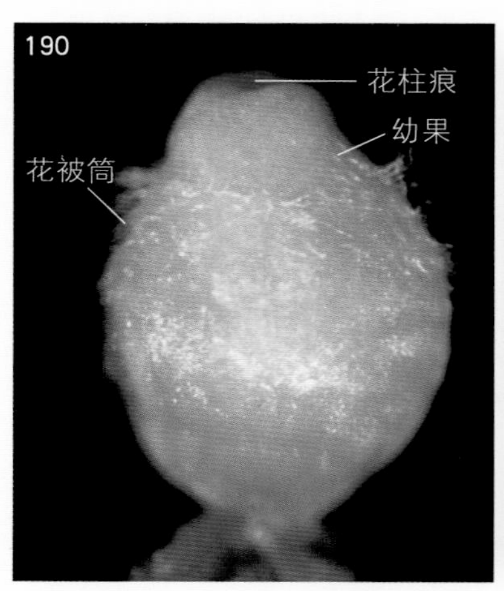

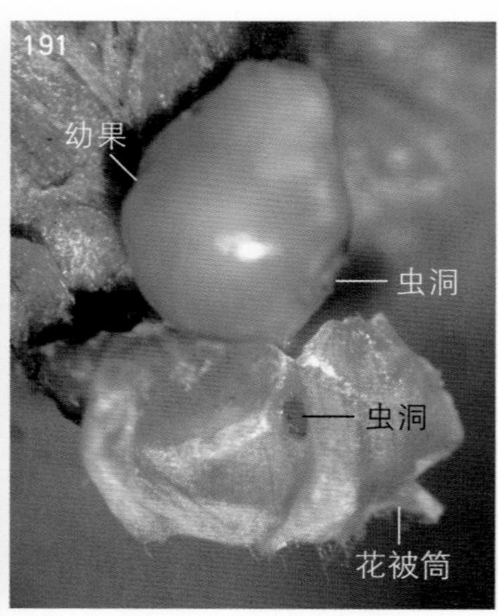

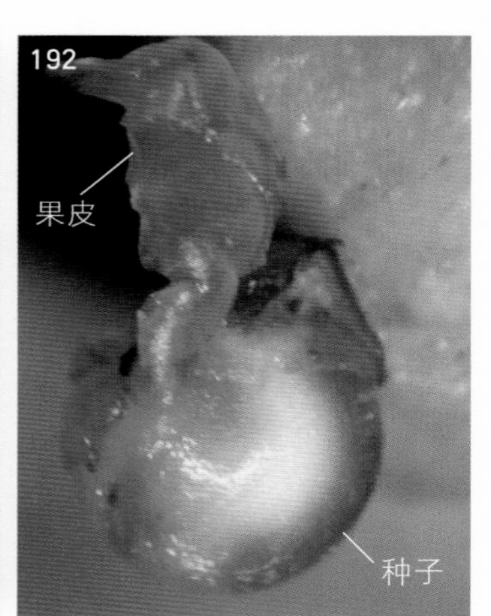

图2-190 分离出的幼嫩的果实（侧面观）

宿存花被筒的表面生有柔毛。

图2-191 除去花被筒后的幼果

幼果的右下方及宿存的花被筒上有虫噬留下的孔洞。

图2-192 将幼果的果皮除去后，示分离出的幼嫩种子。

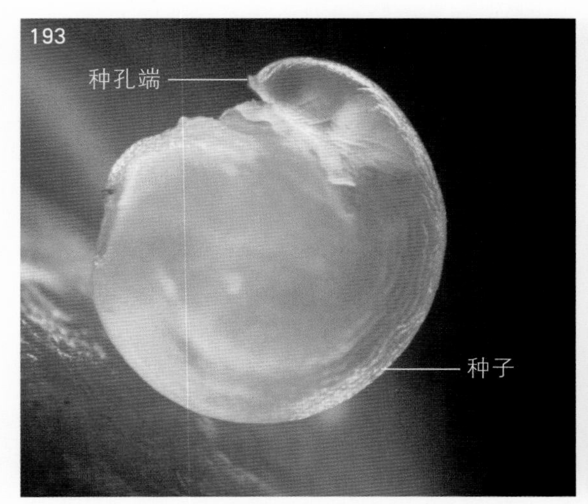

图2-193 除去种皮后的幼嫩种子（暗视野观察）

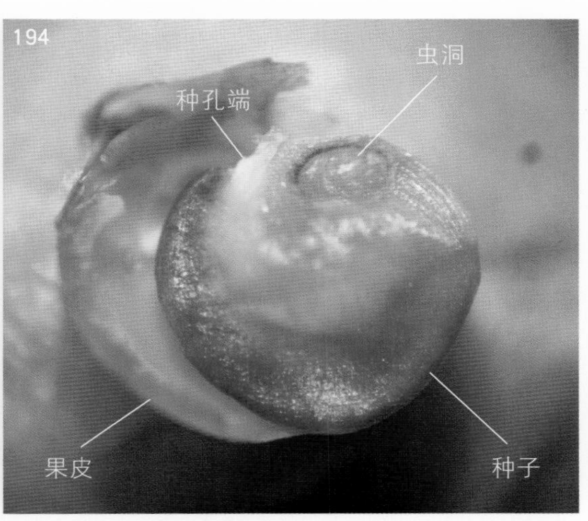

图2-194 将另一个幼果的果皮除去后，示分离出的幼嫩种子

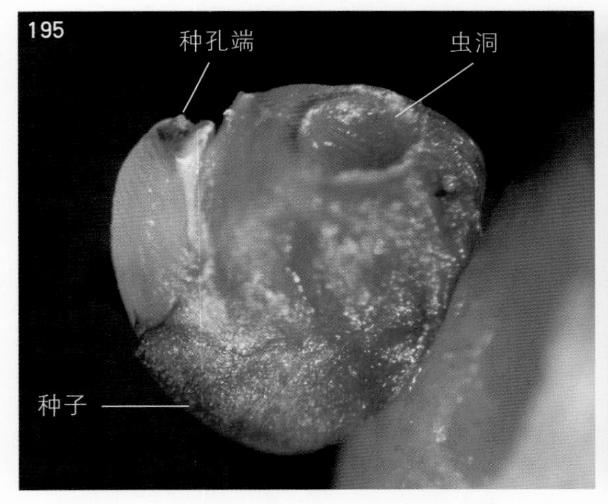

图2-195 除去部分种皮后，示幼嫩种子的种孔端

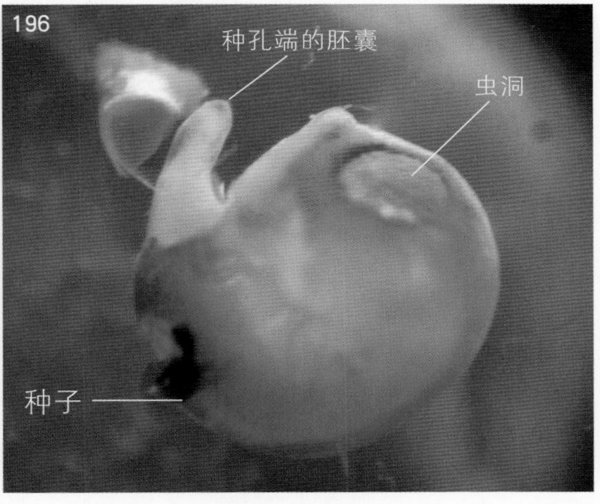

图2-196 除去幼嫩种子的部分种皮和珠心后，示胚囊的种孔端部分（临时水装片）

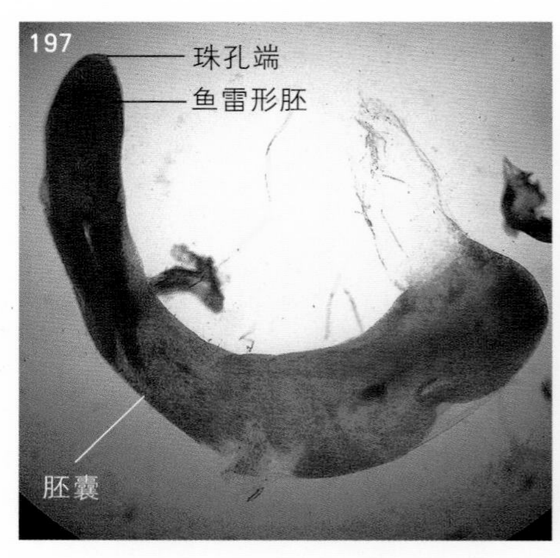

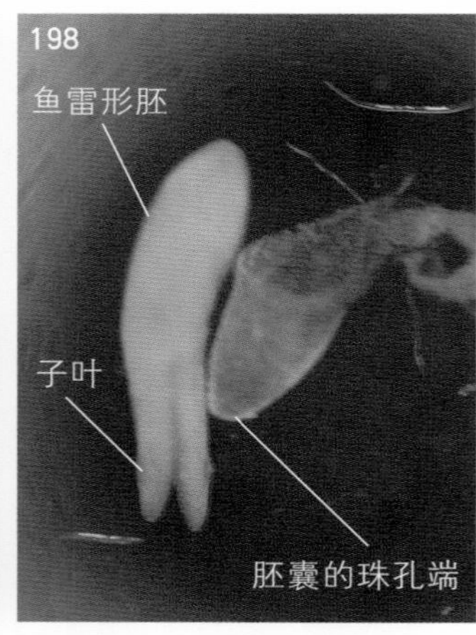

图2-197 从幼嫩种子中分离出的胚囊（临时水装片）

在半环状的胚囊内，珠孔端有1个鱼雷形的胚，胚发育成熟后呈环状。

图2-198 从胚囊内分离出的鱼雷形胚

鱼雷形胚与鱼雷在形态上存在着较大差异：鱼雷形胚的“尾翼”为扁而厚的子叶（它是植物体最先出现的叶），靠在一起的2片子叶约呈柱状，而鱼雷的尾翼一般为片状，3片。

图2-199 分离出的另一个鱼雷形胚

此胚比图2-197的胚更幼嫩些。

五、蓼科（Polygonaceae）

1. 萹蓄（*Polygonum aviculare* L.）

蓼属（*Polygonum*）。草本；两性花，单被（花），有梗；花被深裂，裂片5；雄蕊8，离生，排列成2轮，外轮雄蕊5个，内轮雄蕊3个，内轮雄蕊较外轮雄蕊大而高；复雌蕊，由3个心皮合生而成，子房上位，具有3棱，子房1室，子房室内生有1个胚珠，花柱和柱头均为3个，柱头头状。

花材料于2013年10月27日采自河南省洛阳市洛浦公园。

图2-200 枝上的花

图2-201 叶腋内的花

花被深裂，花被裂片在《中国植物志》中被称为花被片。

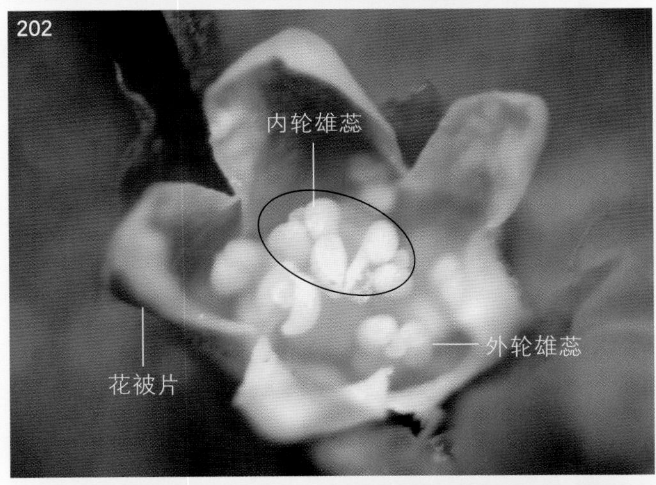

图2-202 花的上面观

图中，花被（裂）片5个，（离生）雄蕊8个。雄蕊排列成2轮，外轮的5个雄蕊与花被裂片互生，圈内为3个内轮雄蕊。

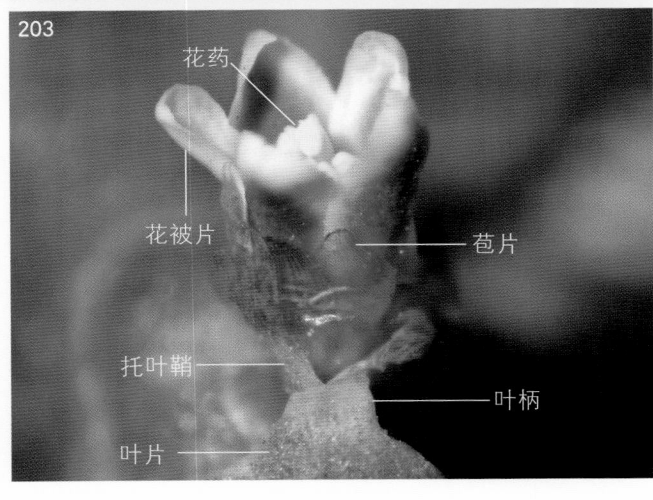

图2-203 花的侧面观

图中，花生于托叶鞘内，花的下部生有膜质的苞片。

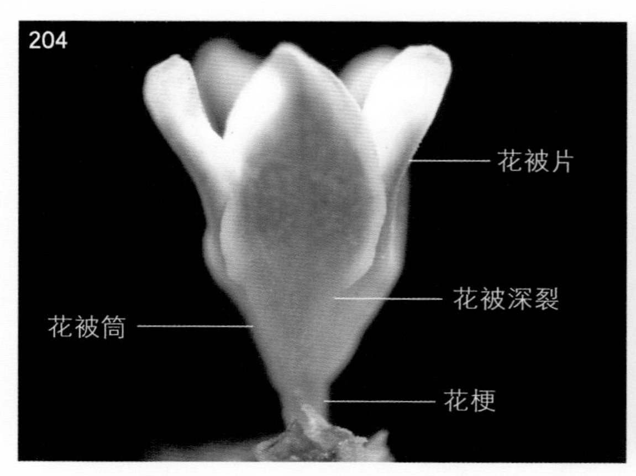

图2-204 除去花的膜质苞片后，花的侧面观

花被深裂。萹蓄（及其他蓼科植物）的花被筒是由花被、花丝基部和花托合生而成，即被丝托。

图2-205 花的不同角度的侧面观（暗视野观察）

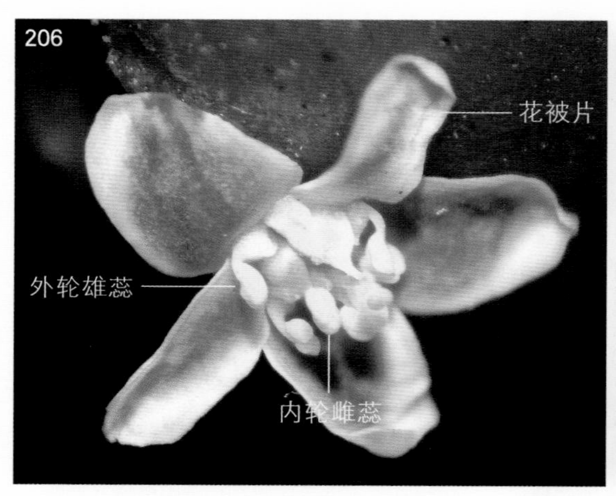

图2-206 花被片的展开

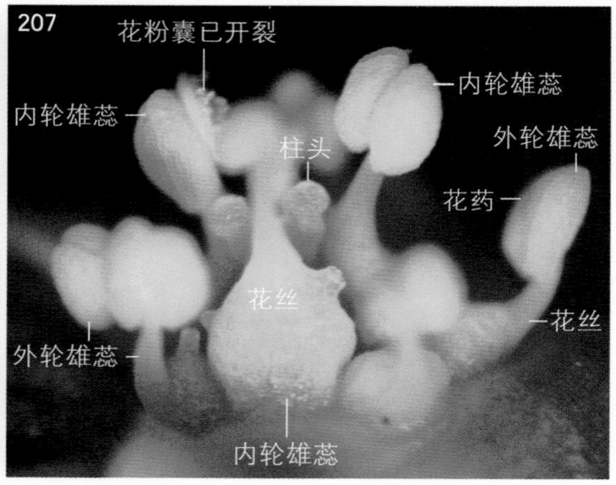

图2-207 将花被片展开后，花蕊的侧面观

在8个雄蕊中，3个内轮雄蕊比5个外轮雄蕊较大且较高，其花丝下部也较宽阔。图中，雌蕊的2个头状柱头露出，另一个柱头被遮挡。

图2-208 花内雄蕊的展开

8个雄蕊离生，排列成2轮，3个内轮雄蕊的花丝下部较外轮雄蕊的花丝宽阔。图中，有3个雄蕊的花药，一侧的花粉囊已开裂，但是另一侧的花粉囊未同时开裂。

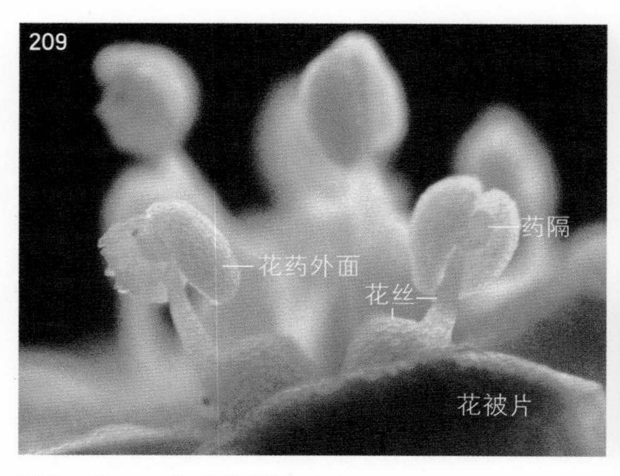

图2-209 2个花药的外面观

从花药的外面（远轴面）观察，两侧的花粉囊之间有明显的药隔相连。

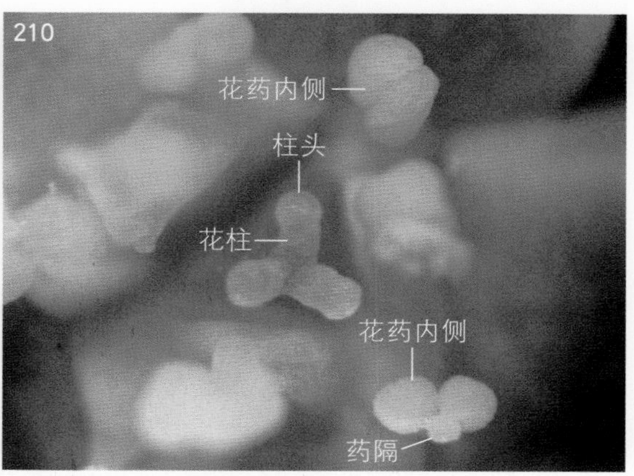

图2-210 部分花蕊（上面观）

雌蕊的柱头和花柱均为3个。

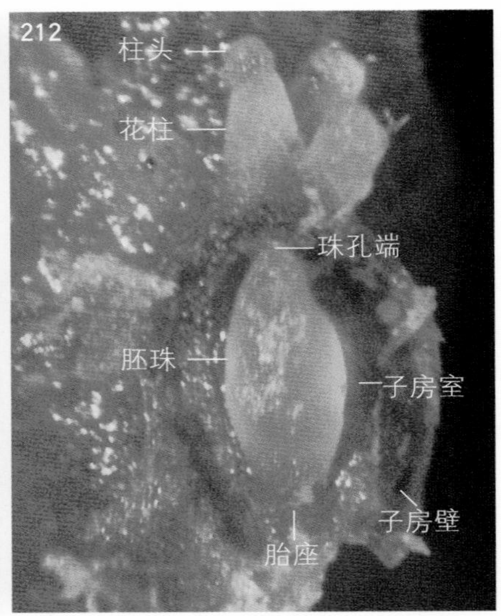

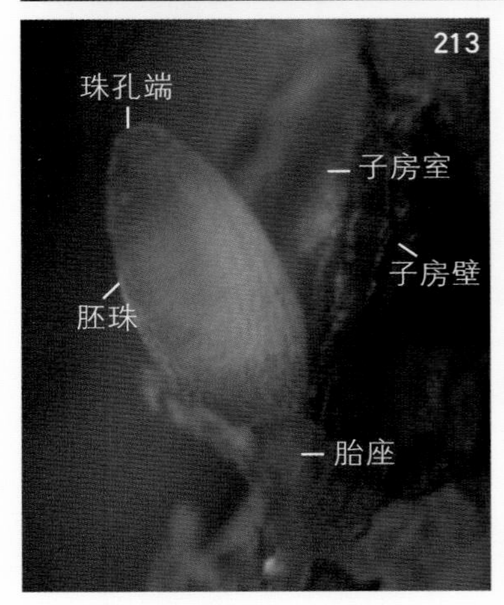

图2-211　除去部分花被后，花的侧面观

子房上位，花柱和柱头均为3个，周位花[花被筒（被丝托）与子房离生，花被和雄蕊的着生位置高于子房基部]。

图2-212　将子房壁纵剖并展开后，示子房室内的1个直生胚珠

图2-213　将子房室内的胚珠外掀，示直生胚珠及其胎座（侧面观）

2. 水蓼（*Polygonum hydropiper* L.）

蓼属（*Polygonum*）。水蓼的叶有辣味，又称“辣蓼”，是古代常用的调味剂。草本，节膨大，有托叶鞘；两性花，单被（花），有梗；花被深裂，裂片4～5个，常为5，花被上有透明腺点；花盘由多个离生的腺体组成；雄蕊6～8个；复雌蕊，由2～3心皮合生而成，子房具有2～3棱，子房上位，1室，子房室内生有1个直生胚珠，花柱在中下部合生，上部分为2～3枝，柱头2～3个；瘦果。

花材料于2013年10月20日采自河南省洛阳市洛浦公园的河滩地。因水蓼的花部数量变化较大，这里将其分为5种变异类型。

（1）花的显微解剖：花被片4个，雄蕊6个，柱头2个

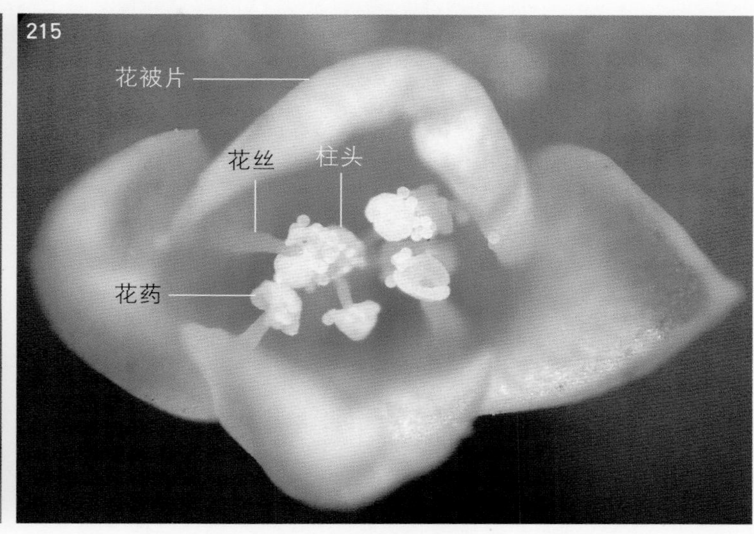

图2-214　水蓼的总状花序

水蓼的花序在形态上似穗状花序。

图2-215　花的上面观，花被4裂

在《中国植物志》中，水蓼的花被裂片被称为“花被片”。

图2-216　花的侧面观

花被深裂。水蓼的花被筒是由花被、花丝基部和花托合生而成，即被丝托。

图2-217　花被的展开

雄蕊6个，离生，排列成2轮，外轮雄蕊（4个）与花被裂片近互生，内轮雄蕊（2个）与花被裂片对生；雌蕊的柱头2个。

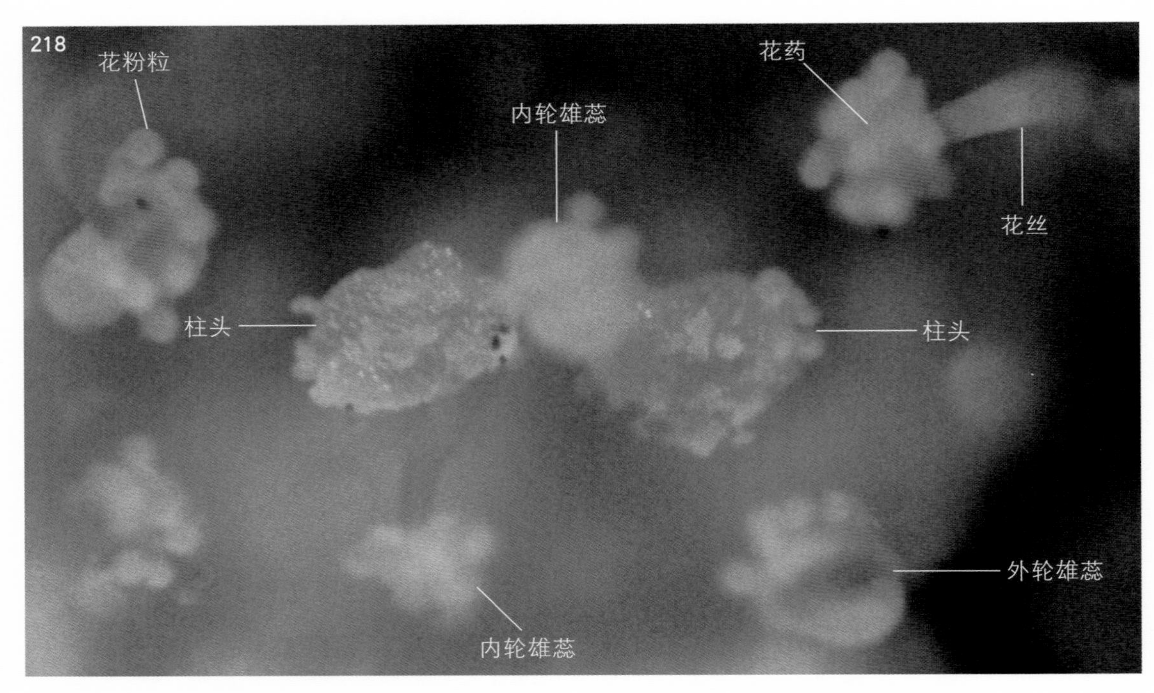

图2-218 花蕊的上面观

花药的花粉囊均已开裂（纵裂），4个外轮雄蕊、2个内轮雄蕊和2个柱头的表面均粘有花粉粒。

图2-219 花被纵剖、展开后的花（暗视野观察）

子房上位，花盘由6个离生的腺体组成。

图2-220 雌蕊的侧面观

花柱的下部合生，上部分为2枝。

图2-221 将雌蕊水平转动90°后，雌蕊的侧面观

结合图2-219可知，子房的立体形状为双凸透镜形，它与将来发育成的果实的形状相似。

（2）花的显微解剖：花被片5个，雄蕊6个，柱头2个

图2-222 花被片为5的花

图2-223 花的上面观

花被片5个。

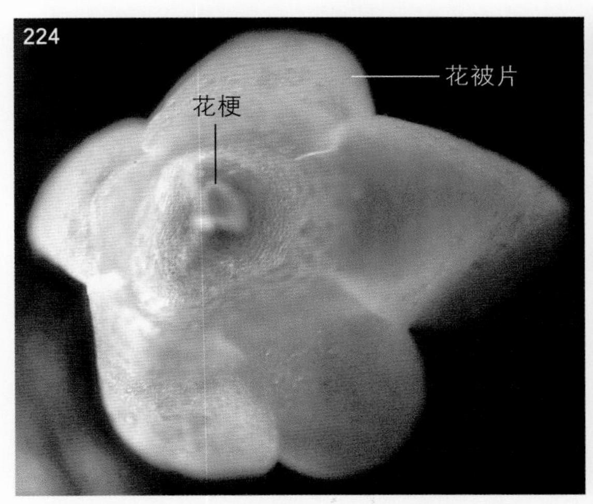

图2-224 花的下面观

花被深裂，裂片5个。

图2-225 花蕊的上面观

花内有6个离生雄蕊，外轮雄蕊5个，内轮雄蕊1个。雌蕊的柱头为2个。

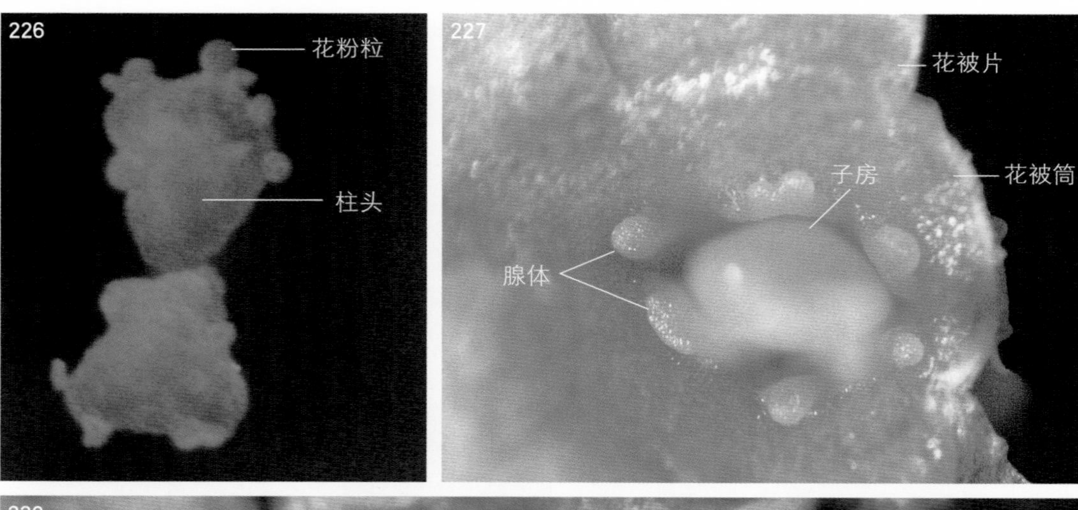

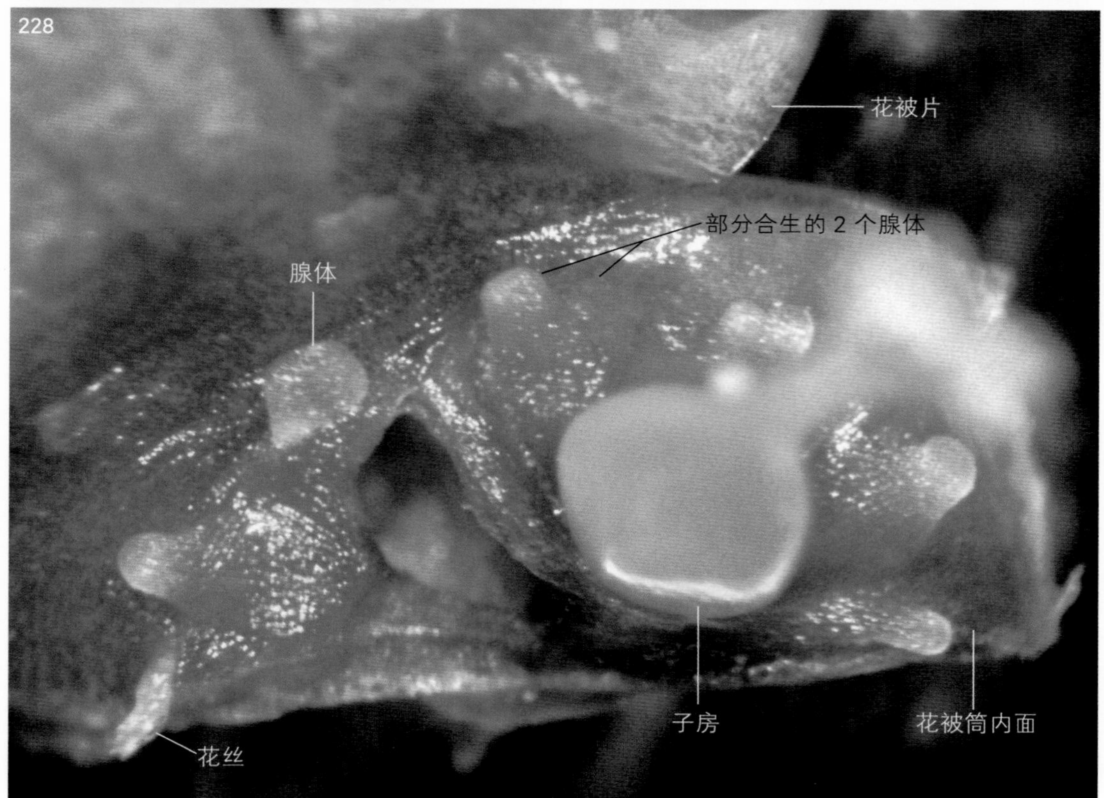

图2-226 雌蕊的2个柱头（上面观，暗视野观察）

图2-227 花盘的7个腺体和子房的上面观

雌蕊的花柱和柱头未在聚焦面上，因而图像模糊。

图2-228 花被筒被部分展开后，示花盘的7个腺体（5个离生，2个部分合生）

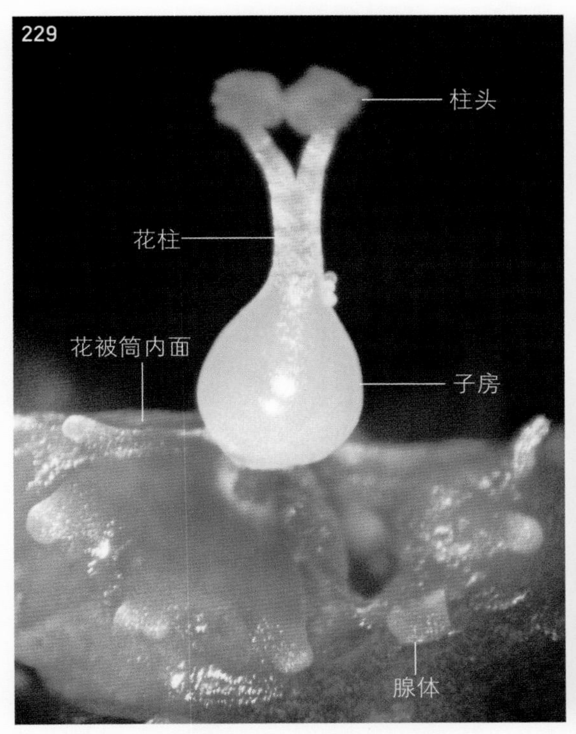

图2-229　花内的雌蕊

雌蕊的子房上位，花柱的下部合生，上部分为2枝，花柱的末端即为头状柱头，柱头2个。

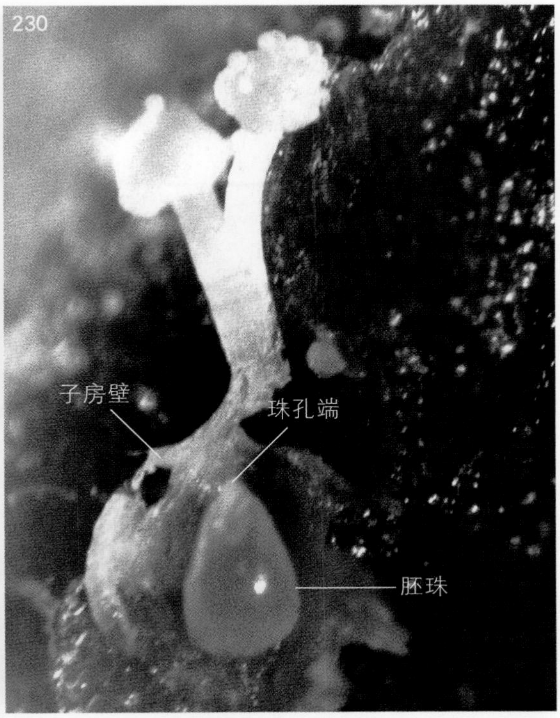

图2-230　子房室内的1个直生胚珠（基生胎座）

（3）花的显微解剖：花被片5个，雄蕊7个，柱头2个

图2-231　花被片为5的花（暗视野观察）

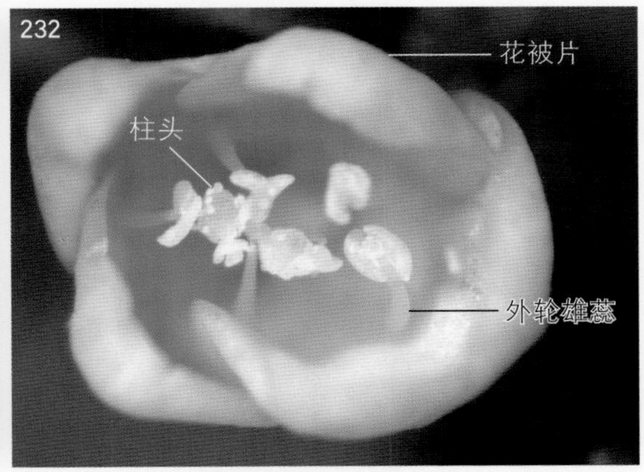

图2-232　花的上面观

花被片5片。

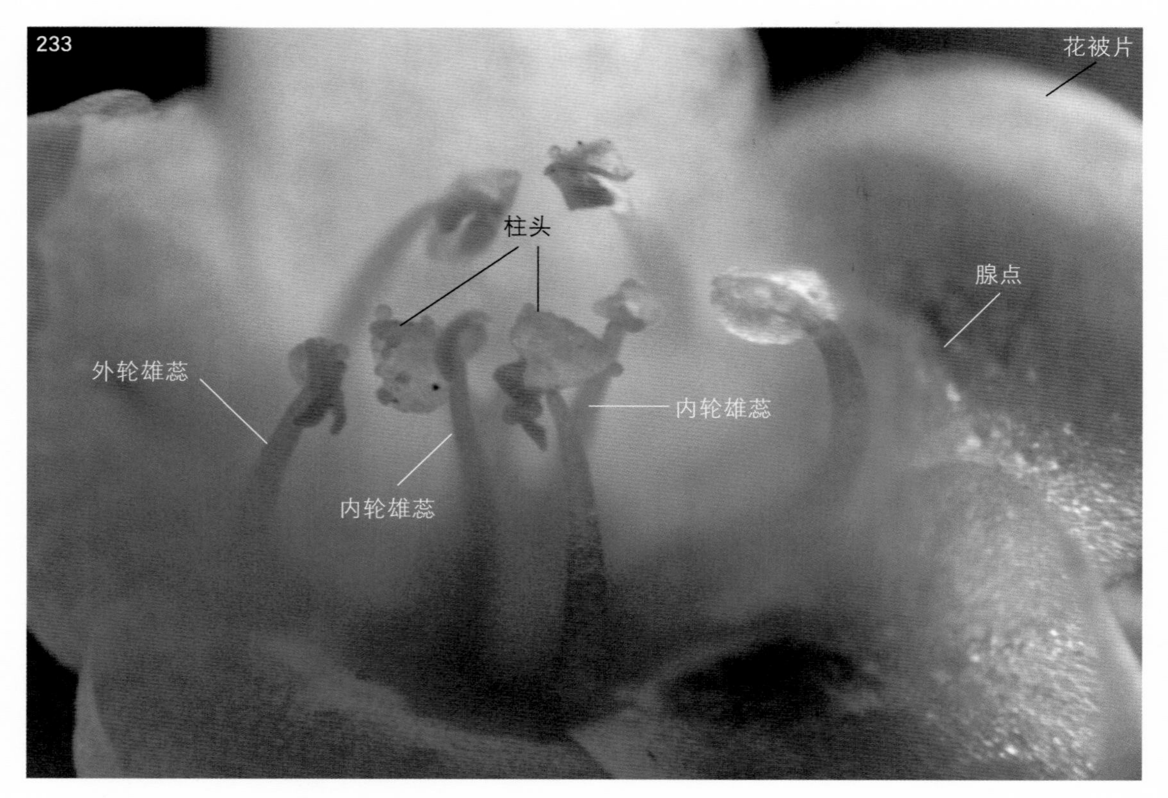

图2-233 花蕊的近侧面观（暗视野观察）

雄蕊7个，其中外轮雄蕊5个，内轮雄蕊2个。柱头2个。

（4）花的显微解剖：花被片5个，雄蕊7个，柱头3个

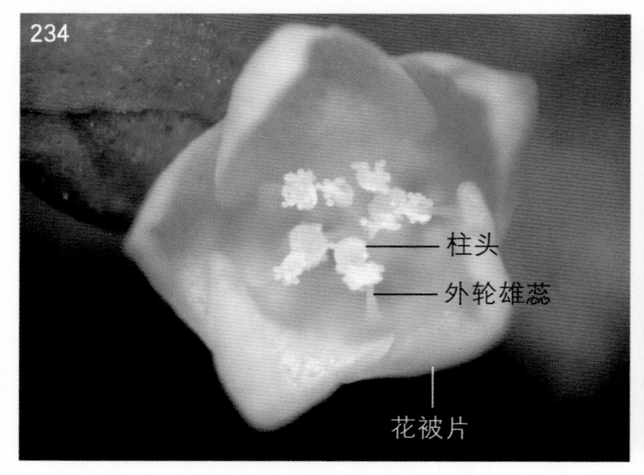

图2-234 花的上面观

花被片5个，雄蕊7个，柱头3个。

图2-235 花的侧面观（暗视野观察）

花被深裂，花被上有透明腺点。

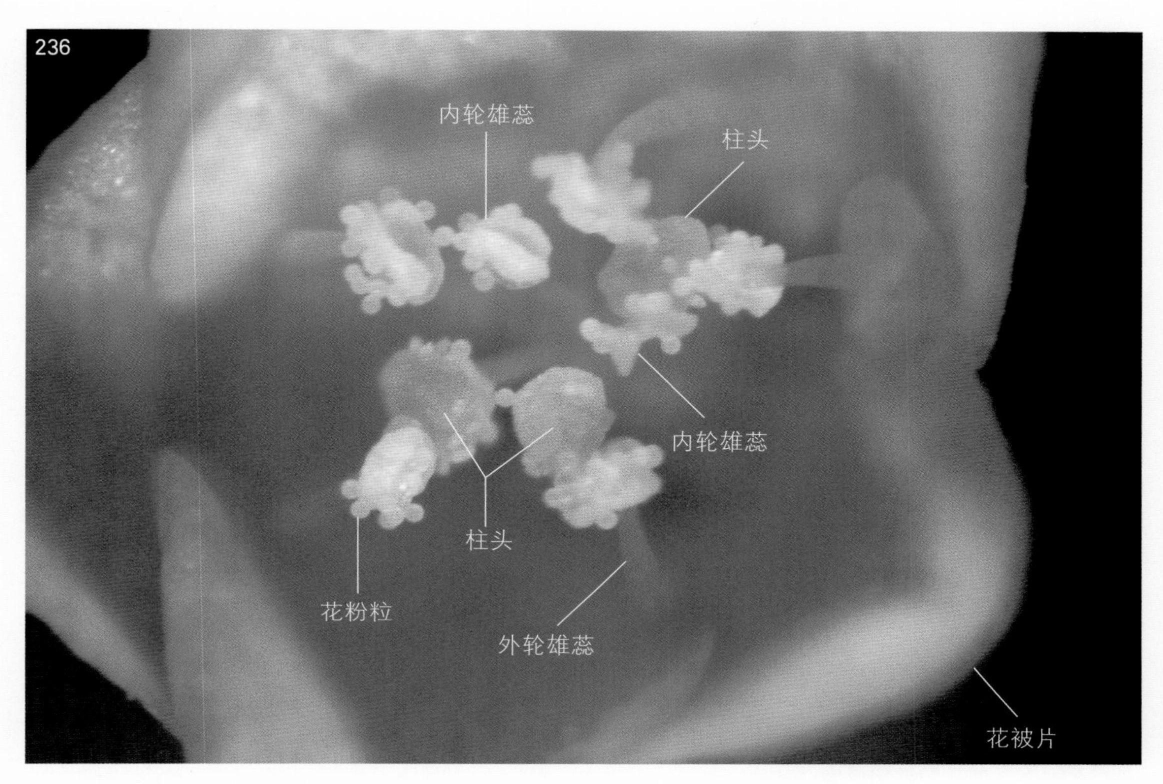

图2-236　花蕊的放大（上面观）

7个雄蕊中，外轮雄蕊5个，内轮雄蕊2个。柱头3个。雄蕊的花药已开裂（纵裂），花药和柱头的表面附着有花粉粒。

（5）花的显微解剖：花被片5个，雄蕊8个，柱头3个

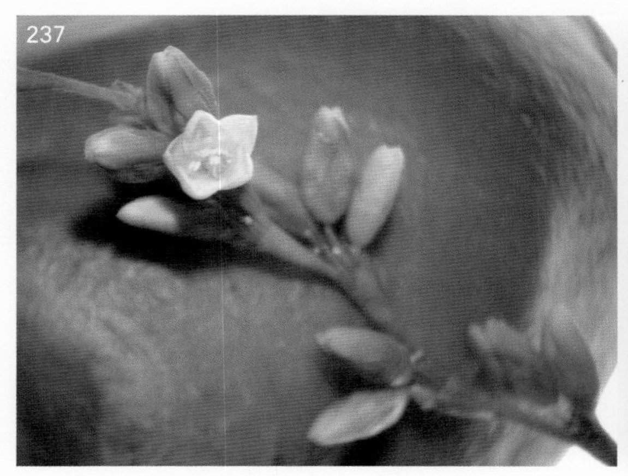

图2-237　花序上的花

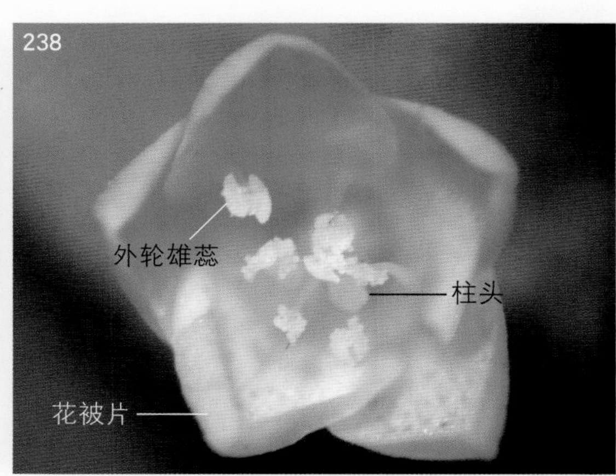

图2-238　花的上面观

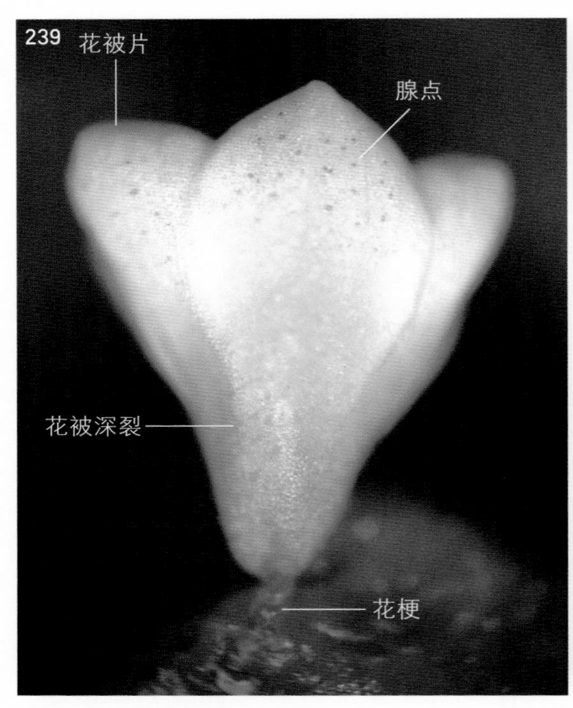

图2-239 花的侧面观

花被上有明显的透明腺点

图2-240 从花的不同角度观察

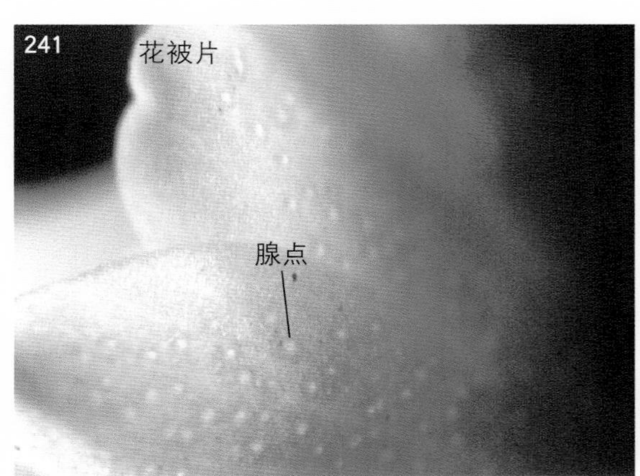

图2-241 花被上的腺点（暗视野观察）

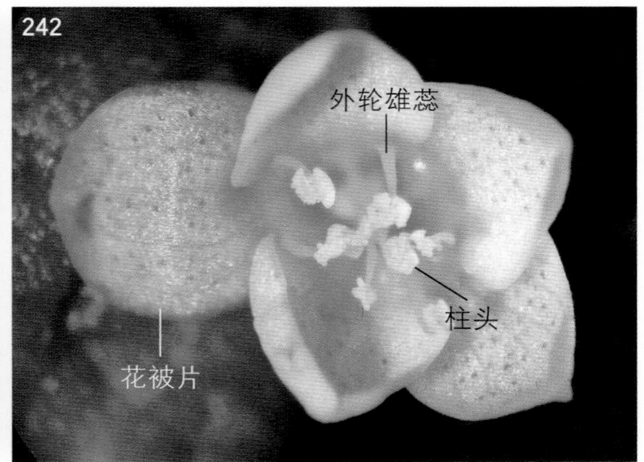

图2-242 将1片花被片在胶块上展开后，花的上面观

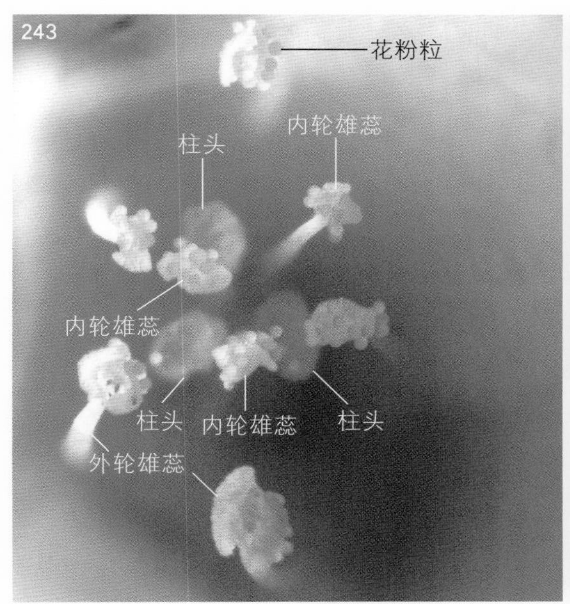

图2-243 花蕊的上面观（暗视野观察）

雄蕊8个，外轮雄蕊5个，内轮雄蕊3个，内轮雄蕊与3个柱头互生。

图2-244 除去花被（裂）片后，花的侧面观

图2-245 将花被筒纵剖、展开后，示花盘的7个离生的腺体

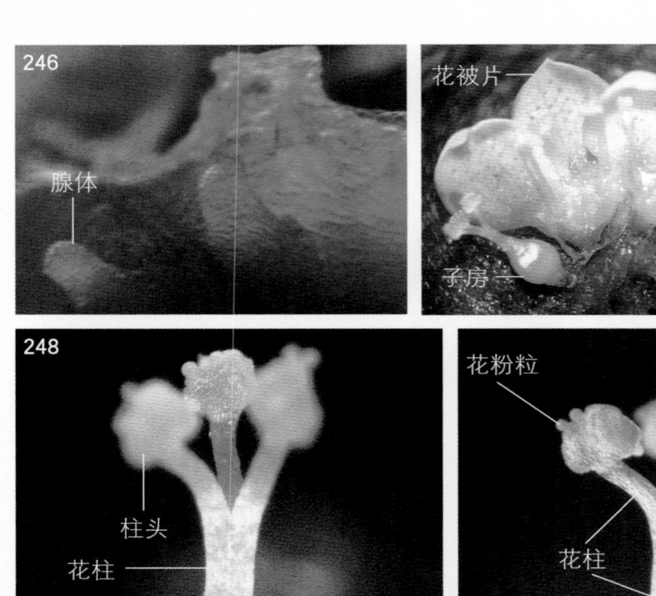

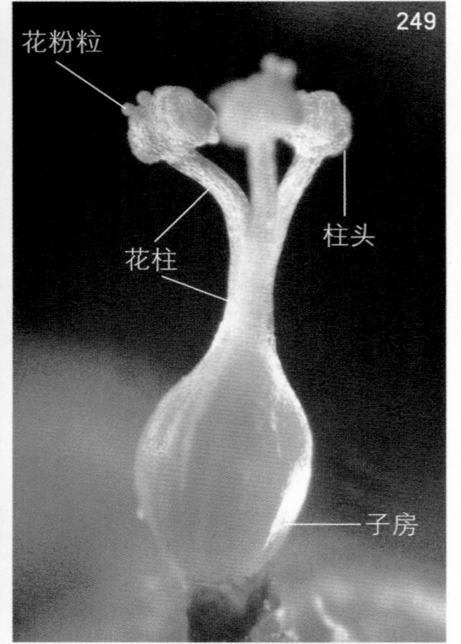

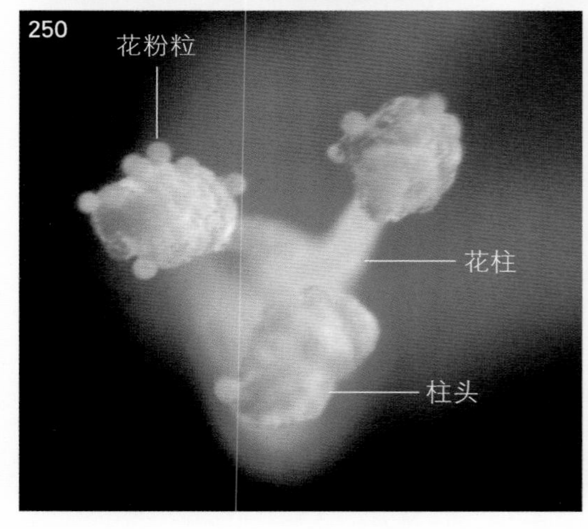

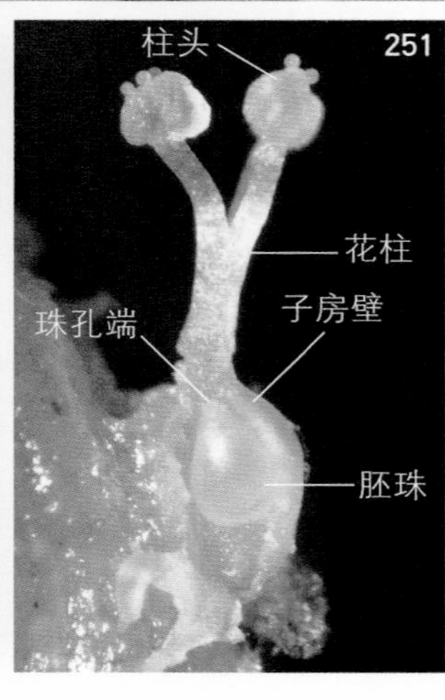

图2-246 腺体的暗视野观察

图2-247 花的纵剖并展开

图2-248 雌蕊的侧面观
柱头3个。

图2-249 雌蕊的不同角度观察（暗视野观察）

图2-250 柱头的上面观（暗视野观察）

图2-251 子房的解剖，示子房室内的1个直生胚珠

（6）果实的形态观察

水蓼的复雌蕊有2种类型：一种是由2心皮合生而成，另一种是由3心皮合生而成。对应地由复雌蕊的子房发育而成的果实（瘦果）也有2种：一种是双凸透镜形的瘦果，另一种是三棱形的瘦果。这里仅对3心皮发育而成的三棱形瘦果进行了观察。

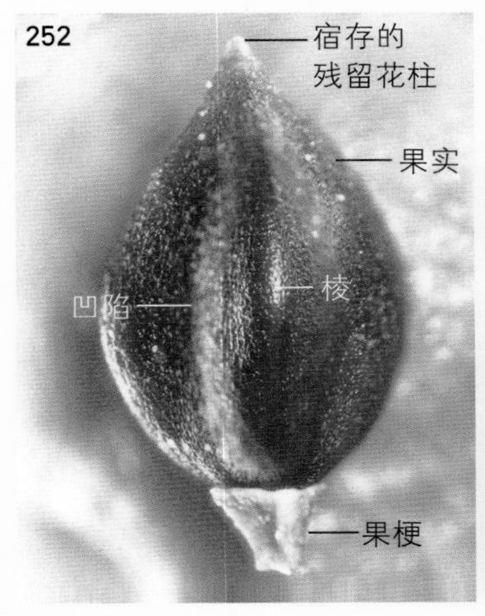

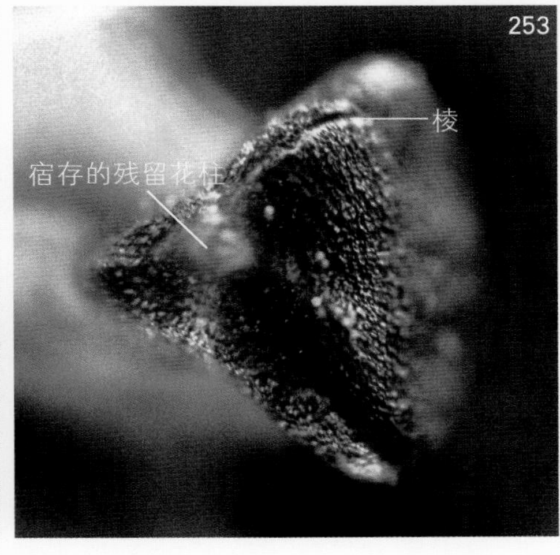

图2-253　瘦果的上面观

三棱形果实表面粗糙，每个棱凸出棱中央有凹陷，2棱之间的凹陷处微隆起。

图2-252　三棱形瘦果的侧面观

瘦果的表面有3条纵向的棱，2棱之间有纵向的凹陷。在《中国植物志》中，蓼科的果实被称为“瘦果”，但是也有文献称其为“坚果”。

3. 红蓼（*Polygonum orientale* L.）

蓼属（*Polygonum*）。草本；两性花，单被（花），有梗；花被5深裂；花盘由7个离生的腺体组成；雄蕊7；复雌蕊，由2个心皮合生而成，子房扁圆球形（似双凸透镜状），子房上位，1室，子房室内生有1个直生胚珠，花柱在下部合生，上部分为2枝，柱头2个。

花材料于2013年10月21日采自河南省洛阳市洛浦公园的河滩地。

图2-254　红蓼的圆锥花序

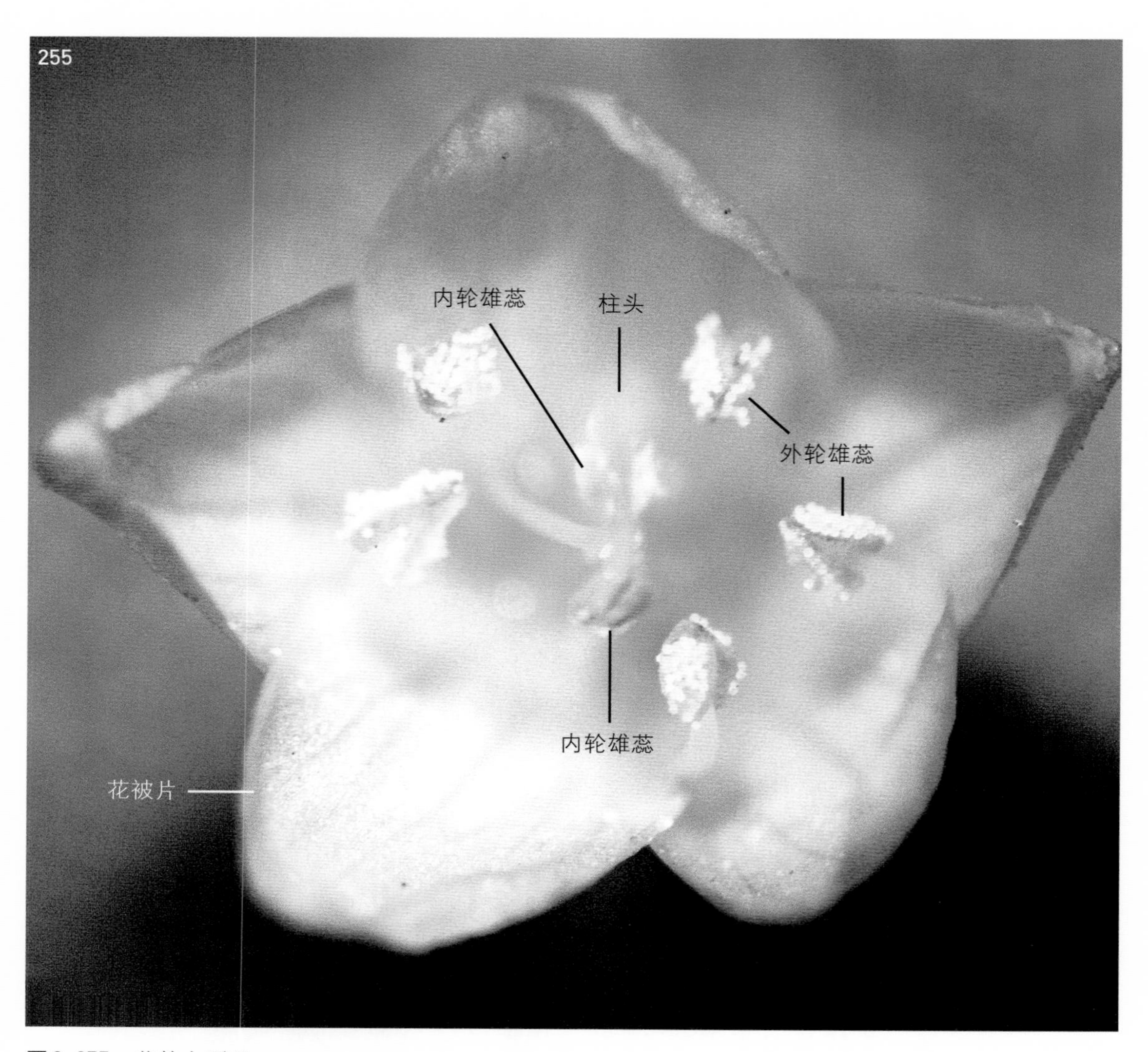

图2–255 花的上面观

花被（裂）片5个；雄蕊7个，排列成2轮，外轮雄蕊5个，与花被（裂）片互生，内轮雄蕊2个，与花被片对生；雌蕊的柱头2个。

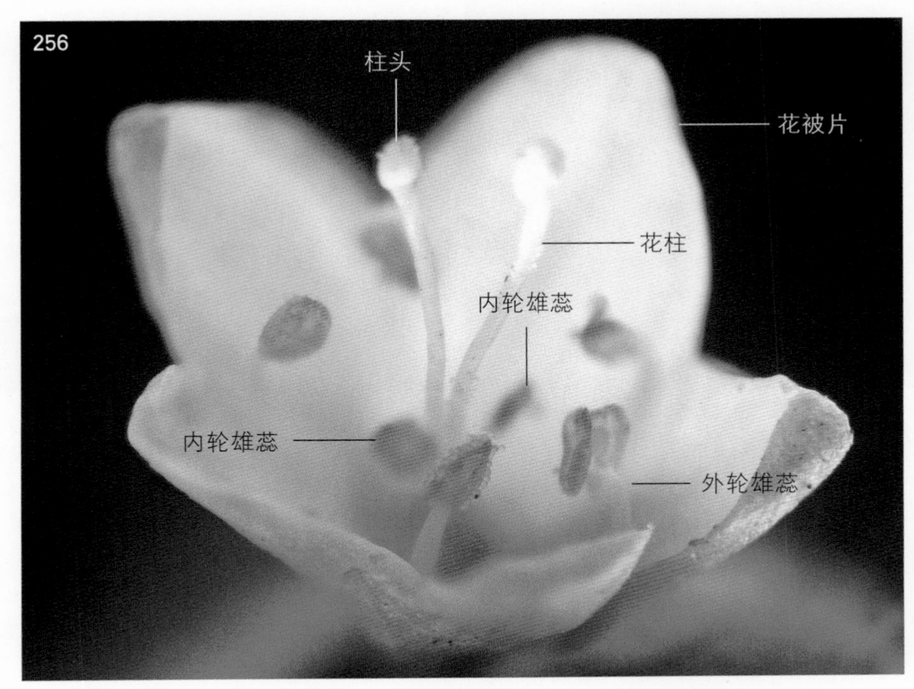

图2-256　花的近上面观

雌蕊长于雄蕊，花柱在下部约1/3处分为2枝，柱头2个，头状。

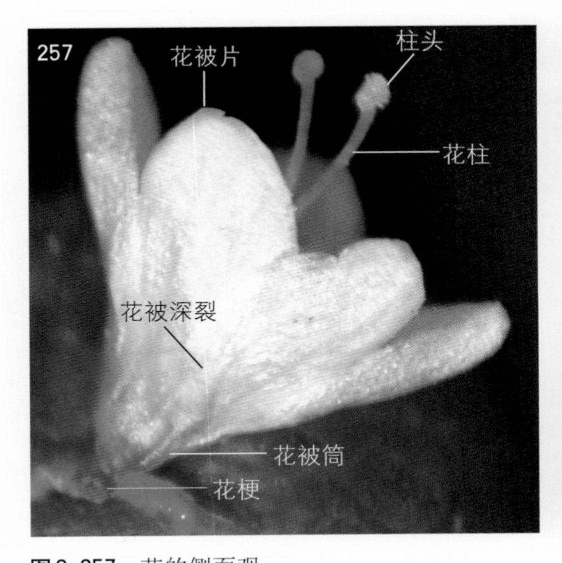

图2-257　花的侧面观

花被深裂。此处的花被筒是由花被、花丝基部和花托合生而成，即被丝托。

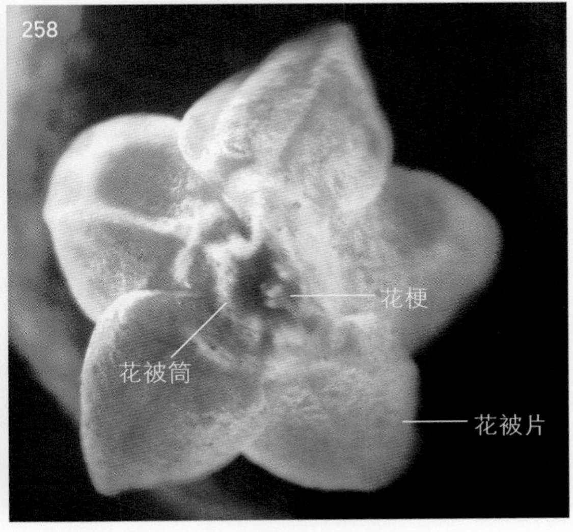

图2-258　花的下面观（暗视野观察）

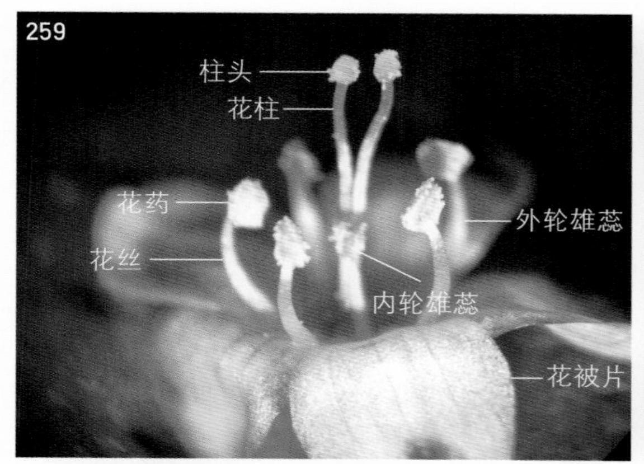

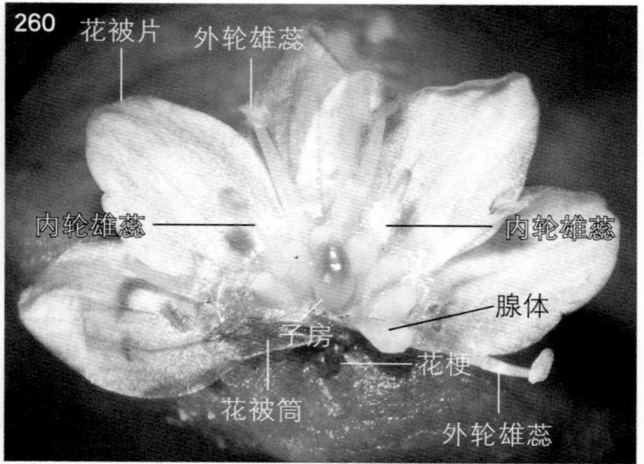

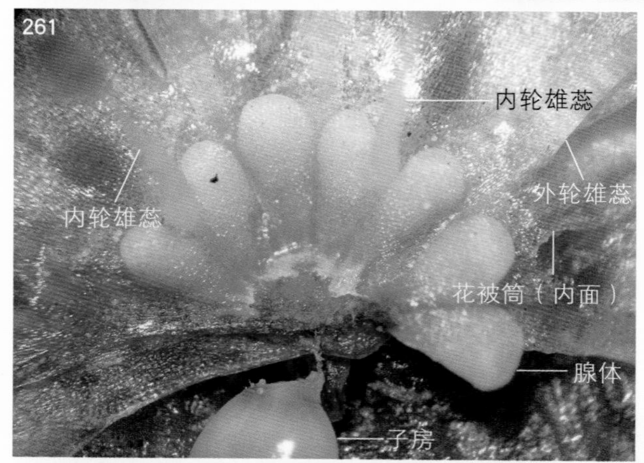

图2-259 将花被片展开后，花蕊的侧面观

外轮雄蕊（5个）与花被片互生，内轮雄蕊2个（1个被遮挡）与花被片对生。

图2-260 花在胶块上的展开

花盘由7个黄色、离生的腺体组成，内轮雄蕊位于花盘的2个腺体间，雌蕊的子房上位。

图2-261 将花被展开后，示花盘的腺体（内面观）

图中，2个内轮雄蕊分别着生在左侧第1～2个和第4～5个腺体间。

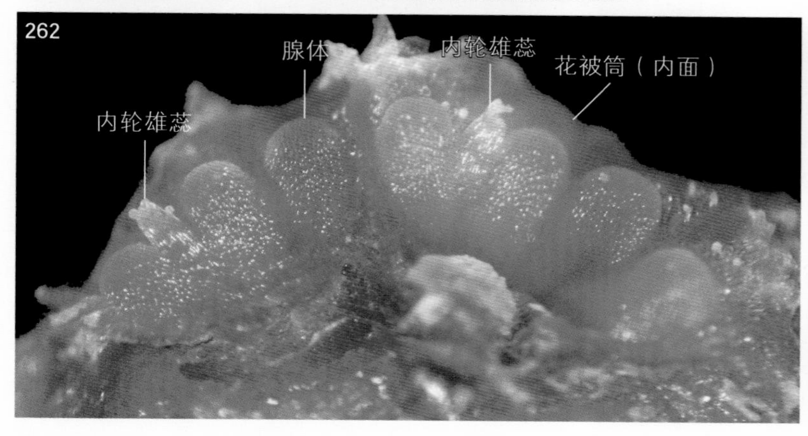

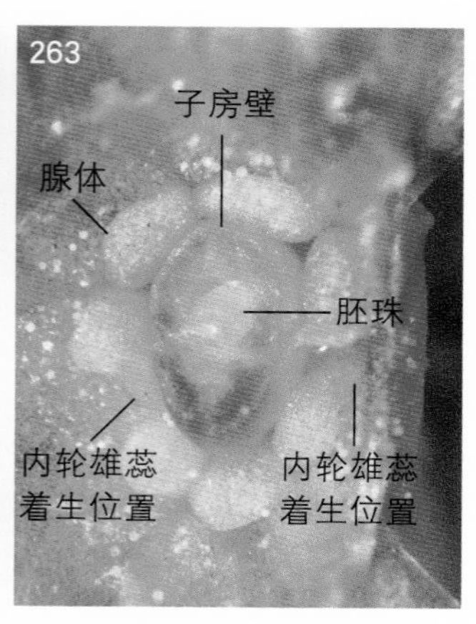

图2-262 另一朵花的花盘

左侧第1～2个和第4～5个腺体之间，分别为2个内轮雄蕊的着生位置。

图2-263 花盘的腺体和子房横切面的上面观

在子房室中有1个胚珠的横切面。

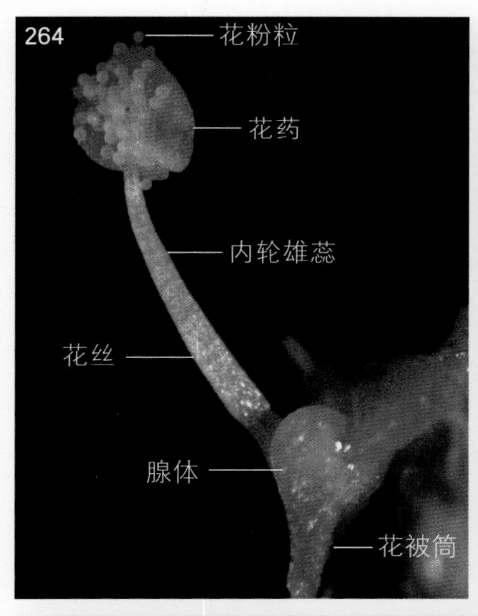

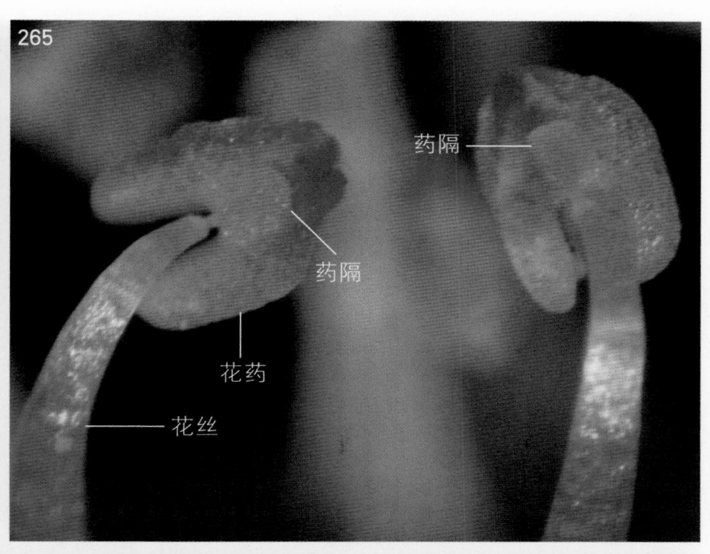

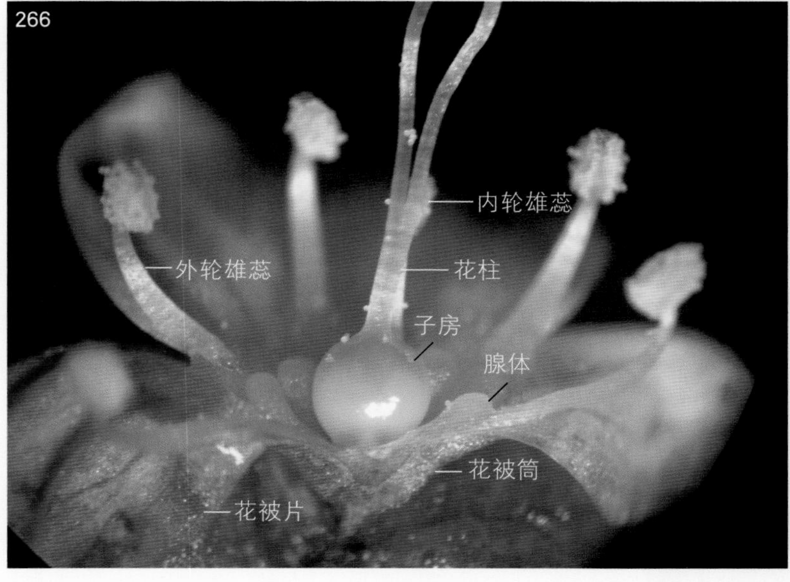

图2-264 分离出的部分花被，示花被筒内面的1个腺体和1个内轮雄蕊

图2-265 花药的外面观

雄蕊的花药为个着药，花丝顶端骤然变细。

图2-266 除去1个花被片及部分花被筒后，示子房与花盘的腺体以及外轮雄蕊的位置关系。

图中，1个内轮雄蕊已除去，另一个内轮雄蕊被花柱遮挡。

图2-267 分离出的雌蕊

花柱在下部约1/3处向上分为2枝，柱头2个。

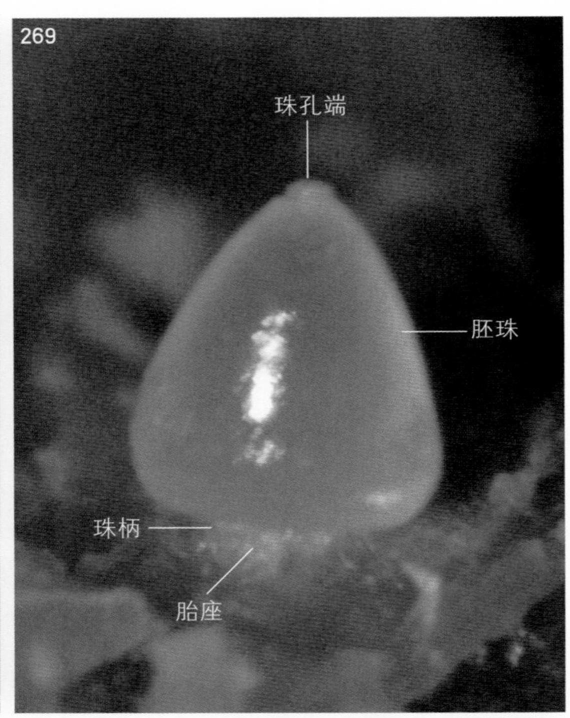

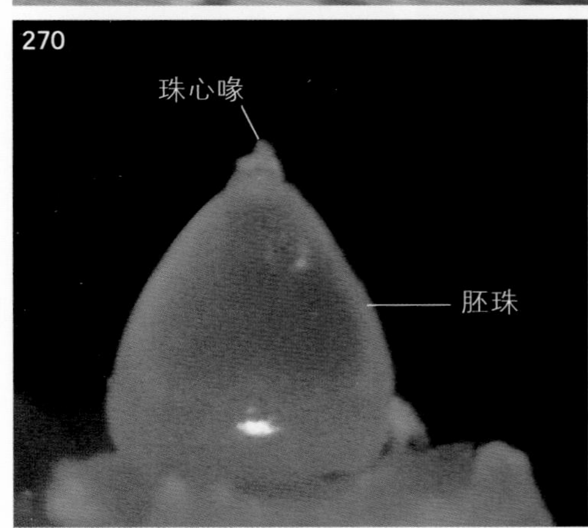

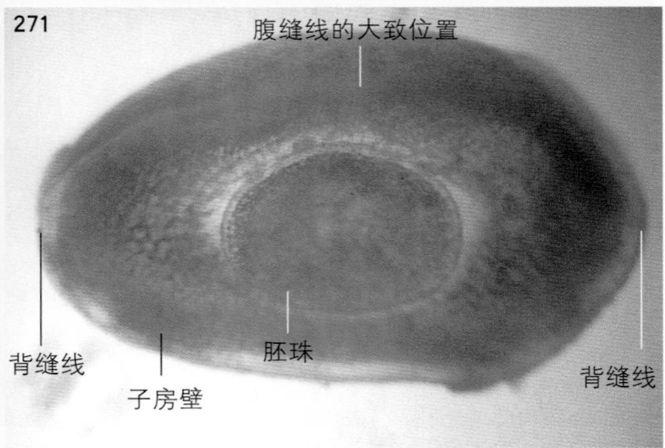

图2-268 除去部分子房壁后，示子房室内的1个直生胚珠（基生胎座）

从形态上看，胚珠的珠柄极短。

图2-269 分离出的直生胚珠

内珠被在珠孔端外露。

图2-270 分离出的另一个直生胚珠

珠孔端有珠心喙。

图2-271 子房的横切片，示子房壁和胚珠的横切面

图中，2个外果皮的纵向棱处为背缝线的位置，腹缝线在子房壁表面没有明显的界线和标志，大致位于2条（纵向的）背缝线中间的位置。

4. 绵毛酸模叶蓼（*Polygonum lapathifolium* L. var. *salicifolium* Sibth.）

蓼属（*Polygonum*）。草本，披针形叶片上常有一个黑褐色的新月形色斑，托叶鞘膜质；两性花，单被（花），有梗；花被4～5深裂，宿存；雄蕊6～7个；复雌蕊，由2心皮合生组成，子房上位，1室，子房室内生有1个胚珠，花柱在基部合生，上部分为2枝，柱头2个；瘦果。

花材料于2009年9月27日和2021年8月23日采自河南省洛阳市。

图2-272 植株的叶片

叶互生，叶片披针形，上有新月形色斑。

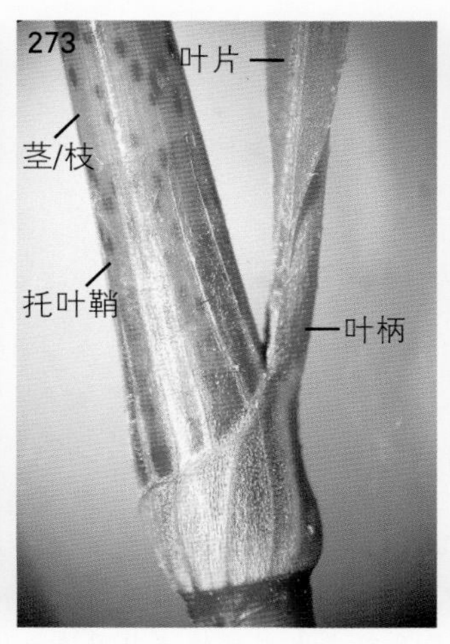

图2-273 托叶鞘的侧面观

叶柄下部和托叶鞘贴生在一起，托叶鞘筒状，膜质。

图2-274 叶片的色斑在解剖镜下的放大

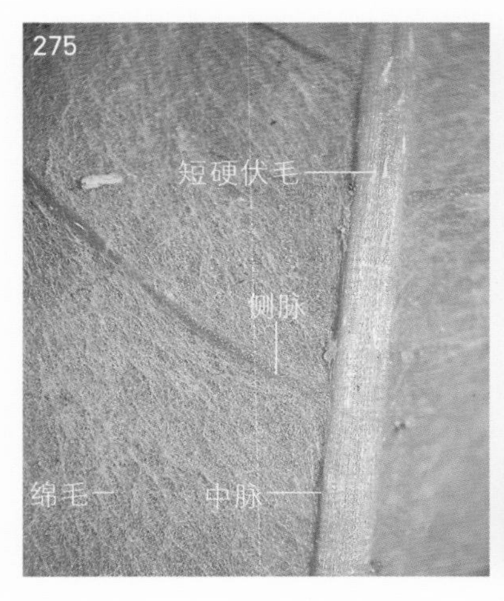

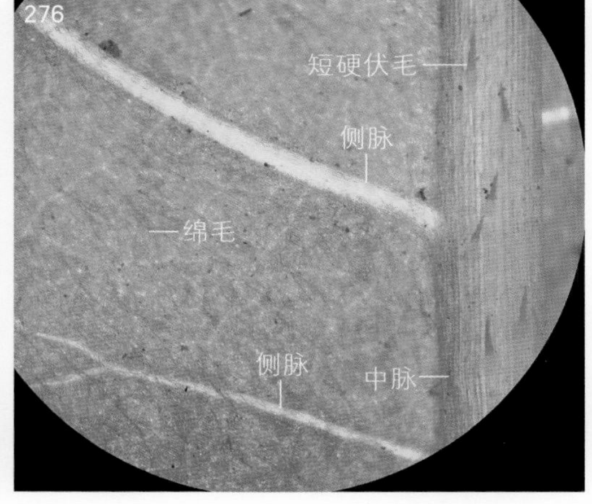

图2-275 叶片的背面（下表面，远轴面）

叶片的背面密生白色绵毛（这是绵毛酸模叶蓼变种与酸模叶蓼原变种的区别特征），叶片的中脉上疏生有较短的硬伏毛。

图2-276 叶片的背面，示中脉上的短硬伏毛（透射光观察）

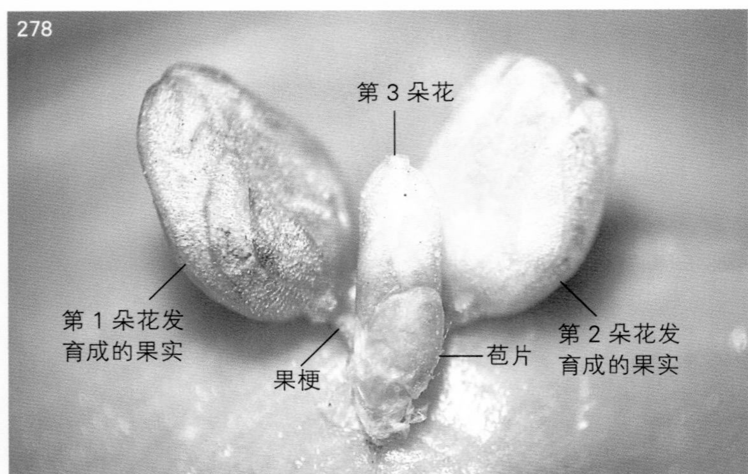

图2-277 植株的圆锥花序

标尺的格值为1mm（下同）。

图2-278 从圆锥花序上分离出的1个小的花序分枝

分枝属单歧聚伞花序（图2-279）。图中，左侧第1朵花已经发育成果实（花被宿存），右侧的第2朵花也已发育成果实（比左侧的果实幼嫩），而中央的第3朵花尚未开放，为花蕾，在其下方还有1个被苞片遮挡的花芽（第4朵花）。酸模叶蓼的花序就是由一些这样的花序组成了圆锥花序。《中国植物志》认为圆锥花序的分枝花序为总状花序，马炜梁先生主编的《中国植物精细解剖》认为“红蓼的聚伞花序排成穗状花序式”。

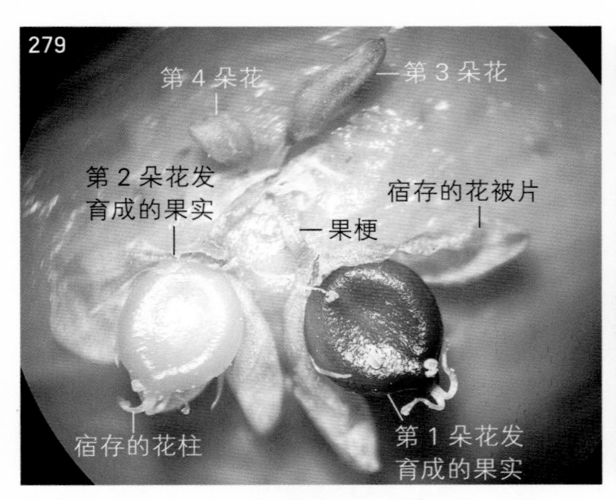

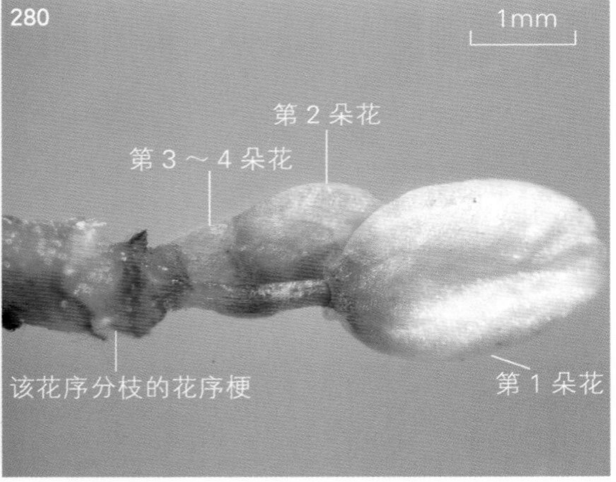

图2-279 将图2-278花序的2朵老花的花被剥开后，示分别由2个雌蕊发育而成的2个未成熟果实

在双凹状果实的顶端有宿存的花柱及柱头。

图2-280 从圆锥花序上分离出的单歧聚伞花序分枝

该花序的第1～2朵花的苞片已除去，从形态上看，该单歧聚伞花序属于螺状聚伞花序。

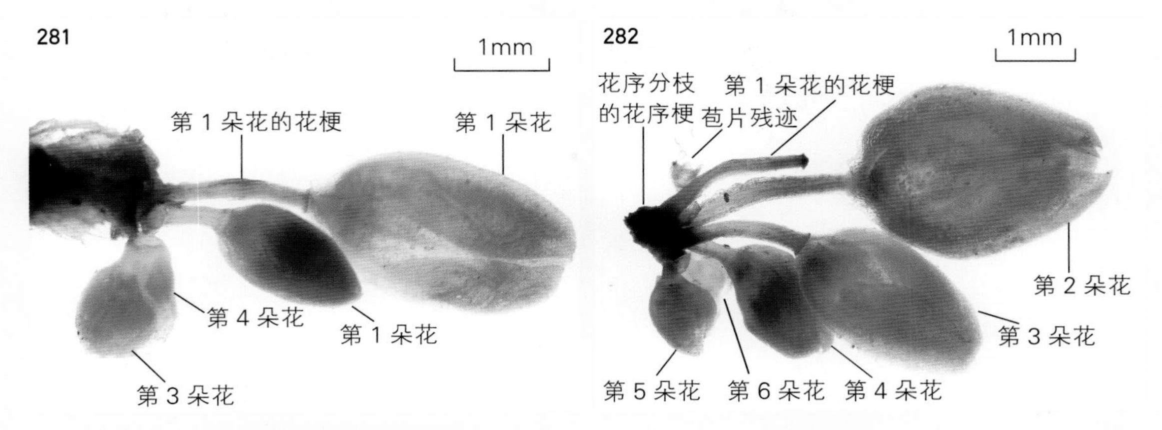

图2-281　图2-280单歧聚伞花序分枝的展开

在将花序展开时，第3～4朵花已从花序轴上脱落。从形态上看，该花序的第1～4朵花越来越细嫩，体积也越来越小。图中，第3朵花下方的花序轴上有1个新近产生出的幼小花蕾，在第4朵花的下方可能还有一个能在花期内产生出新花蕾的生长点。

图2-282　第3个单歧聚伞花序分枝的展开

从形态上看，该聚伞花序分枝也属于螺状聚伞花序。其中，第1朵花已开败并脱落，只留下花梗，第6朵花为新产生出的花蕾，在其下方的花序轴上可能还有一个能在花期内产生出新花蕾的生长点。

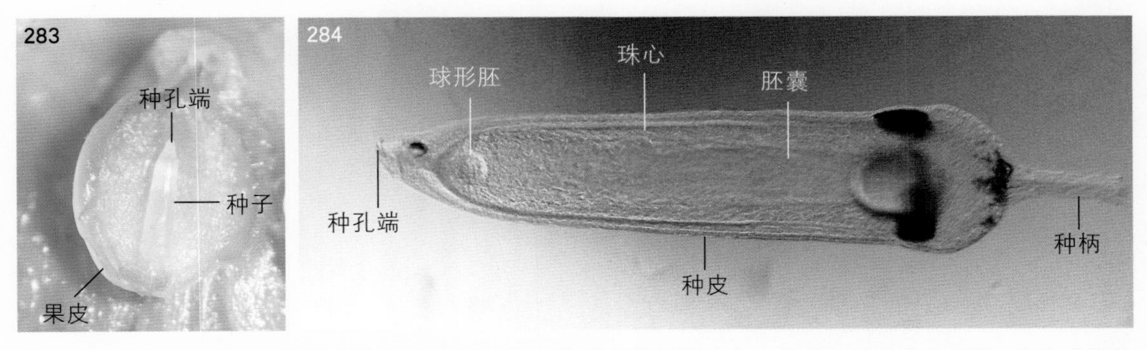

图2-283　将图2-279第2朵花发育成的未成熟果实的果皮纵剖并除去一半后，示子房室内的1个未成熟的种子

图2-284　未成熟种子经84消毒液整体透明处理后的显微镜观察结果（非光轴上的拍照结果）

由此未成熟种子可以看出，花期时的胚珠为直生胚珠，珠被有2层。

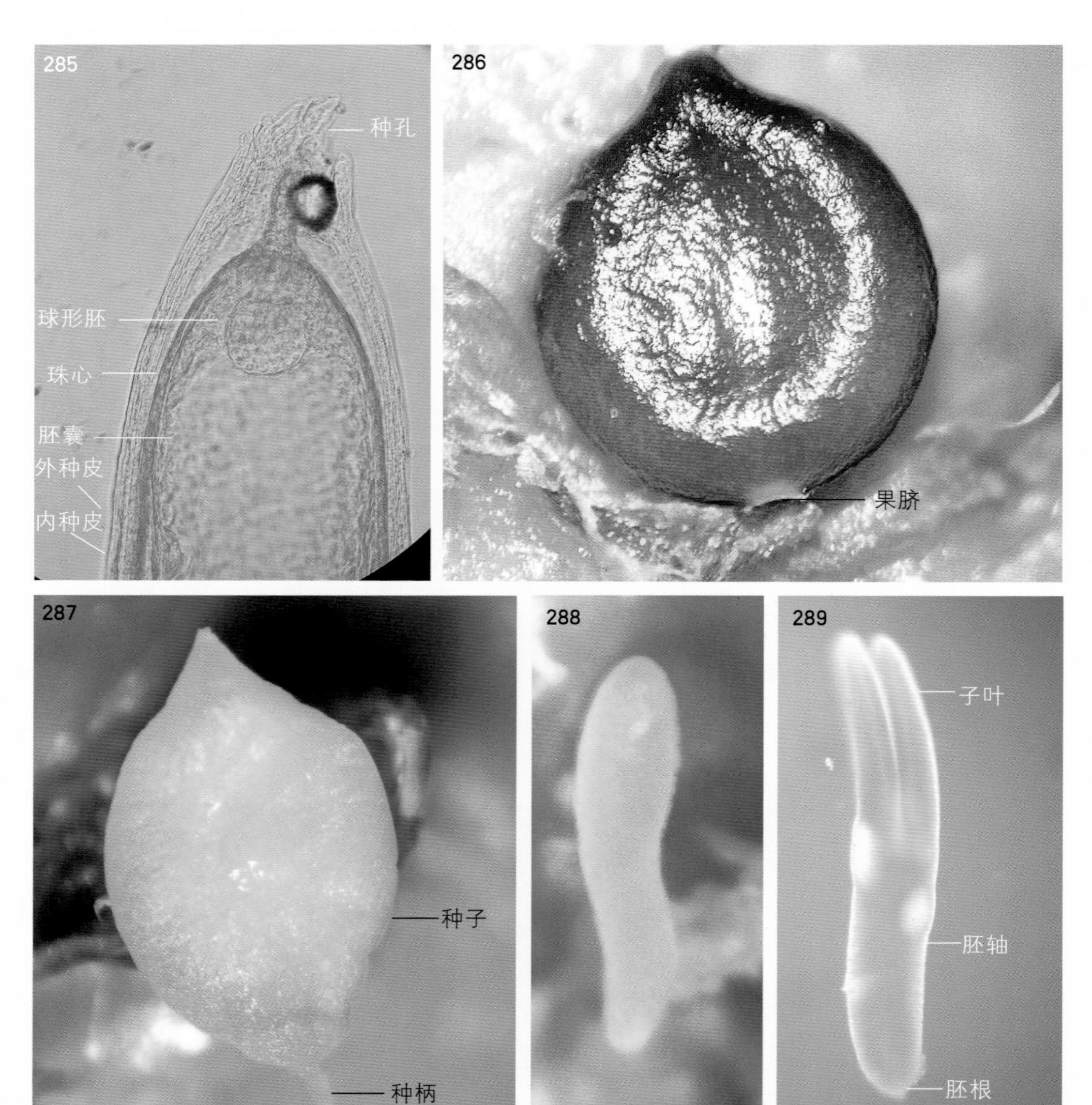

图2-285 经84消毒液整体透明处理后，未成熟种子的种孔端的放大

在胚囊的种孔端，可见1个球形胚。在用显微镜观察时，使用了黄色滤光片，并在显微镜的聚光镜上用纸片进行部分遮光。图中的种皮分为2层，分别为外种皮和内种皮，这表明花期时的胚珠有内、外2层珠被。

图2-286 从图2-279第一朵花分离出的近成熟的果实

图2-287 除去图2-285果实的果皮后，分离出的种子

图2-288 从图2-286种子中分离出的胚

图2-289 经过整体透明处理后的胚

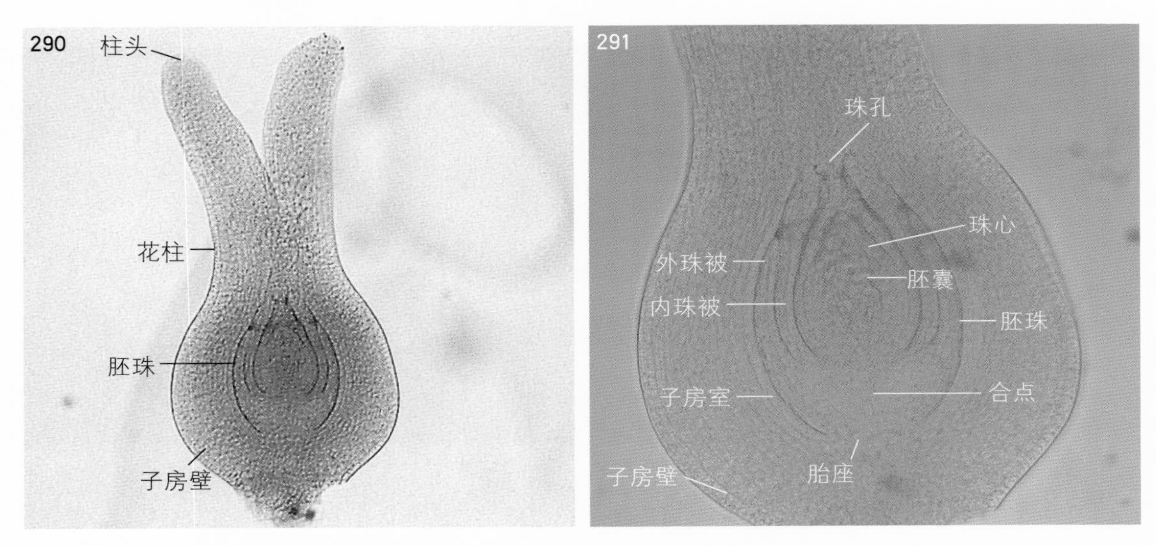

图2-290　幼小雌蕊经84消毒液整体透明处理后，示雌蕊的结构

图中，经过整体透明处理后，子房壁与胚珠、胚珠的外珠被与内珠被、内珠被与珠心之间的间隙均成黑色线条。由图可知，雌蕊的子房上位，1室，子房室内生有1个直生胚珠，胚珠有2层珠被（其内为珠心），基生胎座，花柱在中下部合生。

图2-291　图2-290幼小雌蕊的放大观察

观察时，使用了荧光显微镜的黄色滤光片。在研究胚珠的结构时，若使用84消毒液对成熟的胚珠处理后无法观察到其结构，可以试一试从幼嫩的花或花蕾内剥取子房及胚珠进行处理。若还是无法观察到胚珠的结构时，可以尝试透明处理后再进行染色处理。

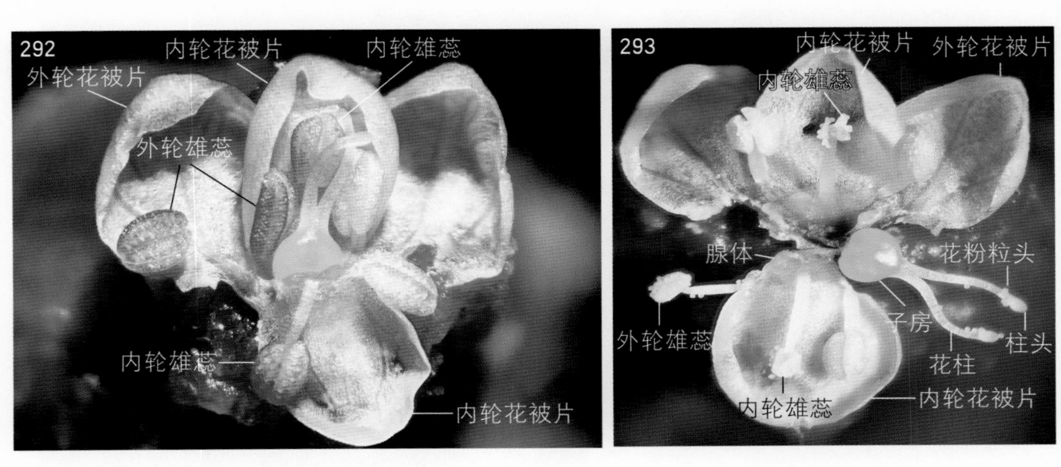

图2-292　细嫩、未开放花的部分展开

花被（裂）片4片，排列成内外2轮，各2片。雄蕊6个，外轮雄蕊4个，与内轮花被片互生（约着生在内轮花被片的两侧边缘相对应的位置），内轮雄蕊2个，与内轮花被片对生。雌蕊1个。

图2-293　幼嫩、未开放花的展开

雌蕊1个，子房上位，花柱在基部合生，上部分为2枝，柱头2个。花盘由6个离生的腺体组成，腺体呈黄色。

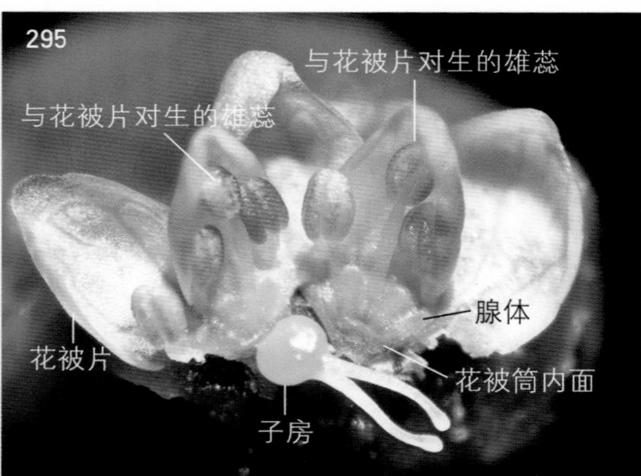

图2-294 未开放的变异花的展开

该变异花有5片花被片（排列方式特殊），雄蕊6个（5个与花被片近互生，1个与花被片对生），雌蕊1个（无变异），花盘腺体6个（5个离生，2个并生成1个）。

图2-295 另一朵未开放的变异花的展开

该变异花有5片花被片（与正常花的排列方式不同），雄蕊7个（5个与花被片近互生，2个与花被片对生），雌蕊1个（无变异），花盘由7个离生的腺体组成。

图2-296 变异花雄蕊的展开

该变异花有5片花被片，雄蕊6个，离生，花药纵裂。

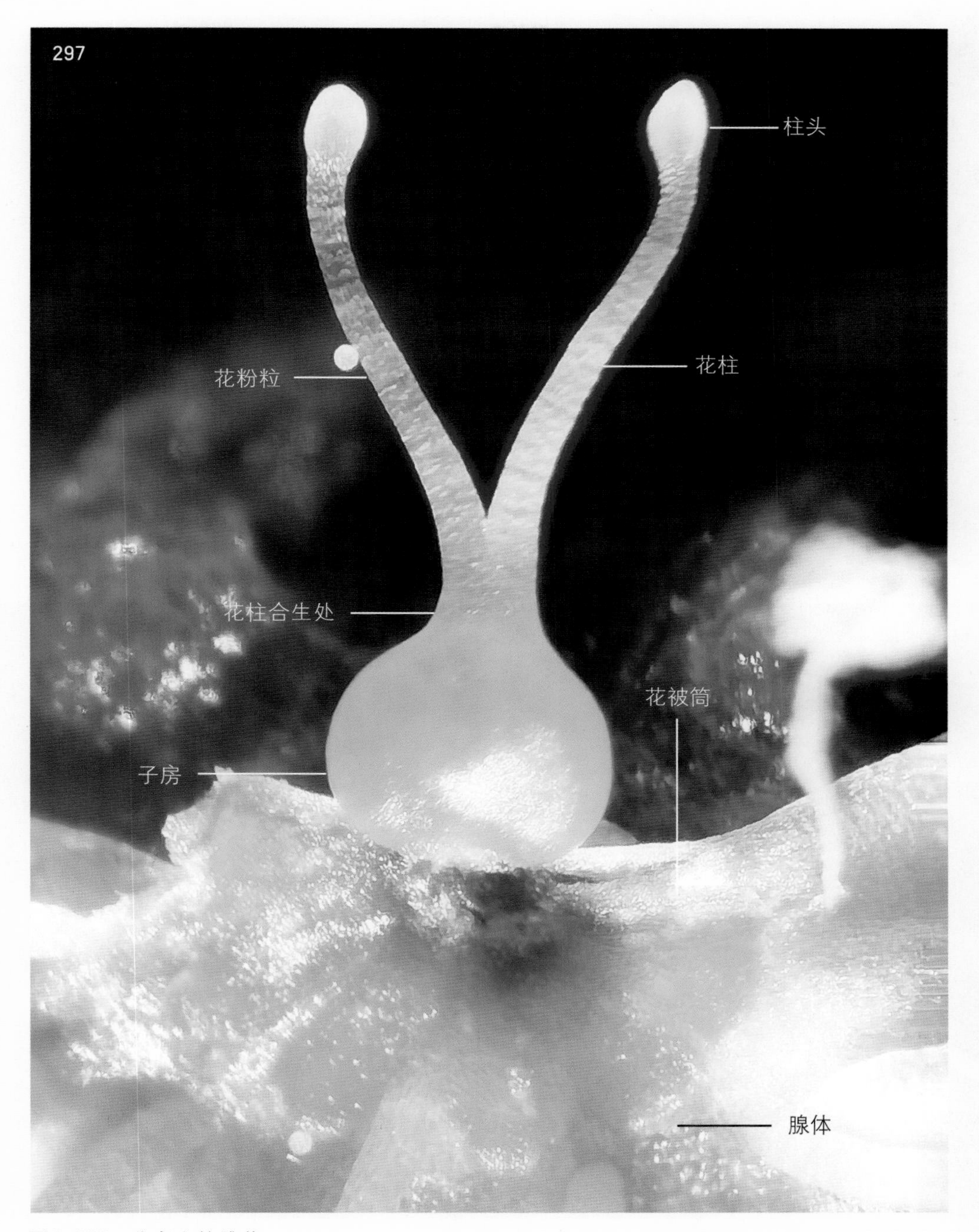

图2-297 分离出的雌蕊

雌蕊由2心皮合生而成，为复雌蕊。复雌蕊分化为子房、花柱和柱头3个部分，子房上位，花柱在基部合生，上部分为2枝，柱头2个。

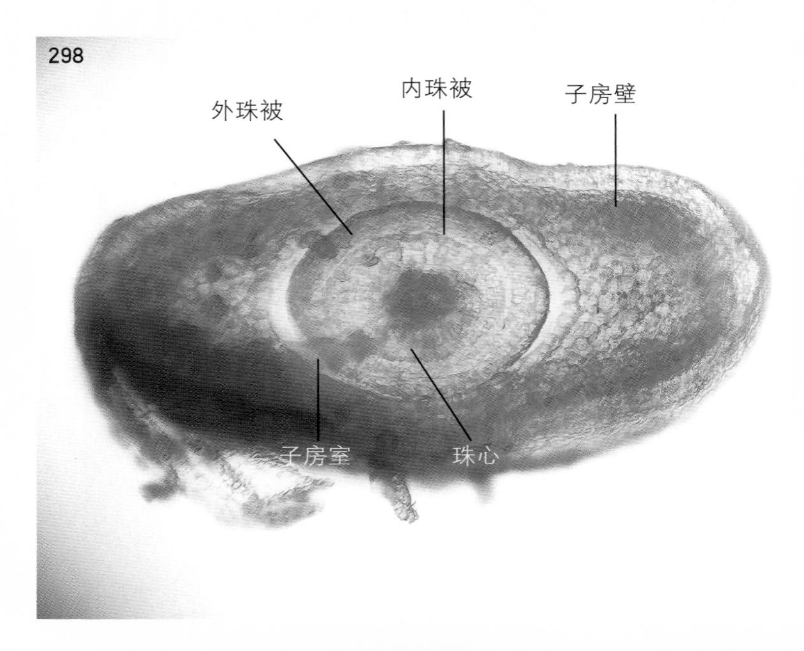

图2-298 子房的横切片

子房1室，内生1个胚珠，珠被2层。

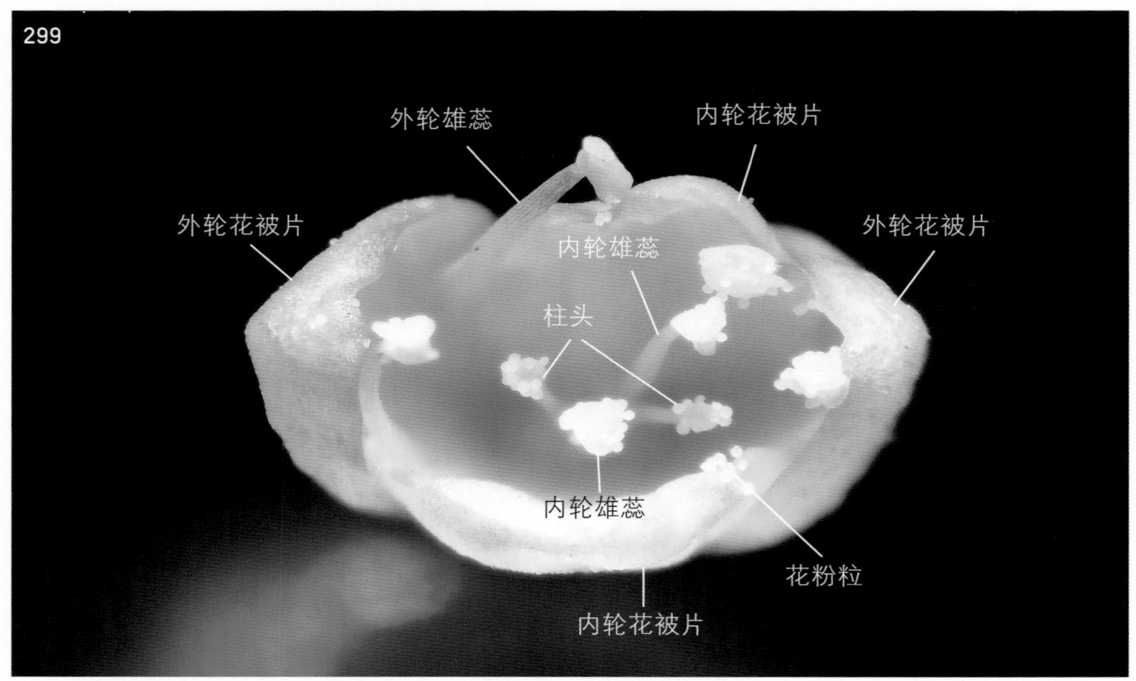

图2-299 （正开放）花的上面观

花被片4片，排列为2轮，外轮和内轮均为2片。离生雄蕊6个，外轮雄蕊6个，外轮雄蕊（4个）与内轮花被片互生，内轮雄蕊（2个）与内轮花被片对生。雌蕊的柱头2个，表面有花粉粒附生。

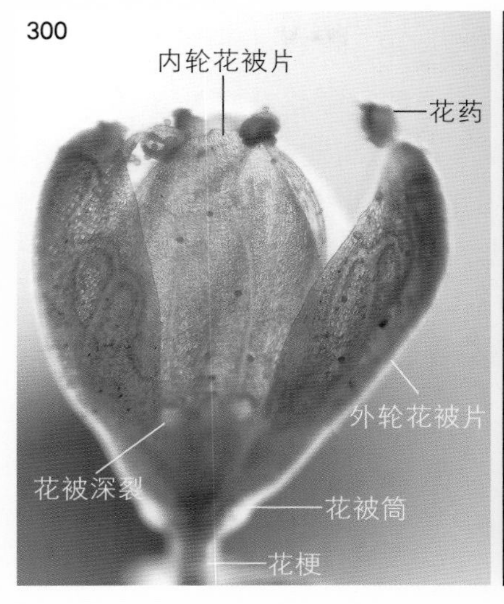

图2-300　（正开放）花的侧面观

花有花梗，花被深裂，花被（裂）片4片，分为内、外2轮，每轮2片。

图2-301　（正开放）花的展开

花被片4片，离生雄蕊6个，花盘腺体6个，离生。

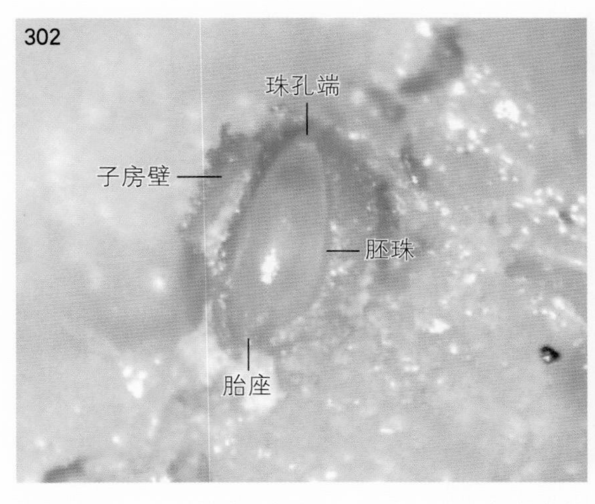

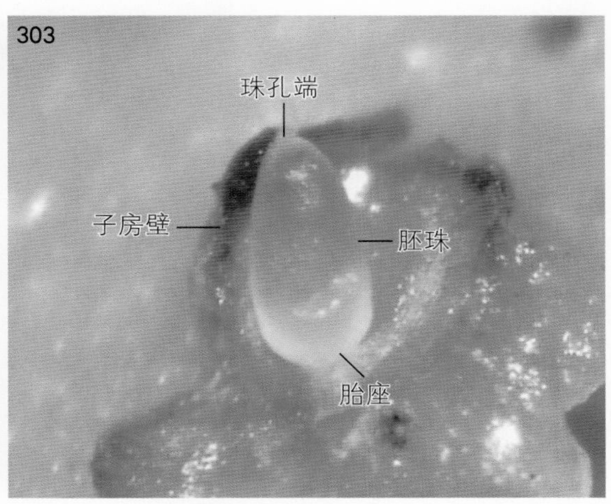

图2-302　将子房壁纵剖并展开后，示子房室内的1个胚珠

子房1室，子房室内生有1个直生胚珠，基生胎座。

图2-303　将子房室内的胚珠外拨，示直生胚珠的形态。

5. 何首乌 [*Fallopia multiflora* (Thunb.) Harald.]

在《中国植物志》中，何首乌被归入何首乌属，但也有一些文献将其归入蓼属，其拉丁名常被写成“*Polygonum multiflorum* Thunb.”。草质藤本；两性花，单被（花），有梗；花被深裂，花被裂片5个（《中国植物志》称为“花被片”），其中外花被（裂）片3个，较大，背部具有纵向的翅，宿存；离生雄蕊8个；复雌蕊，由3个心皮合生而成，子房上位，1室，子房室内生有1个直生胚珠，花柱和柱头均为3个。

花材料于2013年10月11日采自河南省洛阳市内栽培植株。

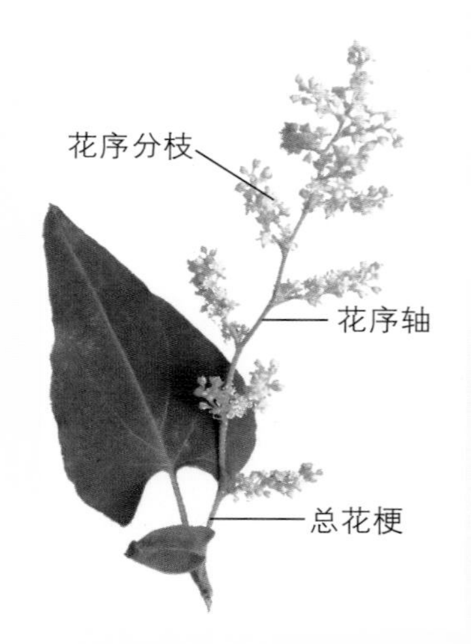

图2-304 植株的花序

《中国植物志》称何首乌的花序为“圆锥状”，其花序轴上有一些互生的分枝，每个分枝上的花序并非严格意义上的总状花序。

图2-305 花序的部分放大

花梗（也称“花柄”）从上至下逐渐变细，花梗上有3个纵向的翅，它们分别与3个外花被片的纵向的翅相连，《中国植物志》未描述此特征。

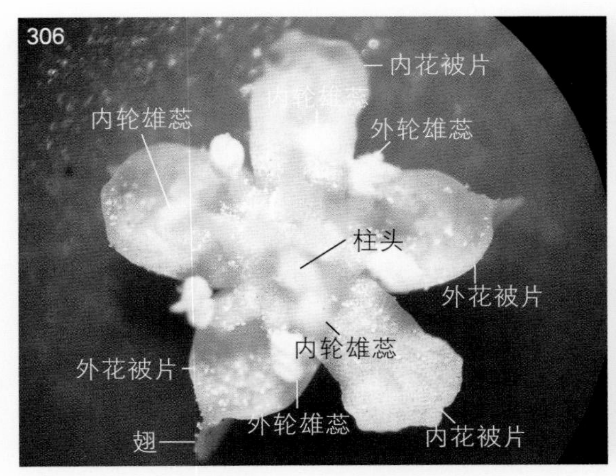

图2-306　花的上面观

花被5深裂，其中3片外花被片比2片内花被片稍大，并且颜色较绿，其背部中央具有纵向的片状突起，即翅。离生雄蕊8个，其中外轮雄蕊5个（与外花被片近互生），内轮雄蕊3个（与花被片对生）。内轮雄蕊的花药和雌蕊的3个柱头未在聚焦面上，因而模糊。

图2-307　花蕊的放大（上面观），示8个雄蕊和雌蕊的3个柱头

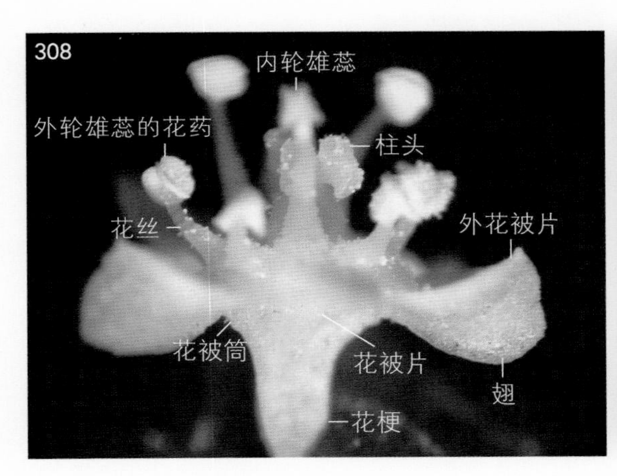

图2-308　花的侧面观

图中，左、右2个外花被片的外表面可见纵向的翅，3个内轮雄蕊明显长于5个外轮雄蕊。此处的花被筒是由花被、花丝基部和花托合生而成，即被丝托。

图2-309　花的近侧面观，示1个外花被片及其纵向的翅

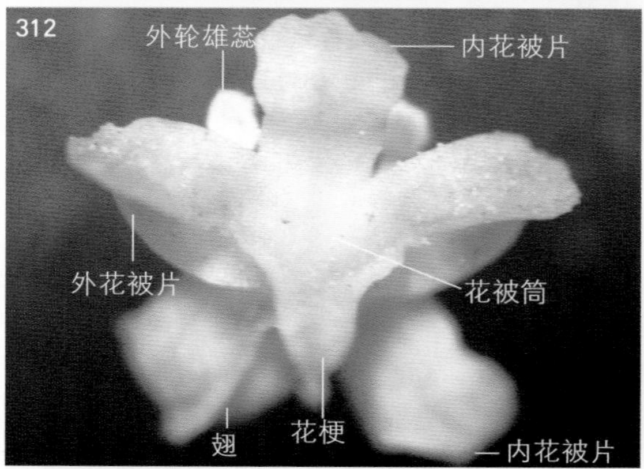

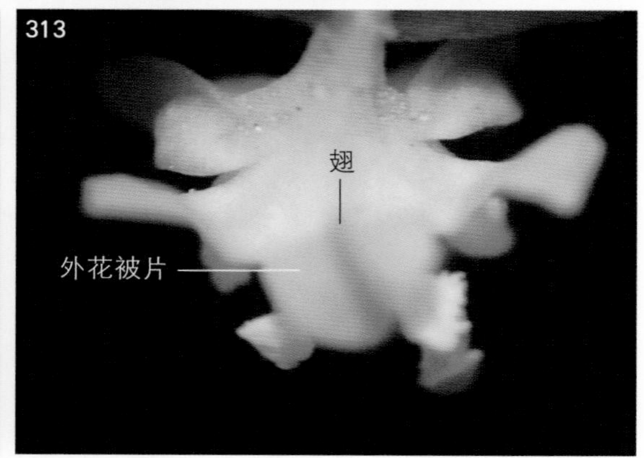

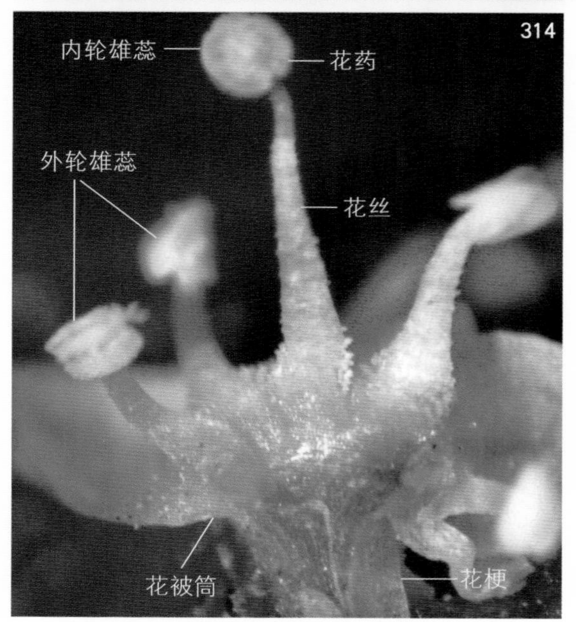

图2-310 花的下面观

花被深裂，3片外花被片比2片内花被片稍大，外表面有纵向的翅。

图2-311 图2-310的暗视野观察

3个外花被片上的翅分别与花梗上3个纵向的翅相连。

图2-312 花的近下面观，示3个位于外层的外花被片的翅

图2-313 1个外花被片外表面的翅

图2-314 将花纵剖并展开后，示花内的部分雄蕊

雄蕊的花丝下部逐渐变宽。

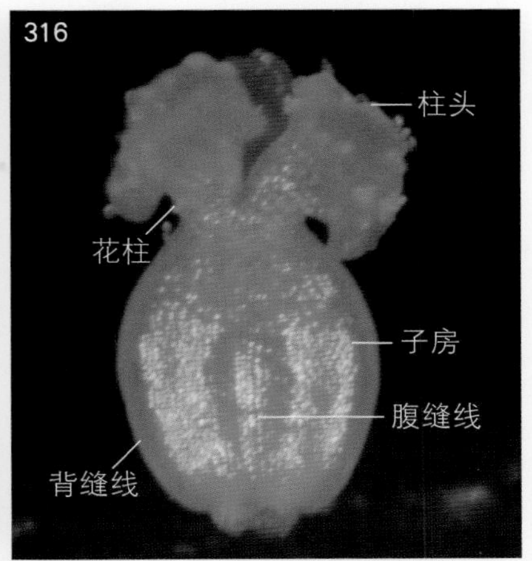

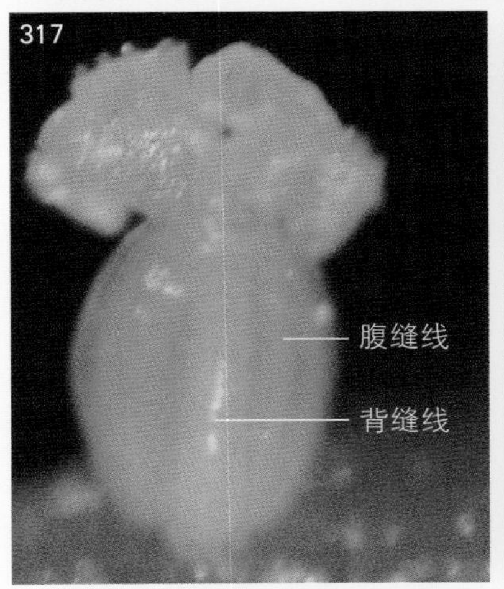

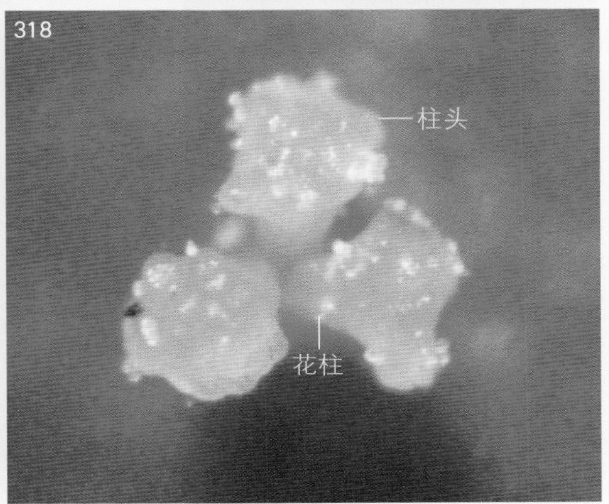

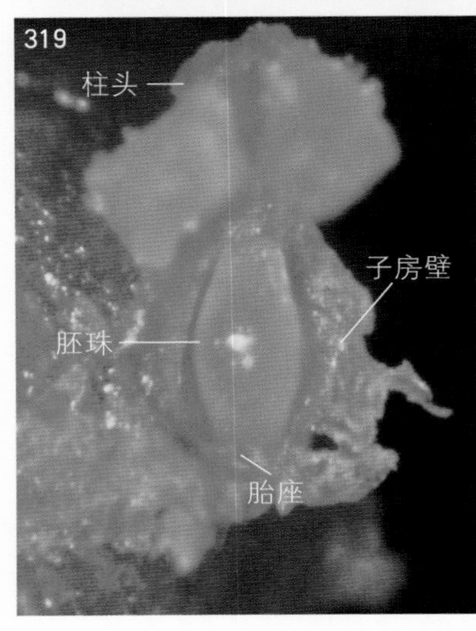

图2-315 将花纵剖并展开后，示花内的雌蕊

雌蕊分化为子房、花柱和柱头三部分，子房上位，周位花，花柱短，3个，柱头扩张，呈头状，3个。

图2-316 分离出的雌蕊（侧面观）

复雌蕊由3个心皮合生而成，子房有3个纵向的棱，每个棱即背缝线的位置，2棱间的子房壁表面的中央处为纵向腹缝线的大致位置。

图2-317 雌蕊的不同角度观察（侧面观）

图2-318 雌蕊的3个柱头（上面观）

图2-319 纵剖并除去部分子房壁后，示子房室内的胚珠

子房1室，内生1个直生胚珠，基生胎座。

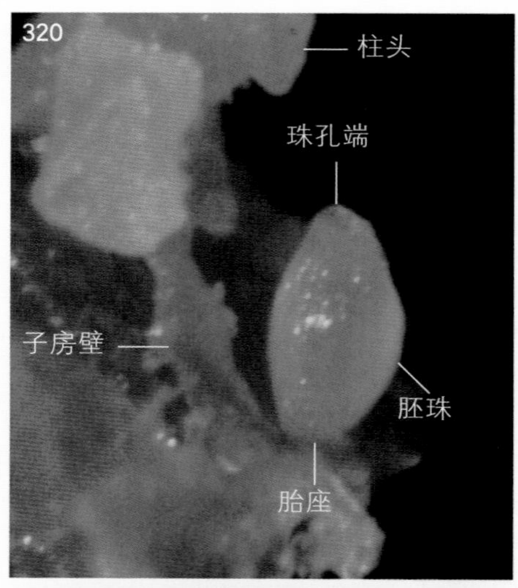

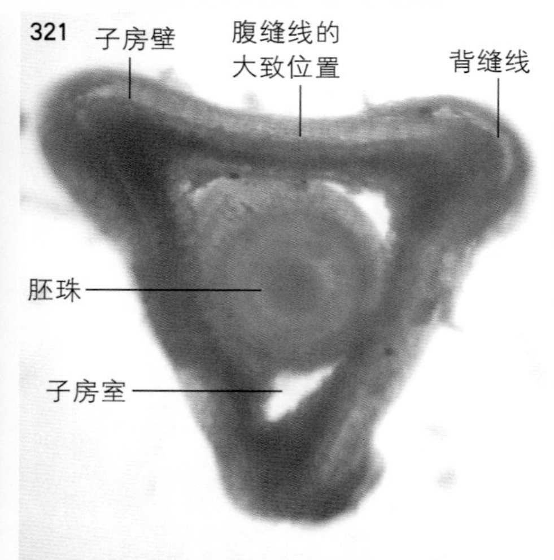

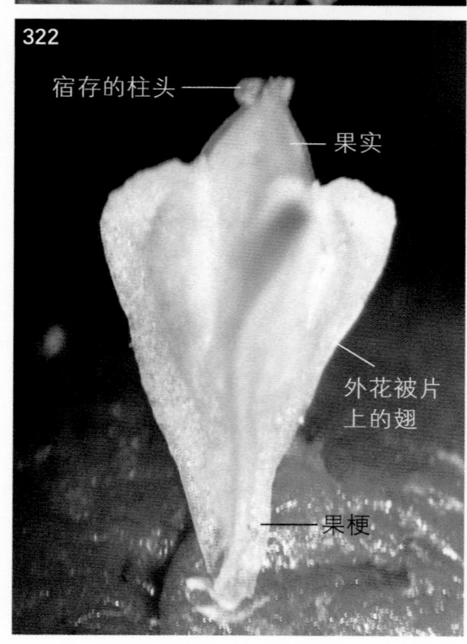

图2-320 将子房室内的胚珠适当外掀后，示直生胚珠及其基生胎座

图2-321 子房横切片的临时水装片观察（显微镜照片）

复雌蕊的子房有3棱，1室，子房室内有1个胚珠的横切面。图中的背缝线位于子房横切片的纵棱处（共3条），腹缝线大致位于2棱之间的子房壁表面的中央位置（也为3条）。

图2-322 花开过后，由子房发育而成的幼嫩果实

果实的顶端有宿存的花柱和柱头，果实外还有3个宿存的外花被片，其背部的翅也随果实的长大而变大了。

图2-323 图2-322的暗视野观察

花期时的花梗，此时改称为“果梗”，其上的翅也随着果实及果梗的长大而变大了。

6. 荞麦（*Fagopyrum esculentum* Moench）

荞麦属（*Fagopyrum*）。草本；两性花，单被，有梗；花被深裂，裂片5个，宿存；花盘由8个离生的腺体组成（有文献称其为“蜜腺”）；离生雄蕊8个；复雌蕊，由3个心皮合生而成，子房上位，1室，子房室内生有1个直生胚珠，花柱的下部合生，上部分为3枝，柱头3个；瘦果。

花果材料于2013年10月4日采自河南省洛阳市栾川县老君山。

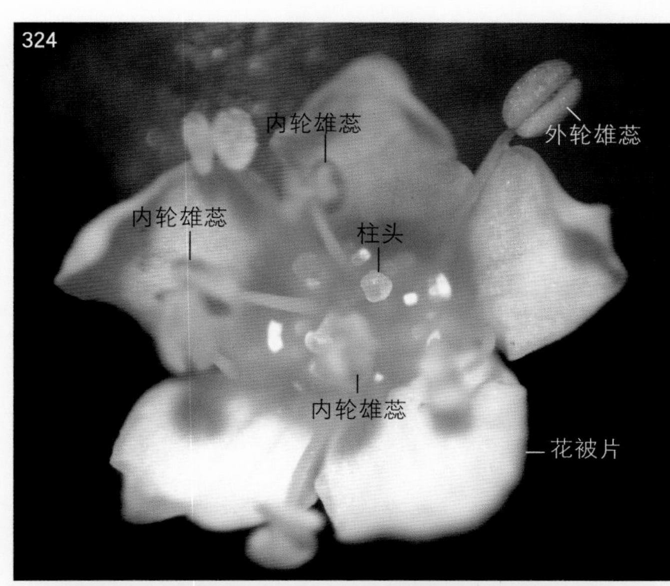

图2-324 花的上面观

花被深裂，裂片5个，《中国植物志》将花被裂片称为“花被片”；雄蕊8个，排列成2轮，外轮雄蕊5个，与花被（裂）片互生，内轮雄蕊3个，与花被（裂）片对生；雌蕊的柱头3个。

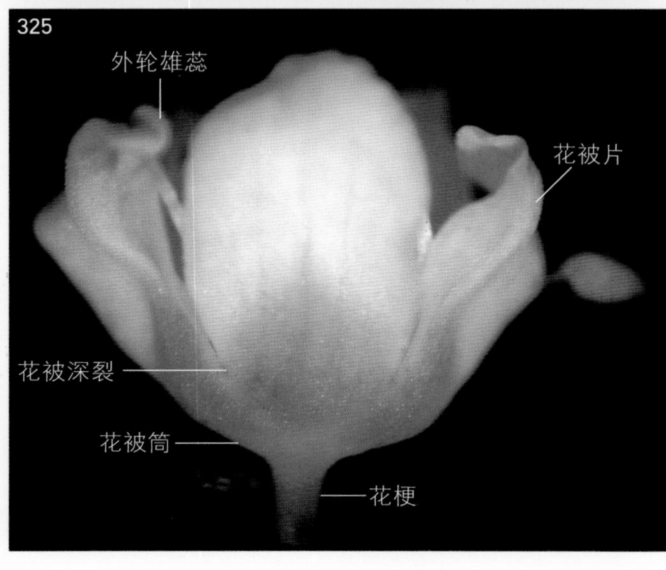

图2-325 花的侧面观

花有梗；花被的上部白色，下部淡绿色，花被深裂，花被筒是由花被、花丝基部和花托合生而成，即被丝托。

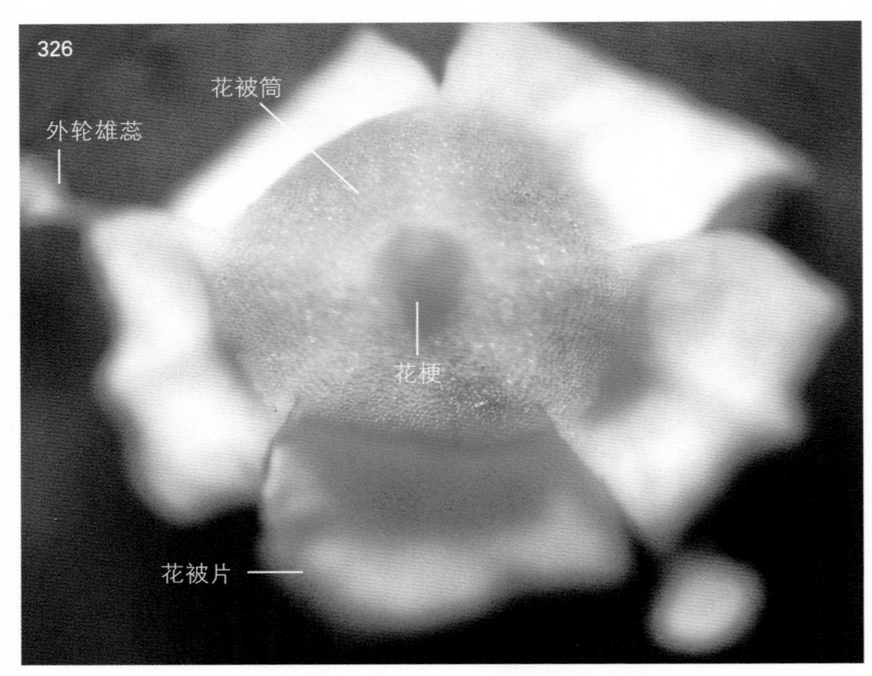

图2-326　花的下面观

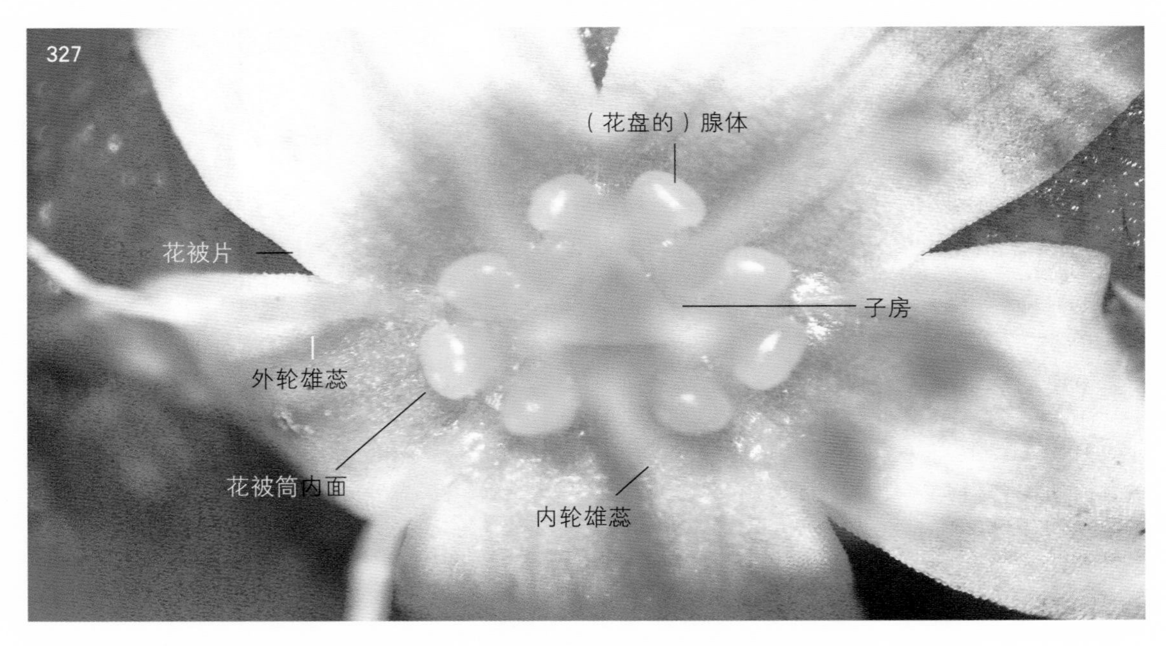

图2-327　花盘的上面观

花被筒内面有花盘，它由8个离生的黄色腺体组成。花盘的腺体中央，隐约可见未在聚焦面上的三棱形子房。花盘的腺体也被称为“蜜腺”。

图2-328 花蕊中的内轮雄蕊、花柱和柱头，以及花盘腺体（上面观，混合光观察）

内轮雄蕊着生在花盘的腺体之间，外轮雄蕊着生在花盘之外。

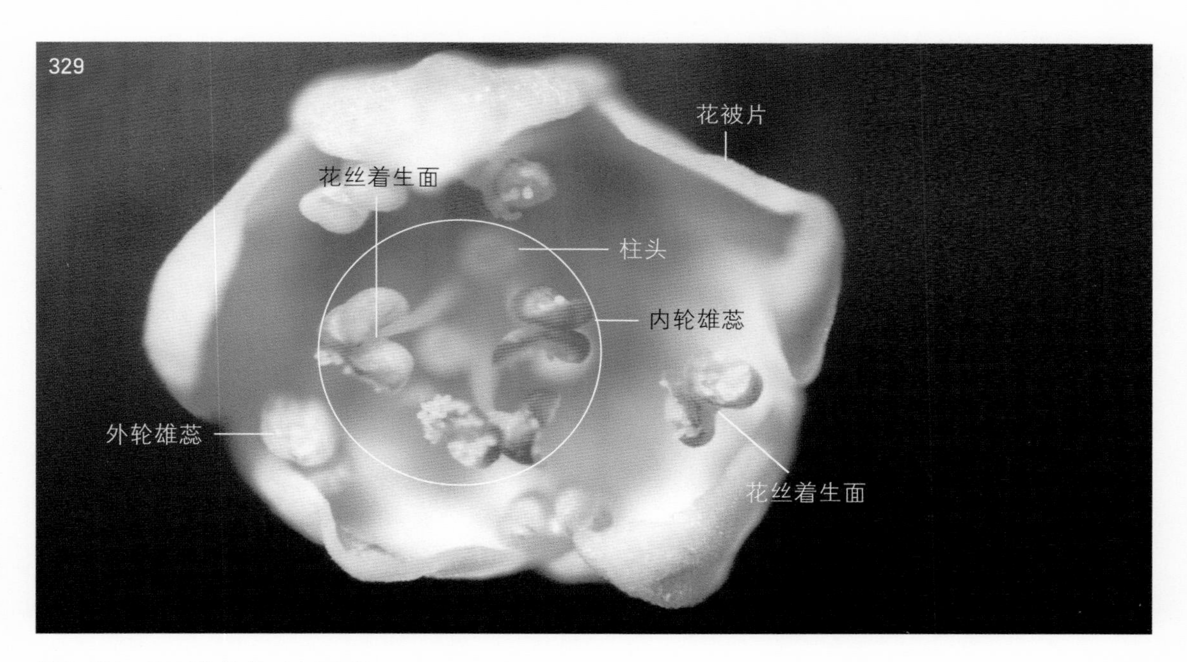

图2-329 刚开放的花（上面观）

花内的8个雄蕊排列成2轮，外轮雄蕊5个（花药的花丝着生面朝外），内轮雄蕊3个（圈内的雄蕊，花药的花丝着生面朝内）。图中的花在观察过程中，花药逐渐开裂（纵裂）。

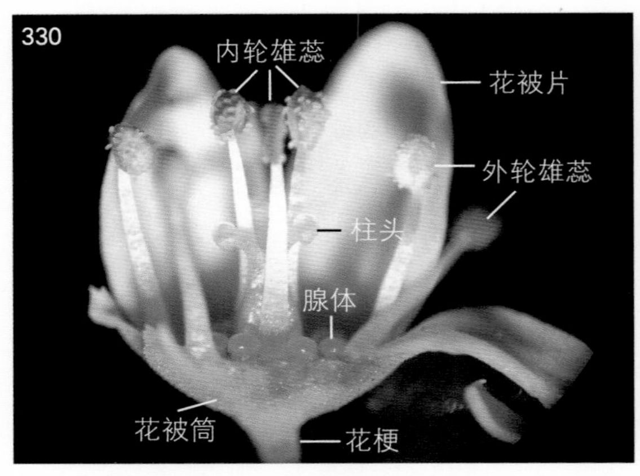

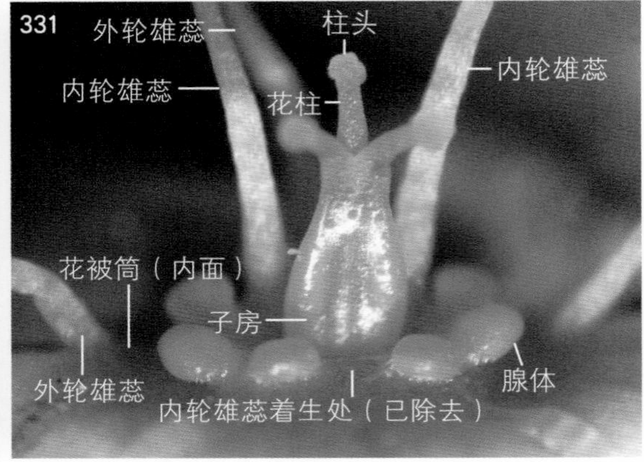

图2-330 除去部分花被后，花的侧面观

雌蕊的子房上位，但是子房壁未与花被筒（即被丝托）贴生在一起，花被片和雄蕊在花被筒上的着生位置高于子房基部，这种花为周位花。

图2-331 除去子房2个棱间的1个内轮雄蕊后，示雌蕊的子房

子房壁表面的2棱间有1个纵向的凹沟，其与内轮雄蕊对生，内轮雄蕊与花盘腺体互生。图中，外轮雄蕊的花丝着生在花被筒（被丝托）的顶端，处在花盘之外；内轮雄蕊位于花被筒内面，着生在花盘的腺体之间。

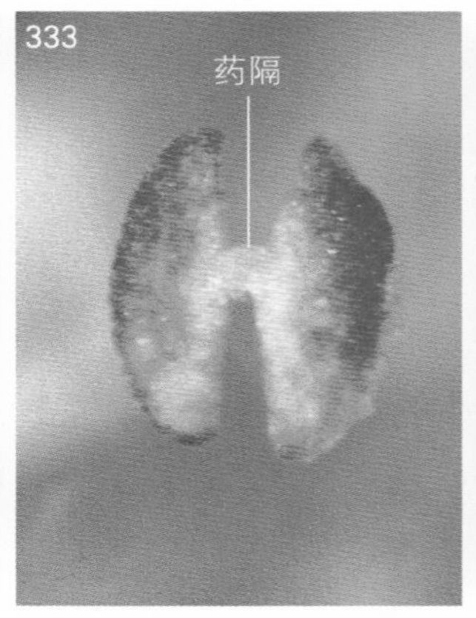

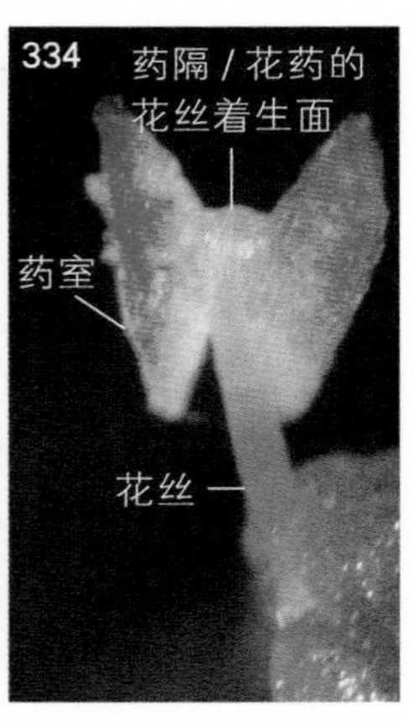

图2-332 花内的部分雄蕊

图中左下方，雄蕊的花药尚未开裂时，花药的每一侧有2个花粉囊。当花粉囊纵向开裂后，同一侧花药的2个花粉囊间的隔膜消失，成为1个药室。

图2-333 未开裂的花药（非花丝的着生面观）

花药呈H形，其两侧的药室（花粉囊）由横向的药隔相连。由于药隔位于2个药室的上部近中央位置，而非位于2个药室的顶端，所以与“个着药”形态不同。在能查阅到的文献中，未见有文献对这种花药给予描述，这里将其称为“H形着药”（自拟名）。翼蓼（见后述）的花药也为这种形态。

图2-334 已开裂的花药（花丝的着生面观）

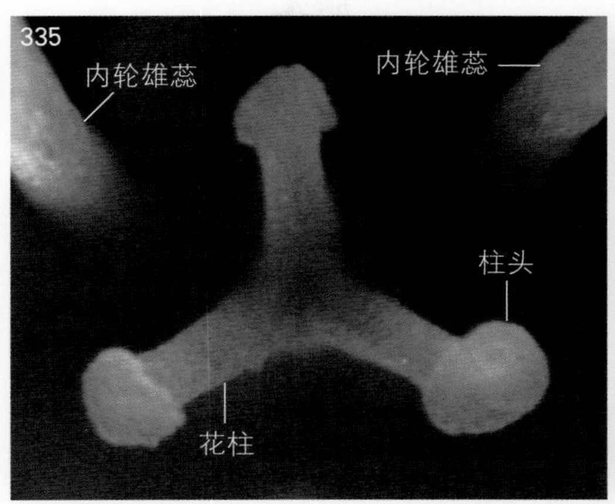

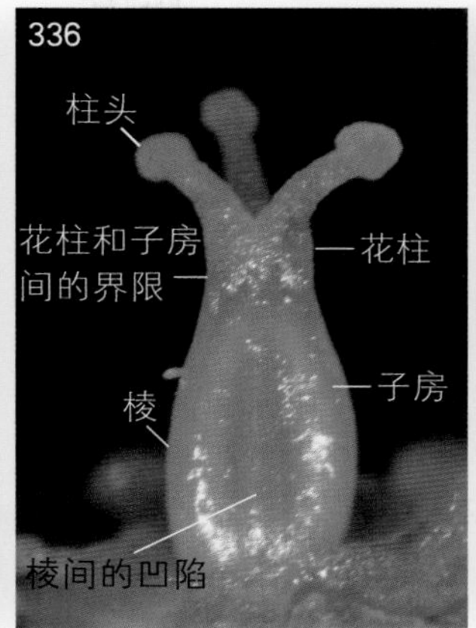

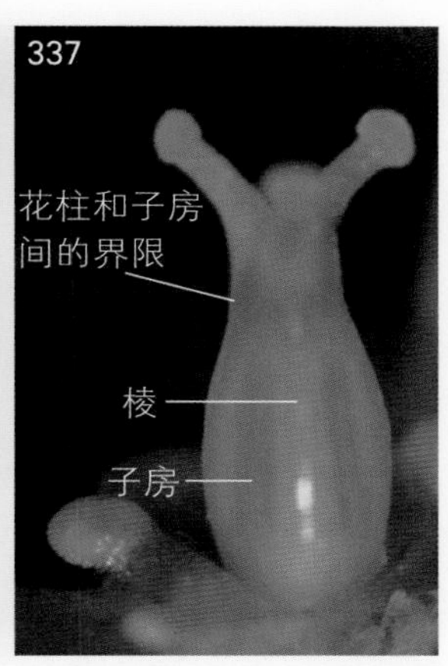

图2-335 柱头和花柱的放大（暗视野观察）

图2-336 雌蕊的侧面观（从子房的2棱之间观察）

复雌蕊的子房具有3棱，子房上位，花柱和子房之间有明显的形态和颜色界限，花柱的下部粗壮、不分枝，上部分为3枝，柱头膨大呈头状，3个。《中国植物志》认为“花柱3”。图中，三棱形子房的3个棱在子房表面的消失处，可作为子房和花柱间的界限。

图2-337 雌蕊的不同侧面观（从1个棱处观察）

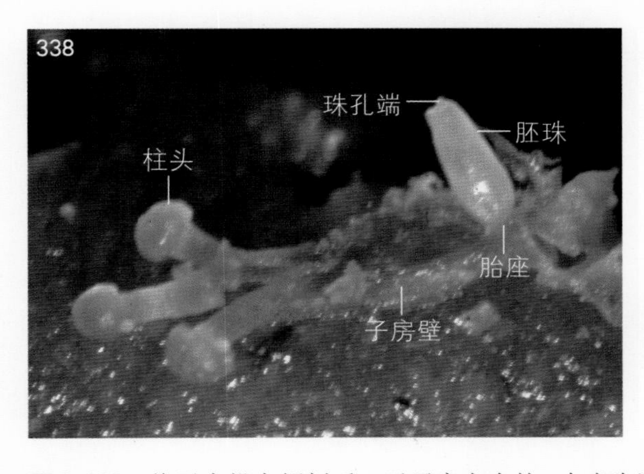

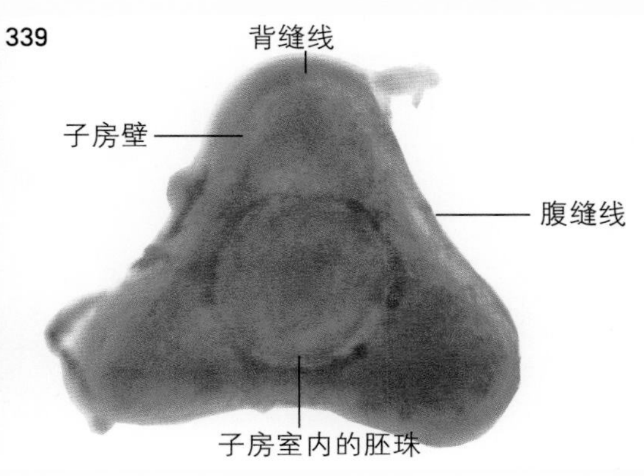

图2-338 将子房纵向解剖后，示子房室内的1个直生胚珠（基生胎座）

图2-339 子房的横切片

雌蕊由3个心室合生而成，为复雌蕊。雌蕊的子房1室，子房室内有1个胚珠的横切面。

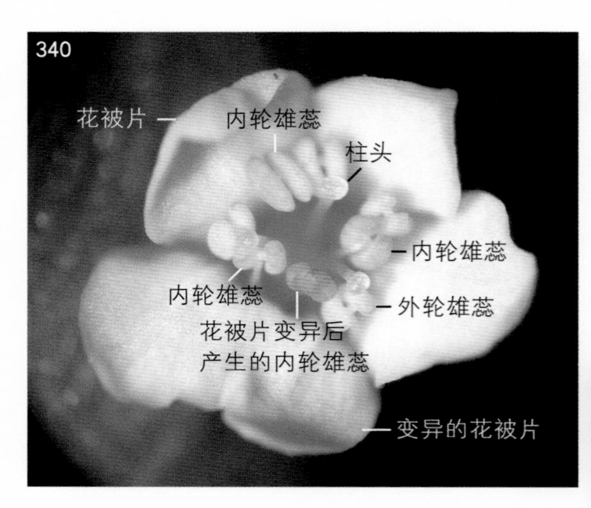

图2-340 一种花的变异类型

图中，左下方的1片花被片浅裂，是由2个花被片合生而成。花被片变异后，外轮雄蕊和内轮雄蕊均为4个，变异花被片内的2个内轮雄蕊与变异的花被片近对生。

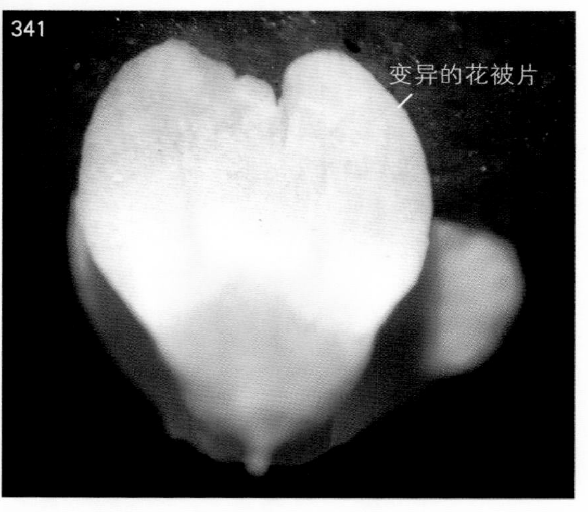

图2-341 变异的花被片的外面观

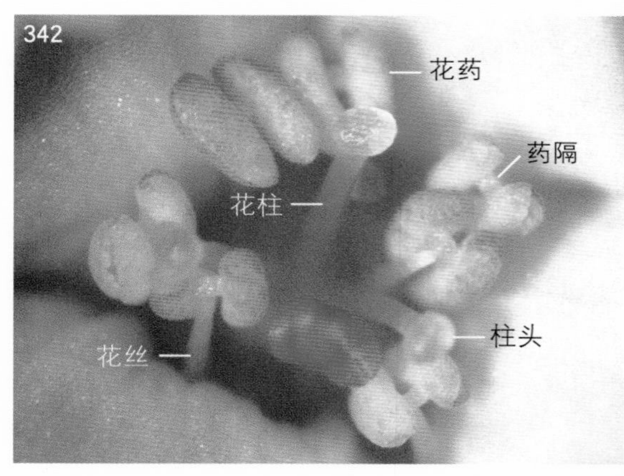

图2-342 图2-340花蕊的放大。花药为H形着药

图2-343 花序上的花和未成熟的果实

三棱形果实下方有宿存的花被。与已开放花的花被和果实相比，宿存的花被在果期未显著增大。

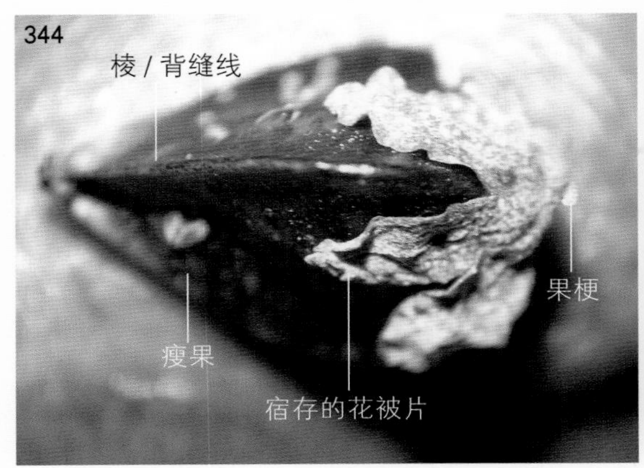

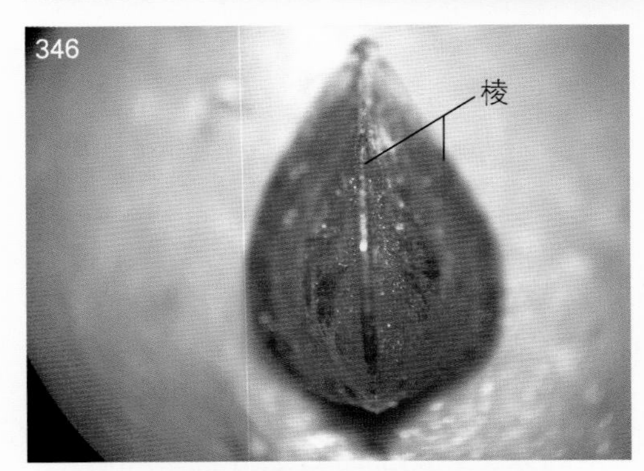

图2-344 三棱形瘦果的侧面观

果实下部有干枯、宿存的花被片。

图2-345 瘦果的下面观

图2-346 瘦果的侧面观

图2-347 图2-346的暗视野观察

瘦果三棱形，3个棱明显凸出，瘦果顶端有干枯宿存的花柱和柱头。

图2-348 瘦果的侧面观

果实成熟后，与果托（花期时的花托）断离，果实脱落后在果皮留下的痕迹即为果脐。

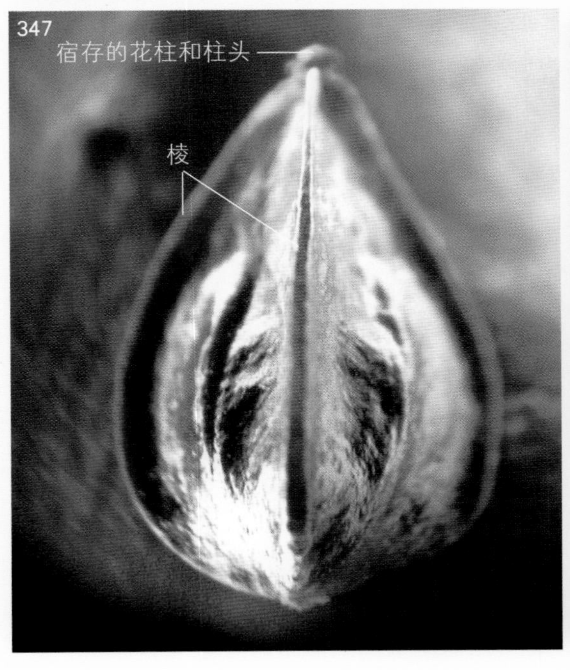

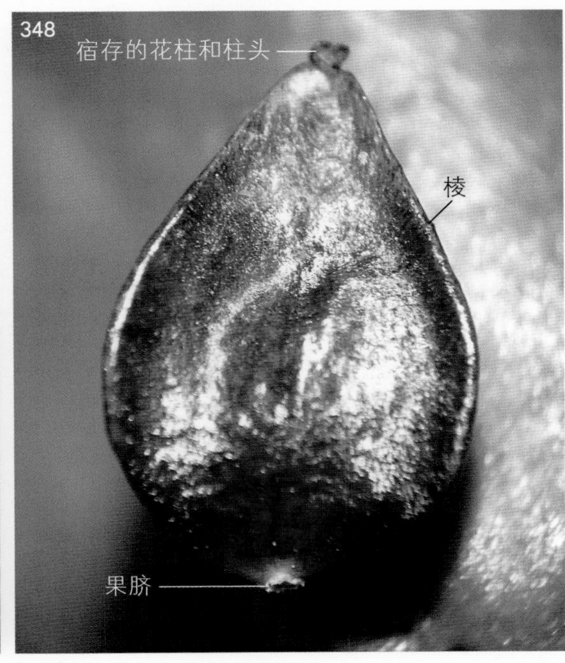

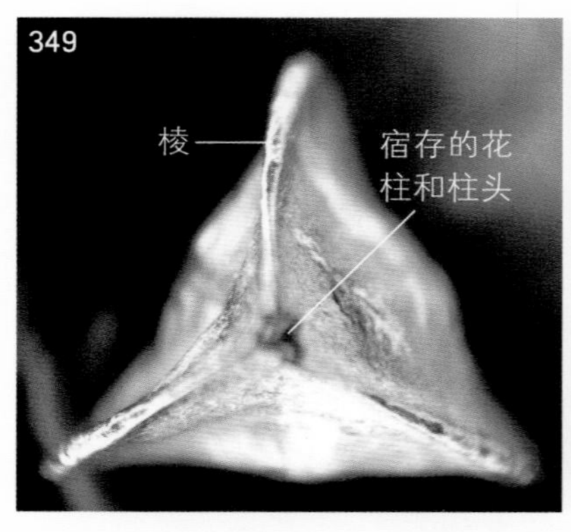

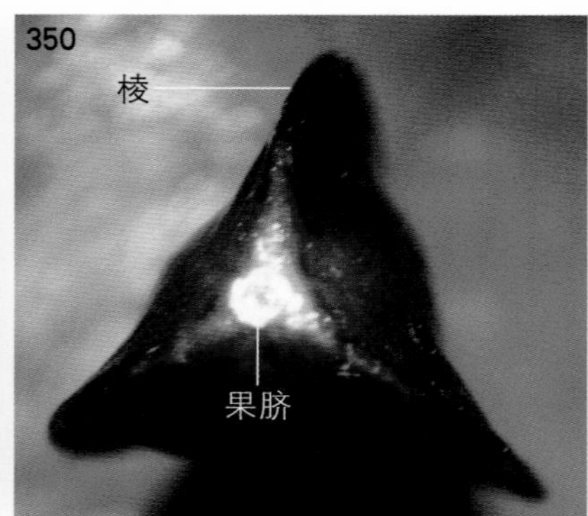

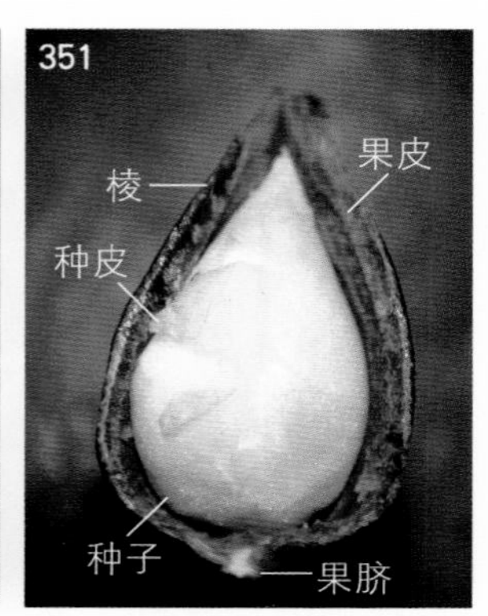

图2-349 瘦果的上面观（暗视野观察）
图2-350 瘦果的下面观
图2-351 将三棱形瘦果的一面果皮除去后，示果室内的种子

种子的种皮薄，膜质，种子有胚乳。

7. 翼蓼（*Pteroxygonum giraldii* Damm. et Diels）

翼蓼属（*Pteroxygonum*）。草质藤本；两性花，单被，有花梗和苞片；花被5深裂；离生雄蕊8个，外轮5个，内轮3个；复雌蕊，由3个心皮合生而成，子房上位，1室，子房室内生有1个胚珠，花柱的下部合生，上部分为3枝，柱头3个。

花材料采自2013年8月5日采自河南省新乡市八里沟景区，8月13日进行观察和解剖。

图2-352 花期的植株

花序总状。

图2-353 部分花序的放大

在花序轴上，有一些淡绿色的苞片，这里将其称为“外苞片”（自拟名）。在外苞片的腋内还有褐色、膜质的苞片，在这里称为“内苞片”（自拟名）。花梗较长，其上有明显的关节。

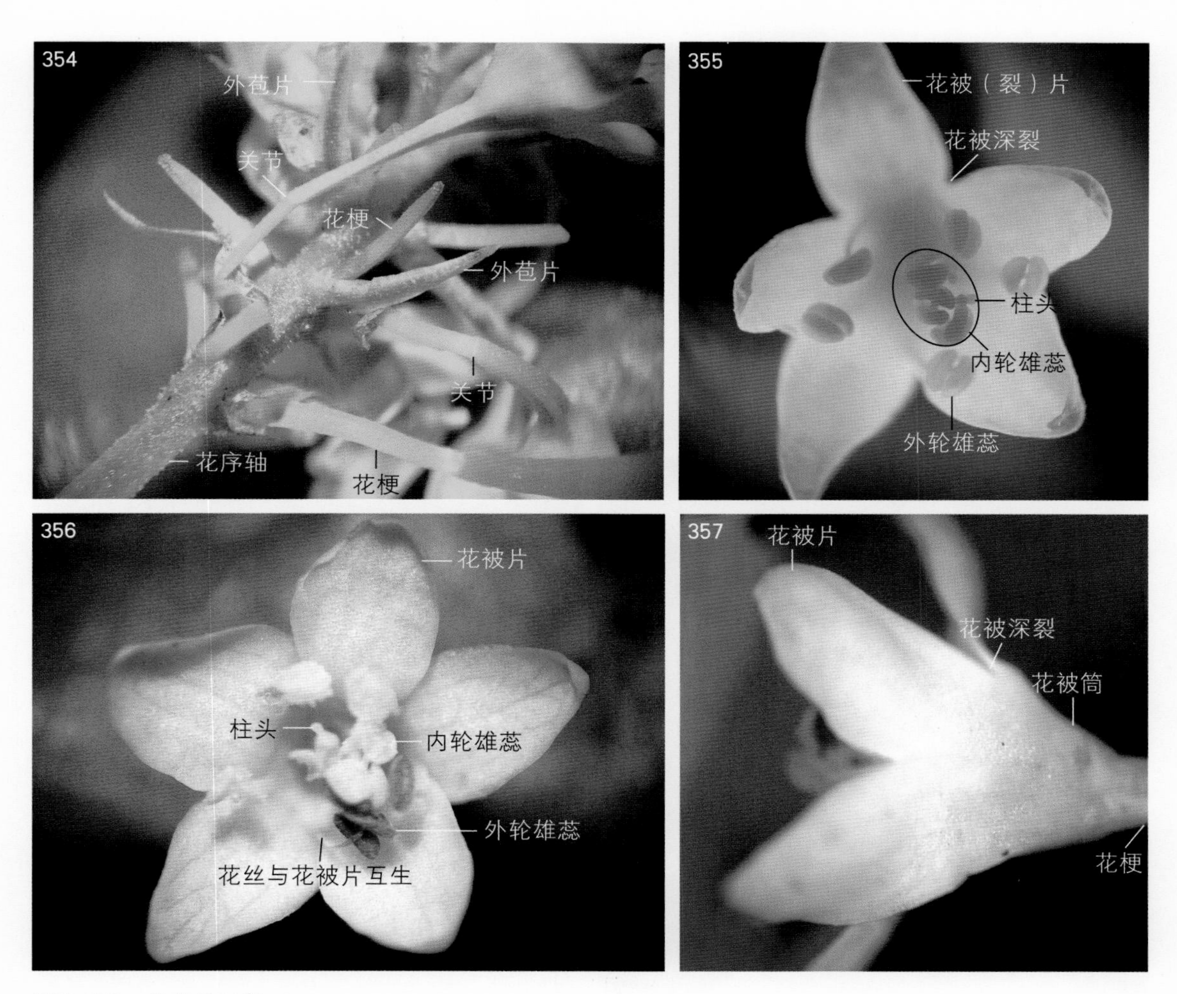

图2-354　花序的下段

部分花已从花梗上的关节处脱落。

图2-355　花的暗视野观察

花被5深裂，花被裂片5个，《中国植物志》将其称为“花被片”；离生雄蕊8个，排列成2轮，外轮雄蕊5个，与花被片互生，内轮雄蕊3个（圈内），与花被片对生。

图2-356　另一朵花的上面观

外轮雄蕊5个，位于花被深裂处，内轮雄蕊位于雌蕊柱头和周围，柱头较小。

图2-357　花的侧面观

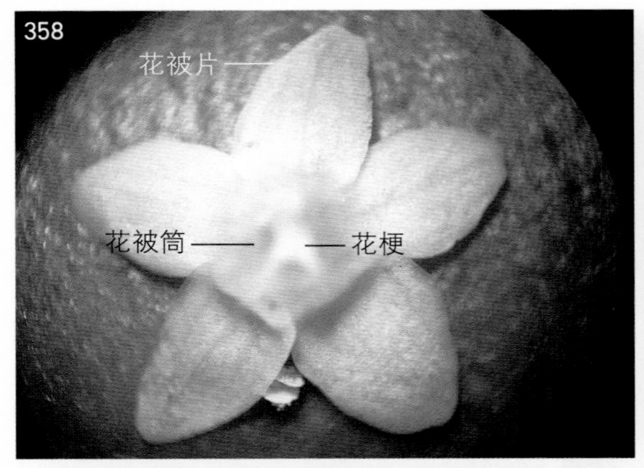

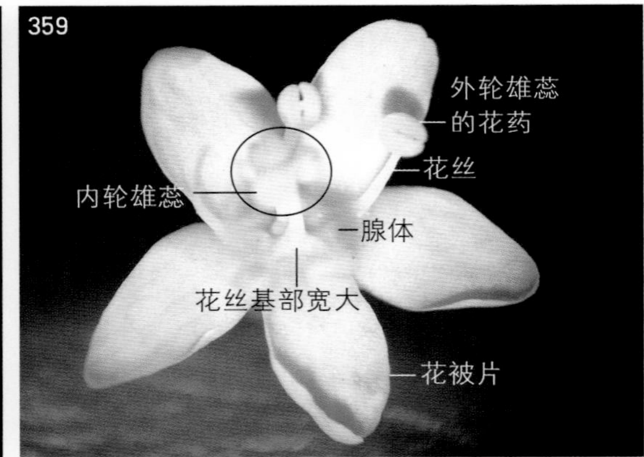

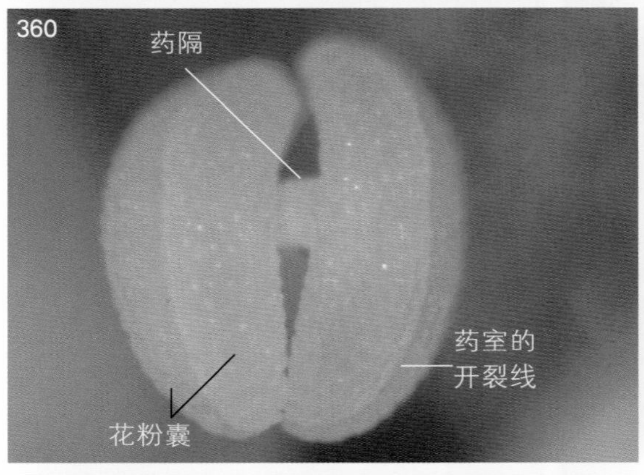

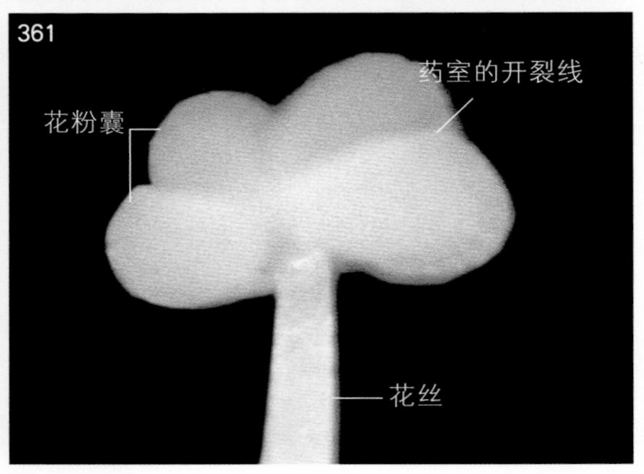

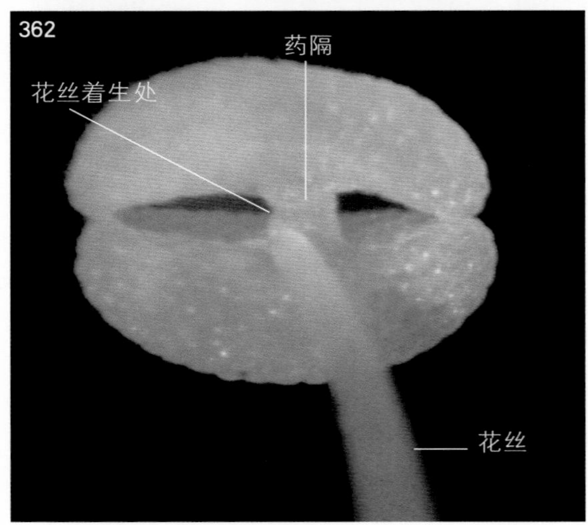

图2-358　花的下面观

图2-359　第3朵花的上面观

外轮雄蕊5个，着生在花被筒（被丝托）内面的近顶端，内轮雄蕊3个（圈内），着生在花被筒内面、花盘的腺体之间，其花丝的基部较宽大。

图2-360　未开裂的花药（非花丝着生面观）

花药的每一侧有2个花粉囊，2个未开裂的花粉囊间可见药室的开裂线。

图2-361　未开裂花药的近极面观

图2-362　未开裂花药（花丝的着生面观）

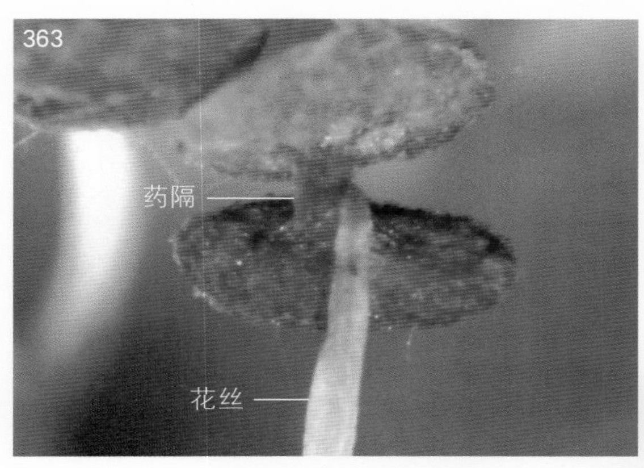

图2-363 干枯的花药

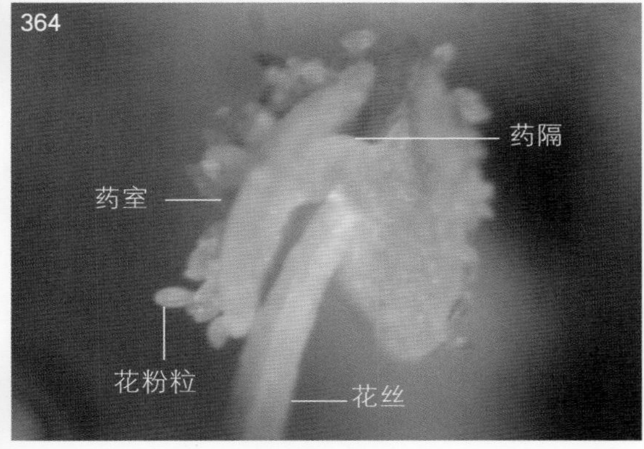

图2-364 刚开裂的花药

药室表面附着有花粉粒。

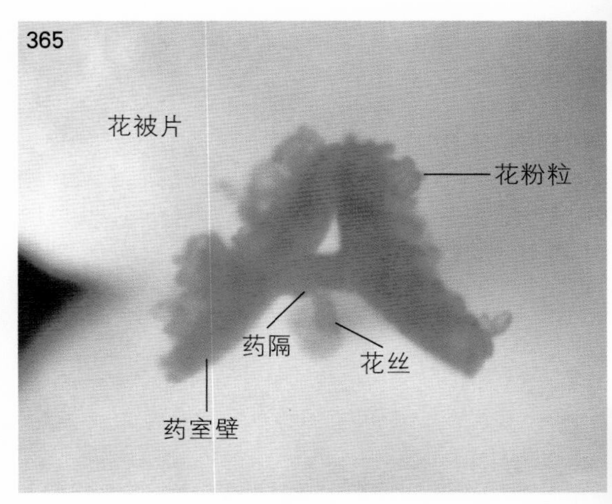

图2-365 1个花药刚开裂的外轮雄蕊（花丝的着生面观）

花药的花粉囊开裂（纵裂）后，花药由H形变成A形。

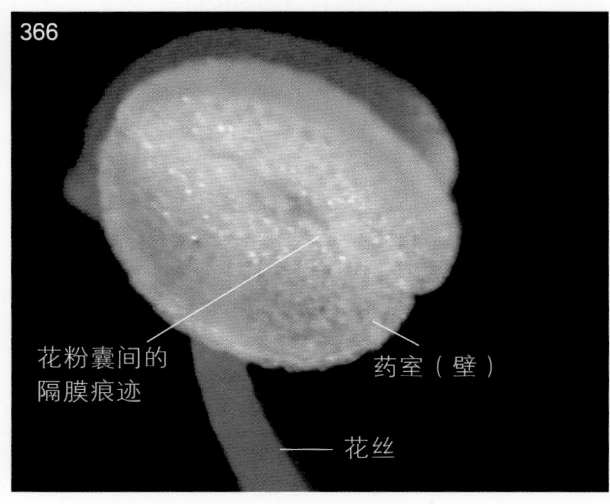

图2-366 已开裂花药的药室内面

药室（花粉囊）内的花粉粒已散出。

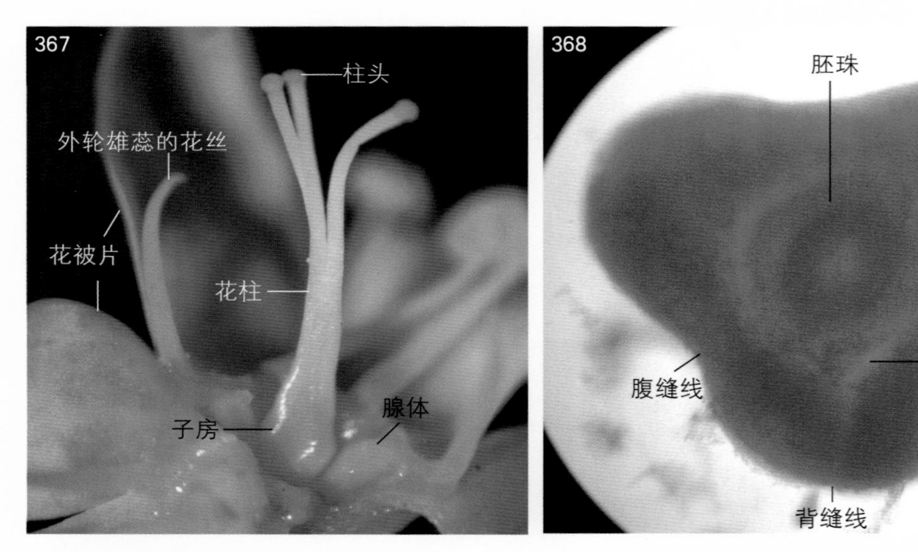

图2-367 花内的雌蕊

花为周位花，雌蕊的子房上位，花柱的下部合生，上部分为3枝，柱头头状，3个。

图2-368 子房的横切片

复雌蕊由3个心皮合生而成，子房1室，子房室内有1个胚珠的横切面。图中，腹缝线和背缝线为大致位置。

8. 齿果酸模（*Rumex dentatus* L.）

酸模属（*Rumex*）。草本；两性花，有花梗，花梗上的关节在花期不明显，果期明显膨大；花被片6片，排列成2轮，外花被片和内花被片各3片，宿存，内花被片在果期显著增大（其外表面有1个明显的、纵向生长的小瘤，边缘有2～5个较明显的刺状齿）；离生雄蕊6个；复雌蕊，由3个心皮合生而成，子房上位，1室，子房室内生有1个直生胚珠；瘦果。

（1）花的显微解剖

花材料采自河南省洛阳市，分别于2009年6月10日、2010年4月27日和2012年5月3日解剖。

图2-369 植株上的花（2012年5月3日）

植株上的花着生在苞片腋内（因苞片呈叶状，这里称其为叶，其腋部称为叶腋），簇生成轮状，呈间断分布，花序在外形上似总状花序。由于花序上有分枝，所以整个花序为圆锥花序。

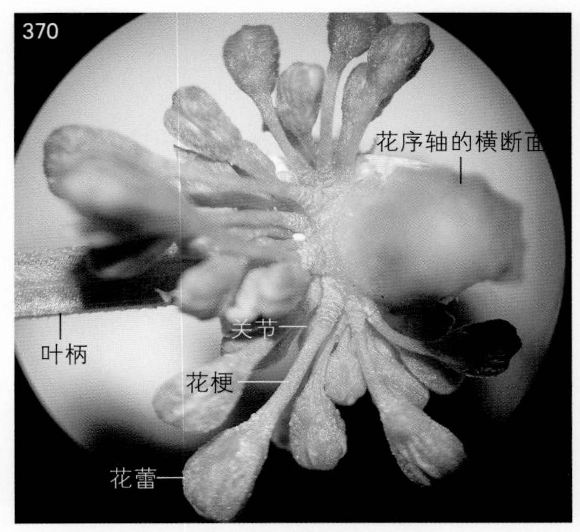

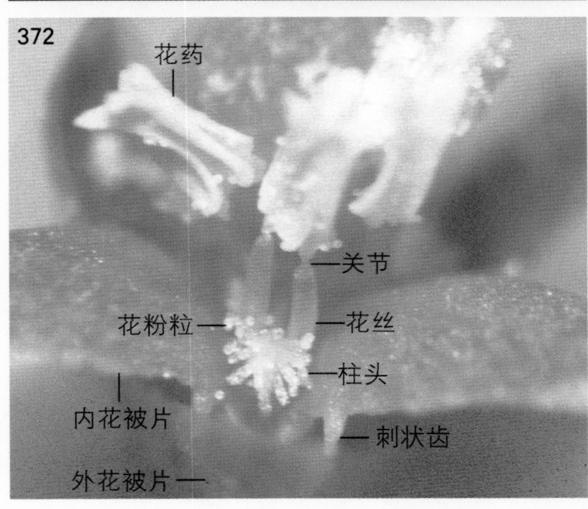

图2-370　叶腋内的花蕾（上面观，2010年4月27日）

花蕾在叶腋内簇生成轮状，花序看起来像是由二歧或多歧聚伞花序形成。花蕾下方的花梗上，关节不十分明显；果期时，果梗（由花期时的花梗发育而成）上的关节明显膨大（见后述）。果实成熟后，在此关节处形成离层并由此处脱落。

图2-371　花的上面观（图2-370至图2-374为2012年5月3日照片）

花被片6片，排列成内外互生的2轮，外（轮）花被片和内（轮）花被片各3片。这些花被片在果期宿存，并且内（轮）花被片显著增大（见后述）。

图2-372　花的近上面观

花药纵裂，花丝上端骤细，形成关节。雌蕊的柱头在《中国植物志》中被称为“画笔状”，此描述不是很准确，其表面已附着有花粉粒。

图2-373　花的侧面观

花被分为2轮，外轮花被深裂，其外表面无小瘤，边缘全缘。花被的裂片在《中国植物志》中被称为“花被片”。图中的花被筒即被丝托，内轮花被片与外轮花被片互生。

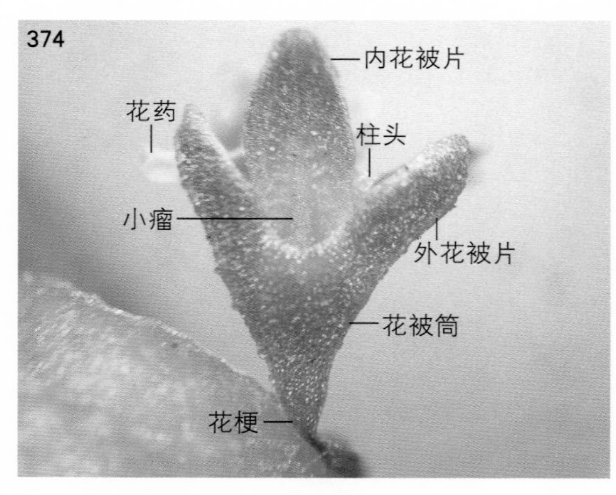

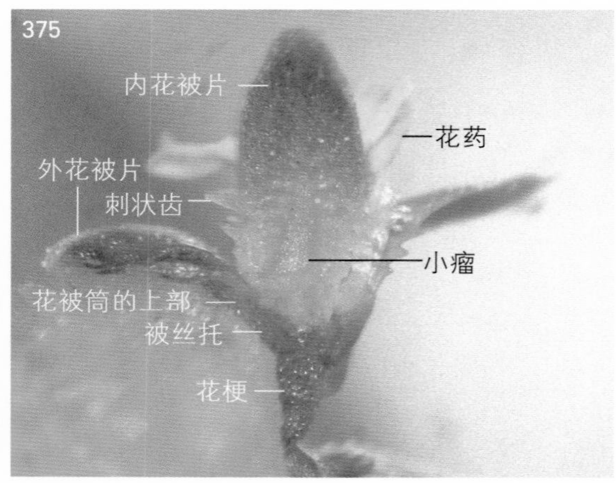

图2-374 花的不同角度观察

内花被片的外表面上，纵向分布的小瘤已经部分露出，其两侧边缘的刺状齿未明显露出。

图2-375 纵向剖开外花被的花被筒后，示内花被片（外面观）

内花被深裂，内花被片中下部的外表面在中肋处明显外凸、膨大，形成（纵向的）小瘤，其中下部的边缘还生有刺状齿。由此图看，花被筒可分为两部分，一部分位于上方，是由外轮花被单独形成的花被筒部分；另一部分位于其下方，是由外轮花被、内轮花被、花丝基部和花托合生而成的花被筒部分，此部分即被丝托，这两部分在外表面上无明显的区别和分界线。

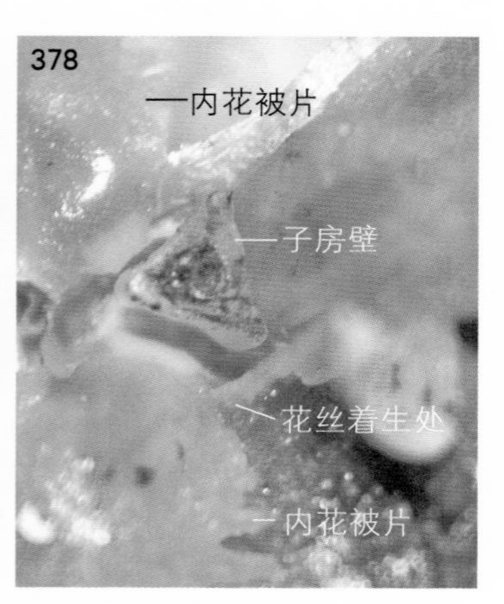

图2-376 内花被片的内面观（图2-376至图2-381为2010年4月27日照片）

图中花丝的着生位置与内花被片互生。

图2-377 花被片在胶块上的展开

花被片排列成内外两轮，内花被片和外花被片各3片，互生；隐约可辨雄蕊为6个，每个内花被片的左右两侧都有1个雄蕊与之近互生，内花被片之间有2个雄蕊着生。

图2-378 花内子房的横切

将子房横切后，用少许色液对其染色，可见其子房1室，但是子房室内胚珠横切面的形态不清。

图2-379 将1个花蕾的花被片展开后，示花内的雄蕊（上面观）

雄蕊6个，离生。当花内的雄蕊数目难以数清楚、照清楚时，可以使用花蕾进行解剖和照相。

图2-380 将图2-379的雄蕊拨开，示花蕾内的雌蕊

雄蕊与内花被片互生，内花被片之间有2个雄蕊；子房的3个棱及柱头均与外花被片对生，与内花被片及雄蕊互生。

图2-381 花的纵剖

雄蕊的花药纵裂，雌蕊的子房有柄，子房上位。雄蕊的花丝着生处及其下方的花被筒即被丝托部分。图中，花被和雄蕊的着生位置高于子房的基部，这种花为周位花。

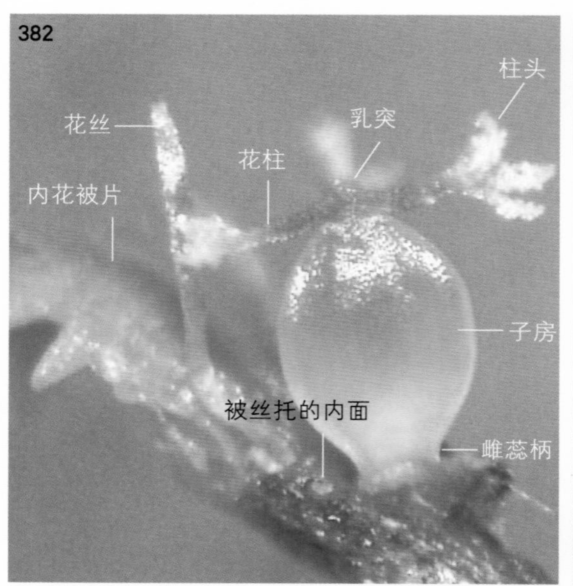

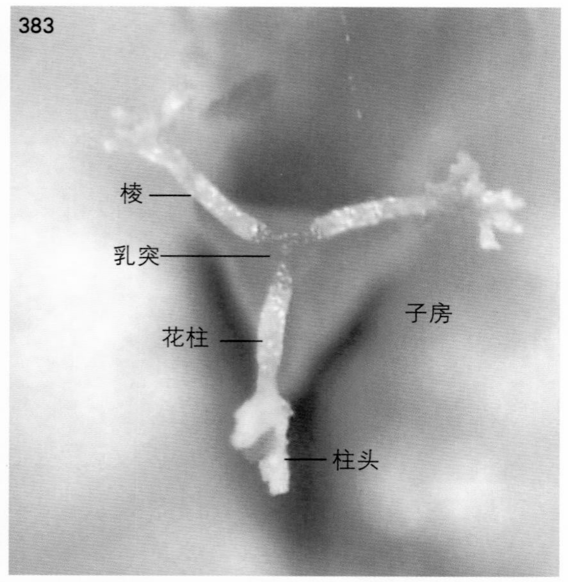

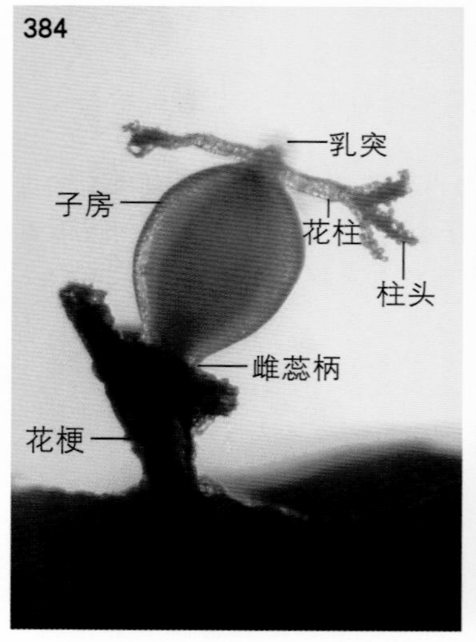

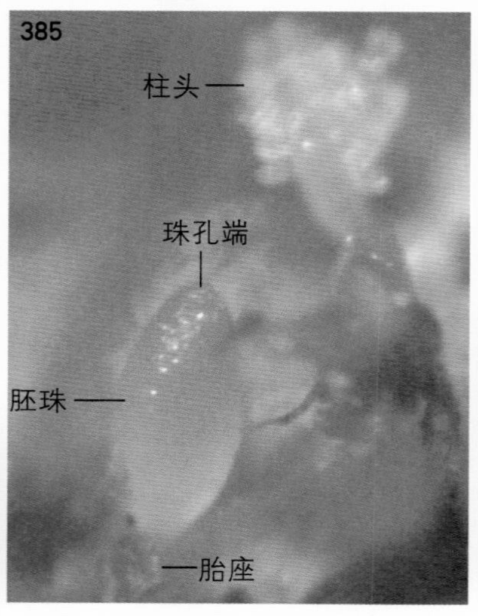

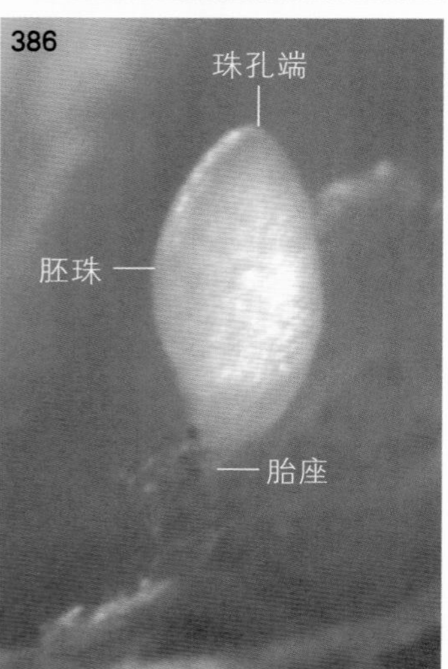

图2-382 从花内分离出的雌蕊（图2-382至图2-384为2009年6月10日照片）

雌蕊有3个花柱和3个柱头，每个柱头有都分枝，似分叉、张开的毛笔头状。

图2-383 雌蕊的上面观

雌蕊的子房有3棱，每个棱均与花柱及柱头对生。

图2-384 分离出的雌蕊（透射光观察）

花柱分枝处的上方有乳突。

图2-385 将子房壁纵剖并展开后，示子房室内的1个直生胚珠（图2-385至图2-386为2012年5月3日照片）

图2-386 子房室内的直生胚珠及其基生胎座（暗视野观察）

（2）果实的解剖

果实材料采自河南省洛阳市，分别于2009年5月19日、6月10日、2012年5月3日和9日进行观察或解剖。

图2-387　花后，由子房发育成的未成熟果实（2012年5月9日）

未成熟果实的果梗（由花梗发育而来）长短不一，在其中下部有1个明显的关节。果实成熟后，即由此处脱落。本照片为野外照片，照相时在数码相机的镜头前放置了放大镜（具体方法见笔者发表的论文“一种改善普通数码相机对微小花果拍摄功能的方法”）。目前，在智能手机的相机镜头前加置镜头的方法已经普及。

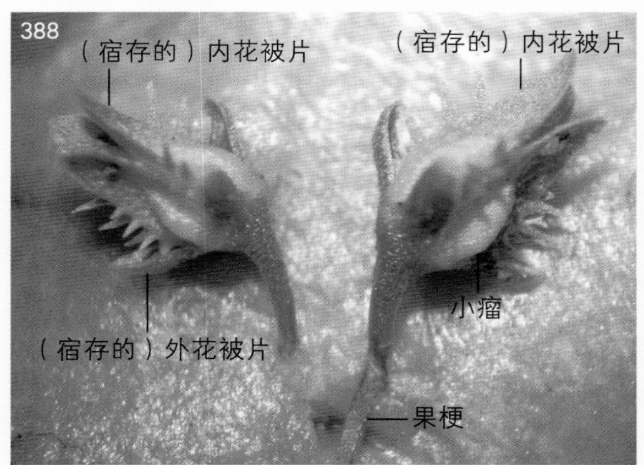

图2-388　分离出的未成熟果实（图2-388至图2-396为2012年5月3日照片）

果实外宿存的外花被片未显著增大，但是宿存的内花被片和其外表面的小瘤及其边缘的刺状齿却随着果实的发育而显著增大，并从外花被片内显露了出来。图中，未成熟果实是在果梗的关节之上摘下，因而在果梗上未见关节。

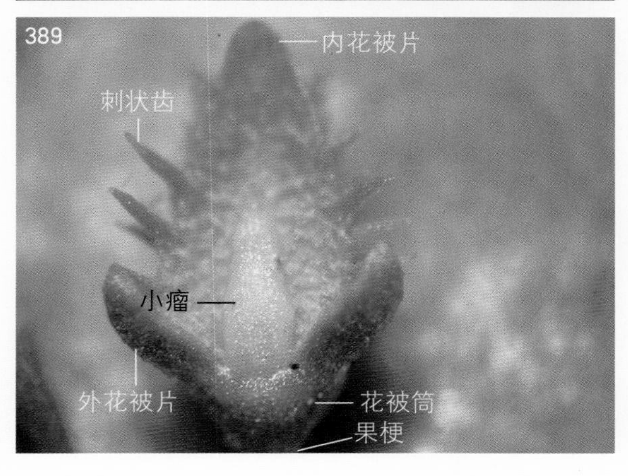

图2-389　未成熟果实的放大

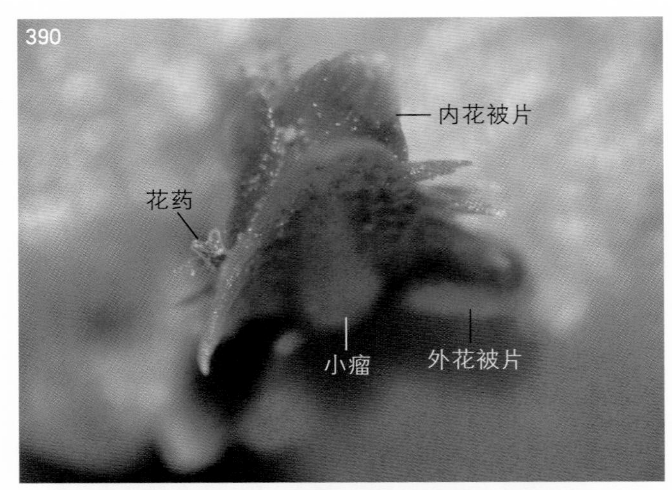

图2-390 未成熟果实的上面观

图中，枯萎的花药尚未脱落。

图2-391 将未成熟果实的外花被片展开后，内花被片的外面观

图中央的内花被片，两侧边缘的刺状齿数目不等，其右侧边缘有5个刺状齿，据《中国植物志》记载，其内花被片的刺状齿只有2～4个。

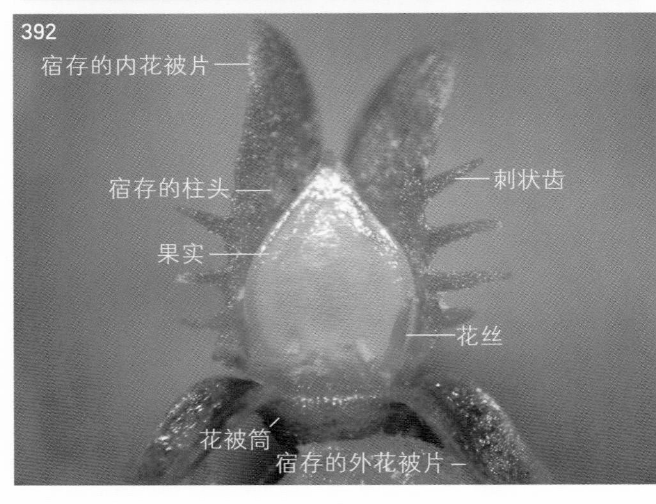

图2-392 除去1片内花被片后，未成熟果实的侧面观

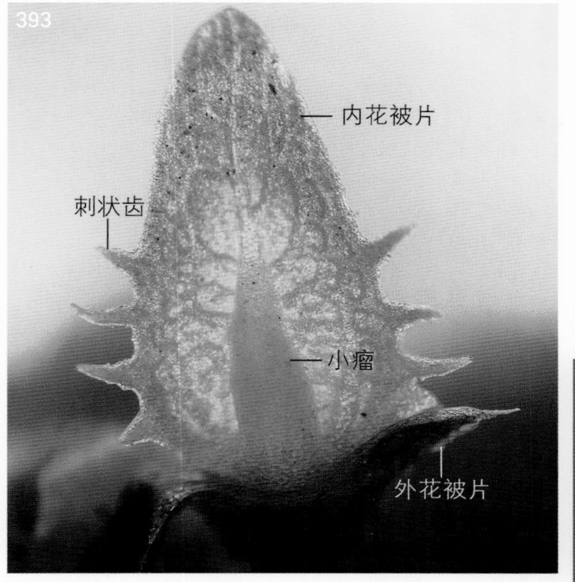
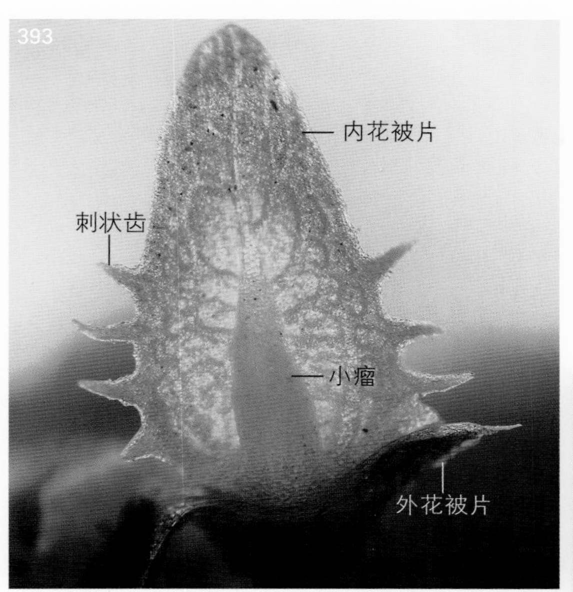

图2-393 内花被片的外面观（透射光观察）

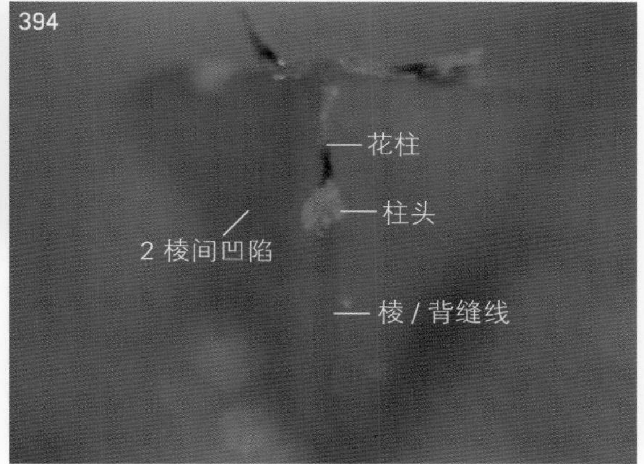

图2-394 分离出的未成熟果实

果实具有3棱，2棱之间有凹陷，果实的顶端有宿存的花柱和柱头（它们与果实的棱对生），花柱的上部及柱头均已干枯、变色。

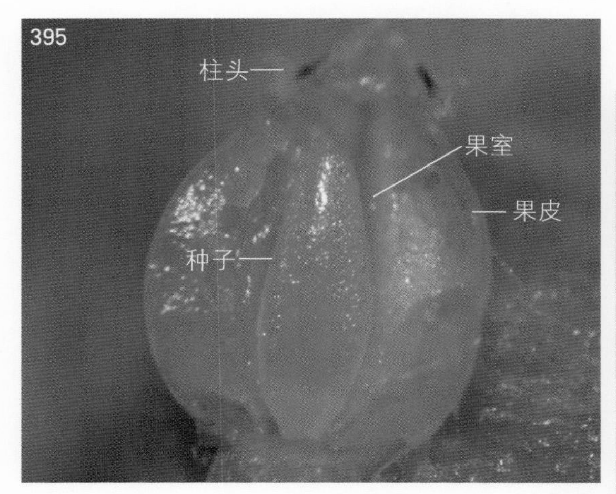

图2-395 除去未成熟果实的部分果皮后，示果室内1个未成熟的种子

此种子是由花期时的直生胚珠发育而成。

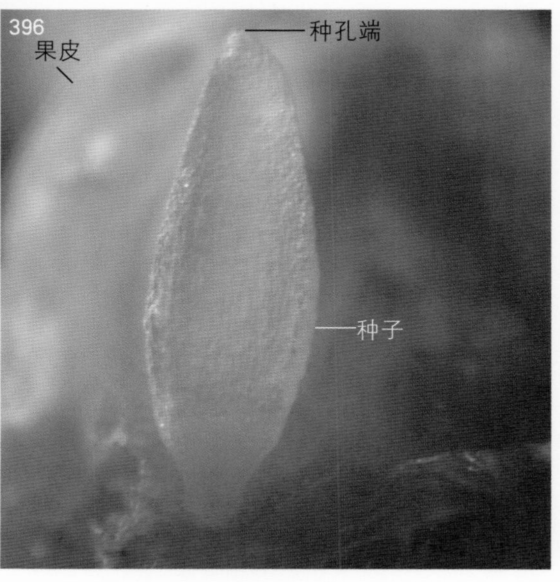

图2-396 从果室内拨出的未成熟种子。

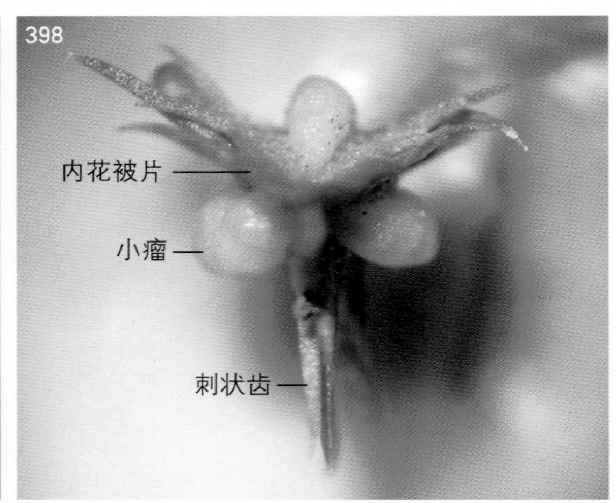

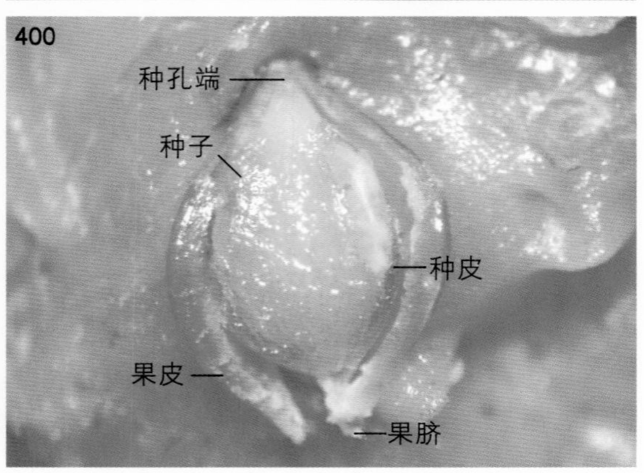

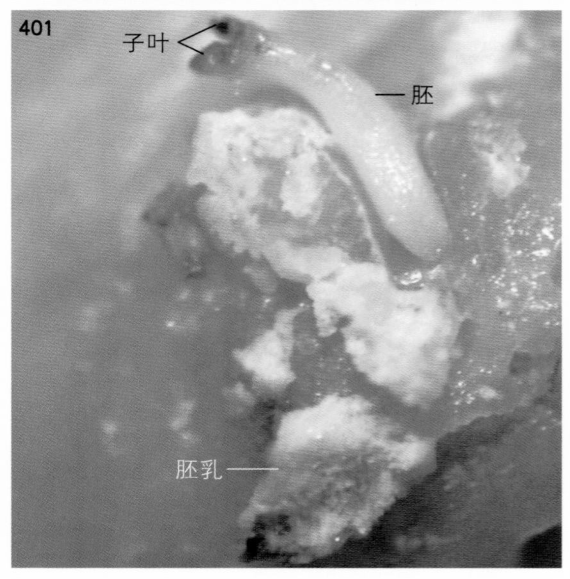

图2-397 另一个未成熟的果实（图2-397至图2-401为2009年6月10日照片）

图2-398 未成熟果实的上面观

图2-399 将宿存的内花被片展开后，示未成熟的果实

图2-400 除去2棱之间的一面果皮，示果室内的未成熟种子

瘦果的果皮比较厚且较硬。图中，种子暴露面的绝大部分种皮已经被除去，种皮膜质。

图2-401 将未成熟的种子剖开，示种皮内的胚和胚乳

胚的2片子叶已被展开，并部分染色，种子内的胚乳含量丰富，呈粉末状，这种具有胚乳的种子被称为“有胚乳种子”。

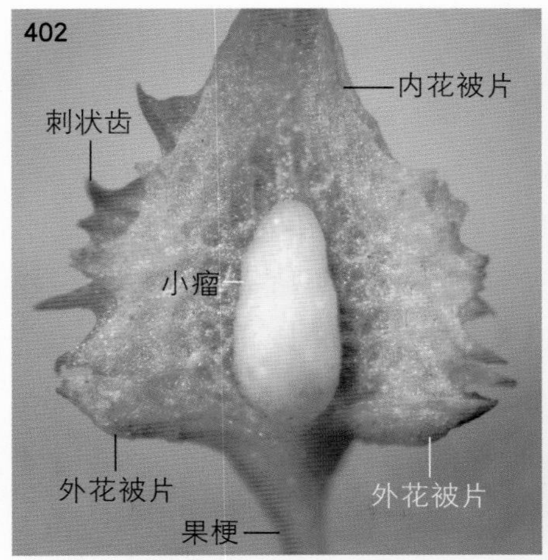

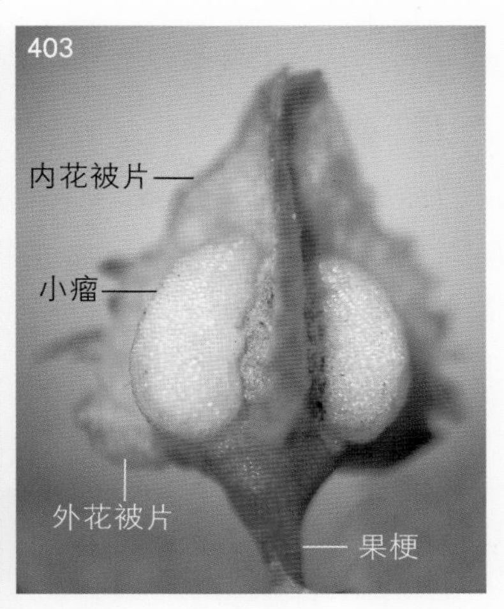

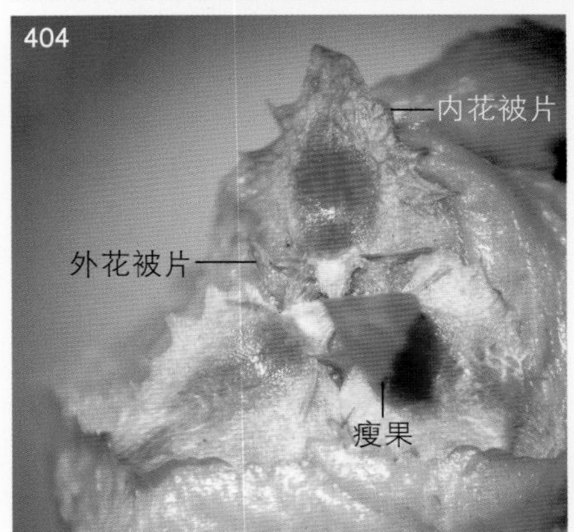

图2-402 成熟的果实（图2-402至图2-406为2009年5月19日照片）

果实外有6片宿存的花被片，其中3片外花被片（在图中不明显）在果实发育过程中未显著增大，位于2片内花被片之间的下方，并与它们互生。与之相比，3片内花被片则显得大而明显。内花被片的外表面有明显的网纹，其中下部的中肋处的小瘤和其边缘处的刺状齿已经明显长大，但是刺状齿仍然不整齐，大小不一。

图2-403 果实的不同角度观察

图2-404 将宿存的花被片展开后，示三棱形的果实（上面观）

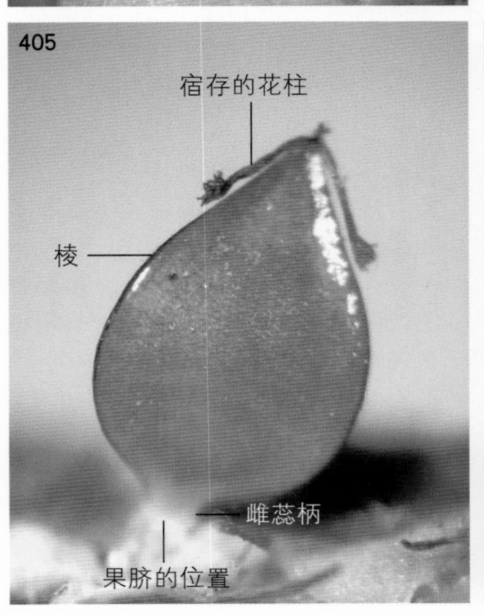

图2-405 果实的侧面观

果实瘦果的顶端有宿存、干枯的花柱及柱头，果实的下方有由雌蕊柄发育而成的柄状物（非花梗发育而成的果梗）。果实成熟后，由此柄状物的下端与果托（由花托发育而成）断离，并在果皮上留下断离痕迹，此痕迹即果脐。

图2-406 果实的不同角度观察

六、番杏科（Aizoaceae）

粟米草（*Mollugo stricta* L.）

粟米草属（*Mollugo*）。草本；两性花，单被（花），有花梗；花被片5片，离生；离生雄蕊3个或5个；复雌蕊，由3个心皮合生而成，子房上位，3室，中轴胎座；蒴果。

花果材料采自河南嵩县，于2018年9月13日进行观察和解剖。因所采材料未见开放的花，这里以花蕾和果实作为解剖材料。

1. 花蕾的解剖

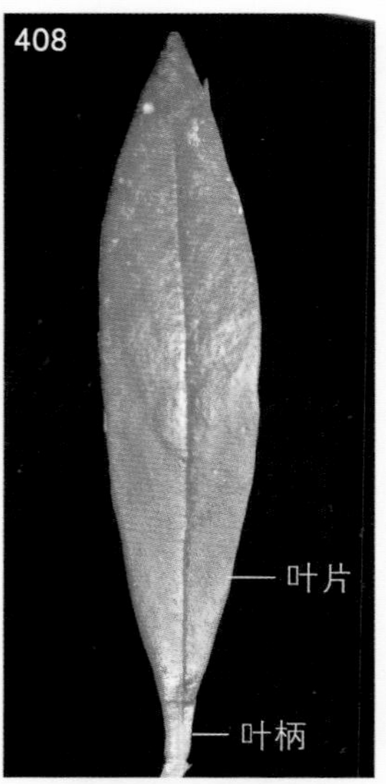

图2-407 花期的部分植株

图2-408 叶片的腹面观（即上面或近轴面观）

披针形叶片两面光滑，无表皮毛，《中国植物志》描述茎生叶为披针形或线状披针形。

图2-409 将花蕾的花被片展开后，花的上面观

单被花，花被片5片，离生雄蕊3个，内向药，雄蕊与花被片对生或互生（《中国植物志》记载粟米草属的雄蕊与花被片互生），柱头3个。

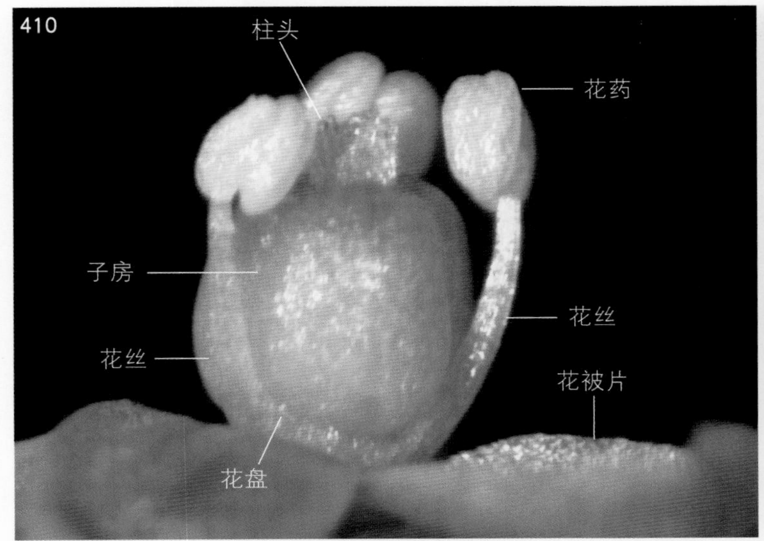

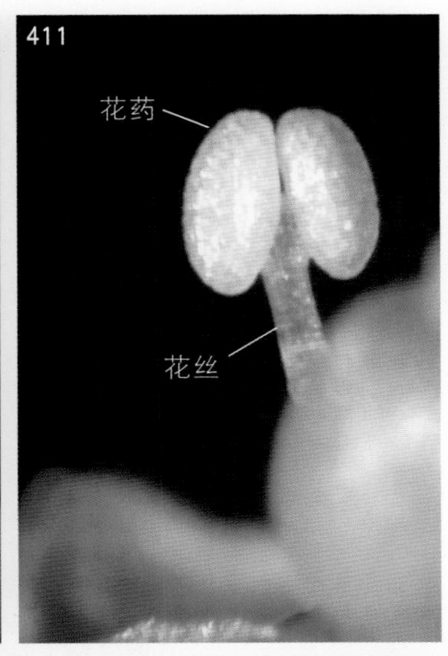

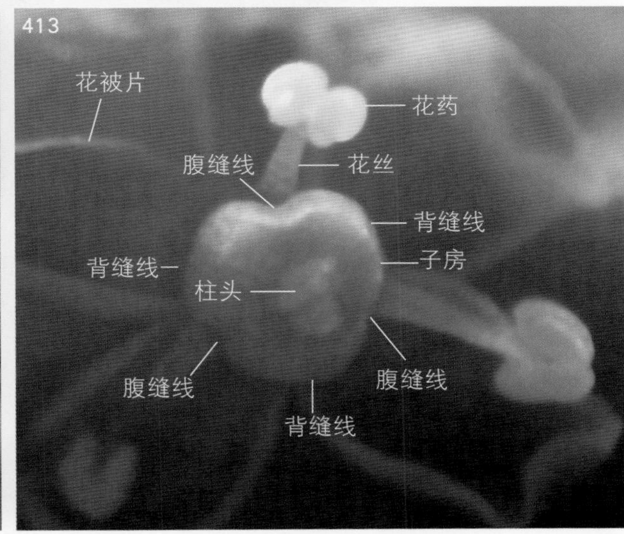

图2-410 花蕊的侧面观

雄蕊的花丝在下部逐渐变宽，基部与花盘相连。雌蕊的子房上位。

图2-411 花药的内面观

图2-412 雌蕊的侧面观

雌蕊的子房较大，花柱不明显，柱头3个。《中国植物志》描述“花柱3，短，线形”，但是未对柱头进行描述。

图2-413 将花被片和雄蕊展开后，示雄蕊的花丝与子房的位置关系（3个雄蕊的花，暗视野观察）

子房三棱形，每个纵向棱的中央位置为背缝线的大致位置，2棱之间的纵向凹陷处的中央位置即腹缝线的大致位置，雄蕊的花丝与子房的腹缝线对生。

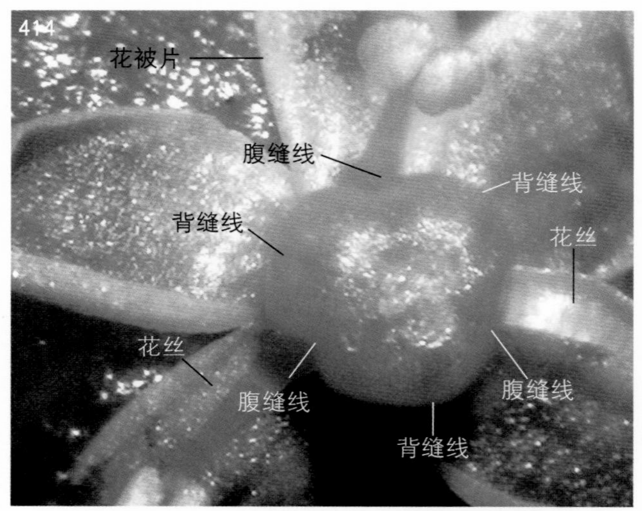

图2-414 图2-413子房的放大

在子房表面的背缝线处，隐约可见1条纵向的色带。

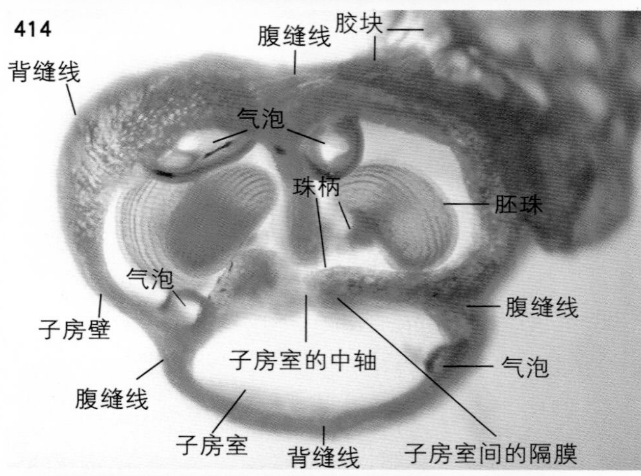

图2-415 子房横切片的临时水装片（显微镜观察）

复雌蕊的子房3室，每个子房室内有多个胚珠（弯生胚珠），中轴胎座，子房壁表面的背缝线为大致位置。图中，子房室内有4个气泡，子房室的中轴在切片过程中因受刀片挤压而松散开来，下方的子房室内未见胚珠。切片右侧上方的胶块，是用于固定（倾斜的）子房横切片的胶块。当切片的位置用胶块固定好后，滴上适量的水将切片覆盖（不能先滴水，否则胶块失去黏性和固定功能），这样就制好了用于显微镜（解剖镜）观察的临时水装片。

图2-416 幼嫩果实的上面观

雄蕊的花药虽已枯萎，但数量可辨，为5个。

2. 果实的解剖

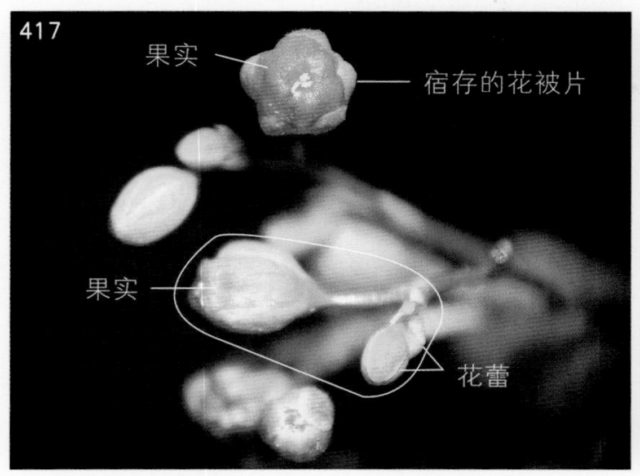

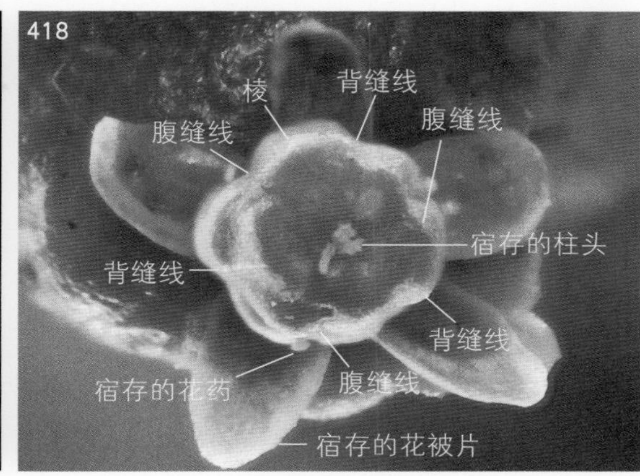

图2-417　花序的一部分

从圈内花序的开花顺序看，顶端的花先开，这种花序为单歧聚伞花序。花序中，有大小不一的花蕾和正在发育成果实的、已开败的花，这些花蕾和果实在肉眼看来似粟的果实，中文名应由此而来。

图2-418　将图2-417上方的幼嫩果实的宿存花被片展开后，未成熟果实的上面观

幼果的表面有6个突出的纵向圆棱和6个凹陷，背缝线和腹缝线都大致位于果实表面的凹陷处或近凹陷处，其中腹缝线与宿存的雄蕊（图中的宿存花药处）近对生。果实的顶端，3个宿存柱头清晰可辨。

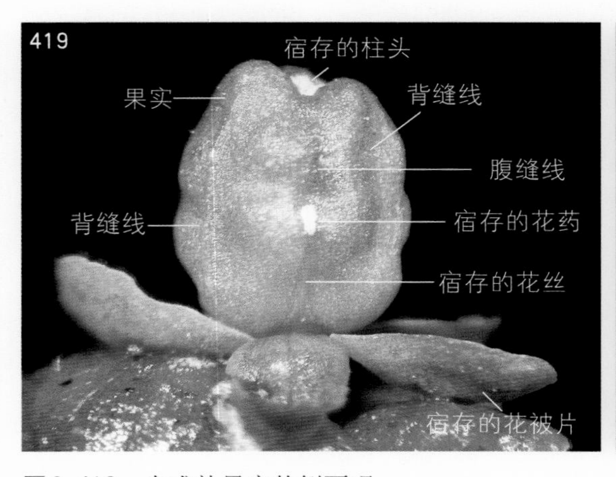

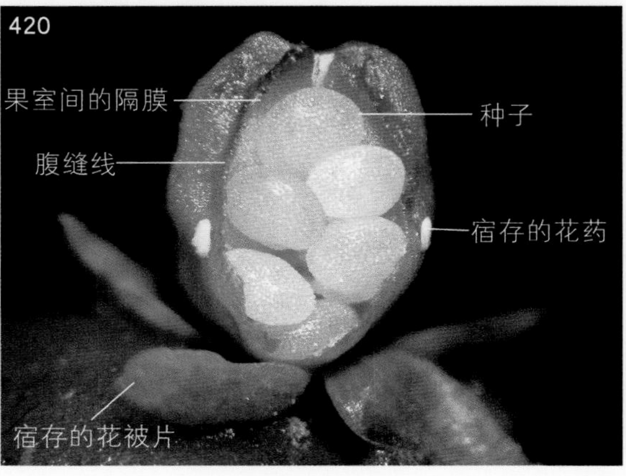

图2-419　未成熟果实的侧面观

图中，宿存雄蕊的花丝基部较宽，并着生在花被片中轴线的右侧，与花被片的位置关系介于对生与互生之间，宿存雄蕊的高度约为果实高度的1/2。

图2-420　除去2条腹缝线间的果皮后，示子房室内未成熟的种子

种子表面比较粗糙，有颗粒状突起。

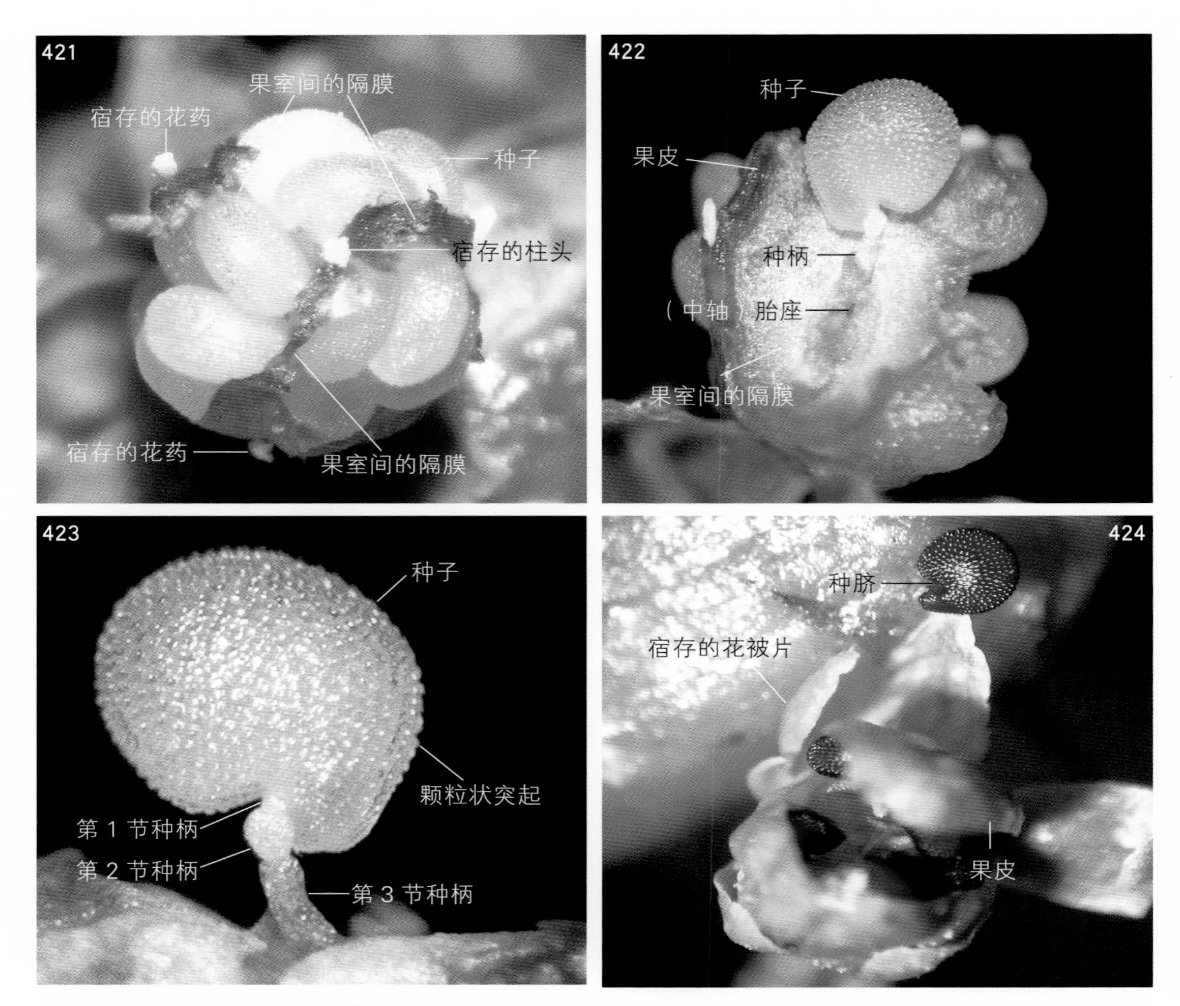

图2-421 除去果皮后，未成熟果实的近上面观

果实有3个果室和3个果室间的隔膜，中轴胎座。

图2-422 果室内肾形种子的着生情况

图2-423 将种子从着生处掀起，示种子下的种柄（由花期时的珠柄发育而来）

种子的表面有颗粒状突起，种柄分为3节。结合图2-424看，种子成熟时在种柄的第2节和第3节之间脱落。

图2-424 从室背开裂的蒴果中获得的成熟种子

种子脱落后，在种子上留下的痕迹即种脐。

七、毛茛科（Ranunculaceae）

1．升麻（*Cimicifuga foetida* L.）

升麻属（*Cimicifuga*）。草本；两性花，单被花（无花瓣），有花梗和苞片；萼片离生，5片；雄蕊群由1个花瓣状的退化雄蕊和多数离生的雄蕊组成；离生雌蕊，由2～4个单雌蕊（离生心皮）组成，子房上位，每个子房内有4个胚珠，花柱短，不分枝，柱头小；（聚合）蓇葖果。

花材料于2018年8月14日采自河南省洛阳市栾川县天河大峡谷景区，8月16日进行花的显微解剖。

图2-425 植株下部，示部分圆锥花序

图2-426 花序的部分放大

在花梗的远轴面有钻形的苞片。

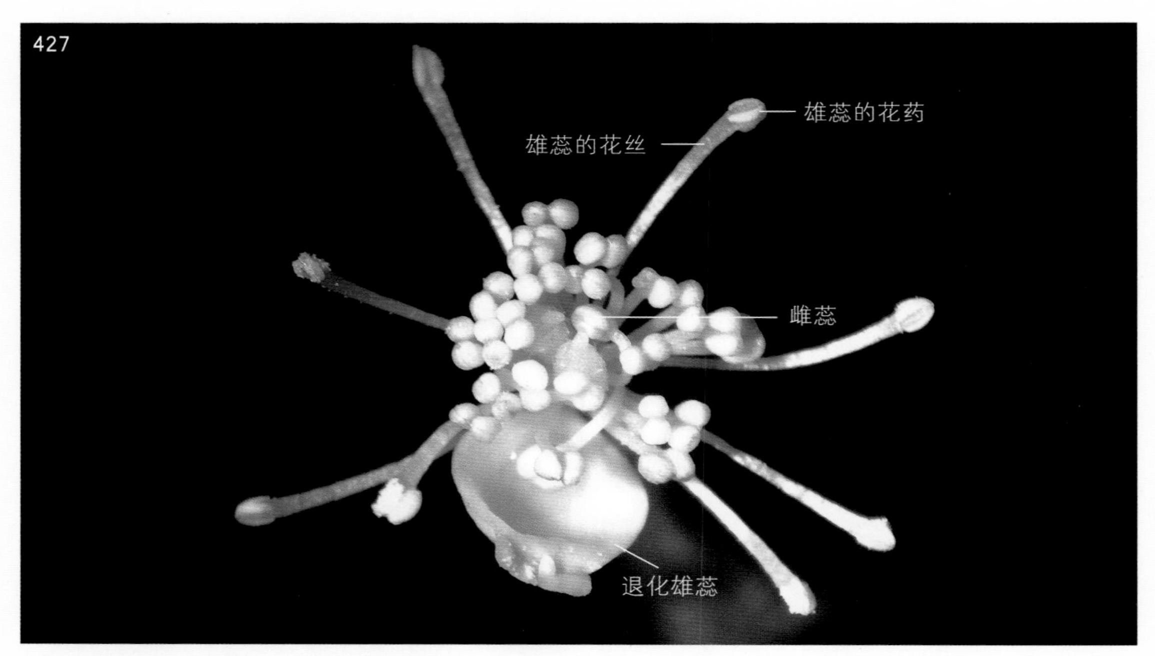

图2-427 花的上面观

5片萼片在开花时已脱落（即“早落”）；雄蕊群中包含1个花瓣状的退化雄蕊和多数离生的雄蕊，此时的花近似两侧对称，而非辐射对称。《中国植物志》描述升麻属“花小，密生，辐射对称”，应该是针对花萼来讲花的对称性。

图2-428 花的侧面观

在花梗上生有小苞片，其腋内有休眠芽（腋芽或侧芽），《中国植物志》未见描述。

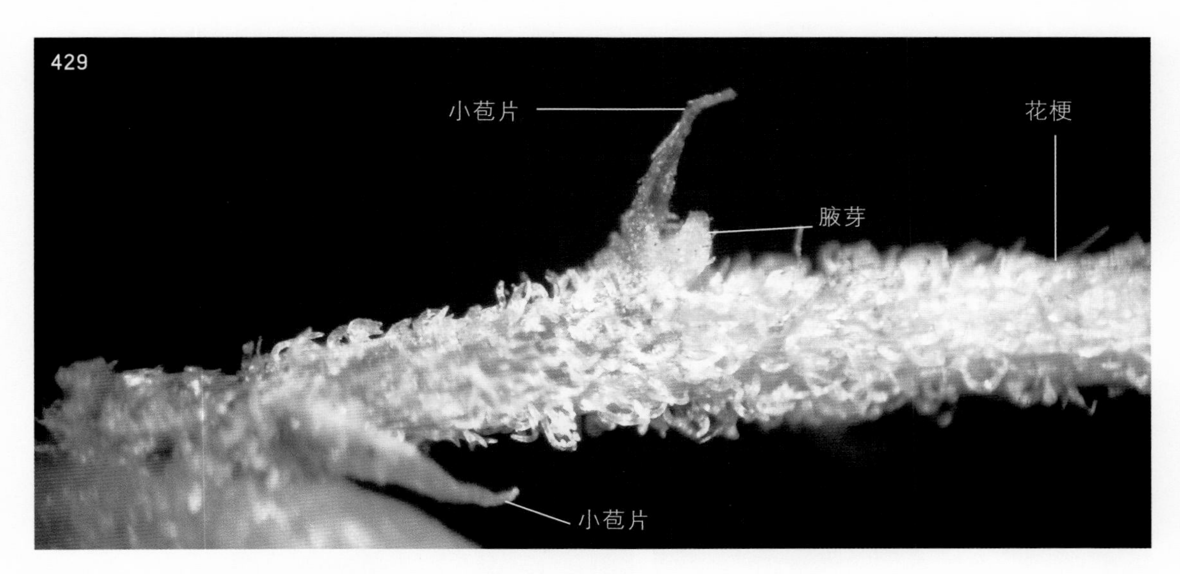

图2-429 将花梗上的小苞片拨开，示小苞片腋内的腋芽

花梗上密生短毛，并且生有2个小苞片，小苞片的腋内生有未充分发育的、休眠的腋芽（可能是花芽）。如果是花芽，那么这朵花及其下方的花芽（图2-428）可看作是一个单歧聚伞花序，图中的小苞片也应该称为苞片。

图2-430 花的不同角度观察，示瓣化的退化雄蕊（近外面观）

退化雄蕊的顶端浅裂。

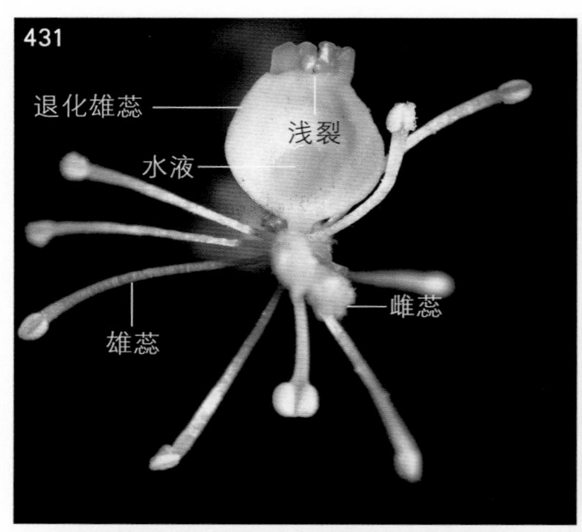

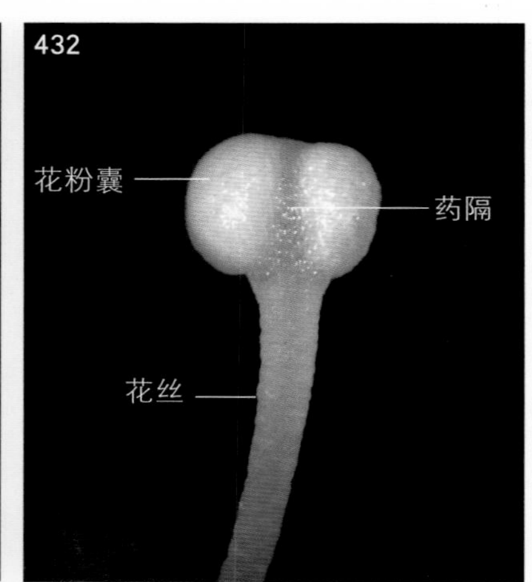

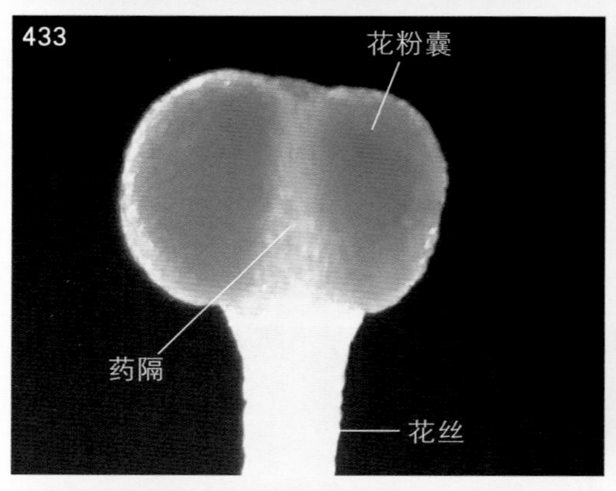

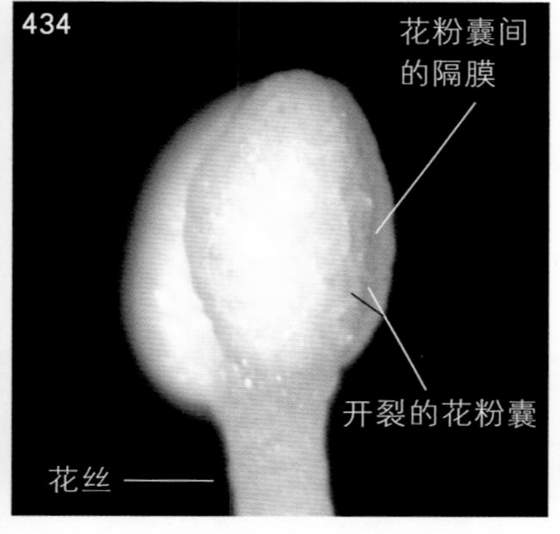

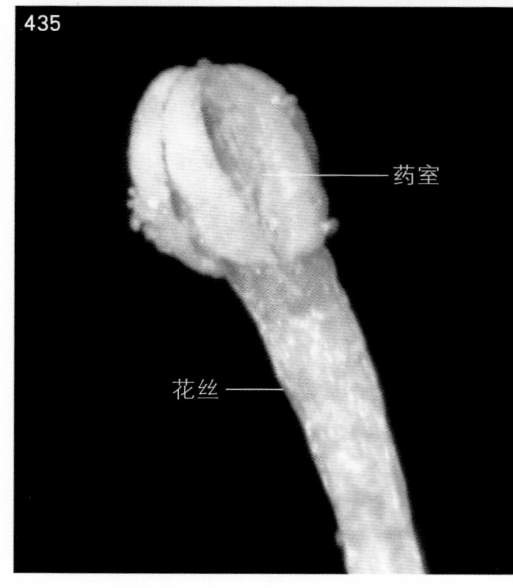

图2-431 除去大部分雄蕊后，花蕊的上面观

退化雄蕊顶端浅裂，每个裂片顶端有2～3个微锯齿。离生雌蕊由2个单雌蕊组成。

图2-432 未开裂的花药

花丝的顶端与花药的药隔基部相连，为底着药（或称“基着药”）。

图2-433 花药的暗视野观察

图2-434 开始纵裂的花药

图中，同侧2个纵向开裂的花粉囊间露出1个纵向的隔膜。

图2-435 已经开裂的花药

花药同一侧的2个花粉囊纵向开裂后，形成1个药室，药室内绝大部分花粉粒已散出，花粉囊间的隔膜已不明显。

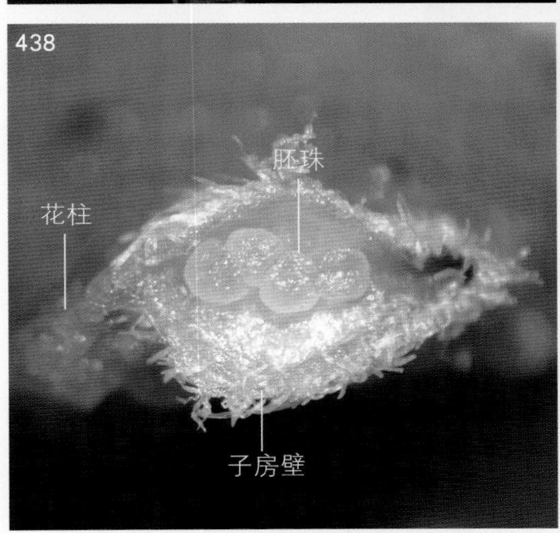

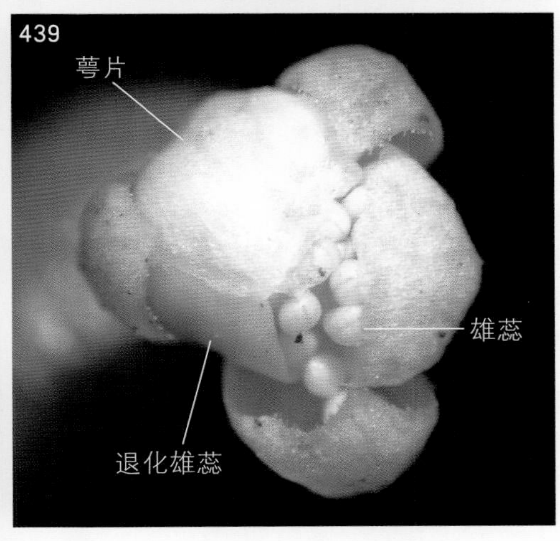

图2-436 由2个离生心皮组成的离生雌蕊

图2-437 离生雌蕊的暗视野观察

雌蕊的子房上位，子房下部无明显细缩的雌蕊柄。

图2-438 将离生雌蕊的1个单雌蕊纵剖后，示子房室内纵向排列的4个胚珠（边缘胎座）

图2-439 1个将要开放的花（上面观）

图中可见5个离生的萼片，左侧下方的萼片内有1片淡绿色的退化雄蕊。

图2-440 将要开放的花的展开

图中可见5片萼片（1片已脱落），1片瓣化的退化雄蕊，多数离生的雄蕊，花近似两侧对称，非辐射对称。

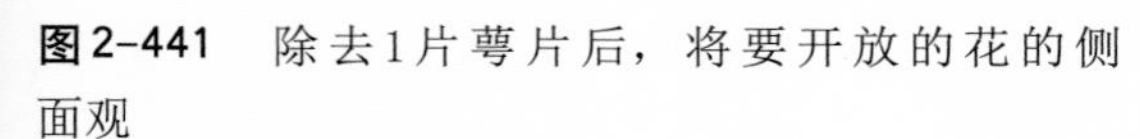
图2-441 除去1片萼片后，将要开放的花的侧面观

离生雄蕊多数，花丝分离。

图2-442 从将要开放的花上分离出的2片萼片（内面观）

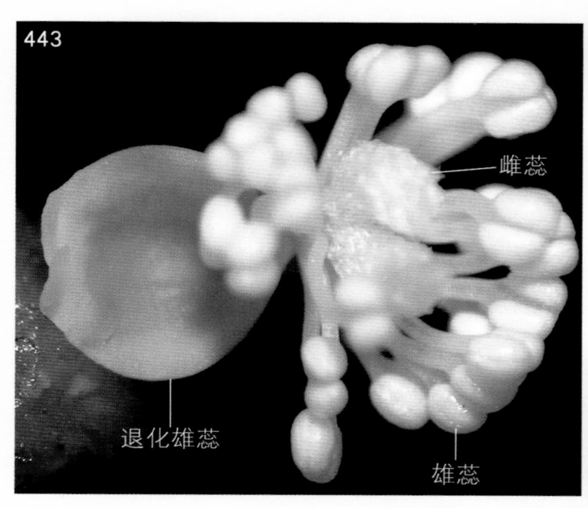

图2-443 除去5片萼片后，退化雄蕊和雄蕊群的展开

离生雌蕊由2个单雌蕊组成。

图2-444 除去萼片和退化雄蕊并将雄蕊群展开后，示3个单雌蕊组成的离生雌蕊

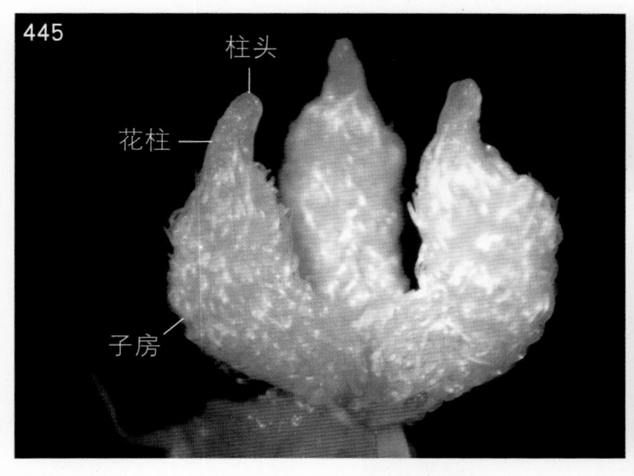

图2-445 由3个单雌蕊组成的离生雌蕊

每个单雌蕊的下方无明显细缩的雌蕊柄，但是由其发育而来的每个蓇葖果的下方却有着似雌蕊柄发育而来的柄状物（图2-446）。

图2-446 由4个单雌蕊发育而成的（聚合）蓇葖果

在每个蓇葖果的上方有宿存的花柱及柱头，在其下方有似雌蕊柄发育而来的柄，在4个蓇葖果的下方还有由花梗发育而来的果梗。

2. 瓜叶乌头（*Aconitum hemsleyanum* E. Pritz.）

乌头属（*Aconitum*）。草质藤本；花两性，两被花，花柄上生有小苞片；花萼由5片离生的萼片组成，其中上萼片1片，侧萼片2片，下萼片2片；花瓣2片，分为爪和瓣片两部分，瓣片上有唇和距；离生雄蕊多数；离生雌蕊，由5个单雌蕊组成，每个单雌蕊的花柱和柱头均为1个，柱头小；（聚合）蓇葖果。

花材料于2018年8月14日采自河南省洛阳市栾川县天河大峡谷景区，8月16日进行花的显微解剖。

图2-447 植株上的花

花有5片萼片，花的上方为扁盔形的萼片，即上萼片（2个花瓣藏于其中），中部为2片侧萼片（其间有花蕊），花的下方为形状和大小有差异的2片下萼片。

图2-448 花的不同角度观察

花梗长而弯曲，其上有小苞片，未观察小苞片的腋内是否有腋芽。

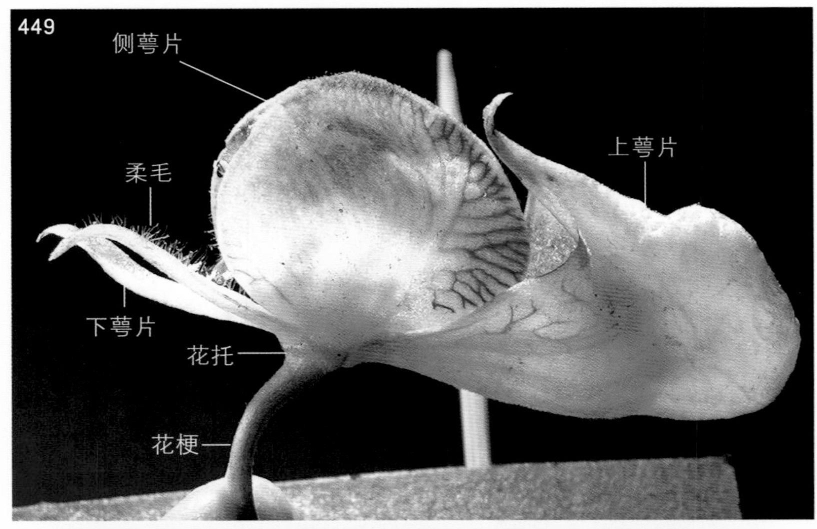

图2-449 花的侧面观
下萼片的内面生有柔毛。

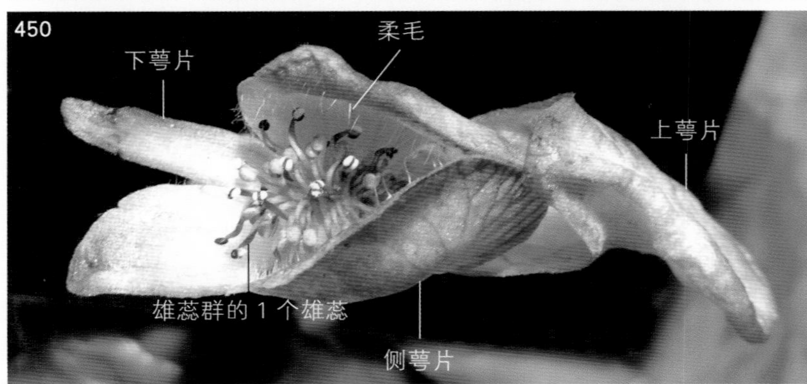

图2-450 花的近上面观
侧萼片的内面也生有柔毛。

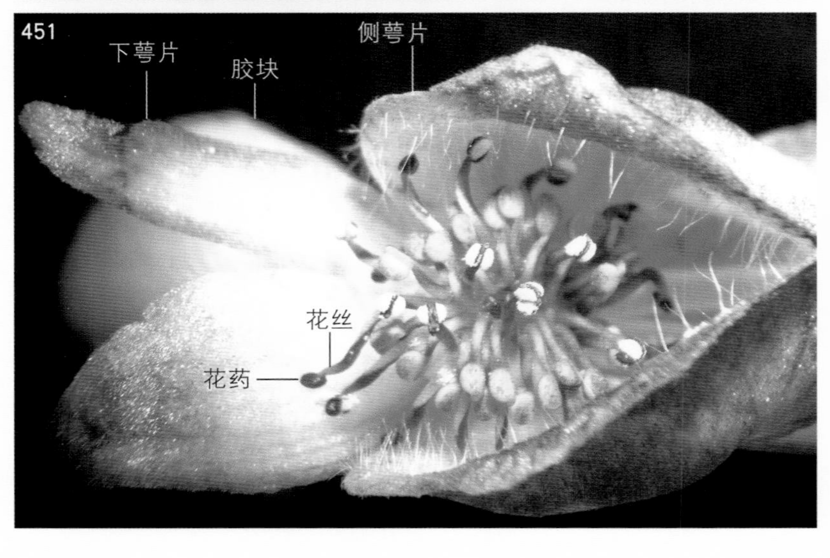

图2-451 花蕊的上面观
侧萼片的内面生有柔毛，离生雄蕊多数，花丝较长。

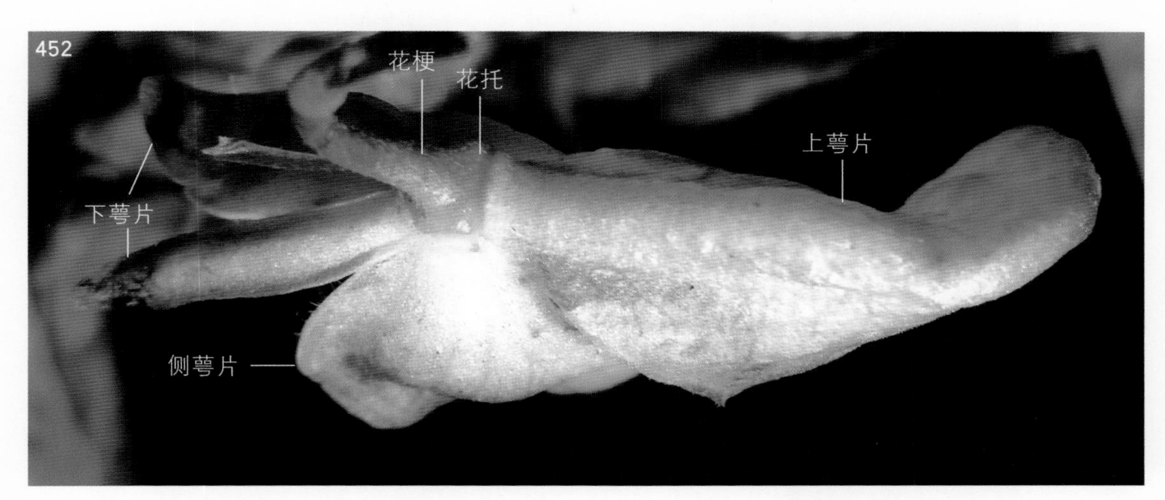

图2-452　花的近下面观

图2-453　侧萼片的外面观（暗视野观察）

侧萼片可分为宽大的瓣片和细缩的爪两部分，爪短。

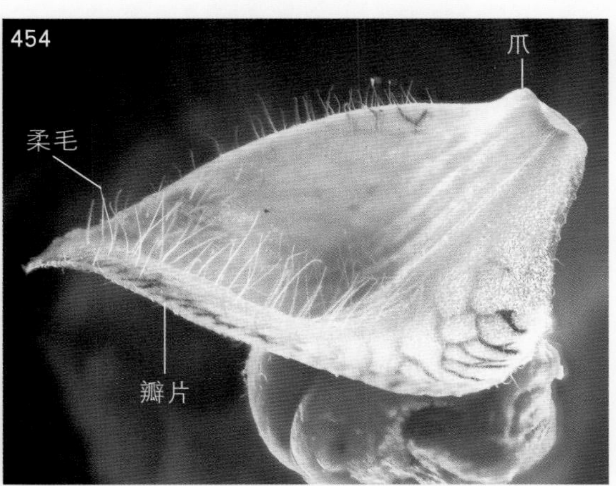

图2-454　侧萼片的内侧面观

侧萼片内面的柔毛长而稀疏。

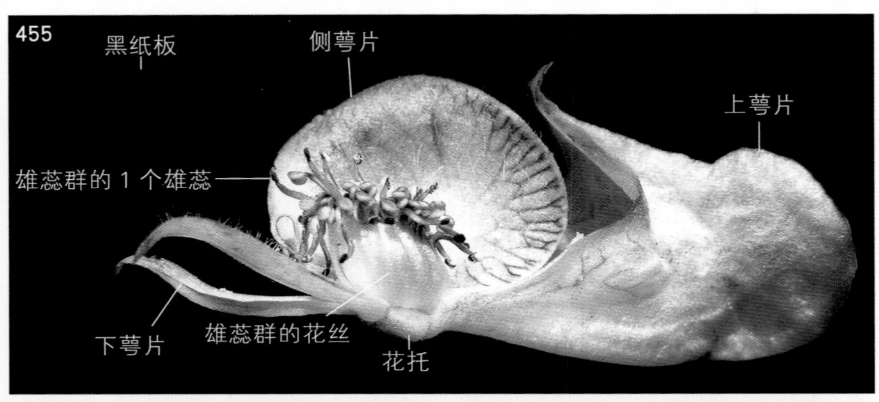

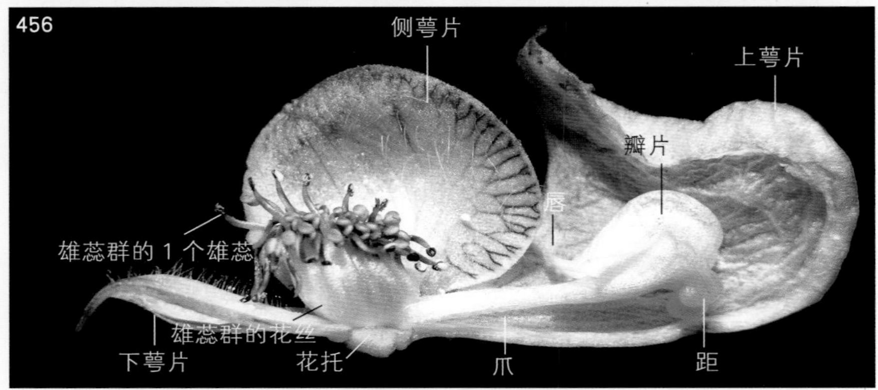

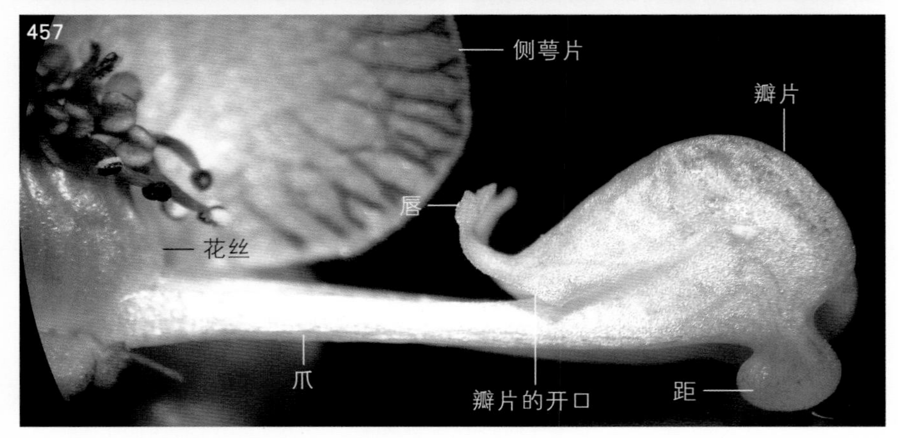

图2-455 除去1片侧萼片后，花的侧面观

图2-456 除去1片侧萼片和部分上萼片后，花的侧面观

在上萼片内有2个花瓣（图中为一前一后，呈重叠状），每个花瓣由瓣片和爪构成，瓣片呈扁囊状，在其下端有开口和唇，在其近上端的远轴侧有黄绿色的距。

图2-457 除去上萼片后，1对花瓣的侧面观

图中，1对花瓣呈上下重叠状。

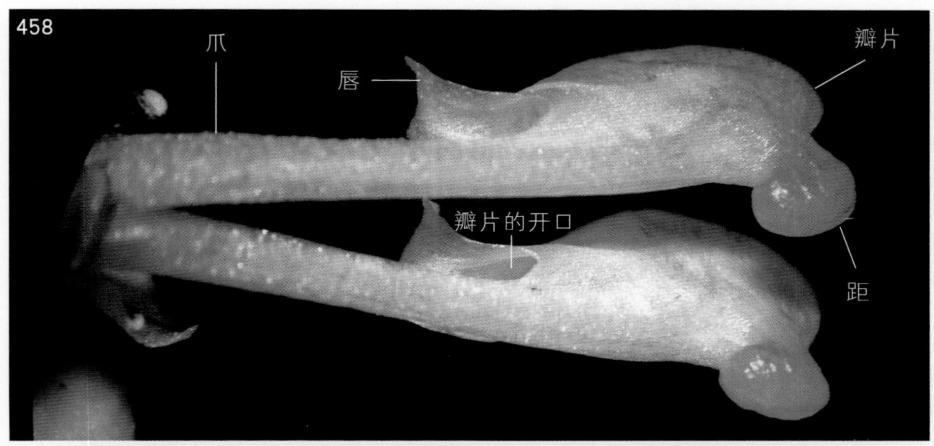

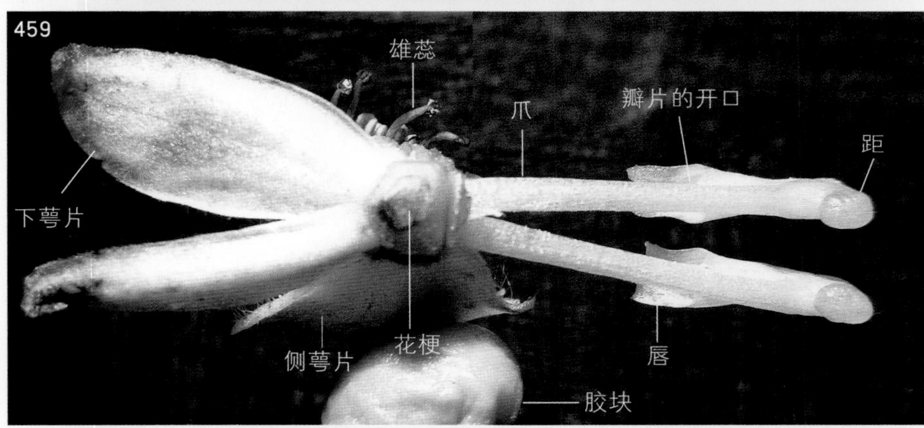

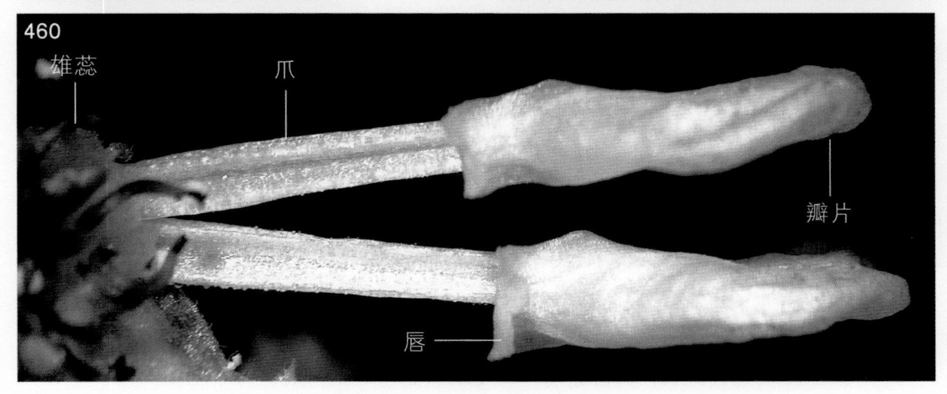

图2-458 除去上萼片和1片侧萼片后，花瓣的近轴面观

距呈扁囊状。

图2-459 除去上萼片和1片侧萼片后，花的下面观

图2-460 花瓣的近轴面观

爪是1个对折的结构，其近轴面的中央凹陷。

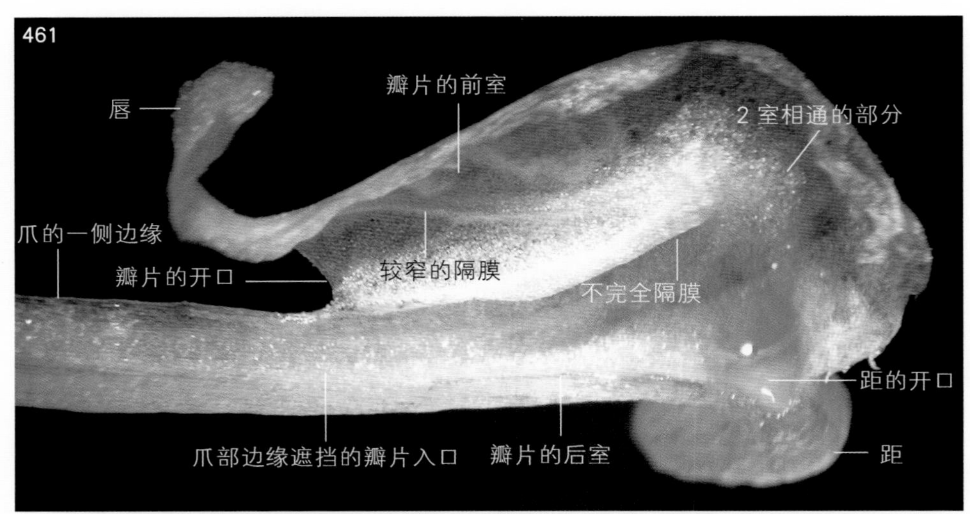

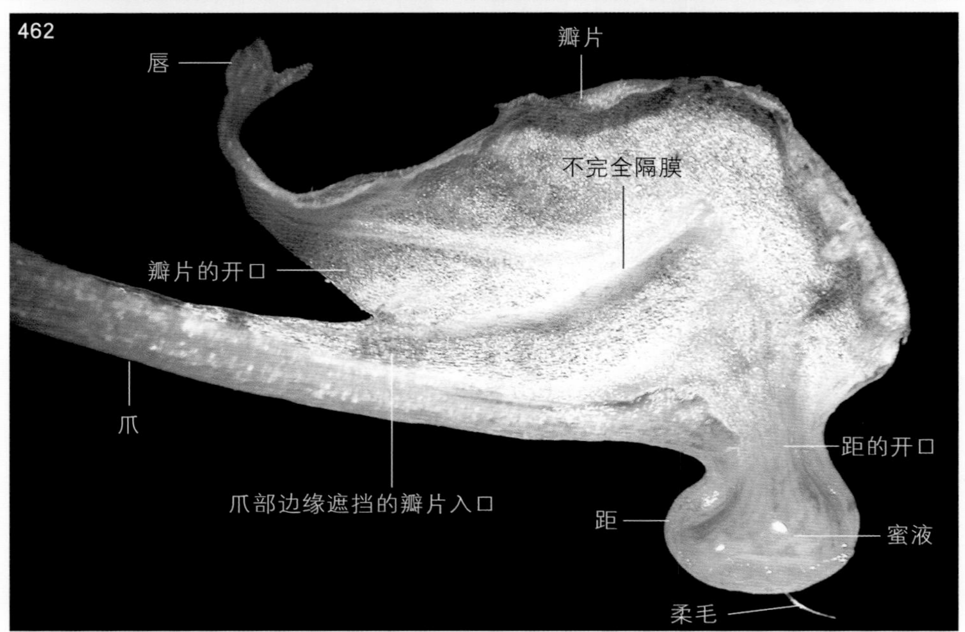

图2-461 纵剖除去部分爪和瓣片后，示爪和瓣片的结构

内藏的瓣片及其内的不完全隔膜增加了瓣片的保密性和结构的复杂性，可使动物从花的距内取蜜的难度增加，滞留时间延长，同时还使一些动物丧失了从花内取蜜的可能性。

图2-462 纵剖除去一侧瓣片后，示瓣片内的结构

瓣片有两个开口，一个敞开，另一个被爪对折的边缘遮挡。在瓣片内，可见爪部边缘在瓣片内延伸形成的不完全隔膜，它增加了由瓣片开口至距开口的路线的复杂性。距内储存有液体，浅尝起来有些甜，为蜜液。乌头和很多植物都有毒，不要冒险去品尝或接触它们的汁液，以免发生危险！

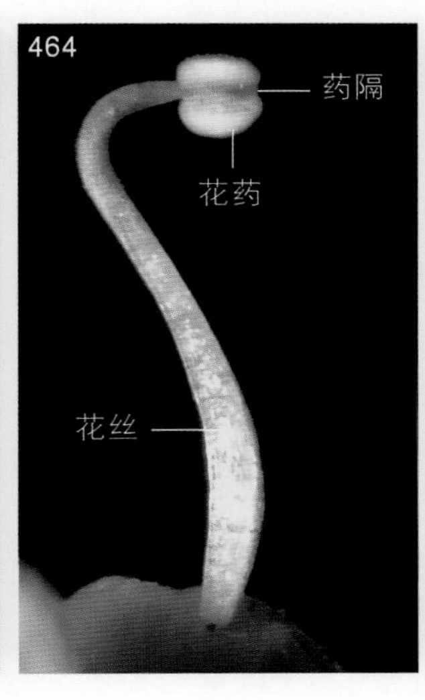

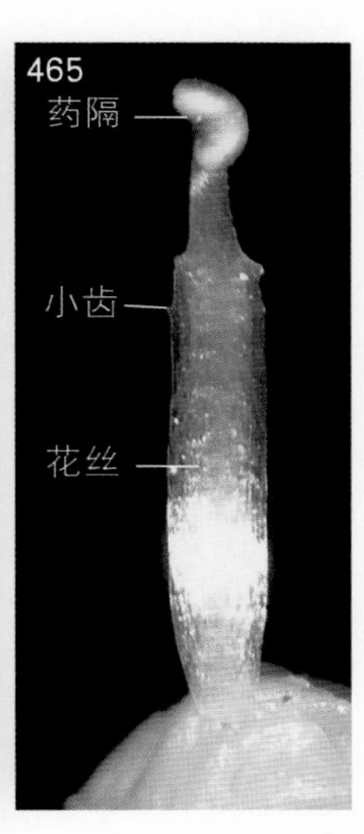

图2-463 除去部分雄蕊后，花蕊的侧面观

离生雄蕊多数，雌蕊为离生雌蕊，由5个单雌蕊（或称“心皮”）组成。

图2-464 分离出的1个雄蕊（侧面观）

图2-465 雄蕊的外面观

花丝的近中下部扁平且较宽，其边缘膜质，有小齿。

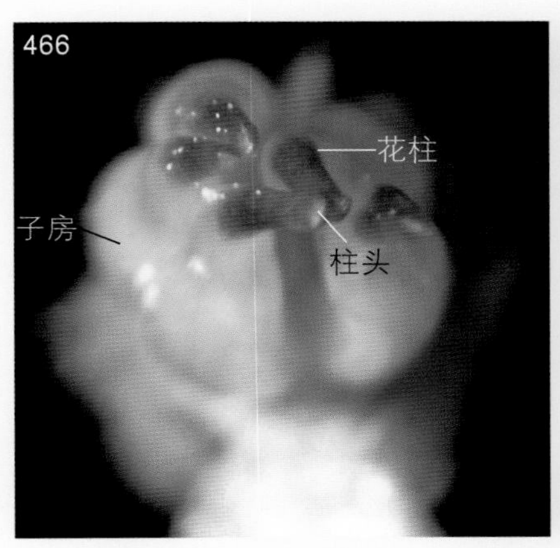

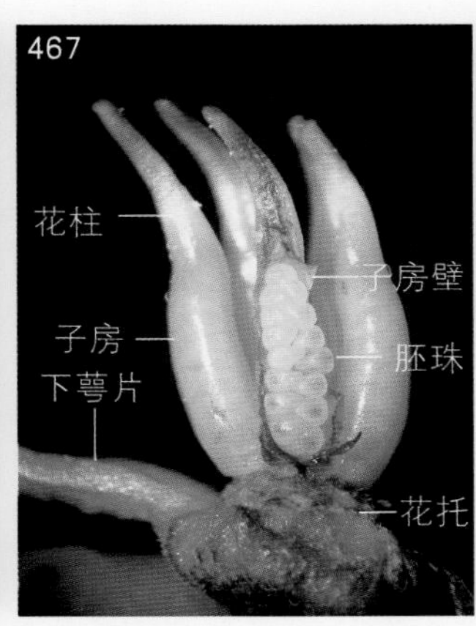

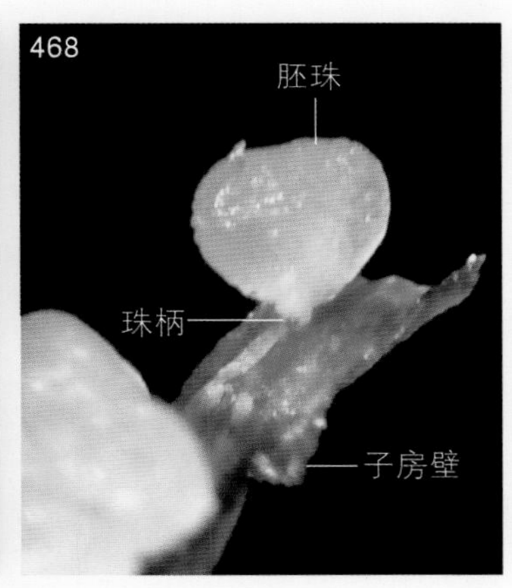

图2-466 雌蕊的上面观，示5个心皮组成的离生雌蕊

图2-467 除去1个单雌蕊的部分子房壁后，示子房室内的胚珠

胚珠多数，排列成1～2列，边缘胎座。图中，萼片、花瓣、雄蕊和雌蕊的着生处都属于花托的范围。

图2-468 从边缘胎座上分离出的1个胚珠

胚珠的珠柄很短。

八、小檗科（Berberidaceae）

1．紫叶小檗（*Berberis thunbergii* DC. var. *atropurpurea* Chenault.）

小檗属（*Berberis*）。落叶灌木，枝上有刺（属于叶刺）；两性花，花被多轮，常为3基数，有花梗；萼片常为9片，排列成3轮，每轮常为3片；花瓣常为6片，常排列成2轮，每轮3片，花瓣的内面近基部有2个离生的腺体（蜜腺），2个蜜腺之间有雄蕊的花丝嵌入；雄蕊常为6个，与花瓣对生，花药瓣裂；单雌蕊，子房上位，1室，子房室内有2个胚珠，基生胎座，花柱与子房之间的界限不明显，柱头扁头状或饼状；浆果。

紫叶小檗是一种常见的观赏植物，但在《中国植物志》中无记载，这里根据“中国植物图像库”书写其拉丁名。

花材料于2009年4月1日采自河南省洛阳市。小檗属的花，花瓣和雄蕊通常为6，但紫叶小檗的花有变异类型。这里根据雄蕊的数目，将其花分为两类。

（1）雄蕊数为6的花

图2-469 花的下面观

萼片9片，排列成3轮，每轮3片。

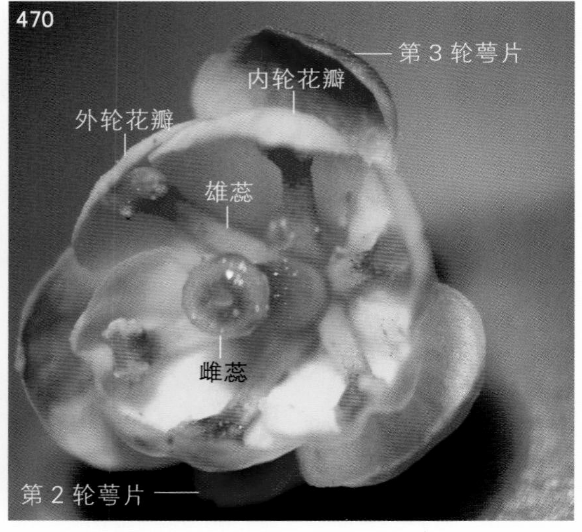

图2-470 花的上面观

花瓣6片，排列成互生的2轮，每轮3片，离生雄蕊6个，与花瓣对生，（单）雌蕊1个。

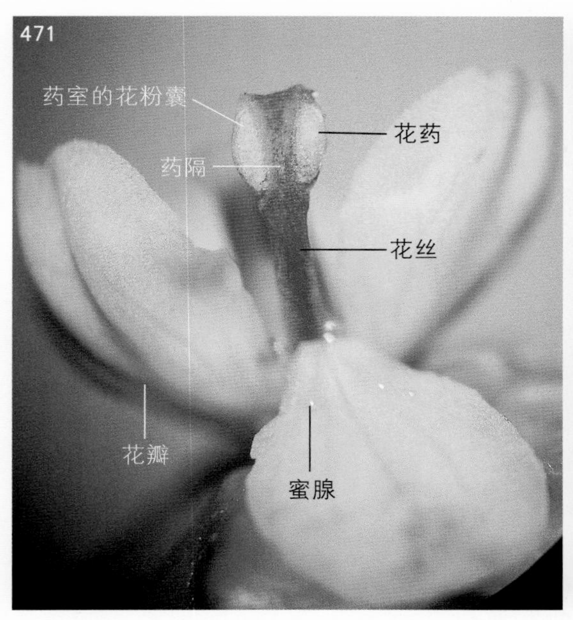

图2-471 花瓣的展开

花瓣的下部有2个橙黄色的腺体（蜜腺），雄蕊与花瓣对生。萼片与花瓣不同的是，萼片的内面无蜜腺。

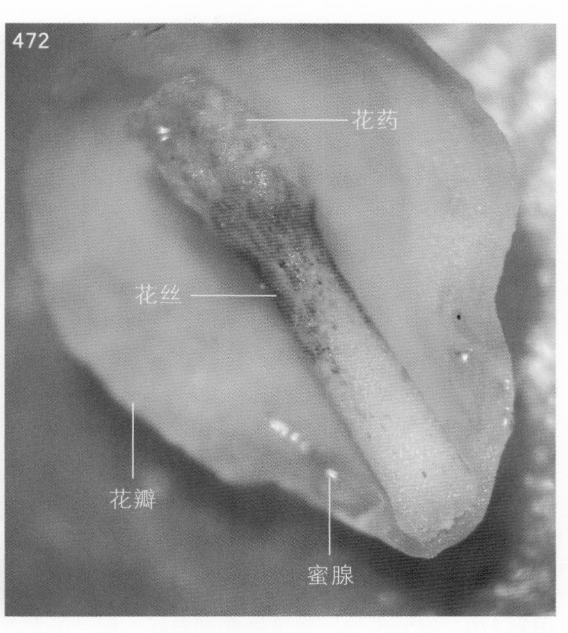

图2-472 分离出的花瓣和与之对生的雄蕊（内面观）

在花内，雄蕊的花丝恰好嵌入花瓣内面的2个蜜腺之间。

图2-473 花蕊的上面观

雄蕊6个，离生。

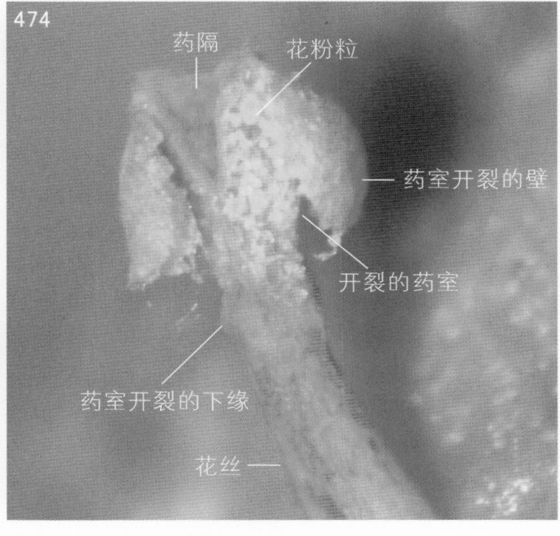

图2-474 雄蕊的花药

花药一侧的药室（花粉囊）的壁呈盖状开裂，花药瓣裂，开裂的药室中可见颗粒状的花粉粒。

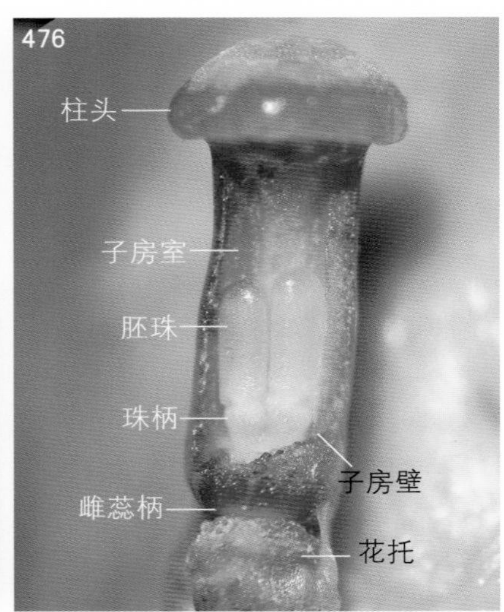

图2-475 雌蕊的侧面观

子房和花柱之间的界限不明显，需解剖确定，柱头膨大，饼状。

图2-476 将子房的一侧子房壁除去后，示子房室内的2个胚珠

雌蕊的子房上位，1室，子房室内生有2个倒生胚珠，基生胎座，子房下有极短的雌蕊柄，柱头呈扁头状。

（2）雄蕊数为5的花

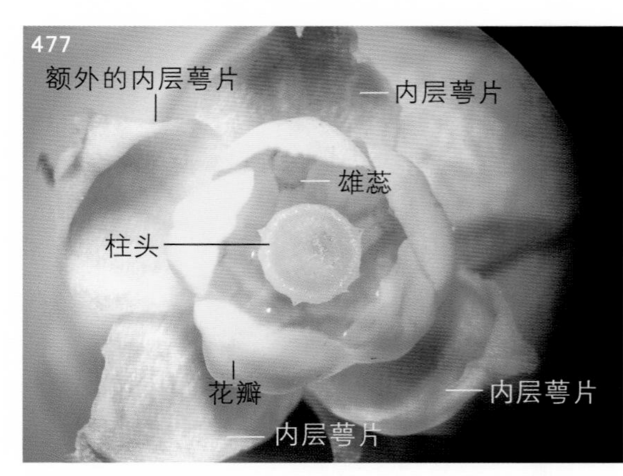

图2-477 花瓣和雄蕊数均为5的花（上面观）

图中，花瓣原有的每轮3片的位置关系被破坏，取而代之的是5片花瓣呈覆瓦状排列。3片内层萼片内出现了1片额外的内层萼片。

图2-478 另一朵花的下面观

第1轮萼片3片，其中1片较小。

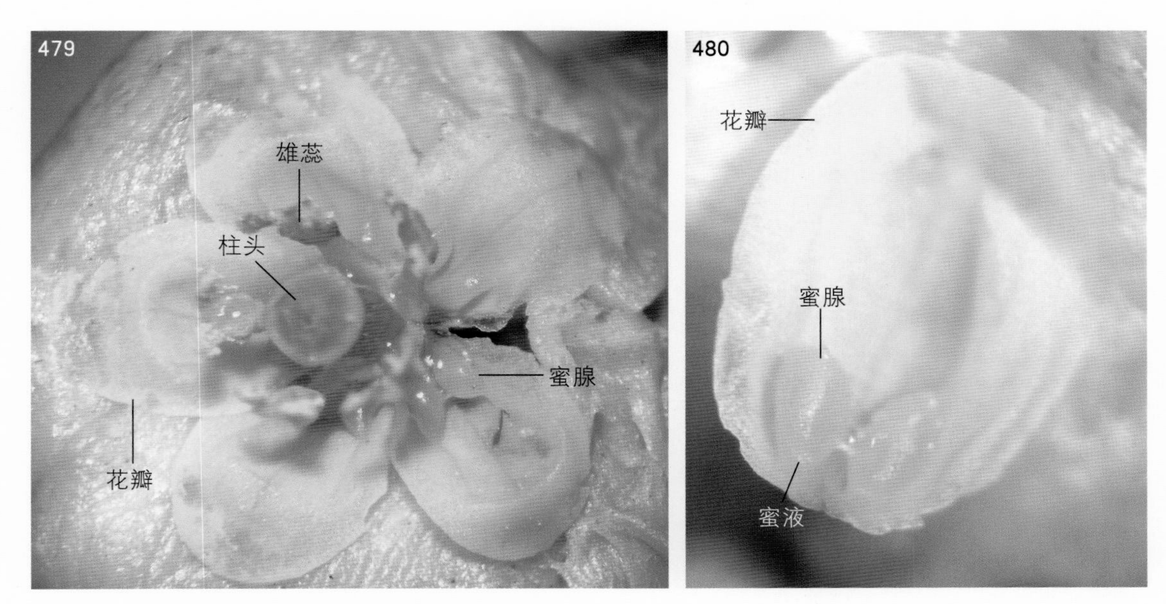

图2-479 除去萼片后，将花瓣在胶块上展开

花瓣和雄蕊均为5个。

图2-480 花瓣的内面观

花瓣内面的近基部，有2个黄色的蜜腺，2个蜜腺之间有黏液（蜜液）相连。

图2-481 花蕊的放大（上面观）

离生雄蕊5个，花药瓣裂。

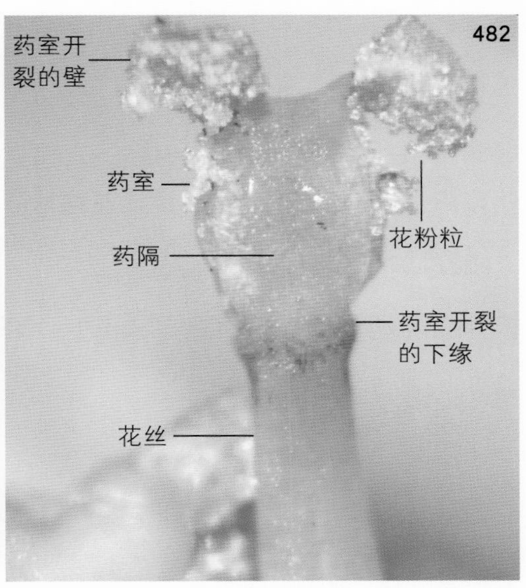

图2-482 瓣裂的花药（内面观）

在花药和花丝的交界处可见药室开裂的下缘。

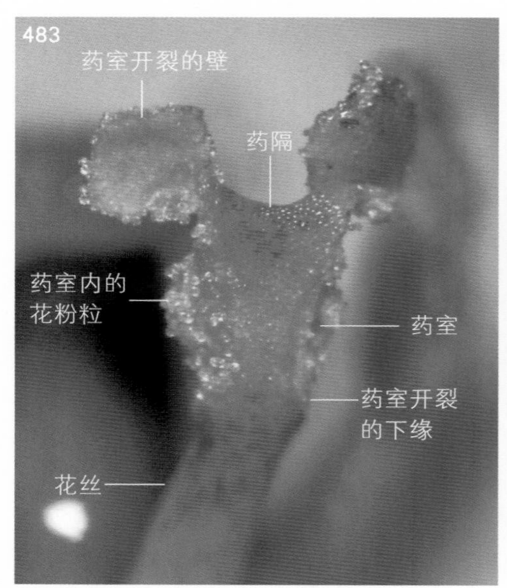

图2-483　瓣裂的花药（外面观）

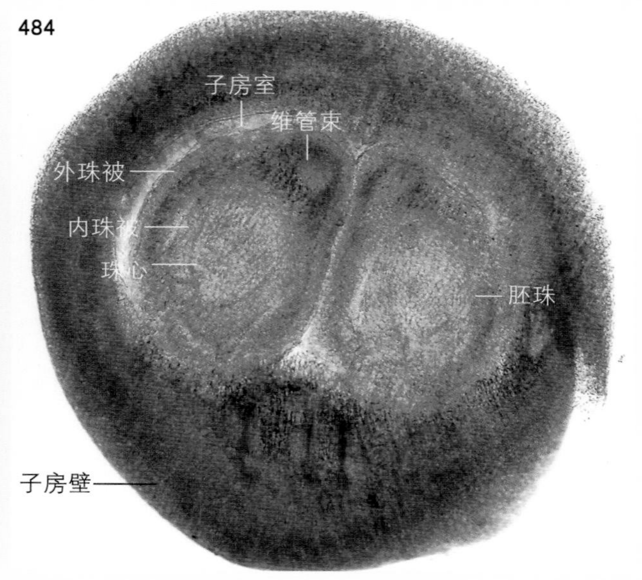

图2-484　子房横切片的显微镜观察

单雌蕊，子房1室，子房室内有2个胚珠的横切面。胚珠的珠被2层，根据胚珠的形态（图2-476）和胚珠中（纵向）维管束的位置，可知胚珠为倒生胚珠。

2．阔叶十大功劳 [*Mahonia bealei* (Fort.) Carr.]

十大功劳属（*Mahonia*）。常绿灌木，枝上无刺；两性花，3基数，有花梗和苞片；萼片12片（文献上记载为9片），排列成4轮，每轮3片；花瓣6片，排列成2轮，每轮3片，花瓣近基部的蜜腺不明显；雄蕊6，与花瓣对生，花药瓣裂；单雌蕊，子房上位，1室，子房室内有2个胚珠，基生胎座，花柱与子房之间的界限不明显，柱头1个，饼状；浆果。

花材料于2013年9月26日采自河南省洛阳市。

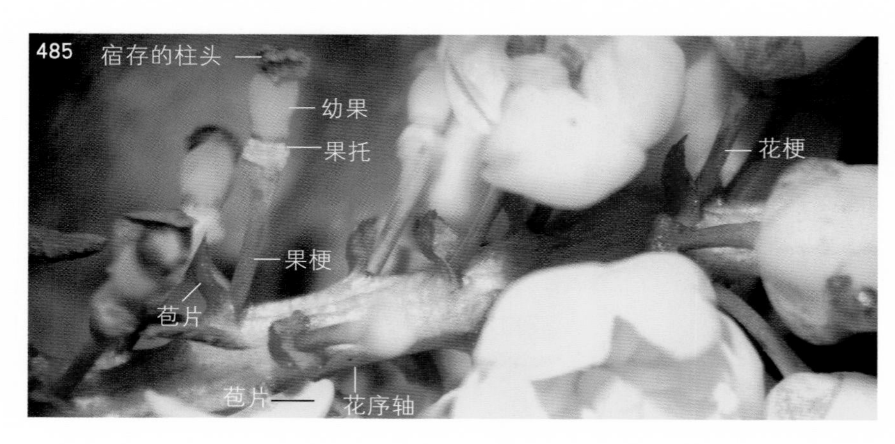

图2-485　部分花序的放大

总状花序下部的花已开败，逐渐长成果实（浆果）。

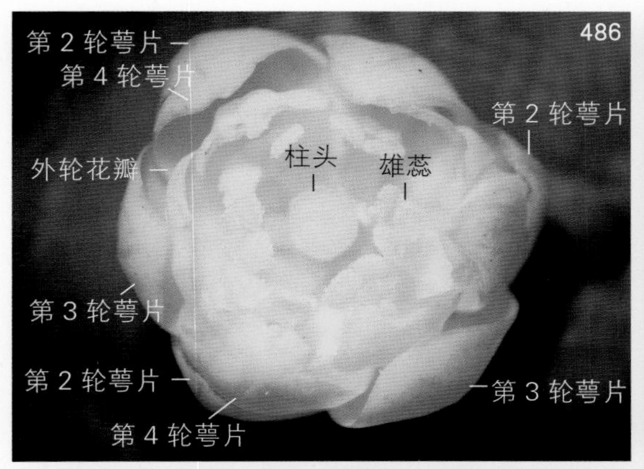

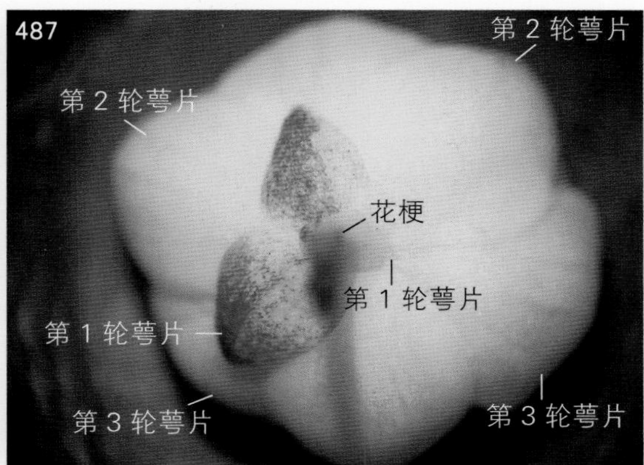

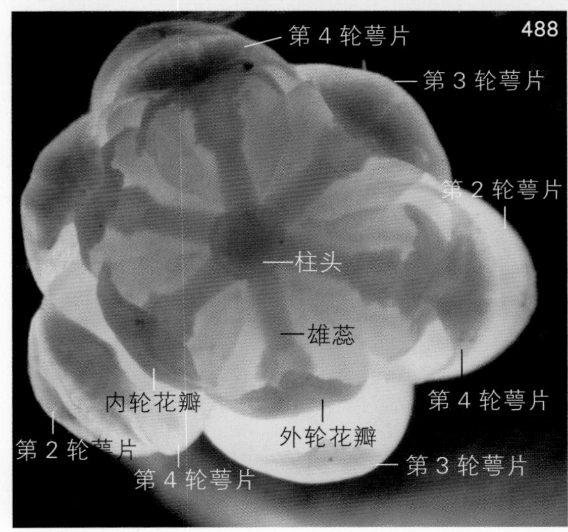

图2-486 花的上面观

花的萼片12片，排列成4轮，每轮3片，图中仅见2～4轮，相邻各轮互生，第2轮和第4轮的萼片对生或近对生。花瓣6片，与雄蕊对生。(单) 雌蕊1个。

图2-487 花的下面观

在最外层的第1轮萼片中，右侧的1片萼片很小。

图2-488 另一朵花的上面观（暗视野观察）

图中仅见第2～4轮萼片，雄蕊与花瓣对生，两者均为6个（外轮花瓣内的雄蕊为外轮雄蕊，内轮花瓣内的雄蕊为内轮雄蕊），单雌蕊1个。

图2-489 花的下面观

第1轮萼片3个，等大。第1轮萼片与第3轮萼片对生。

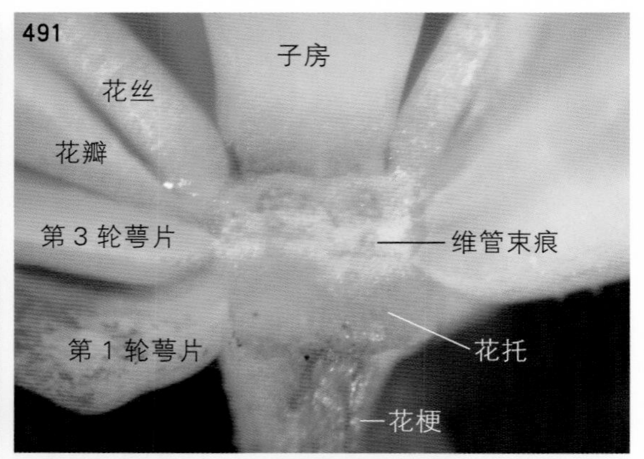

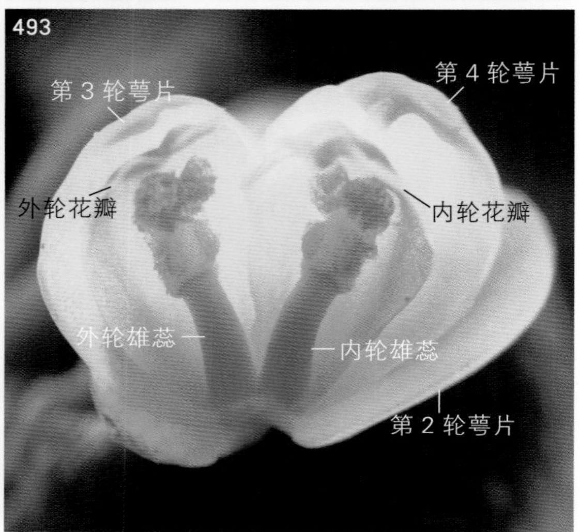

图2-490　除去部分萼片、花瓣和雄蕊后，花的侧面观

图2-491　部分萼片、花瓣和雄蕊在花托上的着生痕迹

在这些痕迹中，都有1个维管束痕，可根据维管束痕在花托上的具体位置，确定它是伸入哪种花部器官（萼片、花瓣、雄蕊）之中的维管束。图中的2列维管束痕不在同一个水平面上，说明相邻花部器官为互生，非轮生，即在发生时，非同时产生。

图2-492　从图2-489花上摘下来的2列花被片和2个雄蕊

图中左列的花被片和雄蕊，由下至上依次是第1轮萼片、第3轮萼片、外轮花瓣、外轮雄蕊，四者对生；图中右列，由下至上依次是第2轮萼片、第4轮萼片、内轮花瓣、内轮雄蕊，四者对生。

图2-493　图2-492的暗视野观察

图2-494　从花上摘下的4轮萼片（各1片，内面观）

萼片的内面无蜜腺，这是萼片与花瓣不同之处。

图2-495　将与花瓣对生的雄蕊掀开后，示花瓣内面近基部的蜜液

蜜腺的色彩与花瓣相似，照片中难以分辨，但在蜜腺处及周围隐约可见黏液（蜜液）。

图2-496　除去花萼后的花（上面观，暗视野观察）

6个花瓣排列成2轮，每轮3个，雄蕊也排列成2轮，每个雄蕊都与1个花瓣对生。外轮花瓣与内轮花瓣互生，它们分别与外轮雄蕊和内轮雄蕊对生。

图2-497　雄蕊的内面观

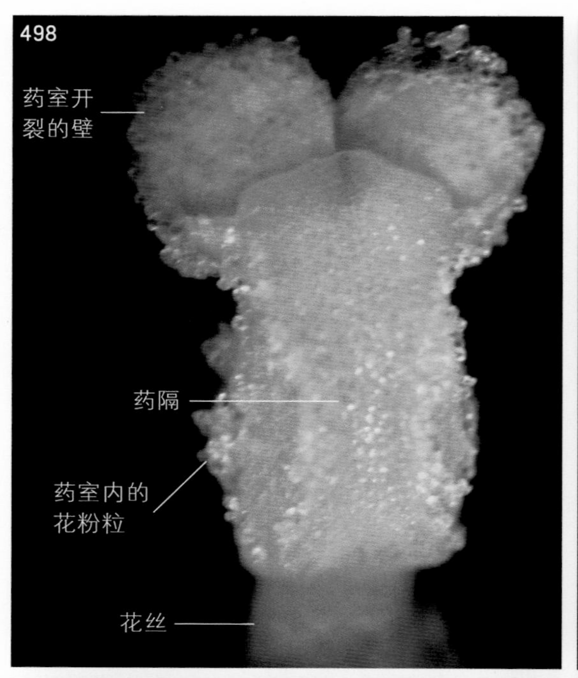

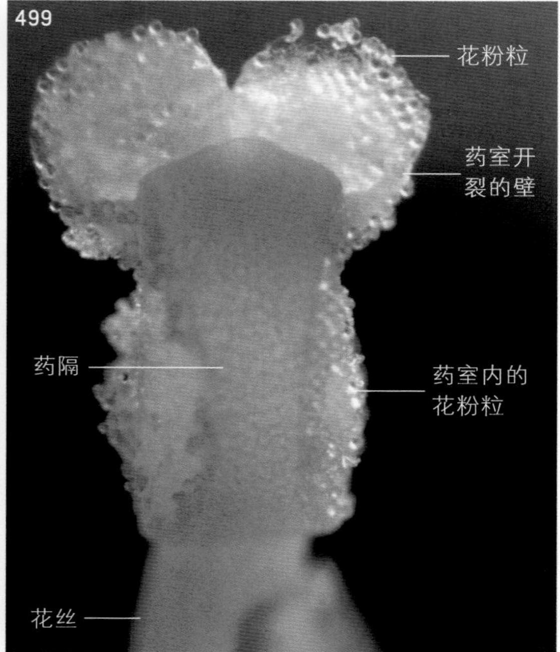

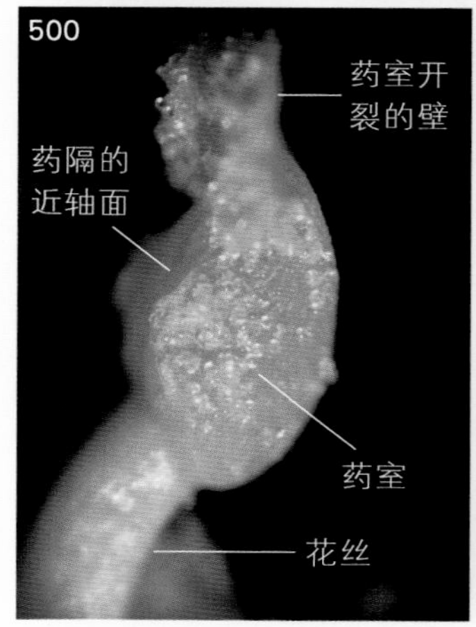

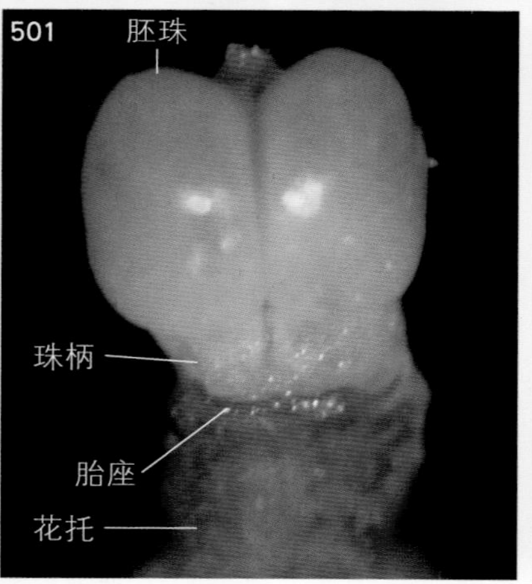

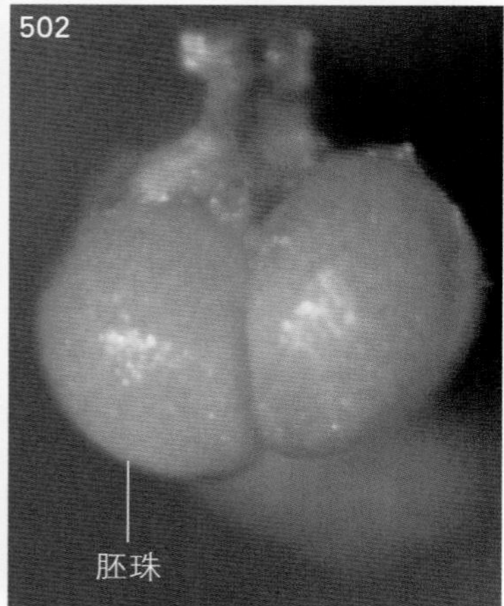

图2-498 花药的外面观

图2-499 图2-498的暗视野观察

图2-500 花药的侧面观

花药的左侧是内面，即近轴面。

图2-501 除去子房壁后，子房室内2个胚珠的侧面观（基生胎座）

图2-502 子房室内2个胚珠的上面观

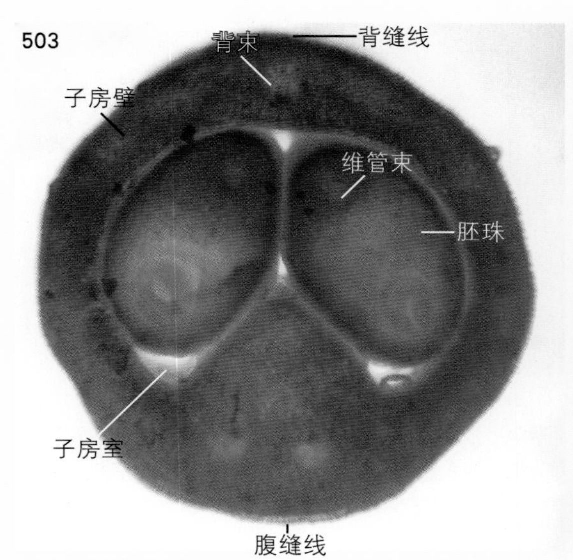

图2-503 子房横切片的观察

子房室内有2个胚珠的横切面。结合子房的解剖可知，雌蕊是由1个心皮组成单雌蕊，子房1室，子房室内生有2个倒生胚珠。

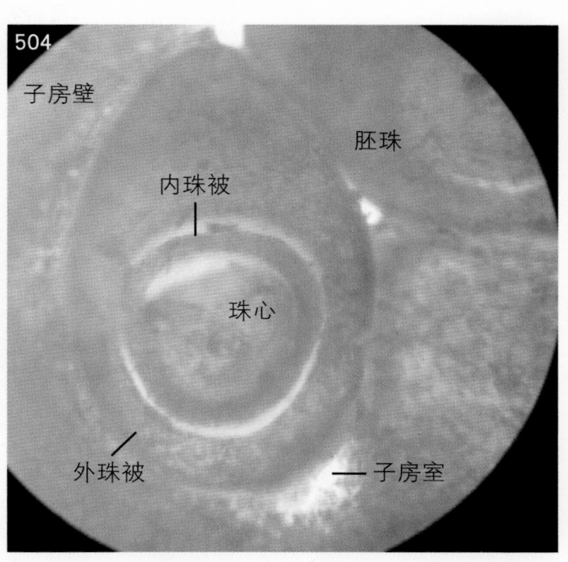

图2-504 子房横切片的部分放大，示胚珠的结构

胚珠有2层珠被，其外珠被厚，内珠被较薄。

3. 十大功劳 [*Mahonia fortunei* (Lindl.) Fedde]

十大功劳属（*Mahonia*）。常绿灌木，枝上无刺，叶为奇数羽状复叶；两性花，3基数；萼片9，排列成3轮，每轮3片；花瓣6，排列成2轮，每轮3片，花瓣内面的基部生有2个离生的蜜腺；雄蕊6，与花瓣对生，花药瓣裂；单雌蕊，子房上位，1室，子房室内生有2～4个胚珠，基生胎座，花柱粗且较短，柱头饼状；浆果。

花材料于2013年9月26日采自河南省洛阳市新区。

图2-505 植株顶端的花序

图2-506 花序的一部分

花序总状，花序轴上的每朵花都具有花梗和苞片。

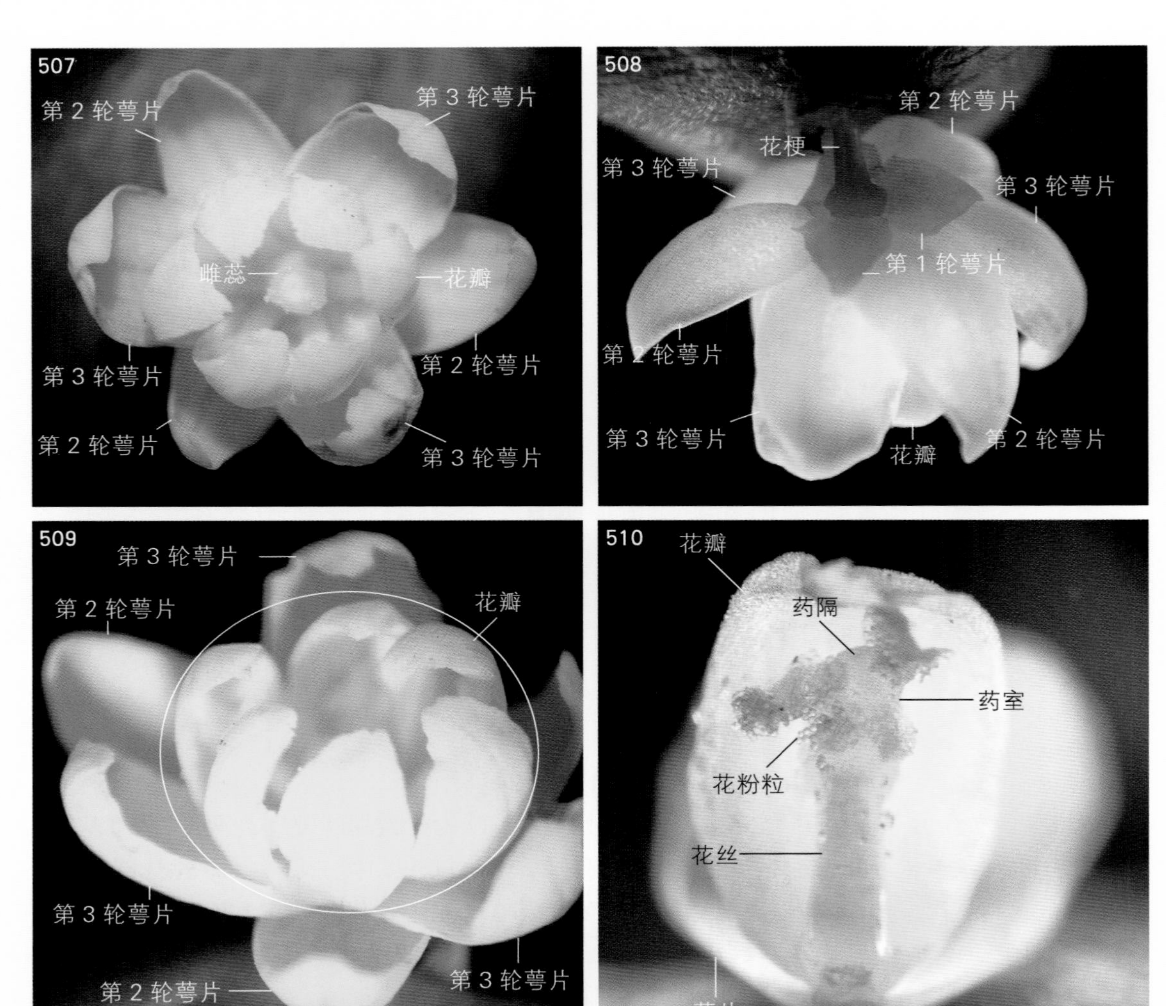

图2-507 花的上面观

花的萼片共9片，排列成3轮，每轮3片（此图仅见第2～3轮萼片），花瓣和雄蕊均为6个，两者对生，（单）雌蕊1个。

图2-508 花的近下面观

花的第1轮萼片3片，较小，它与第2轮萼片互生，与第3轮萼片对生。

图2-509 花的近侧面观

图中第2轮萼片和第3轮萼片互生，圈内为6片花瓣。

图2-510 从花上摘下的1片花瓣和1片萼片，在花瓣的内面有1个雄蕊（花药已瓣裂）与之对生

花瓣的外形虽与萼片相似，但其内面的基部生有2个蜜腺。

图2-511 将花瓣内对生的雄蕊掀起，示花瓣基部的2个黄色的蜜腺及其周围的黏液（蜜液）

图2-512 除去萼片并将花瓣展开后，花蕊的上面观

花瓣6片，排列成两轮，其中外轮花瓣和内轮花瓣均为3片，两者互生。离生雄蕊6个，与花瓣对生，也排列成2轮，花药瓣裂，单雌蕊1个。

图2-513 雄蕊的内面观

图2-514 雄蕊的外面观

花丝比花药稍细一些。

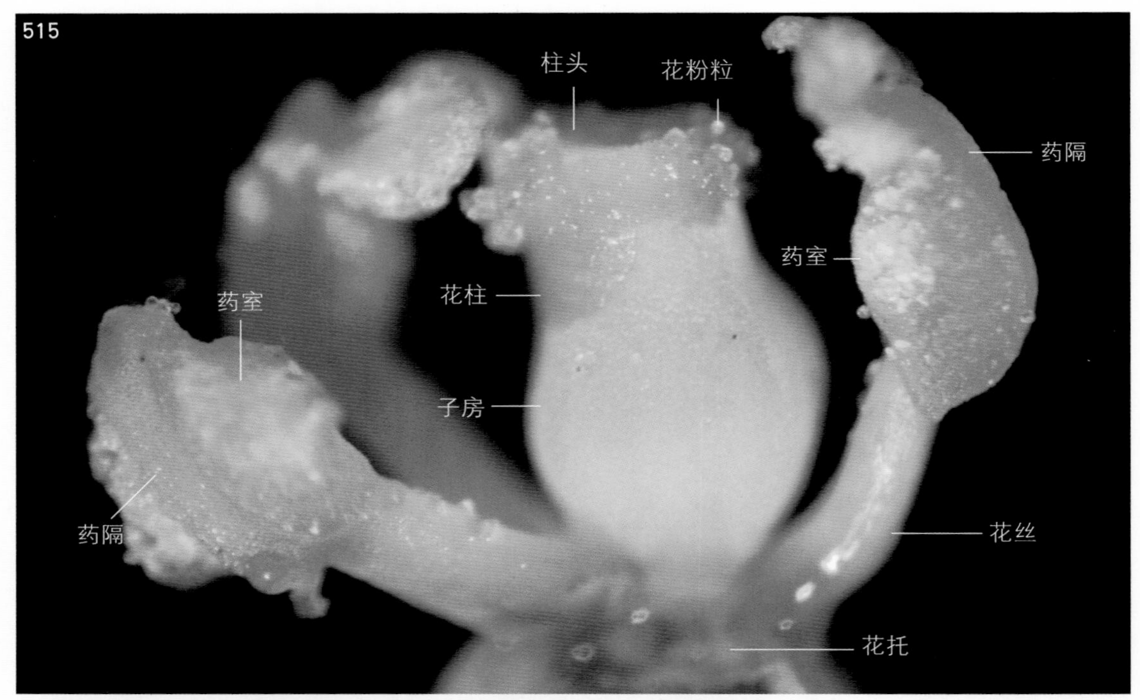

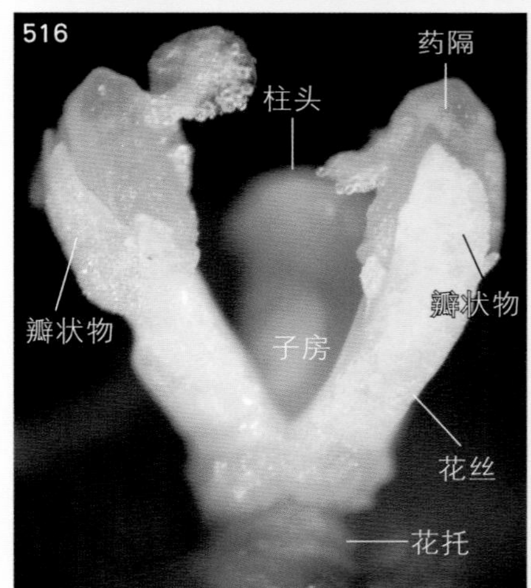

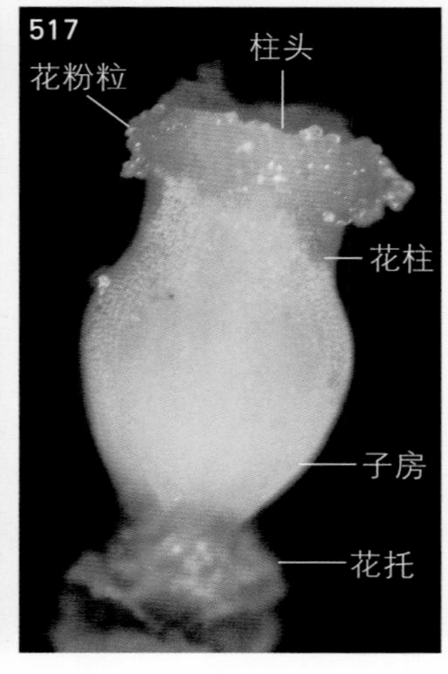

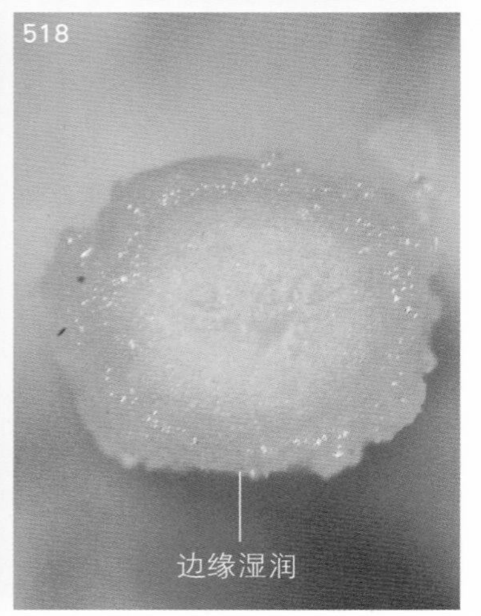

图2-515 除去花被片后，花蕊的侧面观

雌蕊的子房上位，花柱粗而短，柱头稍膨大，饼状，表面湿润，为湿柱头，其边缘粘有花粉粒。

图2-516 雄蕊的变异类型

一些花的雄蕊出现了变异，即在花药的远轴面，药隔的外面出现1片瓣状物，出现的原因不明。

图2-517 雌蕊的侧面观

图2-518 柱头的上面观

柱头的边缘湿润，有黏液并粘有花粉粒，属于湿柱头。

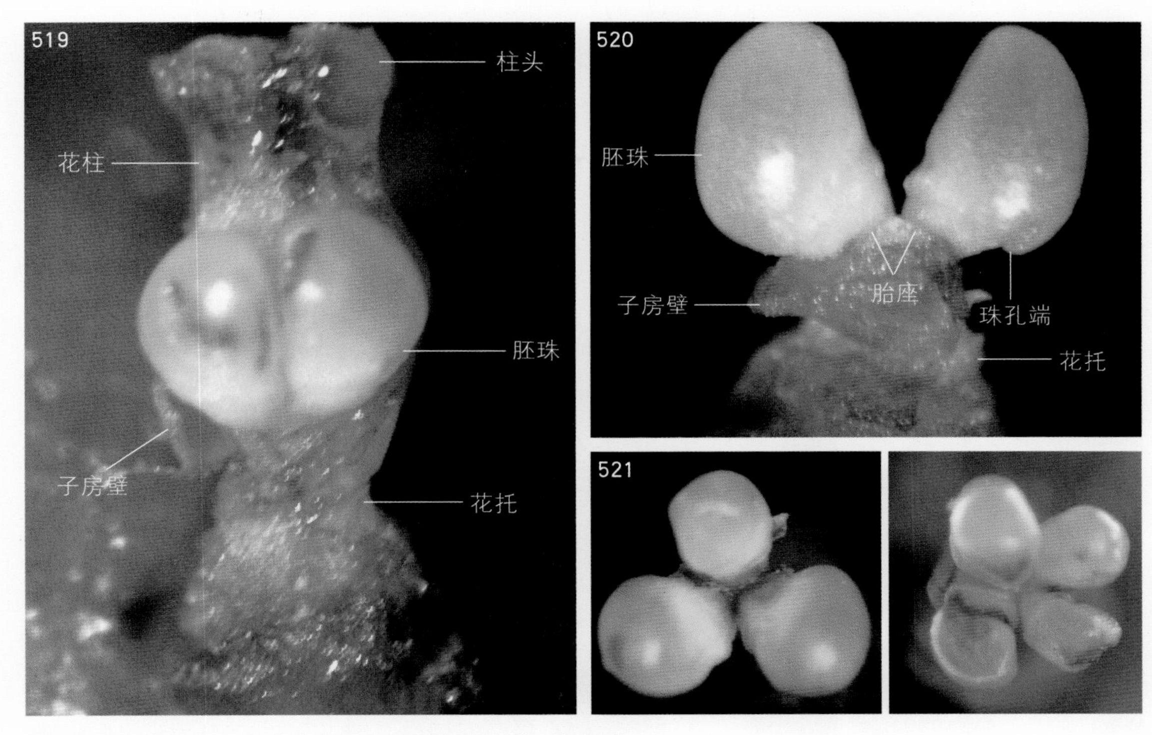

图2-519　将部分子房壁除去后，示子房室内的2个胚珠

图2-520　将子房壁完全除去后，示子房室内2个分开的胚珠（侧面观）

胚珠为倒生胚珠，基生胎座。

图2-521　子房室内的3个胚珠（上面观）（左）和4个胚珠（上面观）（右）

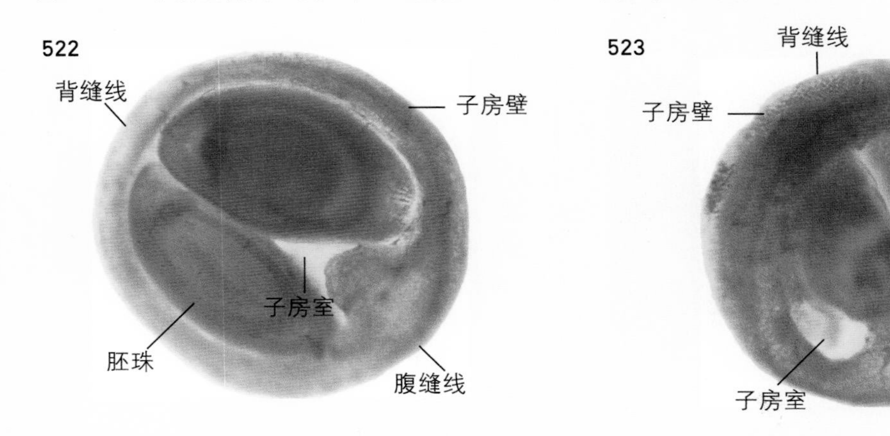

图2-522　子房横切片的显微镜照片

雌蕊由1个心皮组成，为单雌蕊，子房1室，室内有2个胚珠的横切面。图中的背缝线和腹缝线为大致位置，下同。

图2-523　子房的一个横切片，示胚珠在子房室内的着生位置

图中，胚珠与子房壁的胎座相连，由此可确定子房壁表面的背缝线和腹缝线的大致位置。

4. 南天竹（*Nandina domestica* Thunb.）

南天竹属（*Nandina*）。小灌木；两性花，有花梗和苞片，花梗上有小苞片；萼片多轮，部分萼片在花开时早落；花瓣6；雄蕊6，与花瓣对生；单雌蕊，子房上位，1室，边缘胎座，子房室内有2个胚珠，花柱短，柱头3裂片状；浆果。

花材料于2013年6月6日采自河南省洛阳市，解剖时使用了3朵花。

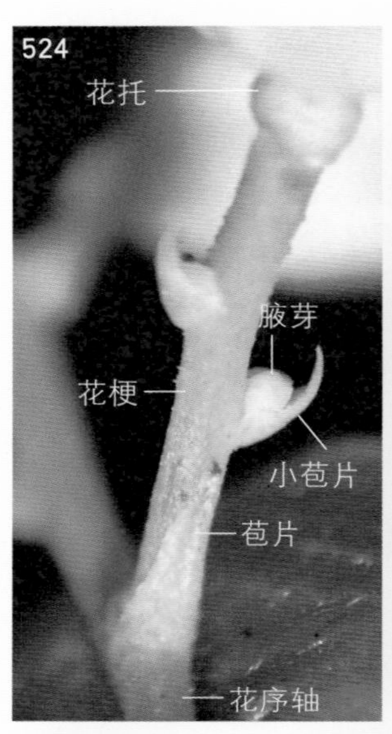

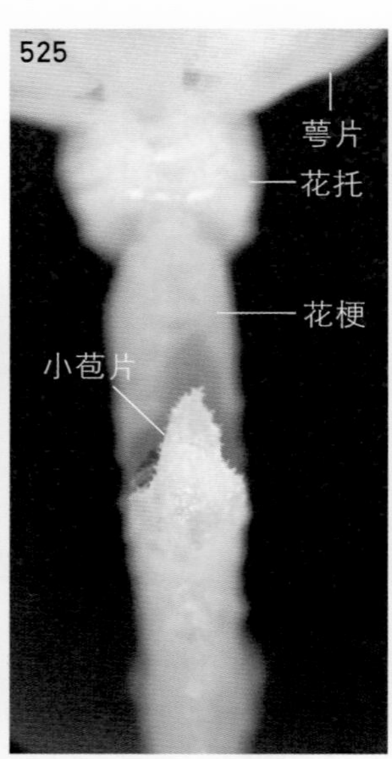

图2-524 圆锥花序的一部分

花梗的基部小苞片的腋内各生有苞片，花梗上生有2个小苞片，有1个休眠的腋芽(侧芽)，可能是1个未充分发育的、休眠的花芽。若是花芽，这朵花及其下方的花芽可看作是1个单歧聚伞花序。

图2-525 花梗上的1个小苞片（外面观）

花的萼片早落，在花托上有多轮萼片脱落后留下的萼片痕。

图2-526 花的上面观

南天竹的花瓣6片，其下方有一些萼片尚未脱落。

图2-527 图2-526的暗视野观察

花瓣的内面无蜜腺，在形态上与萼片无异，两者之间主要差异就是在花托上的着生位置不同而已，文献中将南天竹的花被区分为萼片和花瓣似乎无必要。

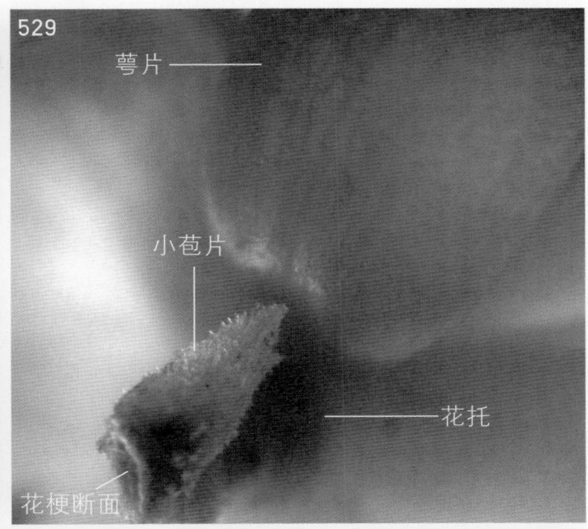

图2-528　花的下面观

花的萼片多轮，由外向内逐渐增大，在开花时多轮萼片已脱落（早落），此花仅留下2轮互生的萼片，每轮3片。

图2-529　花梗上的小苞片

图2-530　花的侧面观（混合光观察）

图2-531 另一朵花的6片花瓣和花蕊

花瓣的内面未见蜜腺。

图2-532 花蕊的上面观

花药的药室纵裂。

图2-533 雄蕊的展开（内面观）

雄蕊的花丝很短，雌蕊未在聚焦面上。

图2-534 展开雄蕊的外面观

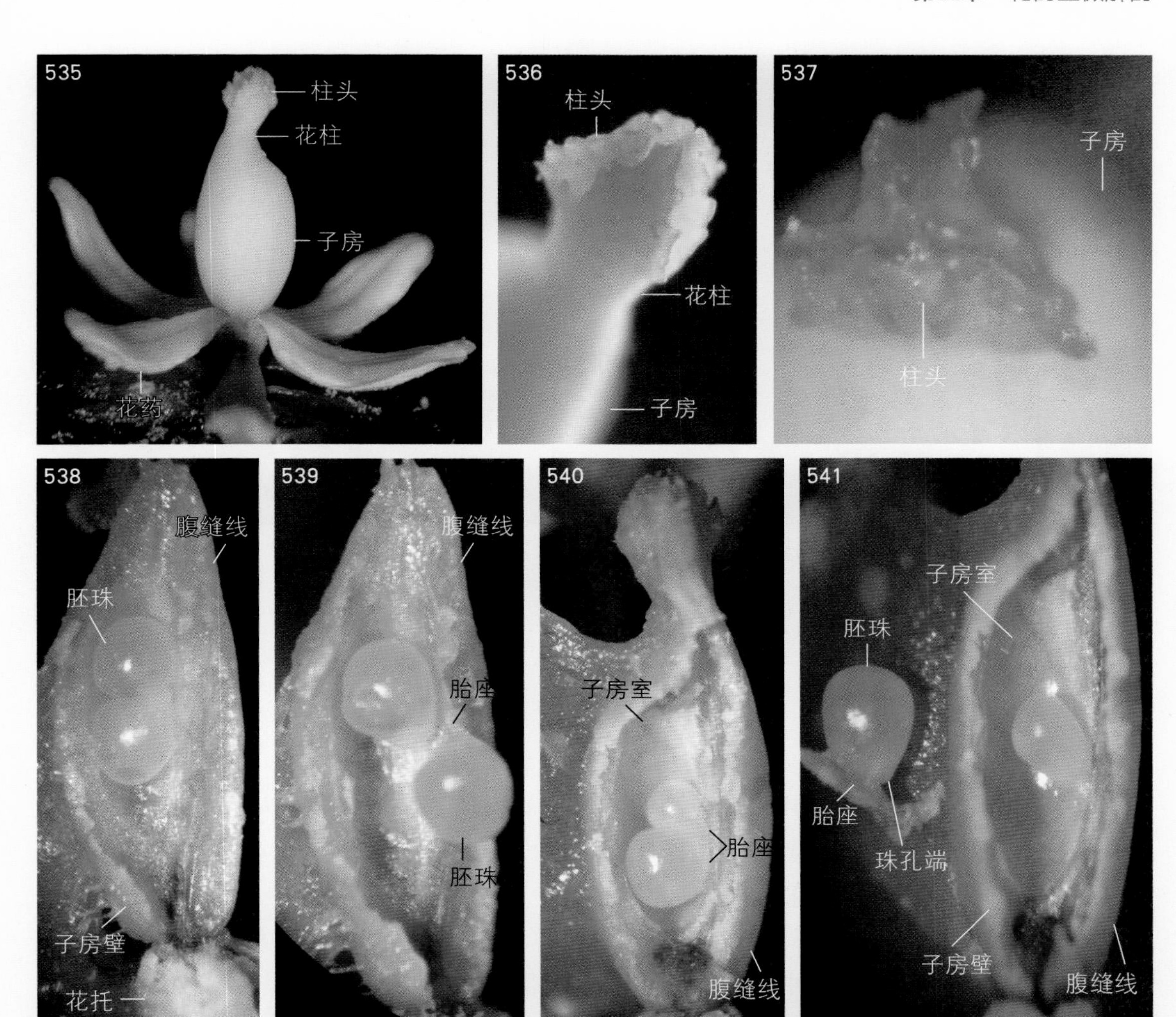

图2-535　另一朵花的展开的花蕊

雌蕊的子房上位。

图2-536　柱头的侧面观

图2-537　柱头的近上面观

柱头呈3浅裂片状。

图2-538　将子房纵剖后，示子房室内的2个胚珠

子房1室，边缘胎座（单雌蕊的胚珠着生在子房室内的腹缝线上，这种胎座称为“边缘胎座”）。

图2-539　将子房室内2个胚珠拨开，示其着生位置（交错而生）

图2-540　另一个子房的解剖，示子房室内2个不等大的胚珠

较小的胚珠可能不育，将来的果实可能仅有1粒种子。

图2-541　子房室内1个胚珠的分离

分离出的胚珠的右侧下方有一个小突起，即珠孔端的位置。

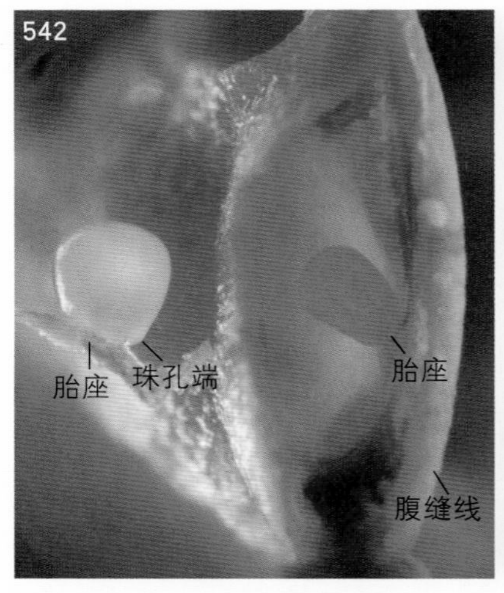

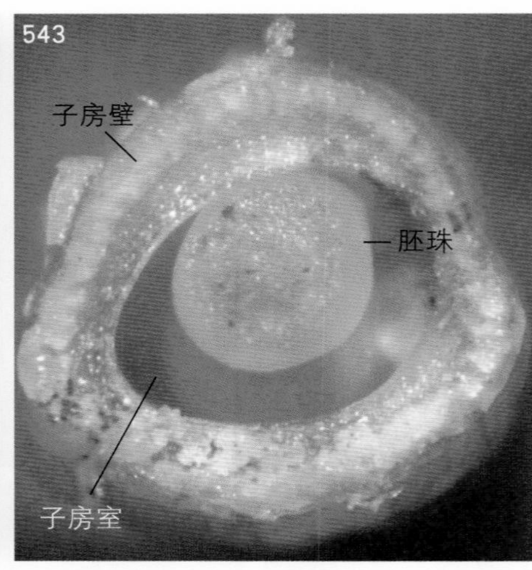

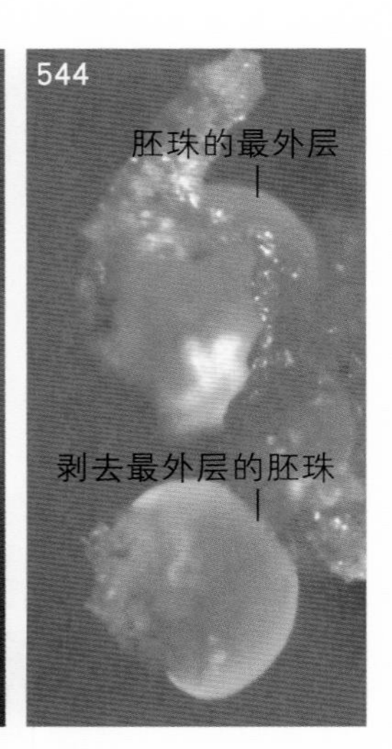

图2-542 图2-543的暗视野观察

图2-543 子房的横切面

图2-544 将最外层（可能是外珠被）剥去后的胚珠

5. 淫羊藿（*Epimedium brevicornu* Maxim.）

淫羊藿属（*Epimedium*）。多年生草本；两性花，有花梗；萼片8，其中外萼片4片，在花开时已脱落，内萼片4片，白色，花瓣状；花瓣4个，黄色，分为瓣片和距2部分，瓣片较小，距位于瓣片的外侧下方，指套状，较长；雄蕊4，与花瓣对生；单雌蕊，子房上位，1室，胚珠2个，边缘胎座；蓇葖果。

《中国植物志》和《Flora of China》误将淫羊藿属的胎座描述为"侧膜胎座"并将其果实误称为"蒴果"，这两种描述都意味着淫羊藿（及其属）的雌蕊属于复雌蕊。虽然《中国植物志》在小檗科及其属和种的描述中未指出它们的雌蕊类型，但是在毛茛目的分科检索表中，却把"心皮1"作为小檗科的检索性状（27 ： 1）。这意味着肯定了小檗科植物为单雌蕊，那么它们的胎座就不可能是侧膜胎座（复雌蕊才有可能是侧膜胎座），果实也只能属于由单雌蕊形成的果实类型（如蓇葖果等），而非蒴果（复雌蕊发育成的果实才有可能是蒴果）。马炜梁（2018）在《中国植物精细解剖》纸质书的网上资源中，记载了箭叶淫羊藿的果实为"裂为2瓣的蒴果"（P175，图7）。石旭等（2010）对淫羊藿属的雌蕊和果实的研究结果表明：淫羊藿属的雌蕊由1个心皮组成，边缘胎座，果实属于蓇葖果，但是其果实不是沿着1条缝线（背缝线或腹缝线）开裂，而是单面开裂的蓇葖果。由于淫羊藿的蓇葖果在成熟后瓣裂为一大一小的2个果瓣，其开裂的方式似蒴果，这可能是淫羊藿的果实被误认为是蒴果的原因。同时，也说明现有文献对蓇葖果的定义还不完善，故笔者在这里将蓇葖果定义为：蓇葖果是指由单雌蕊或离生雌蕊发育而成的单个或多个开裂干果，果实成熟后沿着心皮的1条缝线（背缝线或腹缝线）或非缝线开裂。与蓇葖果相似的荚果也是由单雌蕊发育而成的开裂干果，但是其果皮是沿着背缝线和腹缝线2条缝线裂为相等的2瓣，因此与蓇葖果不同。

花材料采自河南省洛阳嵩县白云山，2009年5月30日解剖。

图2-545 圆锥花序的一部分

在野外，珍贵的花材料采集后可放入空矿泉水瓶内保存，这样可防止花受压变形。

图2-546 野外的花

花的内萼片白色，4片；花瓣黄色，4片，每片花瓣由瓣片和距组成。花瓣的距约呈指套状，《中国植物志》将其称为“圆锥状”。

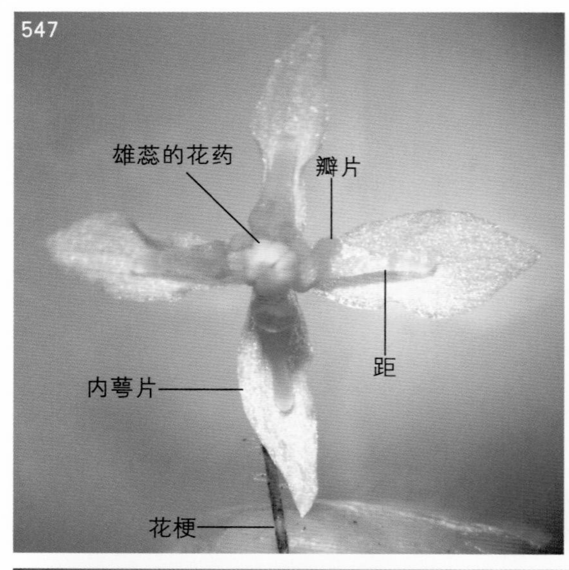

图2-547 花药未开裂时，花的上面观内

内萼片4片，花瓣4片；花瓣短于内萼片，指套状的距沿着内萼片外展；离生雄蕊4个，内萼片、花瓣和雄蕊均对生。

图2-548 花的下面观

图中仅见4片白色、花瓣状的内萼片，4片外萼片在花开时已脱落（早落，《中国植物志》未描述）。

图2-549 花药未开裂时，花的侧面观

图2-550　除去花1片内萼片和1片花瓣后，花的侧面观

花瓣向外侧下方伸出近乎透明的距，距呈指套状，其内贮存有液体。雄蕊的花药瓣裂，花丝比花瓣的瓣片稍短，并与瓣片内面的凹槽相对（对生）。花托上有已脱落的外萼片的着生痕迹。

图2-551　除去内萼片、花瓣和雄蕊各2个后，花的侧面观

花梗上生有腺毛，右侧花瓣的瓣片内面，有1个纵向的凹槽，与花丝对生。

图2-552　瓣片的内面观，示瓣片内面的纵向凹槽和距的开口

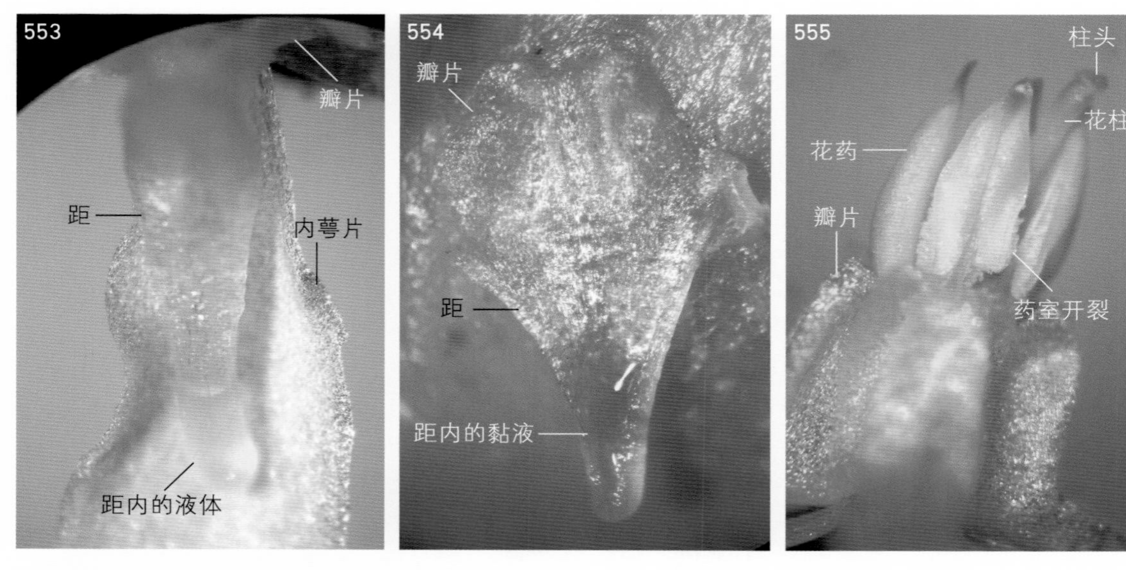

图2-553 瓣片下部伸出的距（上面观）

靠近瓣片的距稍粗，距内贮存有液体。

图2-554 从瓣片的下部将距纵剖后，示展开的花瓣和距内的黏液（蜜液）

图2-555 花蕊的侧面观

在花的解剖过程中，一些花的花药可能由于脱水而逐渐开裂，瓣裂的花药起初似纵裂。

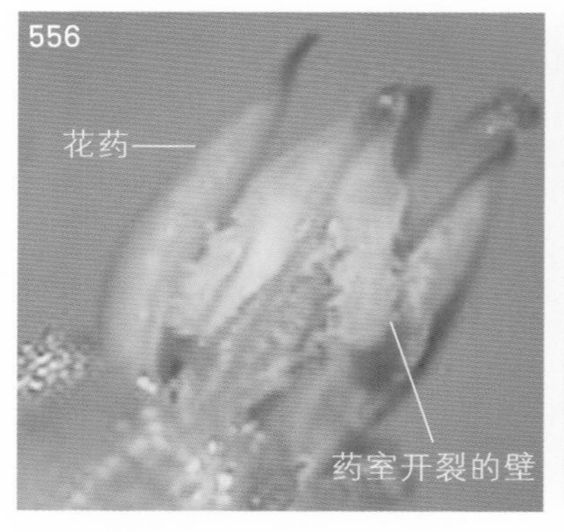

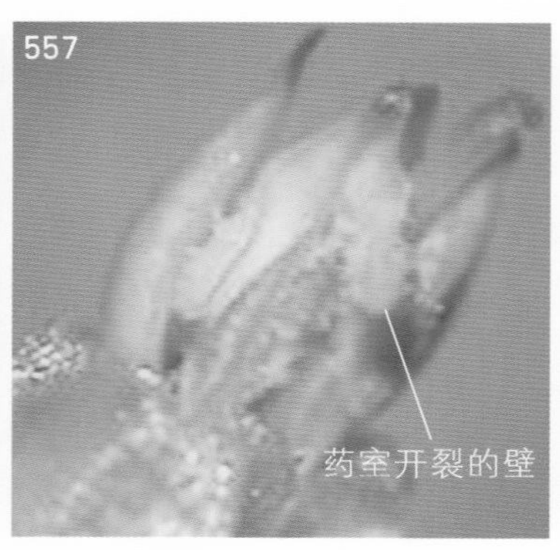

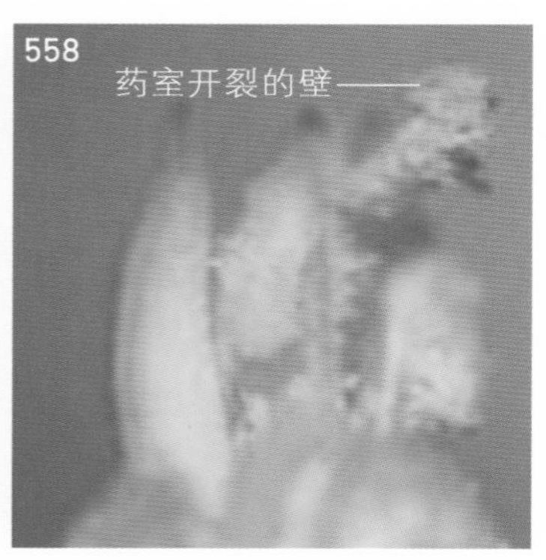

图2-556 花药瓣裂过程1：药室开裂的壁逐渐翘起（录像截图，下同）

图2-557 花药瓣裂过程2：药室开裂的壁进一步翘起

图2-558 花药瓣裂过程3：药室开裂的壁接近完全翘起

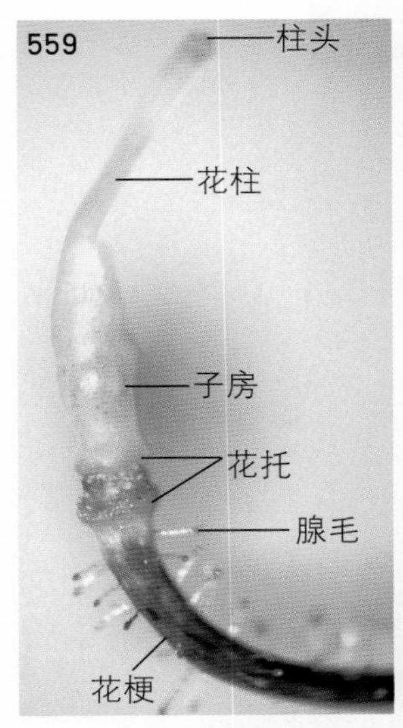

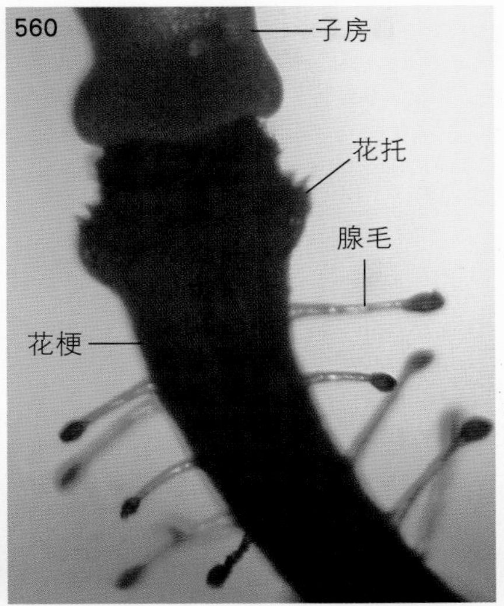

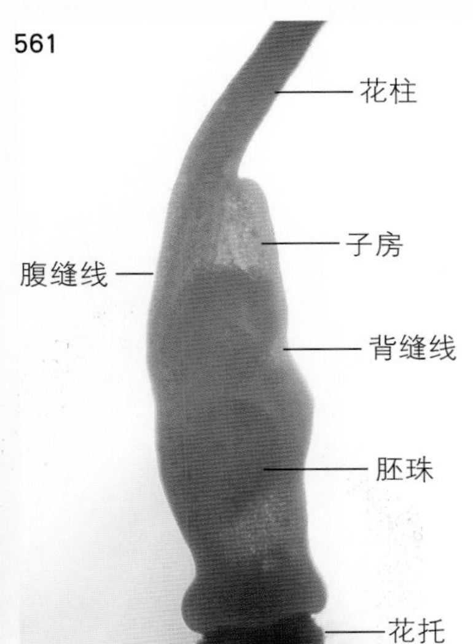

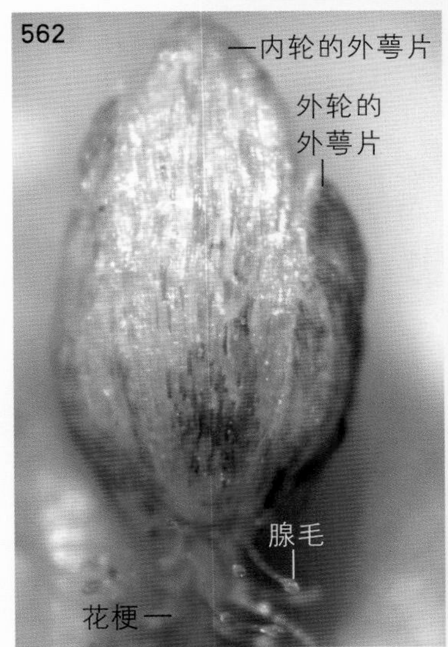

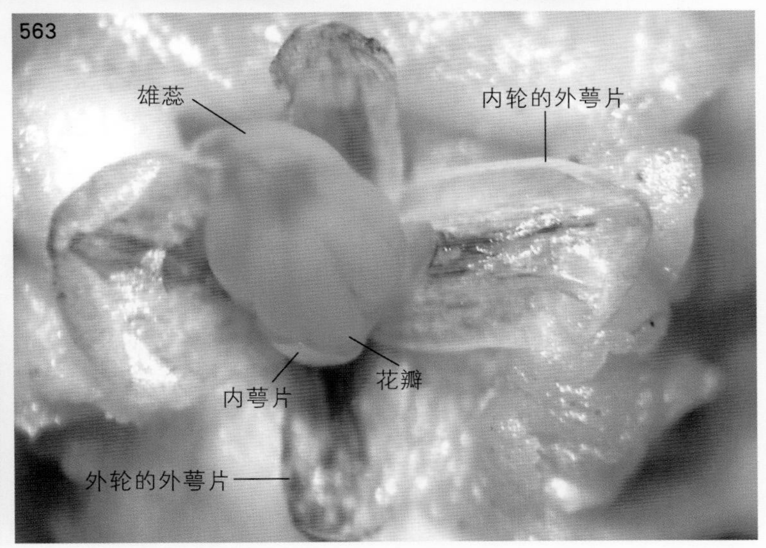

图2-559 除去萼片、花瓣和雄蕊后，示花内的雌蕊和部分花梗

花梗上有腺毛，雌蕊的子房上位，花柱较长，柱头头状，较小。

图2-560 花梗上着生的一些腺毛（透射光观察）

腺毛由多细胞构成，头部膨大。

图2-561 子房的透射光观察

子房室内可见2个胚珠。

图2-562 花蕾的侧面观

外萼片具有色彩。

图2-563 花蕾的4片外萼片的展开

外萼片分为互生的内外2轮，每轮2片，外轮的外萼片稍窄小，内轮的外萼片较宽大。此时的内萼片及花瓣还很小，它们位于雄蕊的外侧基部，外萼片、内萼片、花瓣和雄蕊四者对生。

图2-564 花蕾中对生的内萼片、花瓣和雄蕊

花瓣的距尚未充分生长，内萼片将其遮盖，雄蕊4个，图中右侧的1个雄蕊已除去。

图2-565 将图2-564的雄蕊除去并将内萼片展开后，示花瓣的距和雌蕊

花瓣的瓣片上有1个乳突，是尚未长大的距。图中右下方，花瓣的距下，有1个舟状的内萼片，其顶端被粘在胶块上。雌蕊的子房上位，花柱侧生，与子房表面的腹缝线相连。

图2-566 图2-565花的上面观

未在聚焦面上的雌蕊，周围有4个花瓣。每个花瓣内的近中央位置有一个凹陷，此为距在花瓣内面形成的凹陷，即距的内面。

图2-567 图2-566的2片花瓣（内面观，透射光观察）

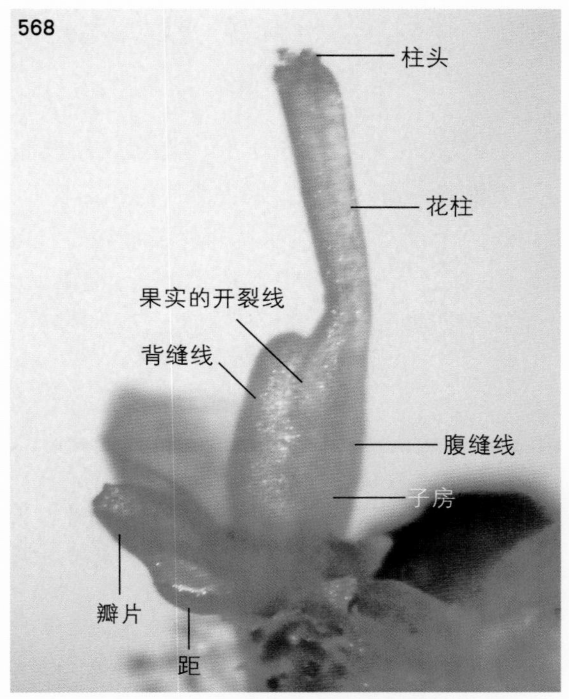

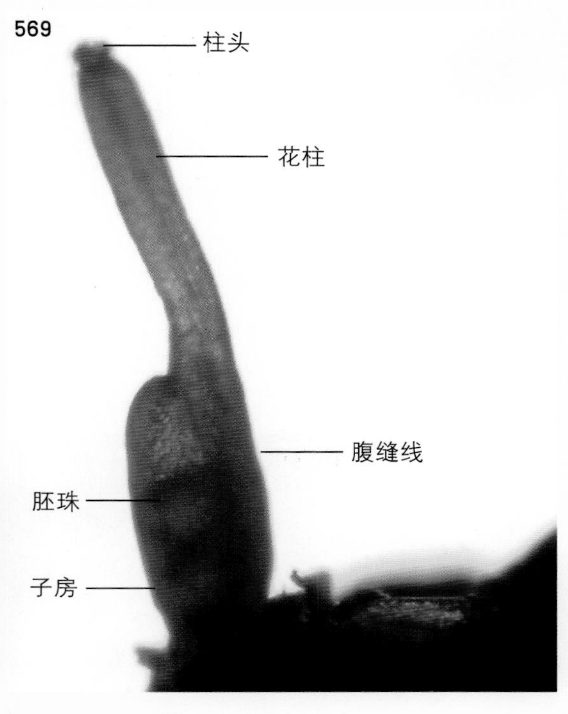

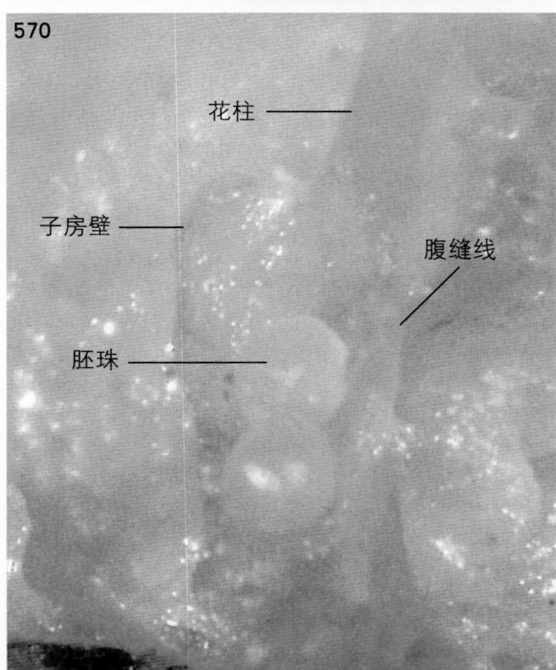

图2-568　2片花瓣和雌蕊的侧面观

在子房表面的背缝线和腹缝线之间有一条线，另一面还有1条，共2条，呈倒V形，此线可能就是石旭等（2010）所描述的果实成熟后的开裂线（文献中无子房表面照片）。在子房左下方的花瓣上有尚未长成的距。

图2-569　雌蕊的透射光观察

子房室内隐约可见2个上下排列的胚珠。

图2-570　将子房纵剖展开后，示子房室内2个纵向排列的胚珠

淫羊藿的雌蕊是由1个心皮组成，为单雌蕊，子房1室，边缘胎座，而非《中国植物志》等文献中记载的侧膜胎座。

侧膜胎座和边缘胎座都是指胚珠着生在子房室内的腹缝线上，但是侧膜胎座的雌蕊是复雌蕊（心皮数目为2及以上），边缘胎座的雌蕊是单雌蕊（心皮数目为1），而且单雌蕊的胎座也不一定就是边缘胎座（如前述紫叶小檗的基生胎座）。

九、虎耳草科（Saxifragaceae）

突隔梅花草（*Parnassia delavayi* Franch.）

梅花草属（*Parnassia*）。多年生草本，茎1个（是1个由根状茎长出的、无分枝的枝），其上生有1片茎生叶；单生花生于茎顶，两性花，2枚被片，有花梗；萼片5片；花瓣5片，与萼片互生；离生雄蕊5个，与萼片对生，退化雄蕊5个，与花瓣对生；复雌蕊，由3个心皮组成，子房1室，子房室内的胚珠小而且多数，侧膜胎座，花柱1个，柱头3个；蒴果。

花材料于2018年7月30日采自河南省南阳西峡县老界岭，采集后于8月1日在洛阳进行花的显微解剖。

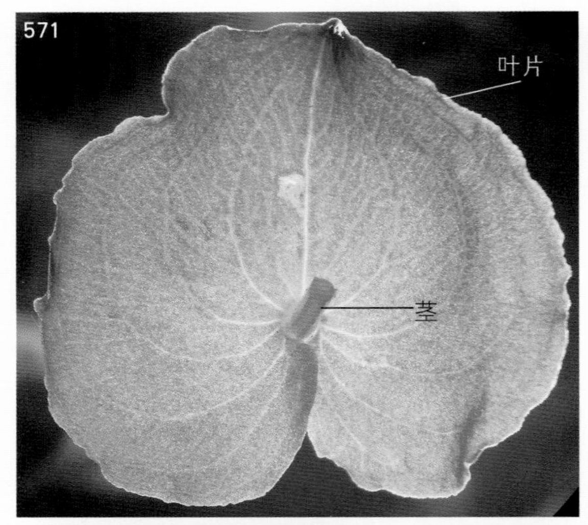

图2-571 植株的叶片（茎生叶）

图2-572 花药已脱落的花（上面观，野外照片）

花为5基生，萼片和花瓣互生，均为5片；雄蕊5个，离生，图中花丝顶端的花药已脱落（图2-573的花仅存1个花药），退化雄蕊5个，离生，深绿色，三叉状的退化雄蕊在花蕊中围成近五角星形；雌蕊的柱头3个，展开。这种花在形态上像雌、雄蕊异熟（雄蕊先熟）的异花传粉植物，但是未在野外详细研究其雌、雄蕊的成熟顺序。

图2-573 花药部分残留的花（野外照片）

5个雄蕊中，4个雄蕊的花药已经脱落，仅有1个雄蕊的花药尚存（花药的药隔显著突出，“突隔梅花草”应该由此得名），5个深绿色的退化雄蕊连成五角星形；雌蕊的柱头3个，已张开。

图2-574 除去部分花瓣后，花药已脱落花的近上面观

图2-575 花药未脱落花的上面观

5个雄蕊中，有1个雄蕊较长，其余4个较短（一强雄蕊）。在观察过程中，3个雄蕊的花药已经开裂（纵裂），但此时雌蕊的柱头闭合，未张开。

图2-576 图2-575花蕊的不同角度观察（暗视野观察）

三叉状的退化雄蕊清晰可见。

图2-577 图2-576花的侧面观

图中，左右2个萼片的边缘下延。

图2-578 分离出的萼片（外面观）

图2-579 分离出的萼片（内面观）

图2-580 将花瓣摘下后，花药已脱落花的上面观

图2-581 分离出的花瓣（内面观）

花瓣的基部细缩为短爪。《中国植物志》将乌头属的花瓣分为瓣片和爪两部分，这里从之。

图2-582 除去2片萼片后，花药未脱落花的侧面观

图中央花瓣的爪两侧，可见2个低矮雄蕊的部分花药及部分退化雄蕊。

图2-583　摘掉3个花瓣后，花药已脱落花的侧面观

退化雄蕊短于正常雄蕊的花丝，雄蕊的花药已脱落，雌蕊的花柱不分枝，由下至上逐渐变细，3个柱头张开。

图2-584　除去花瓣和部分萼片后，花药已脱落花的侧面观

雌蕊的子房上位。

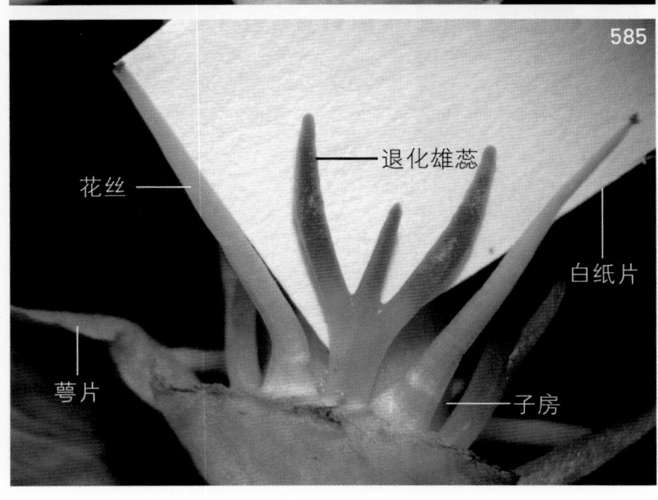

图2-585　用小白纸块夹在不育雄蕊和雌蕊之间，示不育雄蕊的形状

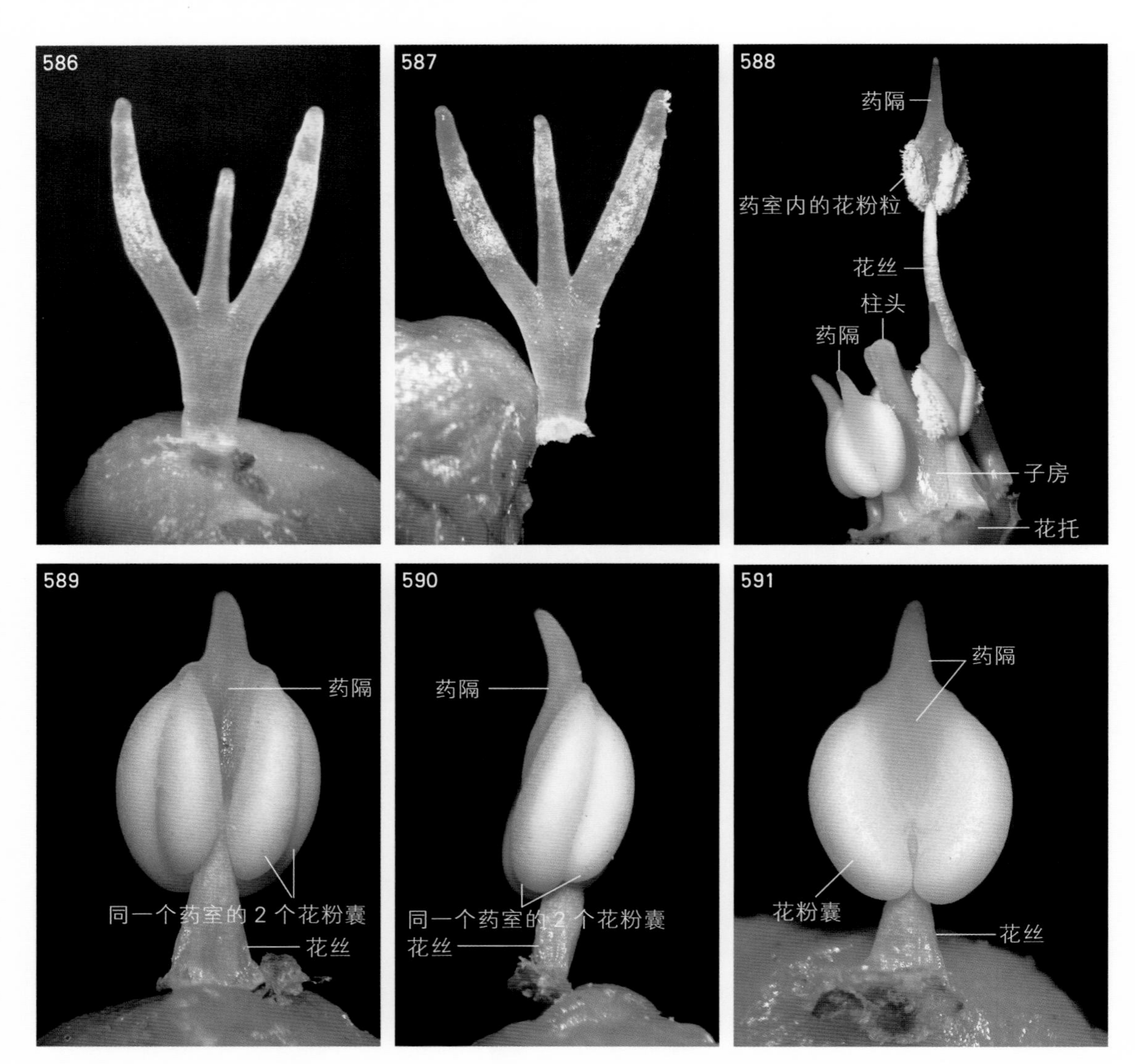

图2-586 三叉状的退化雄蕊

图2-587 从不同花中分离出的退化雄蕊

图2-588 除去花萼、花冠和退化雄蕊后，花药未脱落花的侧面观

4个雄蕊中1个较长，3个较短，2个雄蕊的花药已开裂（纵裂），但此时雌蕊的3个柱头闭合，未张开。

图2-589 图2-588短雄蕊的内面观

雄蕊的花药未开裂，花药的左右两侧各有2个花粉囊，同一侧的2个花粉囊开裂后，形成1个药室。

图2-590 短雄蕊的侧面观

图2-591 短雄蕊的外面观

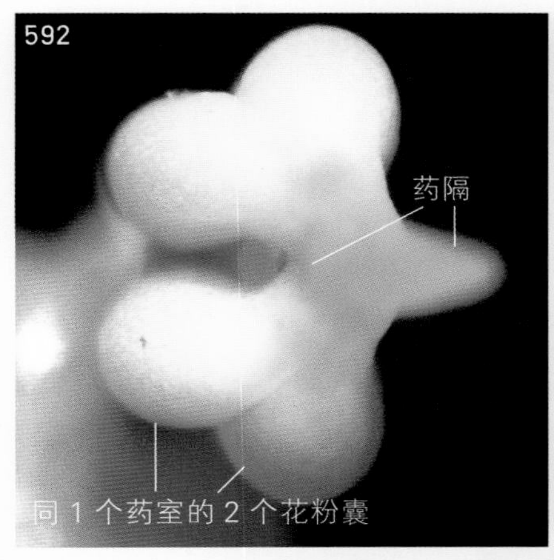

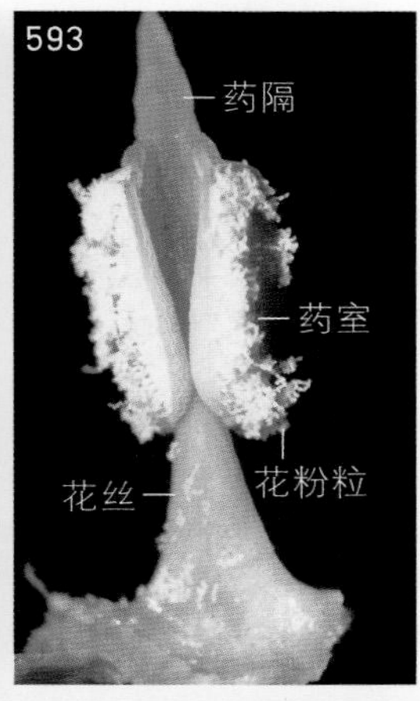

图2-592　短雄蕊的上面观

图2-593　在花的解剖过程中，短雄蕊的花药开裂（纵裂，内面观）

药室内充满花粉粒，花粉粒有黏性，一些花粉粒相连成丝。

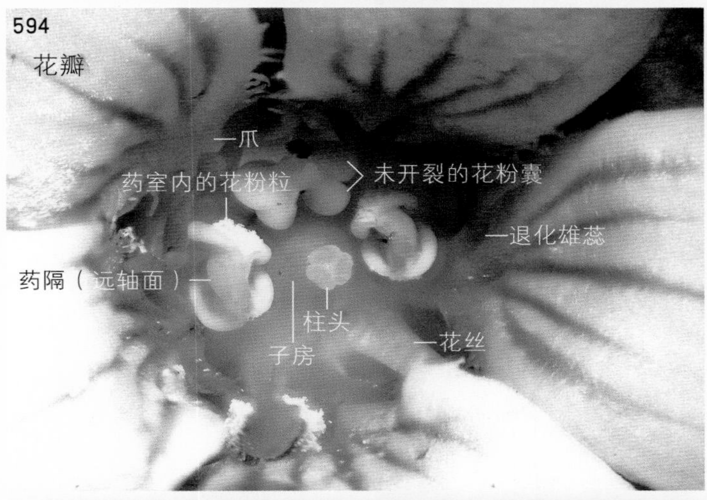

图2-594　另一朵花药未脱落花的上面观

图中可见4个雄蕊的花药，其中3个已开裂，1个尚未开裂，此时的3个柱头闭合。结合前面的图及描述看，突隔梅花草很可能属于雌、雄蕊异熟（雄蕊先熟）的异花传粉植物，但这需要进行野外观察和实验确认。

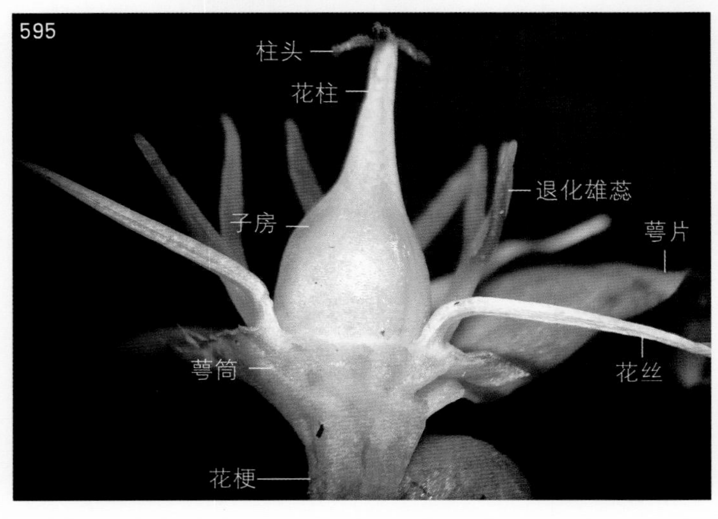

图2-595　除去花瓣和部分萼片及萼筒后，花药已脱落花的侧面观

雌蕊的子房上位，柱头3个。

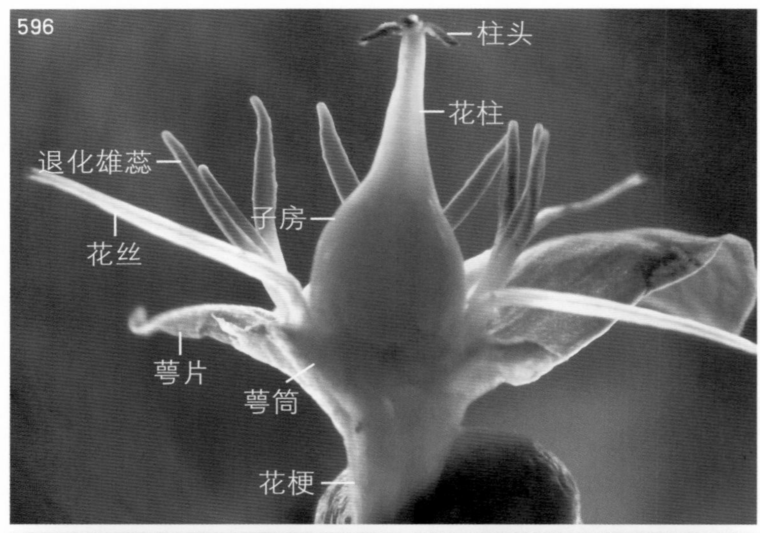

图2-596　图2-595花的暗视野观察

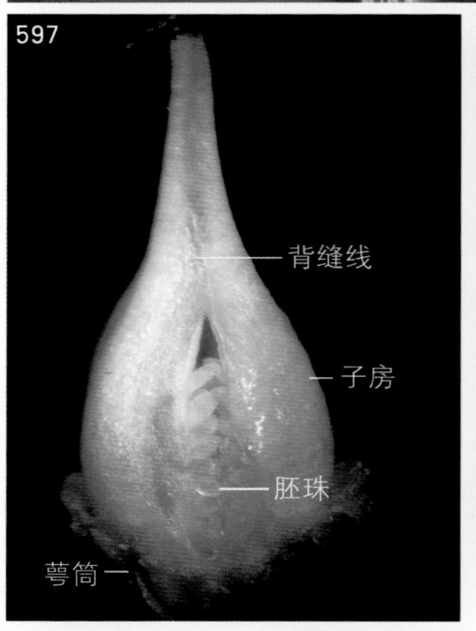

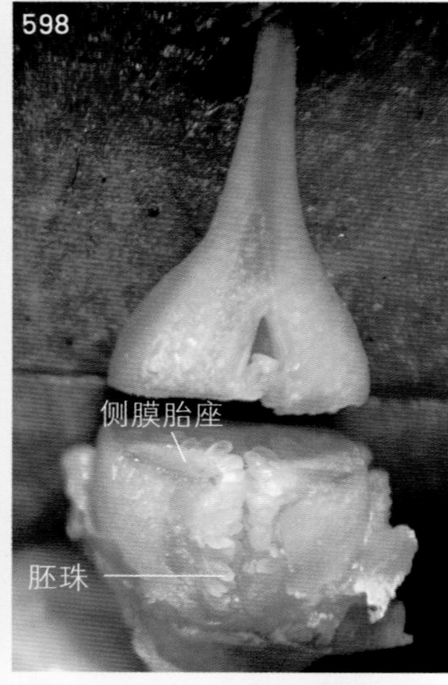

图2-597　除去背缝线及其周围的部分子房壁后，示子房室内的胚珠

图2-598　子房的横切

子房1室，胚珠多数，侧膜胎座。

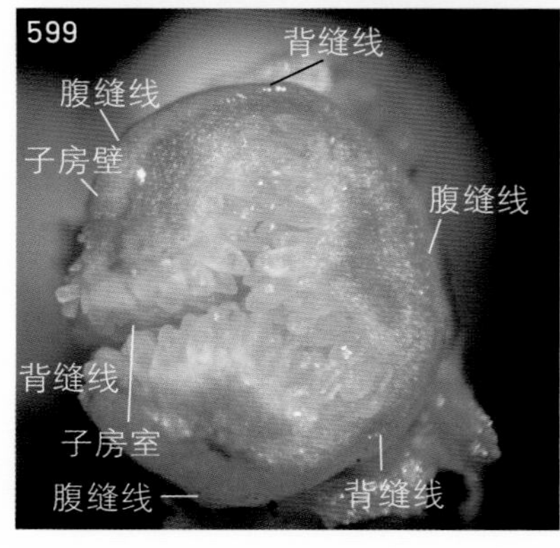

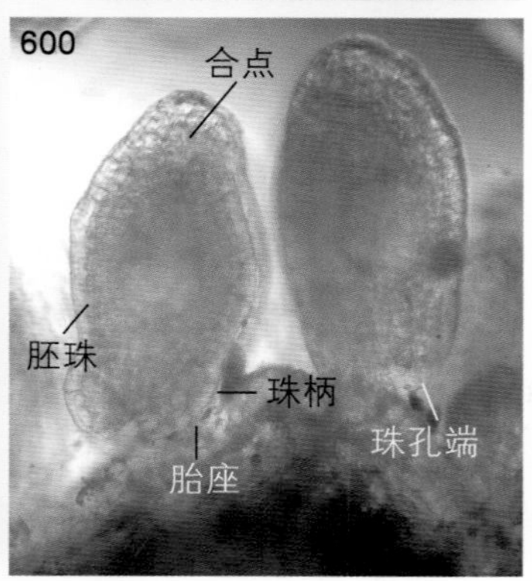

图2-599　子房的横切面

复雌蕊由3个心皮合生而成，子房1室，胚珠多数，侧膜胎座。子房壁表面的背缝线和腹缝线各3条，两个腹缝线之间为1个心皮，图中标注的背缝线和腹缝线的位置为大致位置（下同）。

图2-600　胚珠的显微镜观察

胚珠为倒生胚珠。

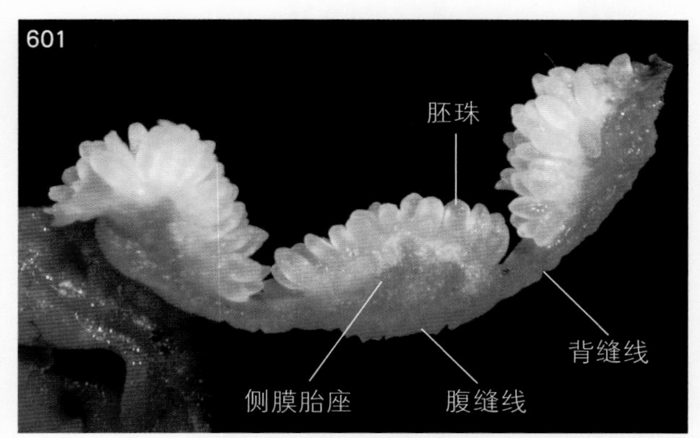

图2-601 图2-599子房横切片的展开

3个侧膜胎座较大，突入子房室中，胎座上密生很多倒生胚珠。

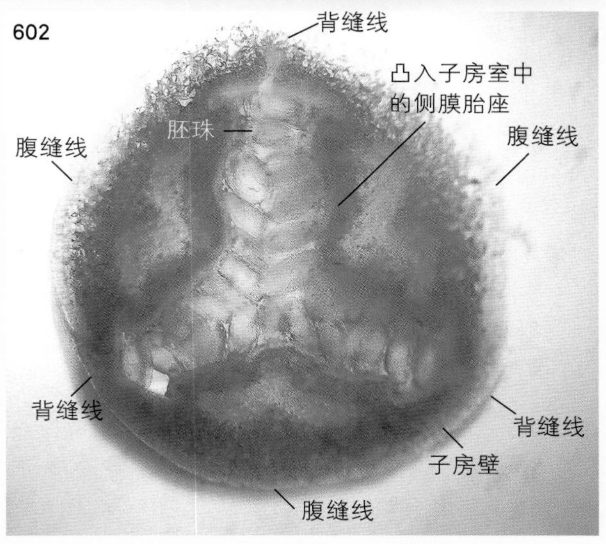

图2-602 子房横切片的观察结果

复雌蕊由3个心皮合生而成，子房1室，胚珠多数，密生在3个凸入子房室内膨大的侧膜胎座上。

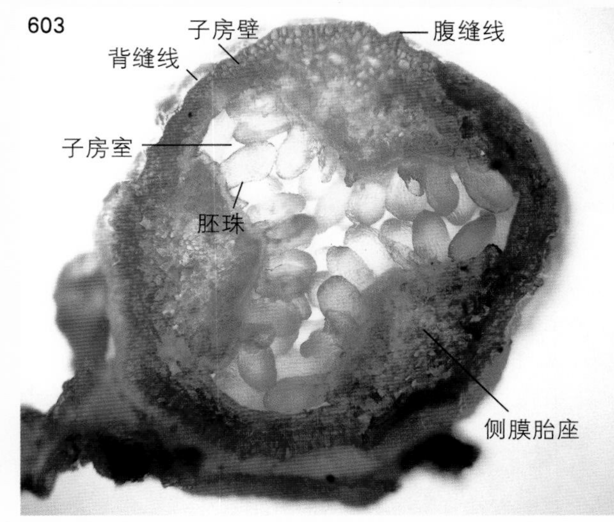

图2-603 放置一段时间后，子房横切片的观察结果

子房横切片经放置后，逐渐干燥收缩，子房室内的胚珠之间出现间隙，子房1室和侧膜胎座的结构变得清晰可辨。

十、蔷薇科（Rosaceae）

1. 绿萼梅 [*Armeniaca mume* Sieb. f. *viridicalyx* (Makino)T. Y. Chen]

杏属（*Armeniaca*）。乔木，一年生枝条绿色，无顶芽；两性花，花梗很短，花下有芽鳞片；萼片5片；花瓣5片；雄蕊离生，多数；单雌蕊，子房上位（周位花），1室，子房室内生有2个胚珠，边缘胎座；核果。

（1）花的显微解剖

花材采自河南省洛阳市河南科技大学开元校区，于2018年3月3～4日解剖。

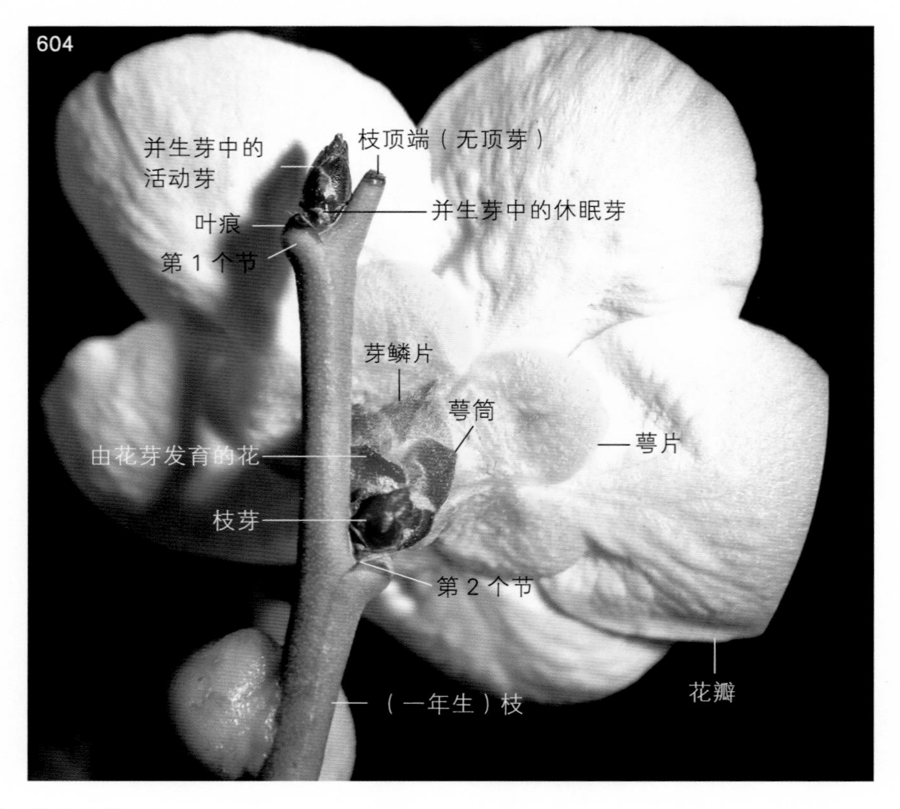

图2-604 枝上的花

绿萼梅的一年生枝条绿色，其分枝方式为合轴分枝，枝的顶端无顶芽，枝侧面的叶腋内的芽被称为腋芽或侧芽。图中，近枝顶的第1个节的叶腋内，并生芽中有1个较粗大的芽，属于活动芽。由于未对其进行解剖，这里无法确定其到底是花芽还是枝芽。该芽旁边较小的芽为枝芽（休眠芽）。在枝顶下方的第2个节的叶腋内，花芽已发育成花并先叶开放，花的下方可见花芽的芽鳞片，而花芽旁的枝芽虽已萌动（体积已变大），但发育缓慢，需待花期后才能充分发育，长成带有叶的枝。《中国植物志》未记载梅的芽，只笼统地记载杏属“叶芽和花芽并生，2～3个簇生于叶腋”。叶芽在《植物学》教科书中已被更正为枝芽。对梅的芽感兴趣的读者可在查阅梅花专著和文献的基础上，利用解剖镜对其做进一步观察和研究。

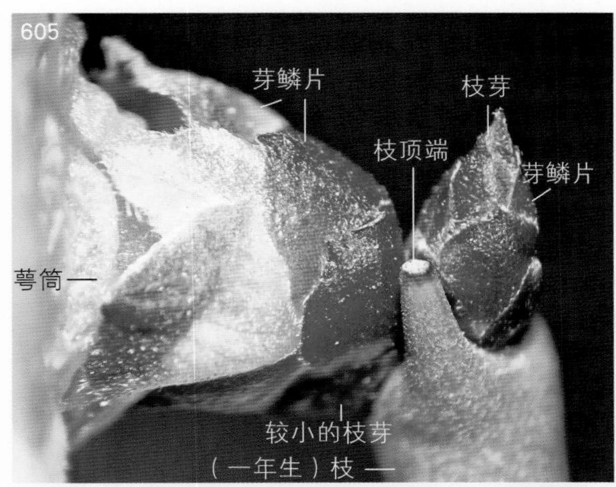

图2-605 另一个小枝的顶端

花由并生芽的花芽发育而成，其下方仍保存着花芽螺旋状排列的芽鳞片。枝顶端有似平截的断离面，断离面及其附近形成褐色或其他非绿色的、干枯的保护层（离层），无顶芽。图中，花的右侧有1个较大的枝芽（花期过后它就会活动，长出枝和叶），花的下方还有1个休眠程度更深、体积更小的枝芽，即本图中的并列芽是由3个大小和发育程度不同的芽组成，1个为花芽（已长成花），其余2个为枝芽，花芽最先活动，花期后右侧较大的枝芽才开始快速生长，这就是绿萼梅“先花后叶”产生的原因。

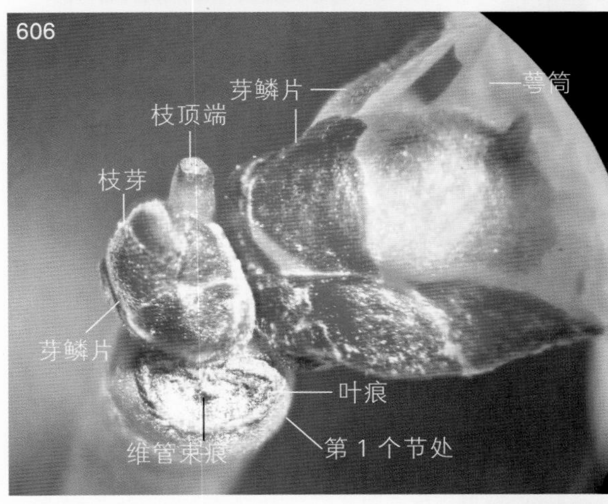

图2-606 小枝顶端的近上面观

在第1个节处，有叶（柄）脱落后留下的痕迹（叶痕），在叶痕内有维管束断离后留下的痕迹（维管束痕）。

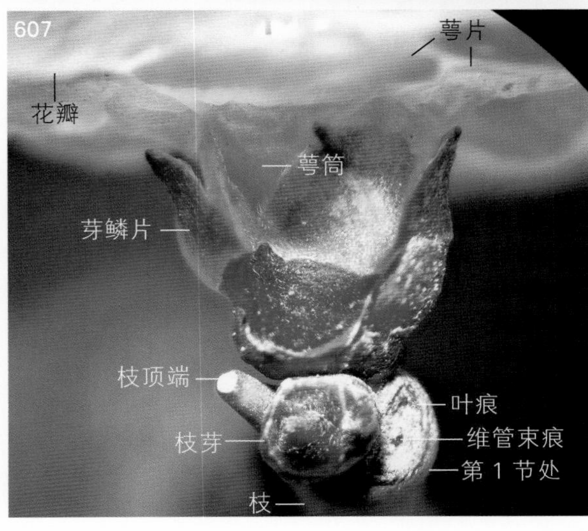

图2-607 小枝顶端的上面观

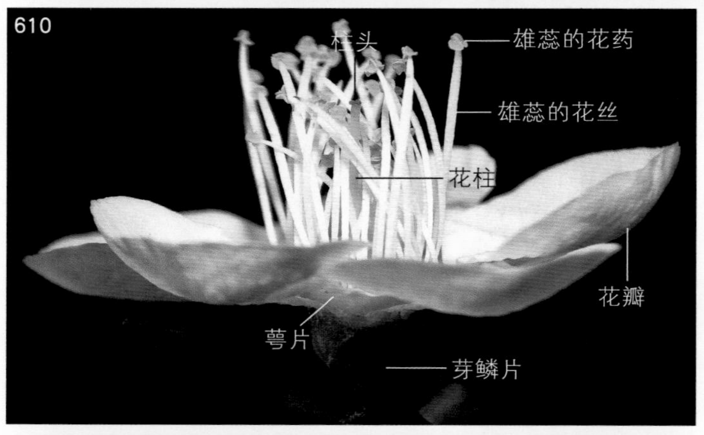

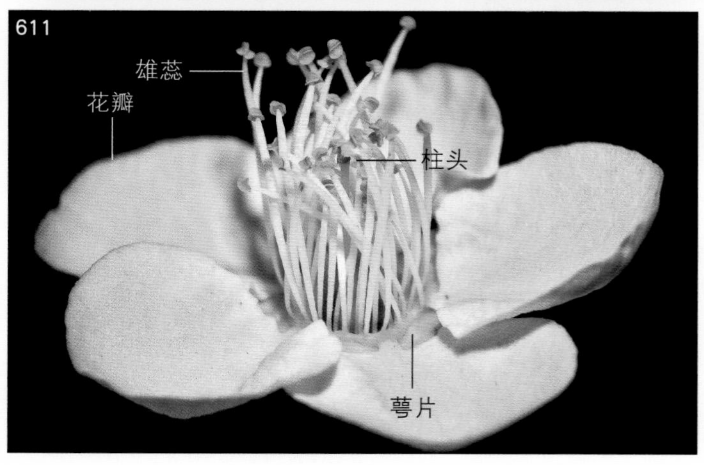

图2-608 花的上面观

花瓣5片，雄蕊群由多数离生的雄蕊组成。

图2-609 花的上面观（暗视野观察）

萼片与花瓣互生，花瓣离生，呈覆瓦状排列，雄蕊群中的雌蕊较难分辨。

图2-610 花的侧面观

图2-611 花的近侧面观

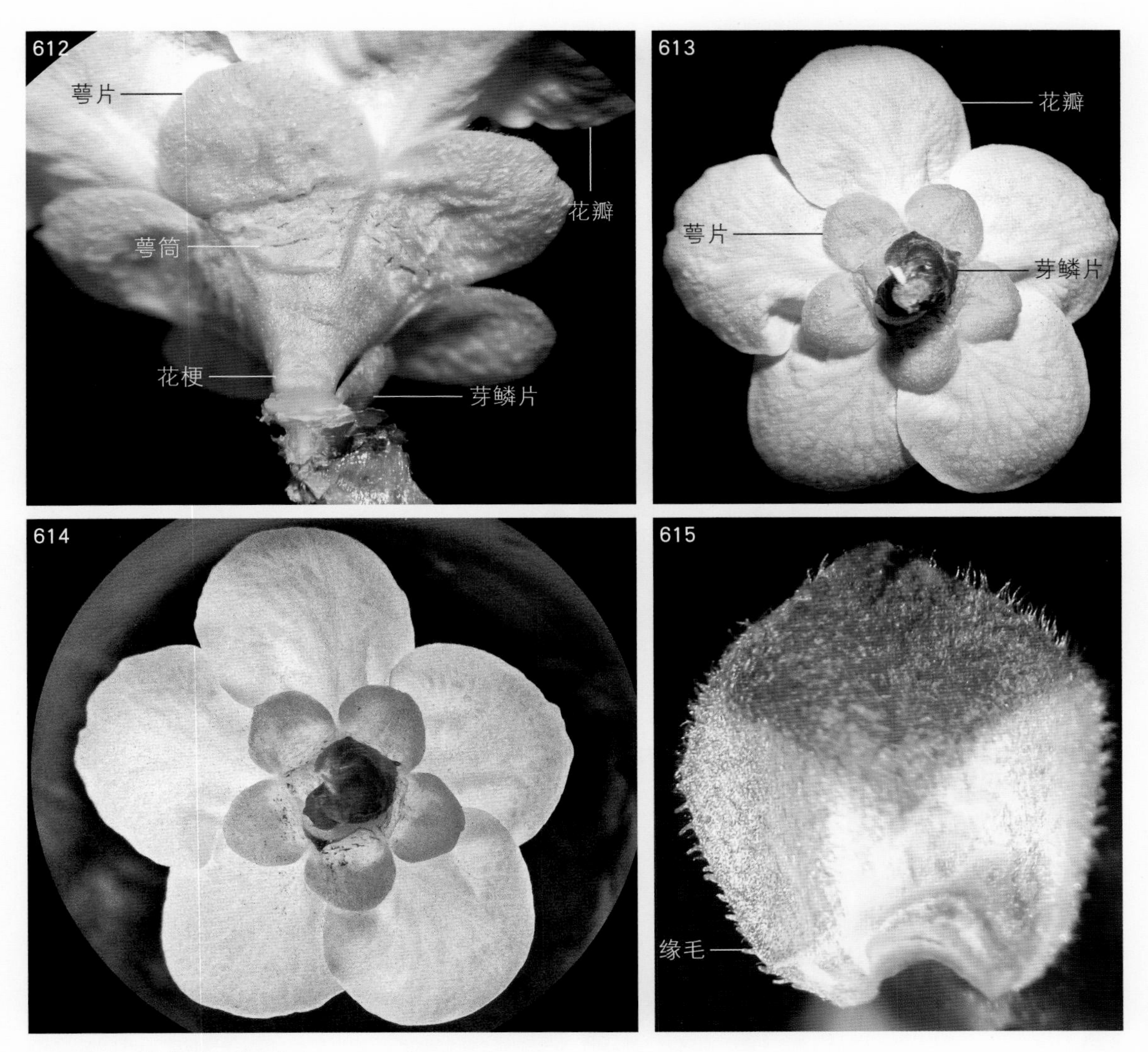

图2-612　萼筒的近侧面观

花梗很短。从形态上看，萼片似乎应称为萼筒上方的花萼裂片（或萼裂片），但《中国植物志》等文献可能是将萼筒部分作为花托来看待，所以称其为“萼片”。在马炜梁的《植物学》（第2版）中，将此萼筒称为“被丝托”，此时的萼片也不能被称作“萼裂片”。

图2-613　花的下面观

图2-614　花的下面观（暗视野观察）

萼片近镊合状排列，花瓣为覆瓦状排列。

图2-615　片内层的芽鳞片（外面观）

芽鳞片下部的缘毛较粗。

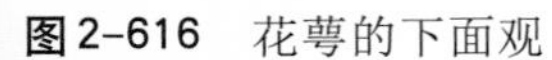
图2-616　花萼的下面观

图2-617　花萼的下面观（暗视野观察）

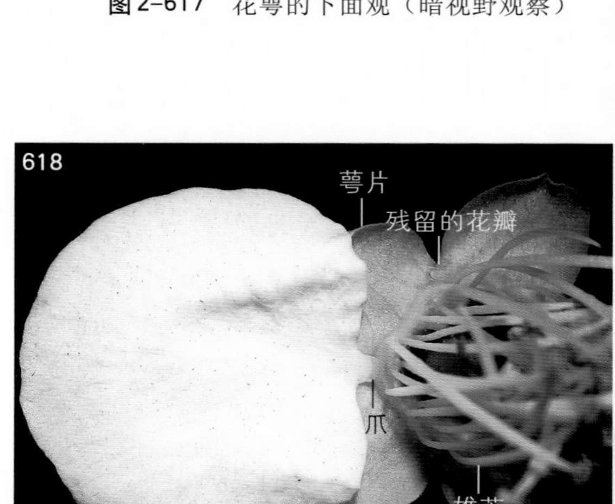

图2-618　花瓣的内面观

花瓣着生在萼筒（被丝托）的顶端，其基部细缩成爪。图中，残留的花瓣即为花瓣的着生处，花瓣与萼片互生。

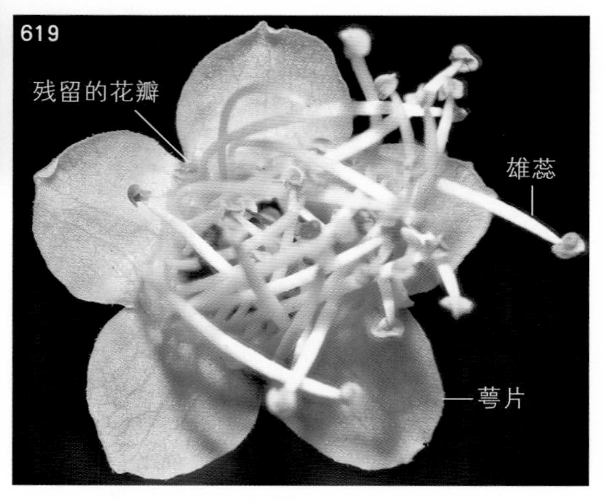

图2-619　除去花瓣后，花的上面观

从残留花瓣的位置看，花瓣与萼片互生。

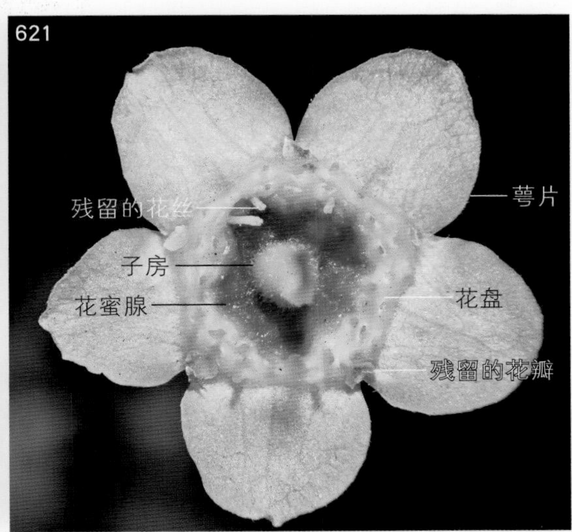

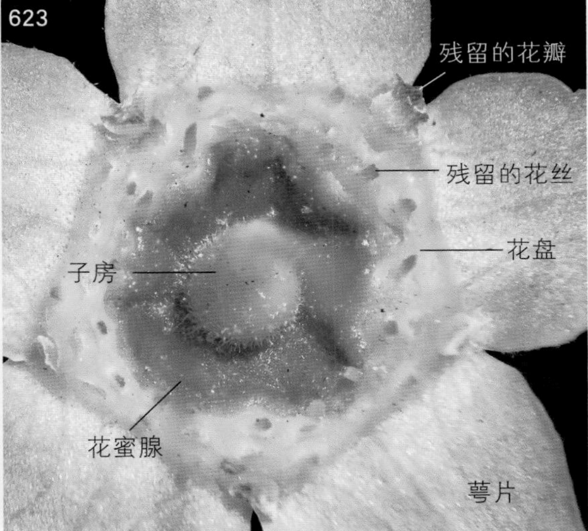

图2-620　除去花瓣后，花的侧面观

图2-621　除去花瓣和雄蕊后，花的上面观

花丝的着生处及周围有些肉质化、突出，为花盘，萼筒内面绿色凹陷的壁为花蜜腺。

图2-622　图2-621花的暗视野观察

图2-623　花盘和花蜜腺的上面观

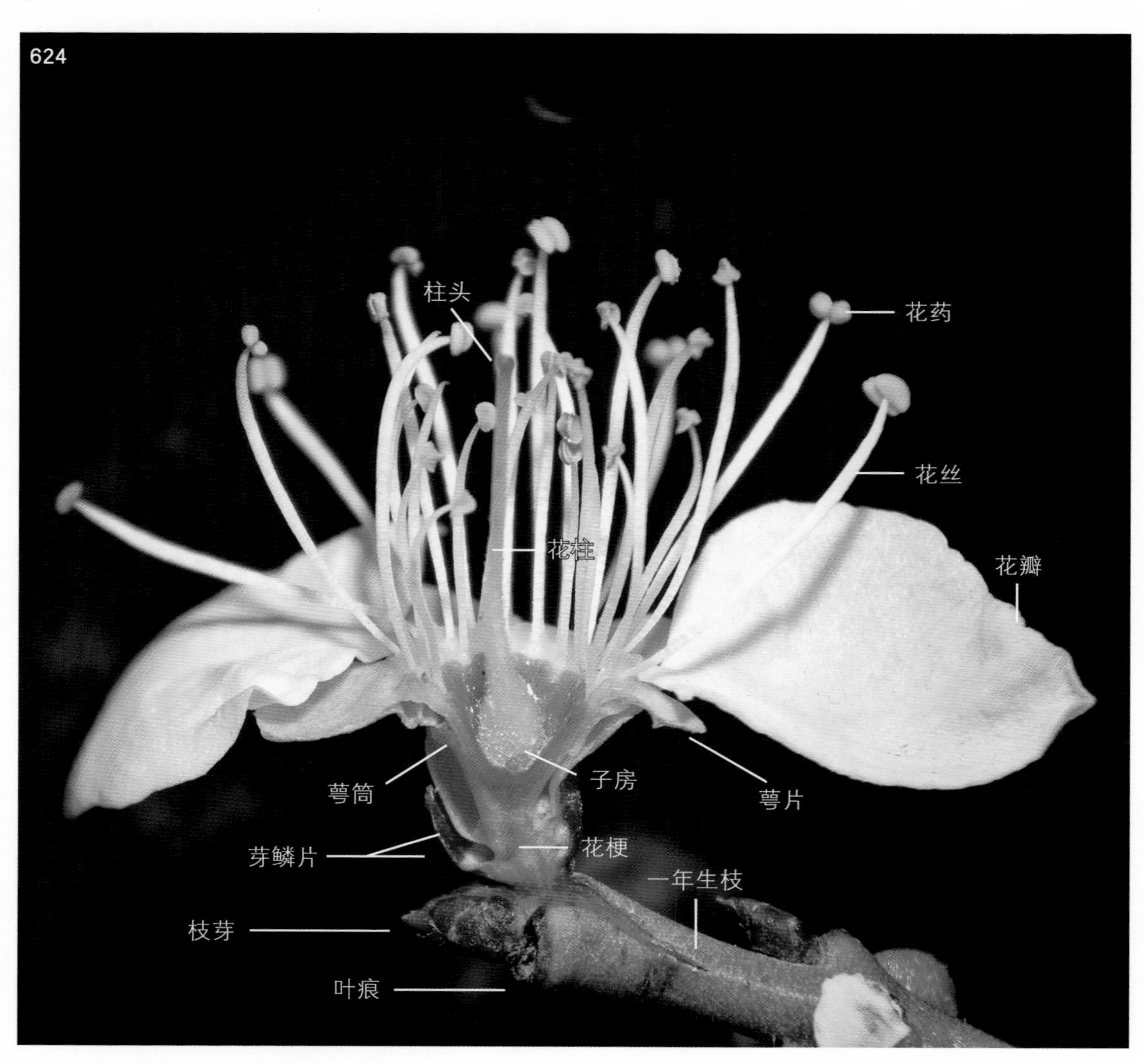

图2-624 将花部分纵剖后，示花的结构

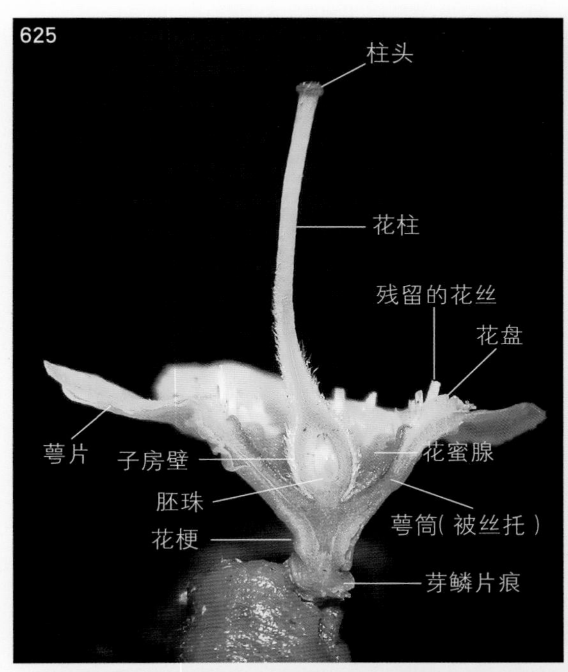

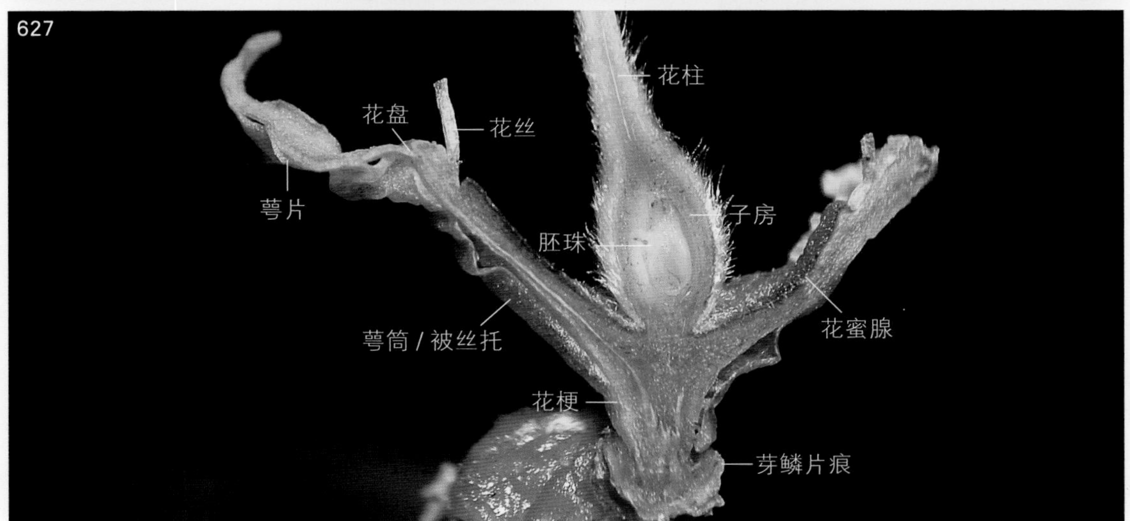

图2-625　除去花瓣和雄蕊并将花纵切后，示雌蕊和萼筒内壁的蜜腺

雌蕊的子房上位，周位花。

图2-626　纵剖花的部分放大，示花的结构

图中，从芽鳞片着生的位置（芽鳞片痕）上看，花和芽鳞片着生在花下1个节间极其缩短的短枝上，芽鳞片是一种起到保护作用的变态叶（鳞叶）。雌蕊的子房上位，表面密生柔毛。

图2-627　除去花瓣和雄蕊后，花的纵切

左侧的萼片和残存的花丝之间，可见稍突出的花盘。

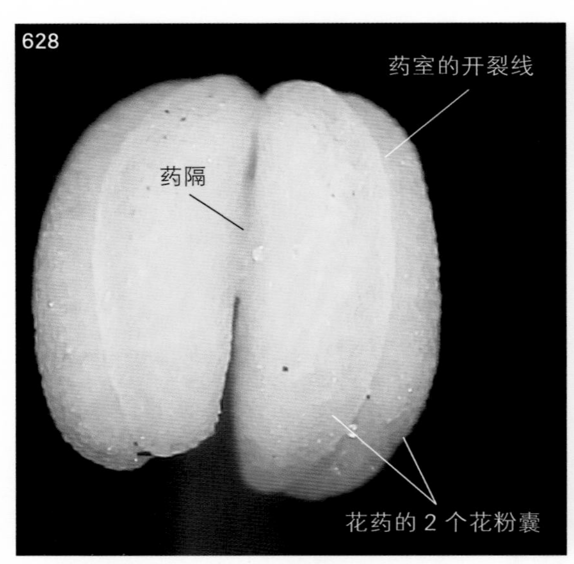

图 2-628 未开裂花药的上面观

花药的每一侧，2个花粉囊间有1条开裂线，也是花药的每一侧药室的开裂线。

图 2-629 未开裂花药的近侧面观

花药为T形着药。

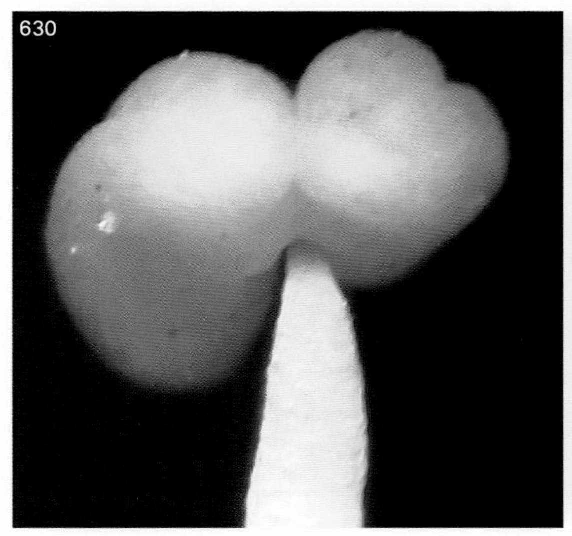

图 2-630 T形着药的不同角度观察

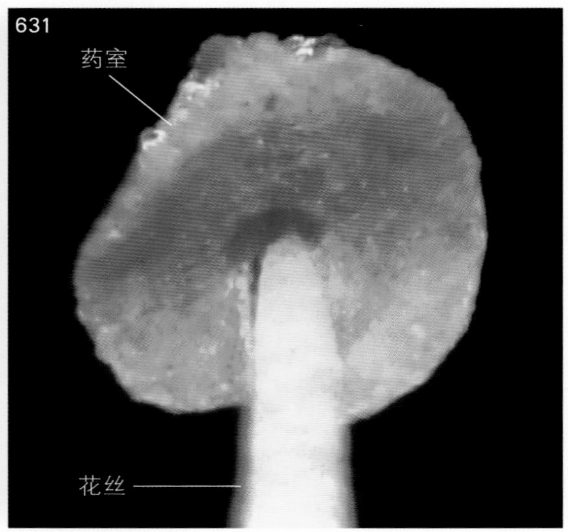

图 2-631 已开裂花药的近下面观

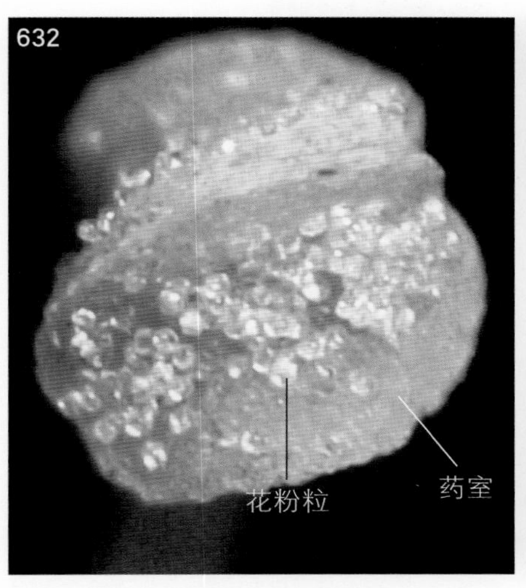

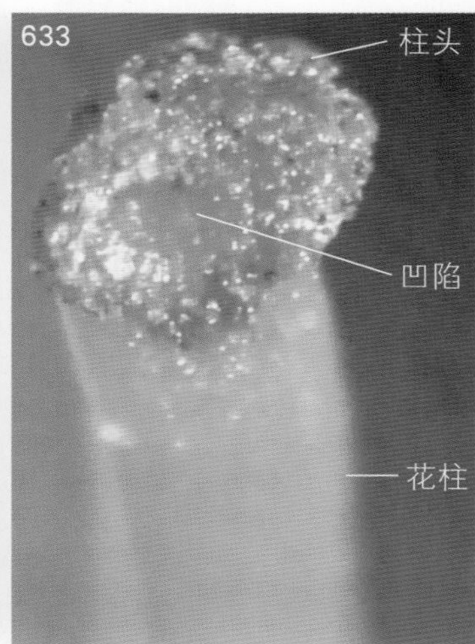

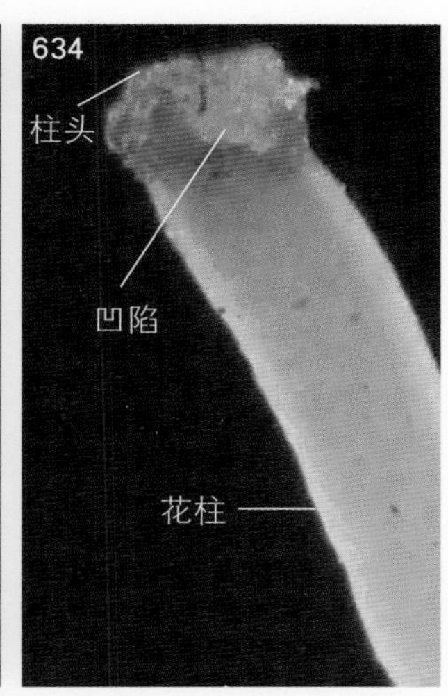

图2-632　已开裂花药的侧面观

纵裂的药室内还有一些残留的花粉粒。

图2-633　柱头的近上面观

柱头的一侧有1个凹陷。

图2-634　柱头的暗视野观察，示柱头一侧的凹陷

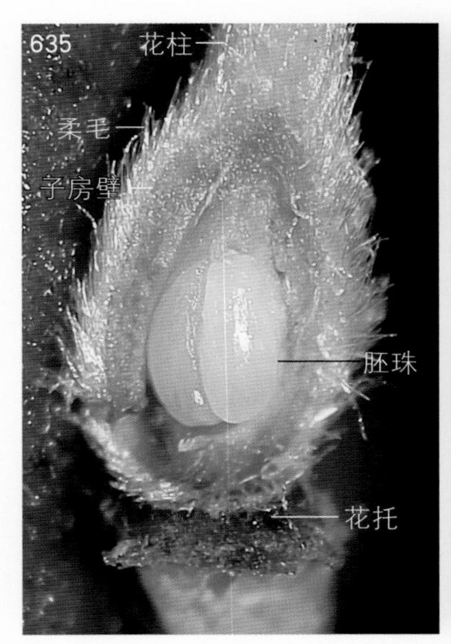

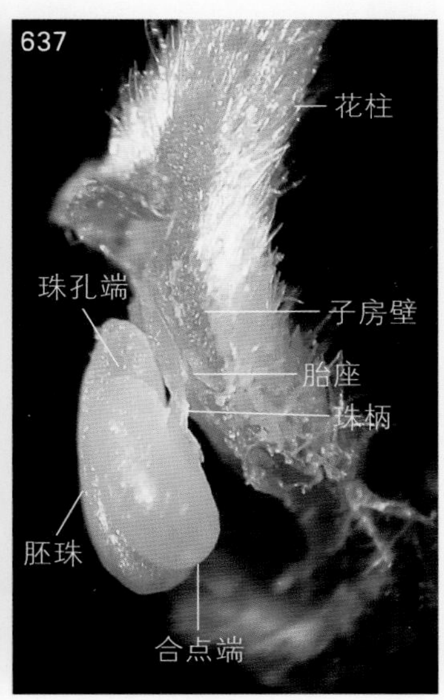

图2-635　除去部分子房壁后，示子房室内的2个胚珠

图2-636　进一步除去部分子房壁后，示子房室内的2个胚珠

子房1室，子房室内的2个胚珠不等大，边缘胎座。

图2-637　除去大部分子房壁后，示子房室内2个不等大的倒生胚珠

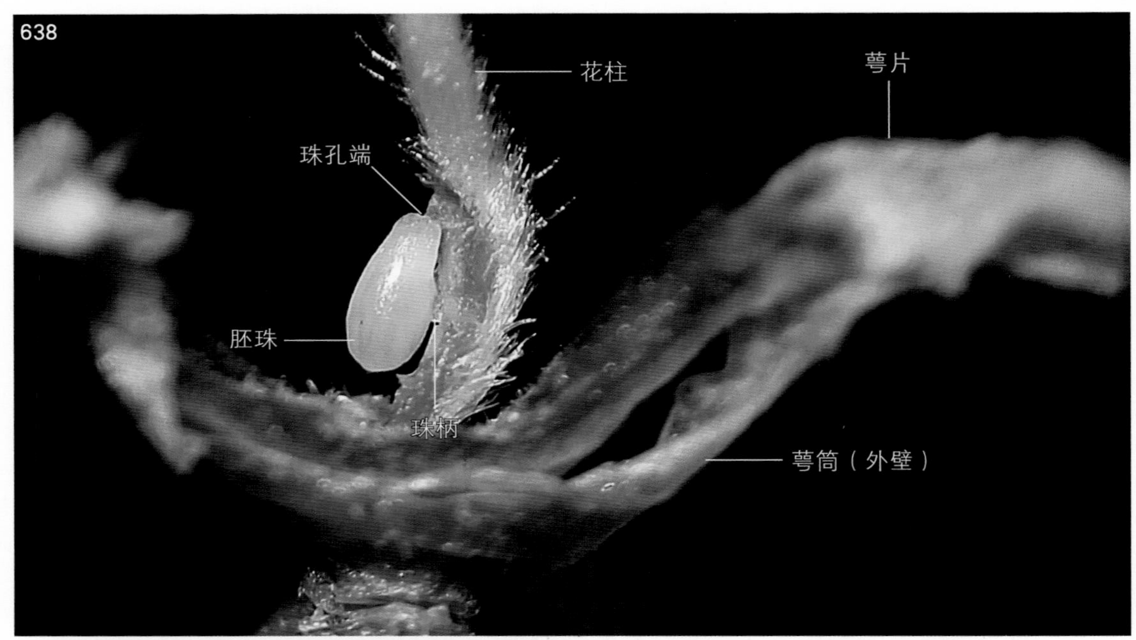

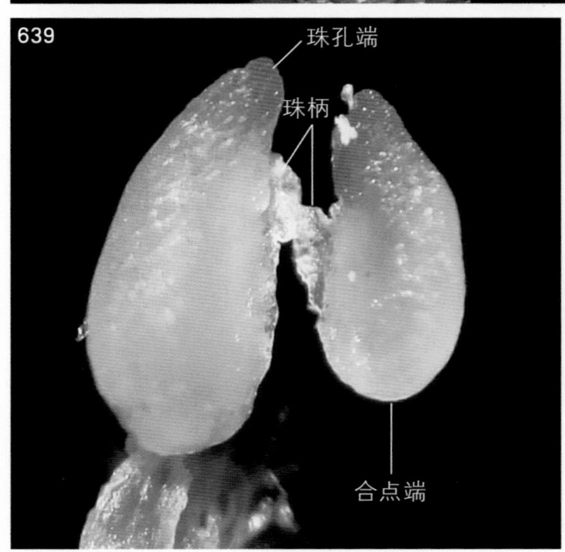

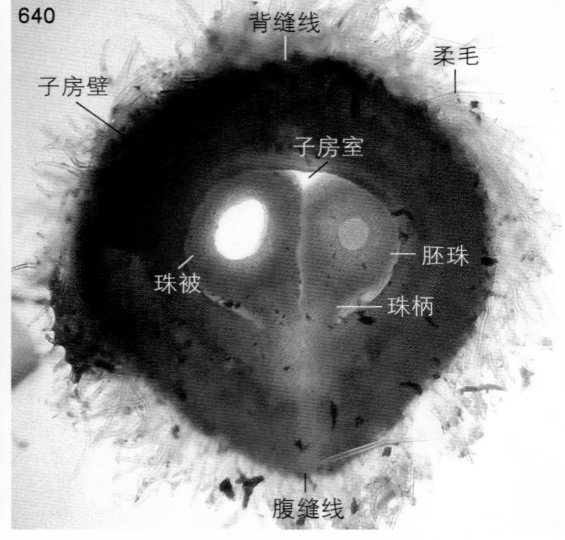

图2-638 另一个子房室内的1个胚珠

另一个胚珠已除去，此时的萼筒已干缩，其外壁已脱离。

图2-639 除去子房壁后，示从子房室内分离出的2个胚珠

2个胚珠一大一小，在花期已出现分化。在发育成果实的过程中，小的胚珠逐渐败育（见后述）。图中的胚珠因暴露时间稍长，珠孔端已经开始褐化。

图2-640 子房横切片的显微镜观察

子房室内有2个胚珠，在制片过程中，左侧胚珠的珠被内的微小物体已脱落。

（2）未成熟果实的解剖

未成熟果实采自河南省洛阳市河南科技大学开元校区，于2017年4月26解剖。

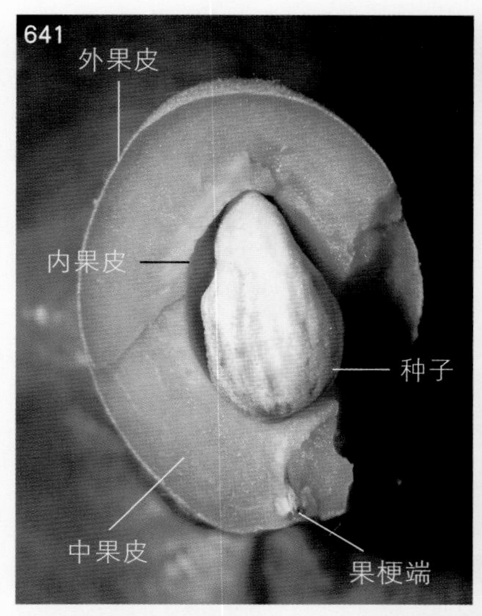

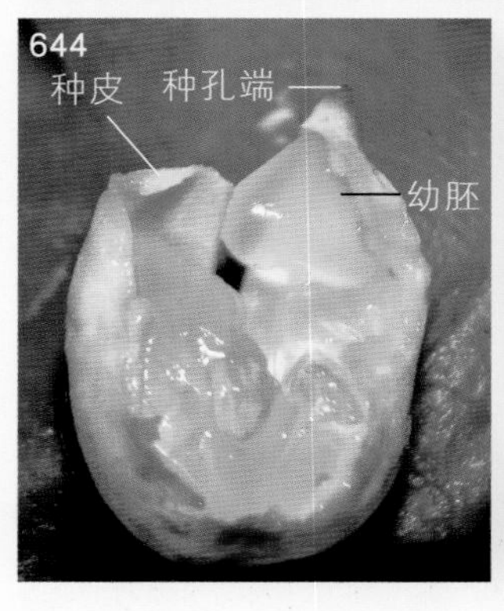

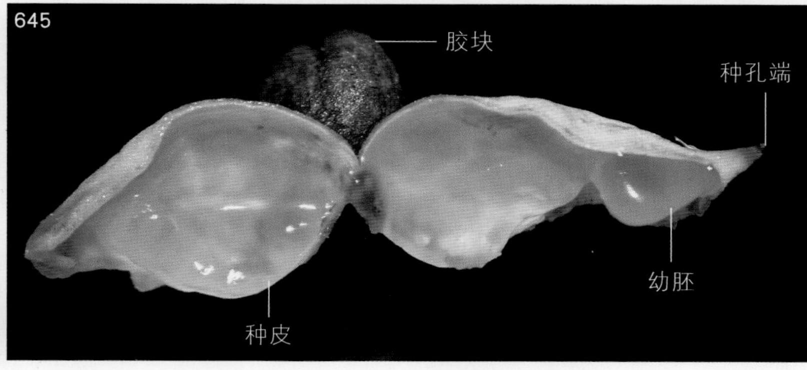

图2-641 未成熟果实的纵剖
图2-642 图2-641果实的外面观
图2-643 分离出的未成熟种子
图2-644 将种子剖开后，示种孔端的幼胚（心形胚）
图2-645 纵剖种子的展开

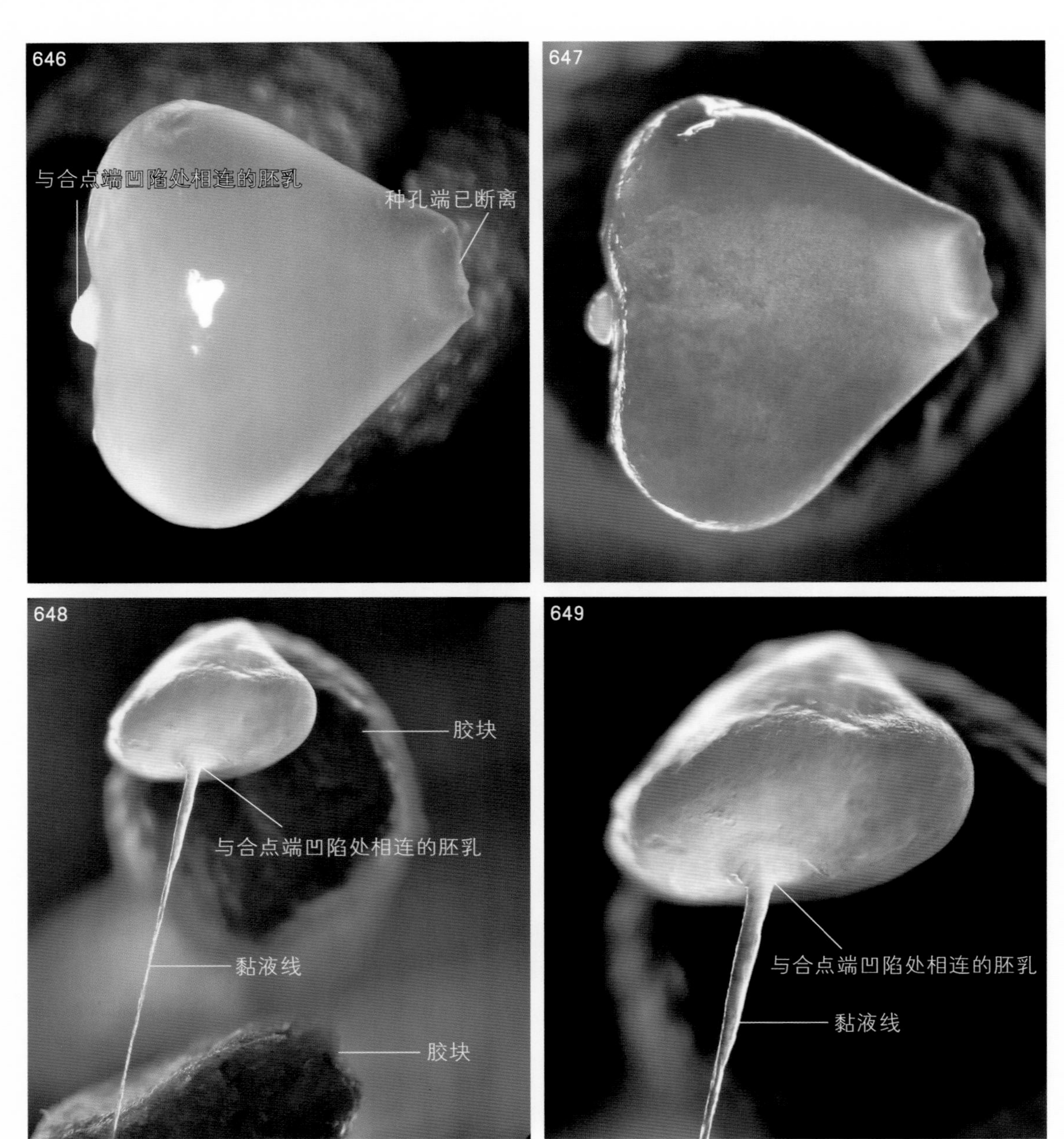

图2-646 幼胚的侧面观

幼胚为较扁的心形胚，种孔端在分离时断离，合点端的中央凹陷处（胚芽分化处）附着有一团黏液状的胚乳，呈乳突状。

图2-647 幼胚的暗视野观察

图2-648 将图2-647乳突状的胚乳拉开后，形成黏液线（暗视野观察）

图2-649 图2-648的部分放大。

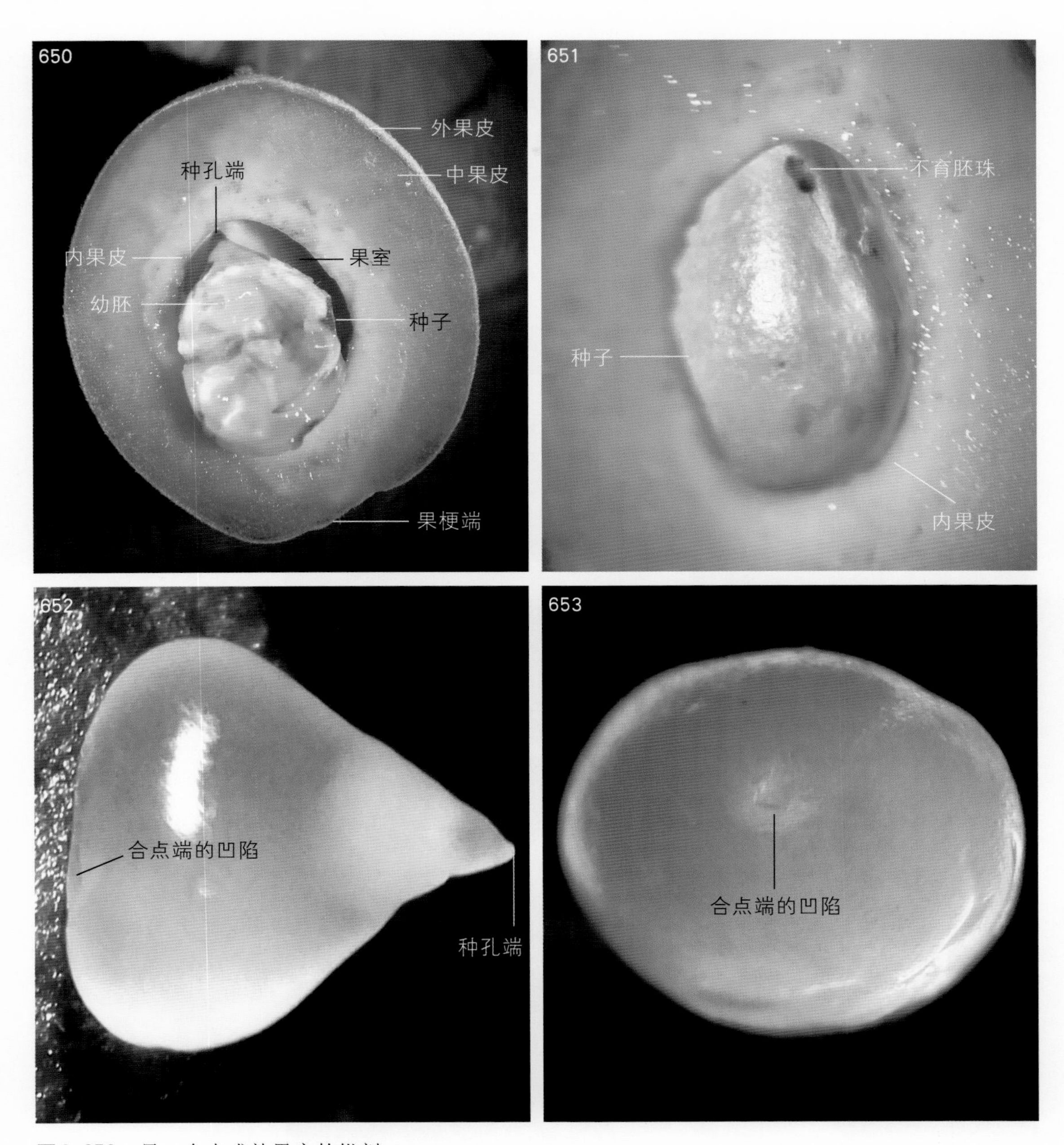

图2-650　另一个未成熟果实的纵剖

图2-651　种子的另一侧，示1个未发育成种子的不育胚珠

图2-652　分离出的心形胚

图中的种孔端即胚的胚根端，合点端即胚的子叶端，但是此时的心形胚尚未与化出子叶。

图2-653　心形胚的合点端，示凹陷处

2. 樱桃 [*Cerasus pseudocerasusi* (Lindl.) G. Don]

樱属（*Cerasus*）。乔木，叶缘有重锯齿和小腺体；两性花，有花梗；萼片5～6片，萼筒（被丝托）倒钟状；花瓣5～6片；离生雄蕊，雄蕊多数；单雌蕊，子房上位（周位花），子房1室，子房室内生有2个胚珠，倒生胚珠，边缘胎座；核果。

花材料采自河南省洛阳市，于2016年3月4日解剖。

（1）5基数的花

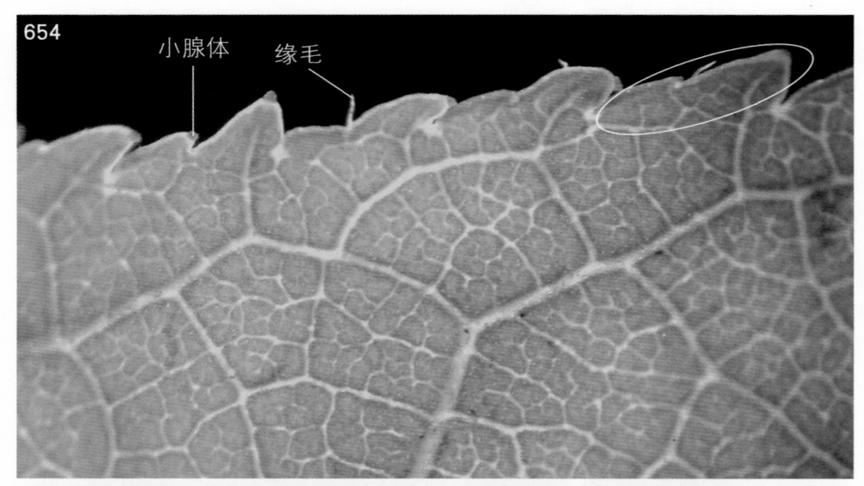

图2-654 叶缘的重锯齿（暗视野观察）

圈内为1个重锯齿，锯齿的齿端有小腺体，叶缘有稀疏的缘毛。

图2-655 从1个花芽内长出的4朵花

花序伞形，先叶开放。

图2-656 花的上面观

花瓣5片，有短爪，先端2裂；离生雄蕊，雄蕊多数；雌蕊的花柱细长，花柱和柱头均为1个。

图2-657 花的上面观（暗视野观察）

萼片5片，与花瓣互生。

图2-658 除去1片花瓣后，花的侧面观

花瓣与萼片互生，花丝不等长，花柱细长，柱头膨大，扁平。

图2-659 另一朵花的上面观

花瓣5片，离生的雄蕊多数。

图2-660 图2-659花的下面观

萼片5片，与花瓣互生，花瓣覆瓦状排列。

图2-661 花瓣的离析

花瓣的爪很短，从爪处摘下花瓣时，爪受损，已不完整。

图2-662 除去花瓣后，花萼的上面观（暗视野观察）

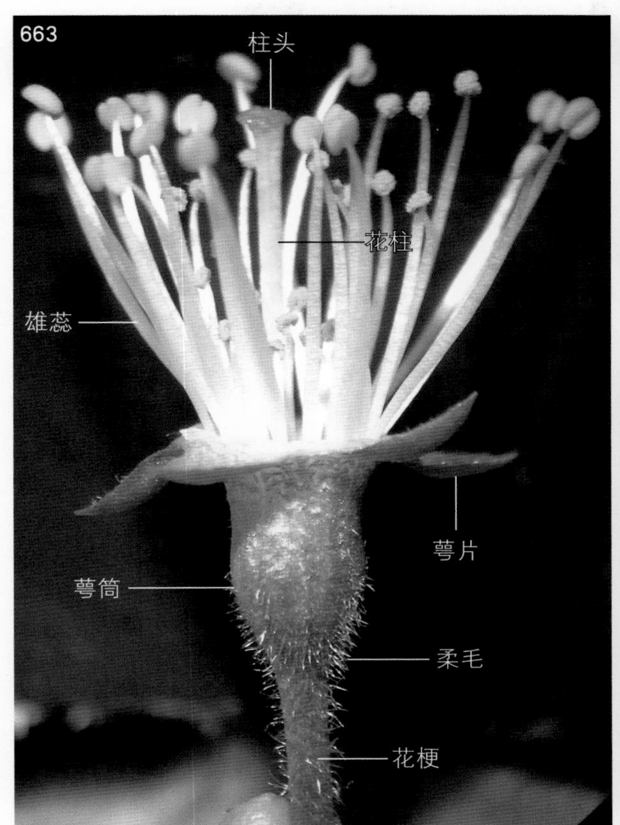

图2-663　除去花瓣后，花的侧面观

图2-664　萼筒的放大

萼筒上部的柔毛稀疏，中下部和花梗上柔毛较密。

图2-665　萼筒的近侧面观

两片萼片之间有花瓣的着生位置（花瓣痕）。

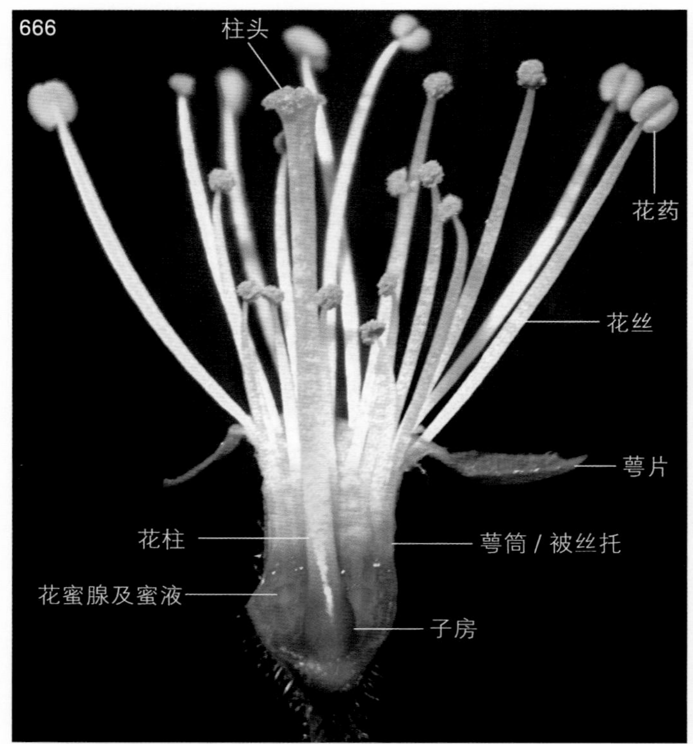

图2-666 除去花瓣及部分萼筒后，花的侧面观

萼筒下部的内壁上有黄绿色的花蜜腺及其分泌的蜜液，雌蕊的子房上位。

图2-667 部分萼筒（被丝托）的内面观

花丝贴生于萼筒内面，内轮雄蕊的花丝较短。在萼筒（被丝托）的上部，色白，无明显的花蜜液。

图2-668 部分萼筒及其子房

萼筒内壁有液滴状的蜜液，雌蕊的子房上位。

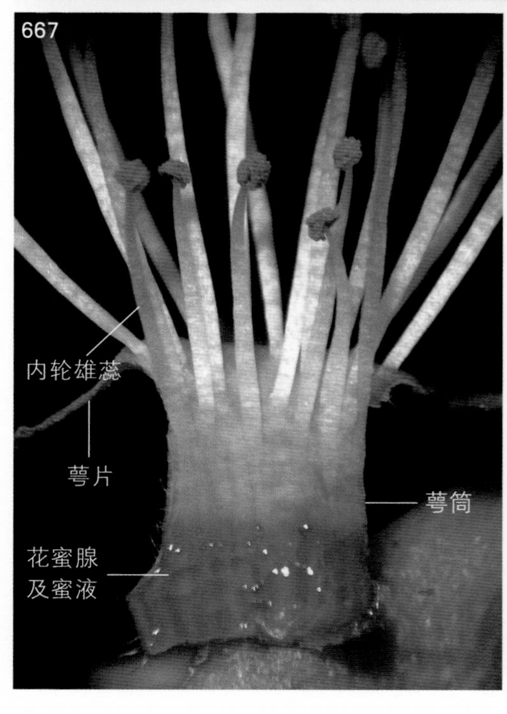

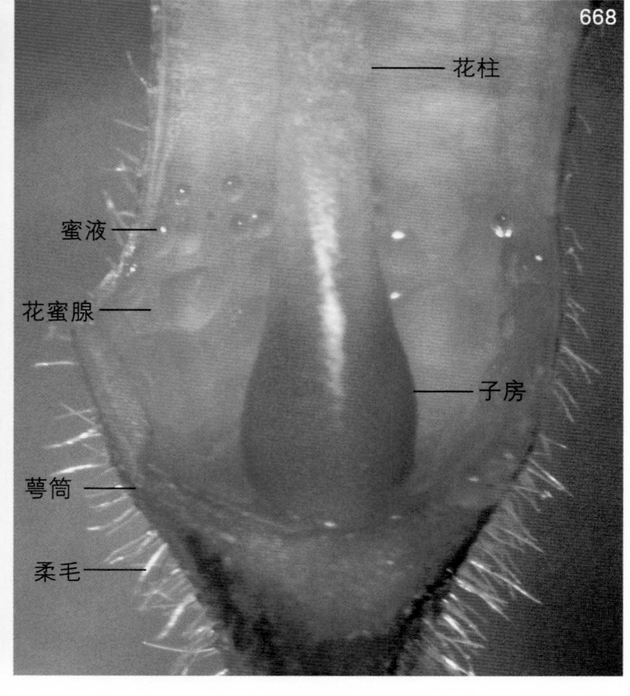

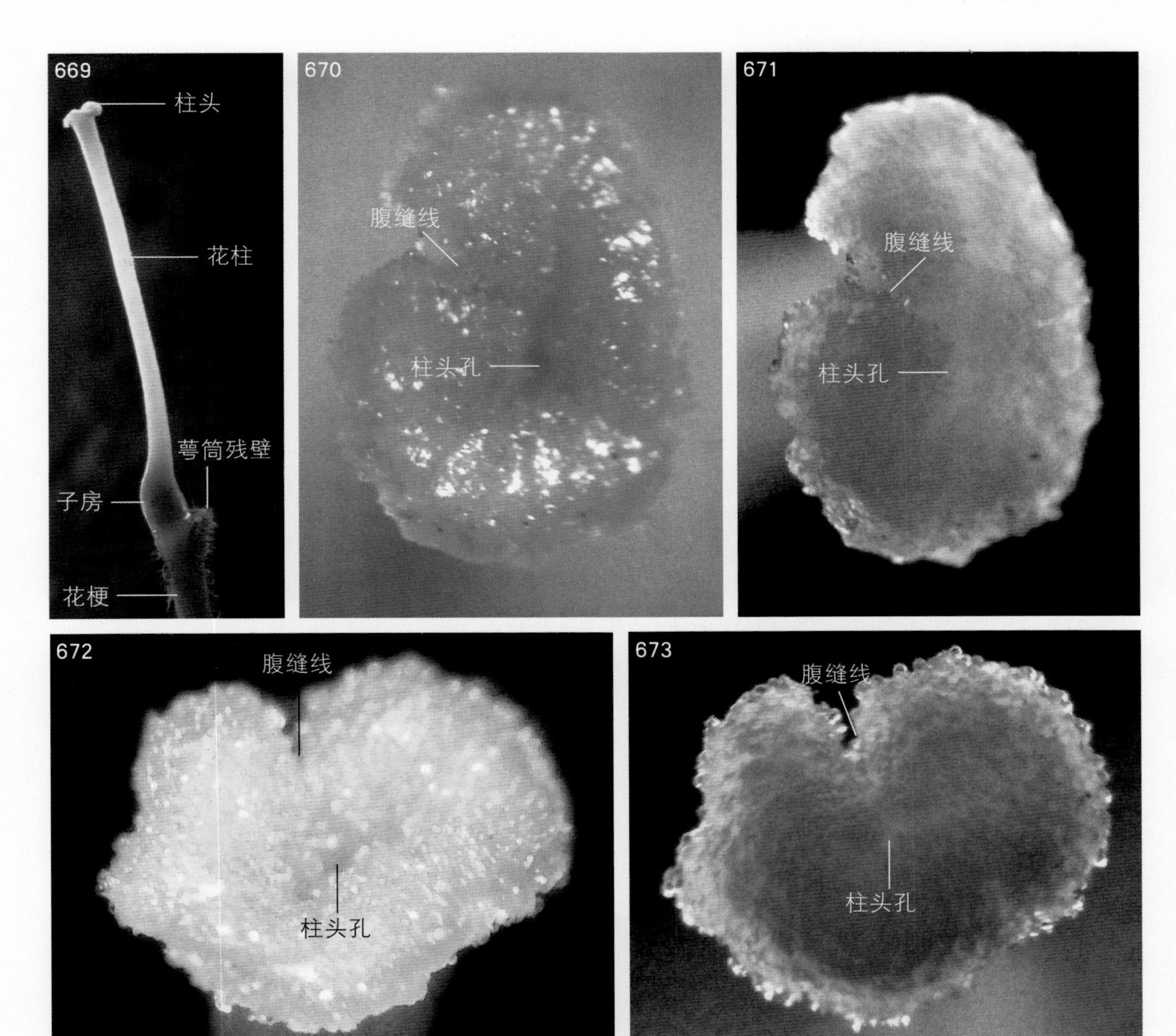

图2-669　分离出的雌蕊

图2-670　柱头的上面观

柱头缘呈橘黄色，其内约为黄绿色。柱头在一侧凹陷，为腹缝线处，柱头的中央有孔洞（柱头孔）。柱头的表面湿润，有黏液，为湿柱头。

图2-671　柱头的上面观（暗视野观察）

图2-672　另一朵花的柱头（上面观）

柱头表面可见缝隙状的柱头孔。

图2-673　柱头的上面观（暗视野观察）

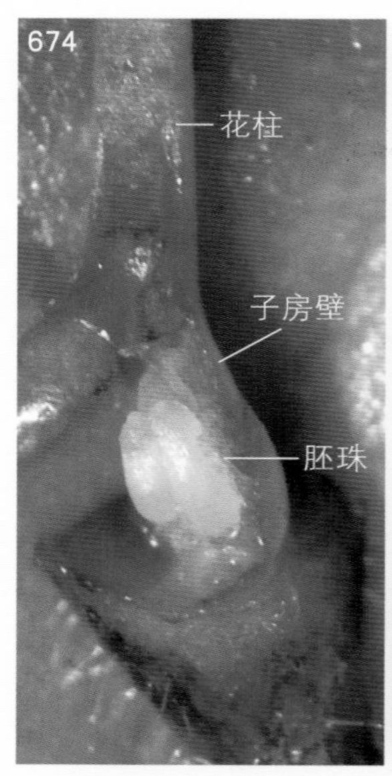

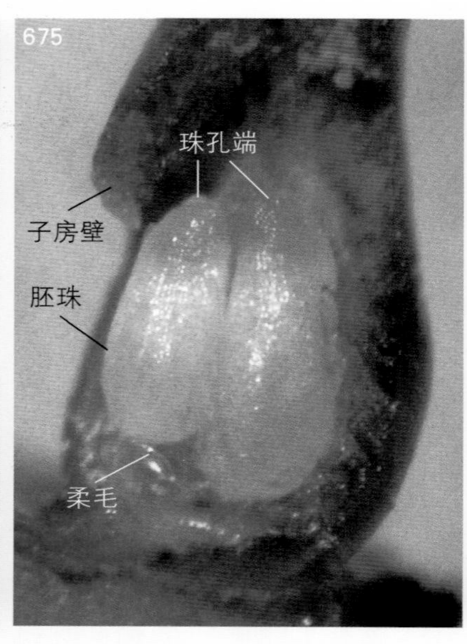

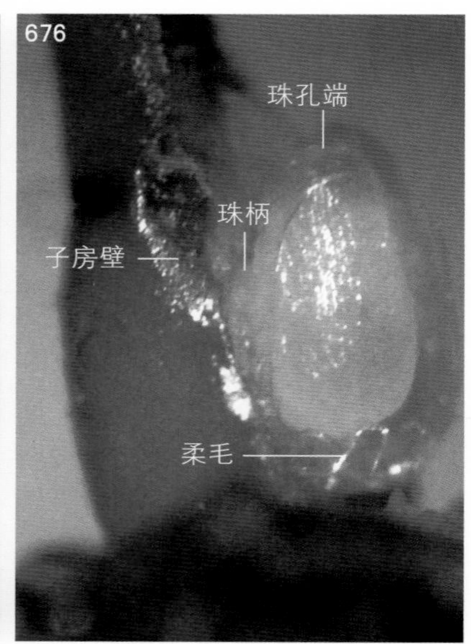

图2-674 除去部分子房壁后，示子房室内的2个不等大的胚珠

图2-675 子房室内2个胚珠的放大

图2-676 子房室内2个胚珠的不同角度观察

胚珠为横生胚珠，其珠柄短而宽，与胚珠垂直，边缘胎座。子房室近基部的内壁上生有稀疏的柔毛。

（2）6基数的花

图2-677 花的上面观

花瓣6片，覆瓦状排列；离生雄蕊，雄蕊多数，花丝不等长；雌蕊的柱头伸出花外。

图2-678 花的侧面观

离生雄蕊，雄蕊多数。

图2-679 花的侧面观

萼筒的中下部和花梗上的柔毛较密。

图2-680 萼筒和花梗上部的放大（暗视野观察）

681
花瓣
萼筒
萼片
花梗

图2-681 花的下面观

萼片6片，与花瓣互生。

图2-682 花瓣的离析

花瓣的爪在摘下花瓣时丧失。

图2-683 除去花瓣后，花的侧面观

图2-684 除去花瓣后，花的上面观

图2-685 除去花瓣并纵剖除去部分萼筒（被丝托）后，花的侧面观

萼筒下部的内壁上有花蜜腺及其分泌的蜜液，雌蕊的子房上位，花为周位花。

图2-686 除去花瓣并纵剖除去部分萼筒后，花的侧面观（暗视野观察）

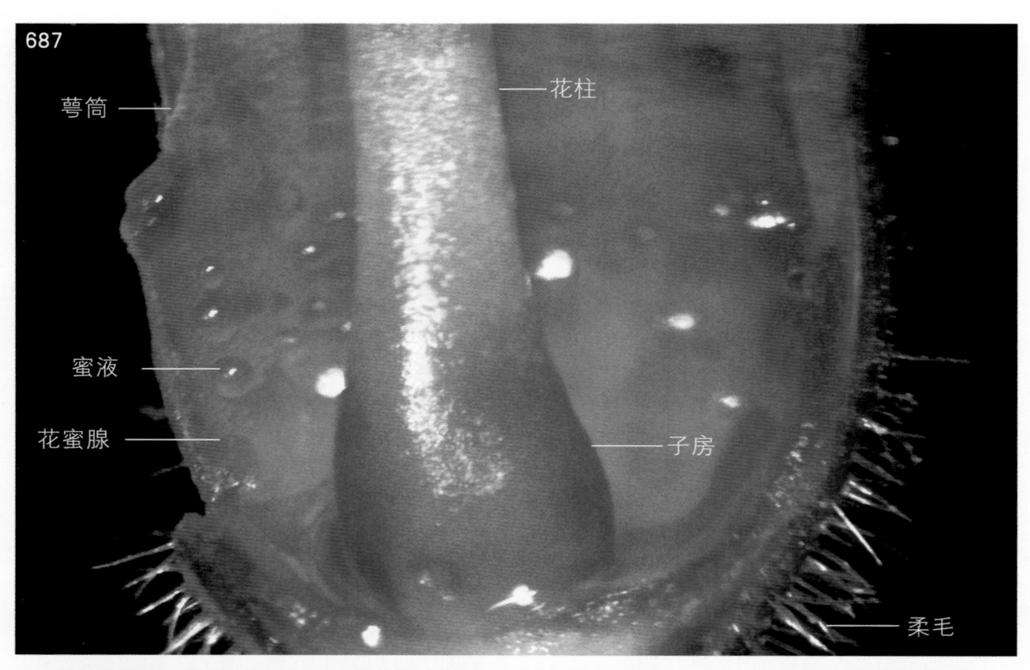

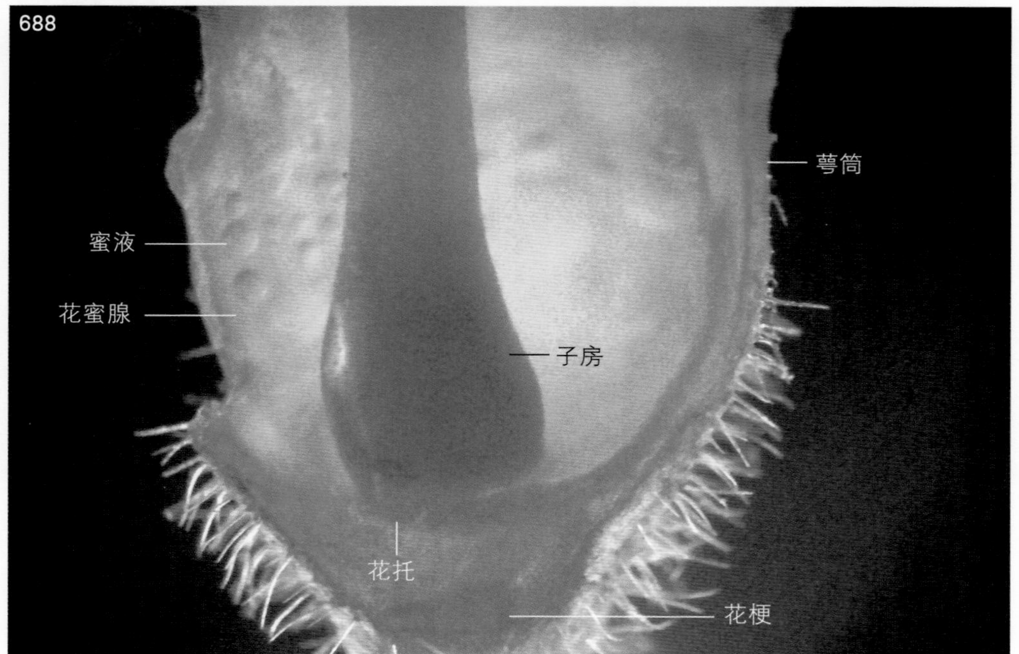

图2-687 萼筒内面的花蜜腺及其分泌的蜜液
图2-688 萼筒内面的花蜜腺及其分泌的蜜液（暗视野观察）
图中的子房着生在花托上，子房上位。

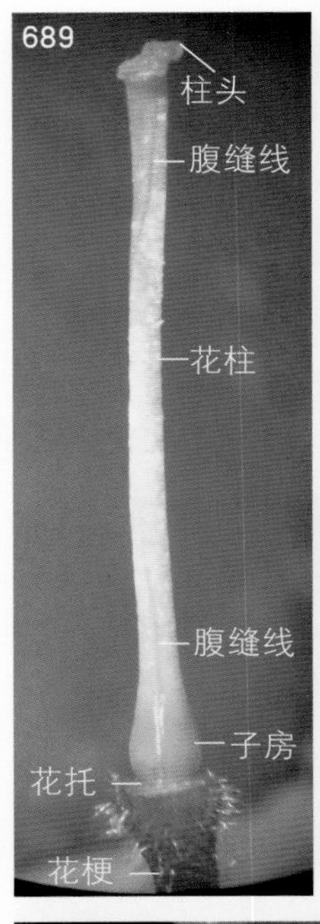

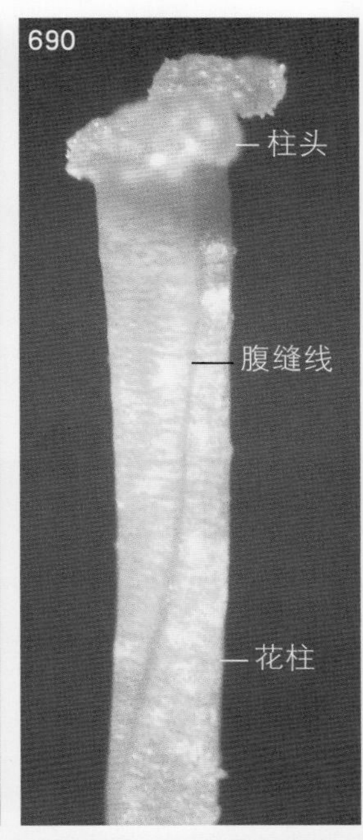

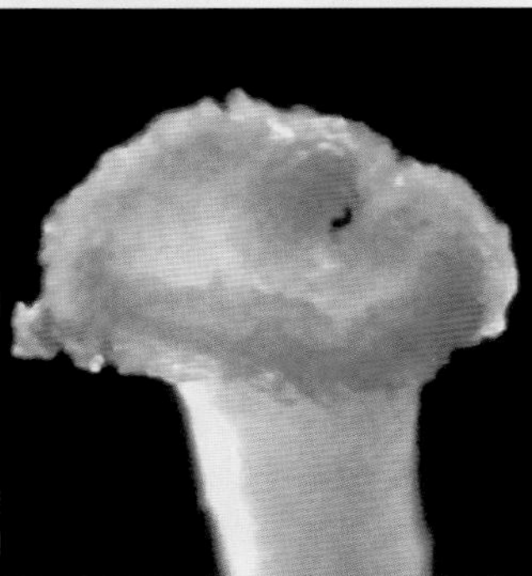

图2-689　分离出的雌蕊

子房着生在花托上，子房上位；柱头的凹缺处即腹缝线处，它与花柱上扭曲的腹缝线及子房壁表面的腹缝线相连。

图2-690　柱头和花柱的放大

图2-691　柱头的上面观及（上图）

柱头表面有黏液，为湿柱头。

柱头上面观的暗视野观察（下图）

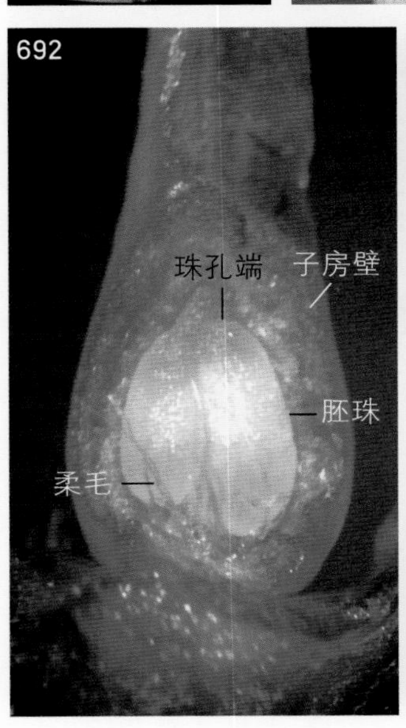

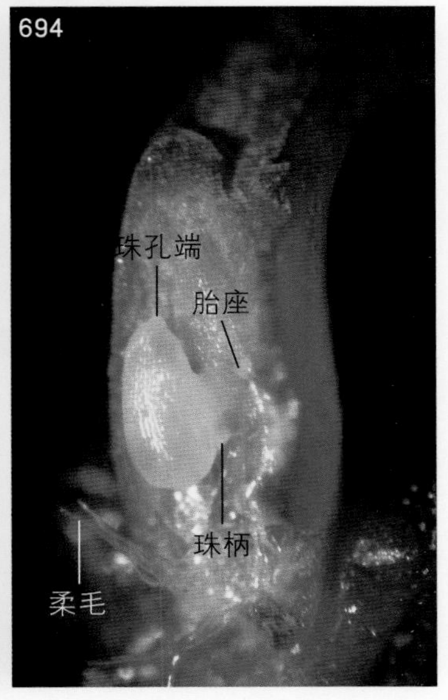

图2-692　除去部分子房壁后，示子房室内的2个不等大的胚珠

樱桃的雌蕊为单雌蕊，子房1室，子房室近基部的内壁上生有稀疏的柔毛。

图2-693　将较大的胚珠从子房室内分离出来

图2-694　子房室内的倒生胚珠

子房室内胚珠的珠孔端朝上，珠柄短而宽，与胚珠垂直，胚珠的珠孔端突出，边缘胎座。

十一、蒺藜科（Zygophyllaceae）

蒺藜（*Tribulus terrestris* Linnaeus）

蒺藜属（*Tribulus*）。草本，茎平卧，叶为偶数羽状复叶；两性花，有花梗；萼片5片，离生，宿存；花瓣5片，离生；雄蕊10个，离生；复雌蕊，由5个心皮合生而成，子房上位，5室，每室有3个胚珠；果实为分果，由5个不开裂的分果瓣组成。

花材料采自河南省洛阳市河南科技大学开元校区，于2017年6月27日解剖。

图2-695 枝的一部分
花单生于叶腋。

图2-696 花的上面观
萼片和花瓣均为5片，离生雄蕊10个，柱头5裂。

图2-697 花的侧面观

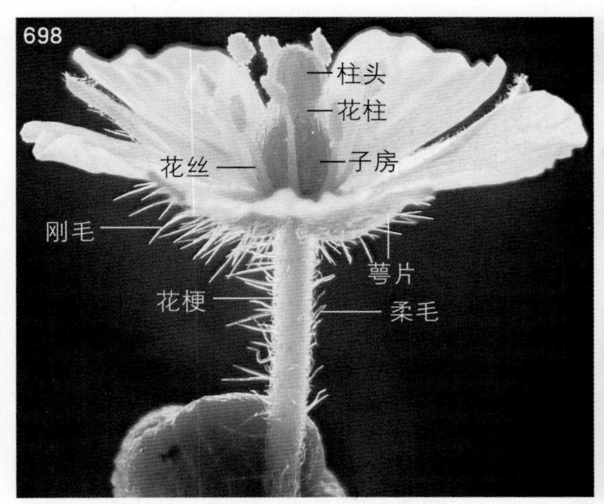

图2-698　花的侧面观（暗视野观察）

萼片外表面和花梗上生有刚毛和柔毛，《中国植物志》无具体记载。

图2-699　花的下面观

萼片和花瓣互生，萼片外面的刚毛较长。

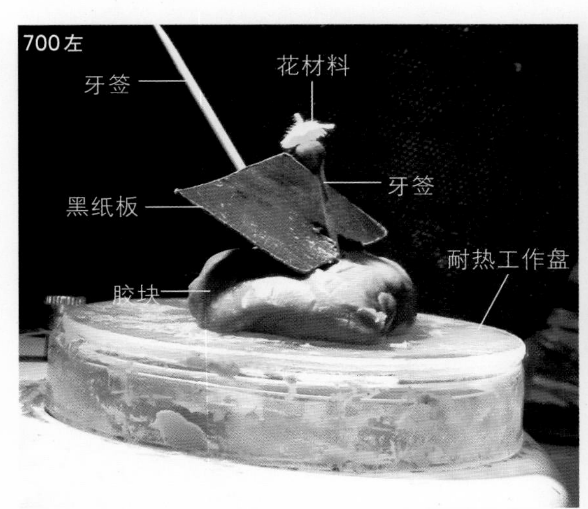

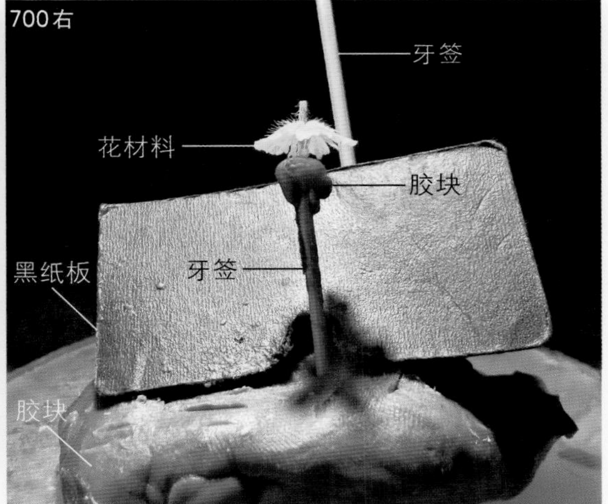

图2-700　左图：花在胶块上的固定和制作黑色背景的方法
右图：左图的不同角度观察

图2-701 分离出的花瓣（内面观）

图2-702 除去花瓣后，花的上面观

萼片有半透明的膜质边缘。

图2-703 除去花瓣后，花蕊的近侧面观

雄蕊10个，排列成2轮。根据《中国植物志》记载，蒺藜属的外轮5个雄蕊较长，与花瓣对生，内轮5个雄蕊较短，基部有腺体。从图中看，外轮雄蕊与萼片互生，内轮雄蕊与萼片对生。

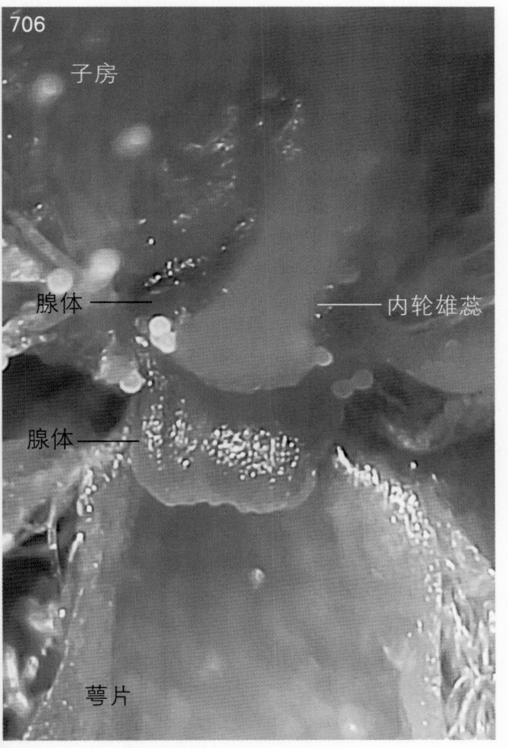

图2-704　除去花瓣后，花的下面观

萼片有半透明的膜质边缘。

图2-705　除去花瓣并将萼片粘在胶块上后，花蕊的侧面观

雄蕊的花药已纵裂，其释放出的一些花粉粒已黏附到柱头表面。内轮雄蕊的花丝外侧基部有绿色、厚鳞片状的腺体。内轮雄蕊两侧是与花瓣对生的外轮雄蕊，外轮雄蕊的花丝外侧基部也有腺体（黄绿色、稍小）。

图2-706　内轮雄蕊的花丝基部的腺体

内轮雄蕊的花丝的外侧基部有绿色的腺体，在花丝的腋内也有与花丝对生的腺体。

图2-707 雄蕊展开后，花蕊的上面观

柱头表面已有花粉粒附着。

图2-708 将另一朵花的1个内轮雄蕊的花丝展开后，示花丝内侧基部的1个绿色鳞片状的腺体（共5个）

内轮雄蕊内外两面的基部，各有1个与之对生的肉质、厚鳞片状的腺体。另外，内轮雄蕊的两侧分别有1个外轮雄蕊，外轮雄蕊的外侧基部也各有1个较小的腺体。雄蕊基部的这些腺体组成了花内的花盘。

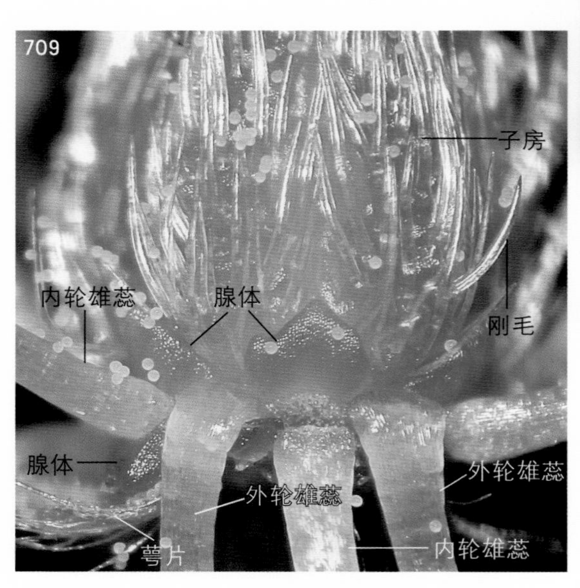

图2-709 将2个外轮雄蕊和1个内轮雄蕊的花丝展开后，示内轮雄蕊基部的内、外两面着生的2个腺体

内轮雄蕊的花丝基部的内、外两侧都有明显的与之对生的腺体。

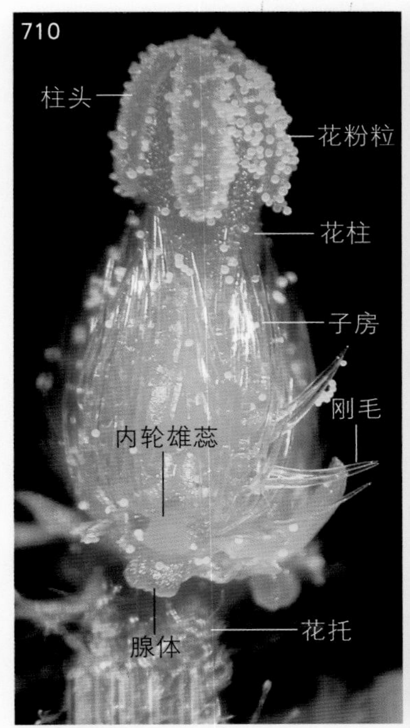

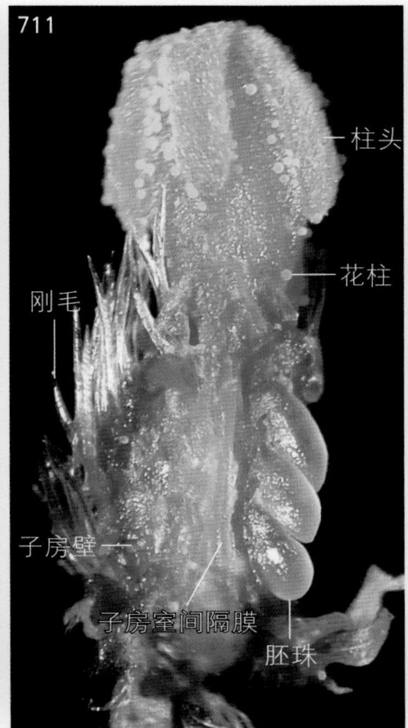

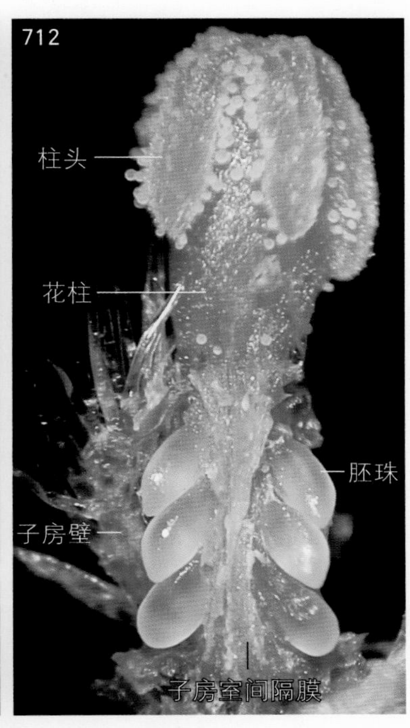

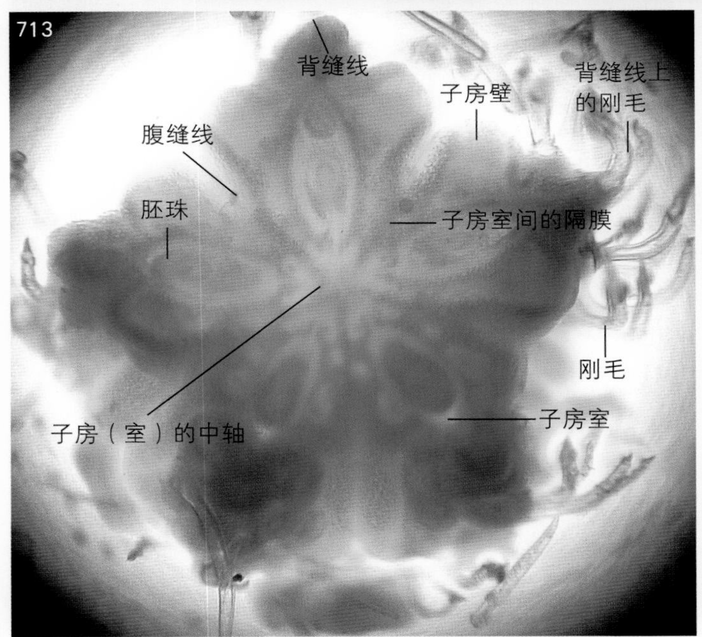

图2-710　雌蕊的侧面观

子房的表面生有较密的刚毛，《中国植物志》中无具体记载。

图2-711　除去部分子房壁后，示1个子房室内的3个胚珠

图2-712　2个子房室内的胚珠（中轴胎座）

图2-713　子房的横切片的显微镜观察

在制作子房横切片时，需将子房表面的一些刚毛先拔掉，否则横切制片较困难。图中，可见复雌蕊是由5个心皮合生而成，子房5室，每室仅有1个（实为1列）胚珠的横切面，中轴胎座。结合前面对子房的解剖，就可全面了解子房内胚珠的数量和着生情况。在子房横切片上有5个较尖的棱和5个稍深的凹陷，这5个棱尖处为背缝线的位置，5个稍深的凹陷处为腹缝线的位置。

十二、漆树科（Anacardiaceae）

火炬树（*Rhus typhina* Nutt）

盐肤木属（*Rhus*）。乔木，奇数羽状复叶；单性花，花小，有花梗。雄花：未采到。雌花：由两性花退化而成，雄蕊不育（形态上的两性花）；花萼深裂，裂片5个；花瓣5片，离生；雄蕊5个，离生，较小，不育；花盘环状；复雌蕊，由3个心皮合生而成，子房上位，1室，胚珠1个，花柱和柱头均为3个。

雌花材料采自河南省洛阳市的2处不同地点，分别于2013年5月29日（柱头带有红色）和2014年5月8日（柱头黄绿色）进行花的显微解剖。

火炬树原产于欧美，属于外来引种植物，在《中国植物志》中无记载，这里参考百度百科书写其拉丁名。

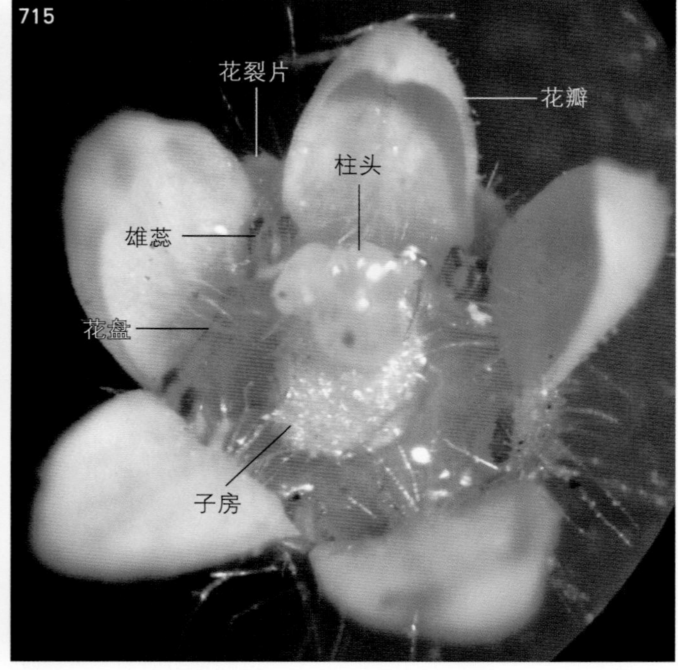

图2-714 由雌花组成的圆锥花序

图2-715 雌花的近上面观

花瓣5片，离生，与花萼裂片互生；退化雄蕊5个，离生，雄蕊和花药的药室均较小，不育，与花萼裂片对生；雄蕊和子房之间有花盘；复雌蕊，柱头3个，表面有黏液，为湿柱头。

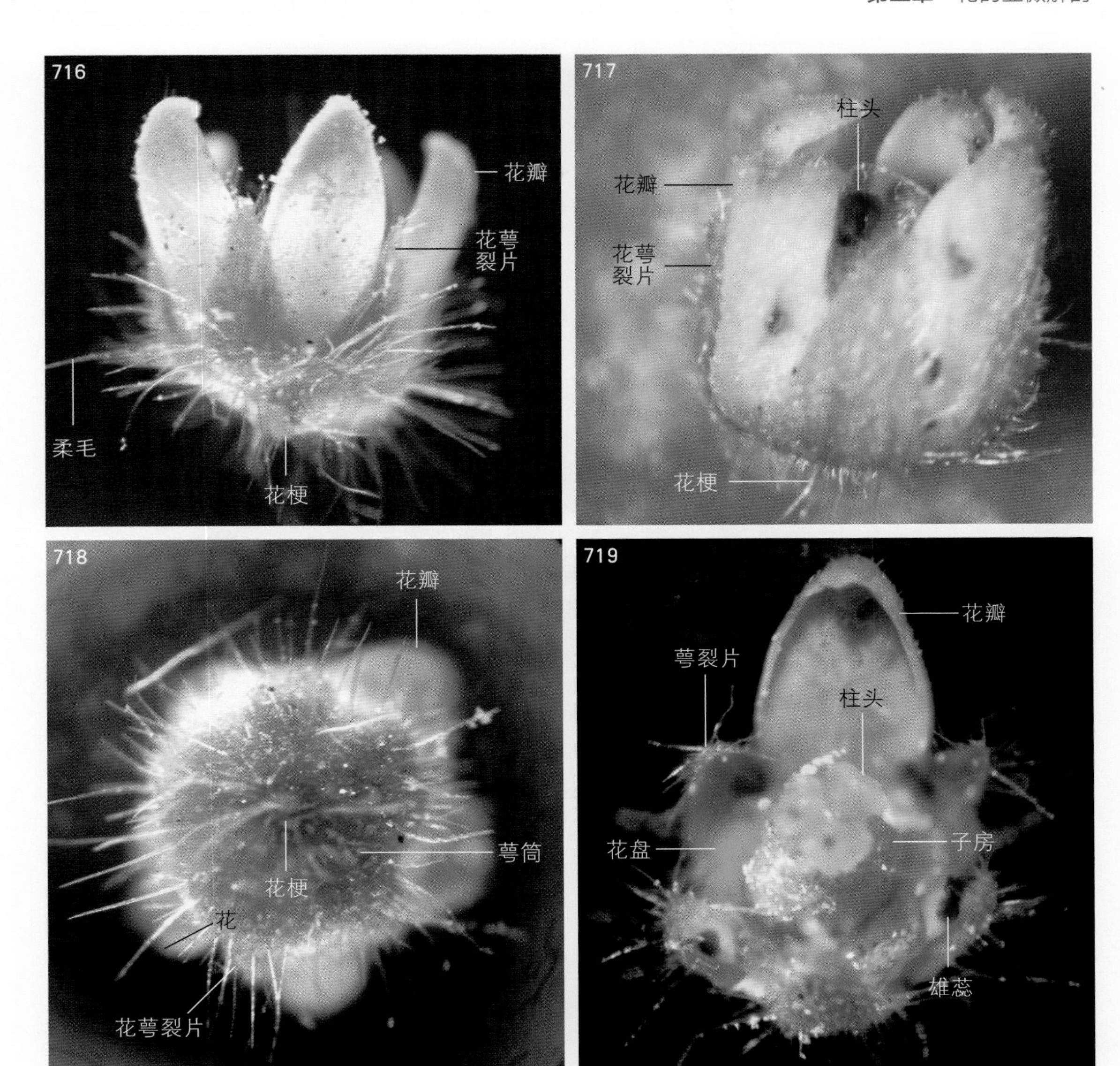

图2-716 雌花的侧面观（暗视野观察）

雌花的花梗较短，花萼深裂，花萼裂片与花瓣互生，花萼外生有柔毛。

图2-717 另一朵雌花的近侧面观

图2-718 雌花的下面观

花萼深裂，其萼筒（被丝托）位于花的下部，花萼外面生有柔毛，有些柔毛较长。

图2-719 除去4片花瓣后，花的近上面观

雄蕊较小，花药未正常发育；雌蕊的子房密生柔毛，柱头3个；花盘橘黄色，盘状，位于雄蕊和雌蕊之间。

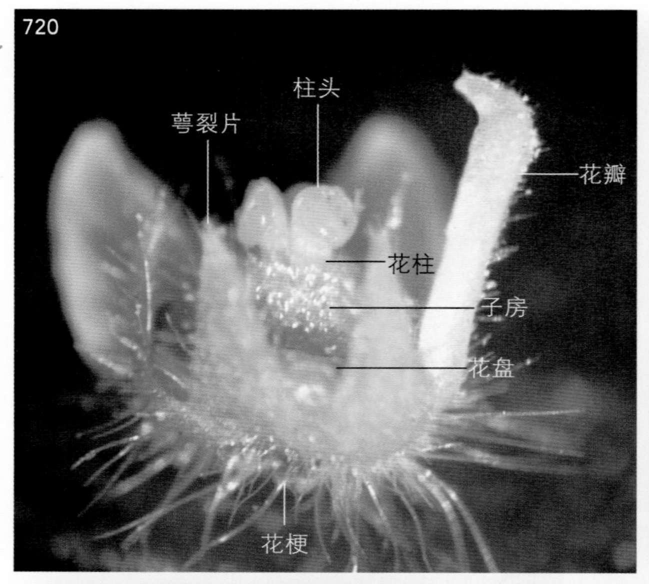

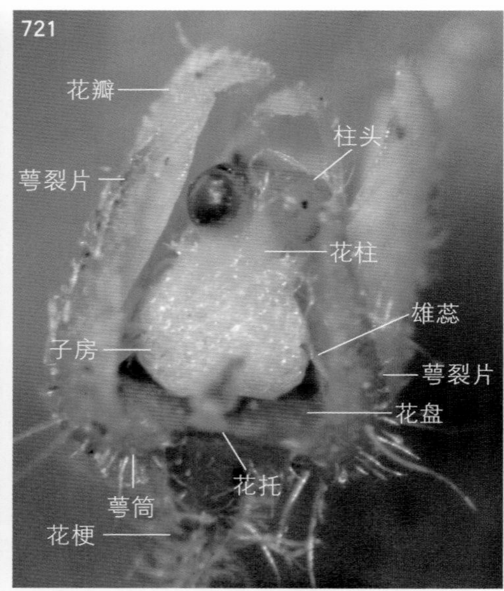

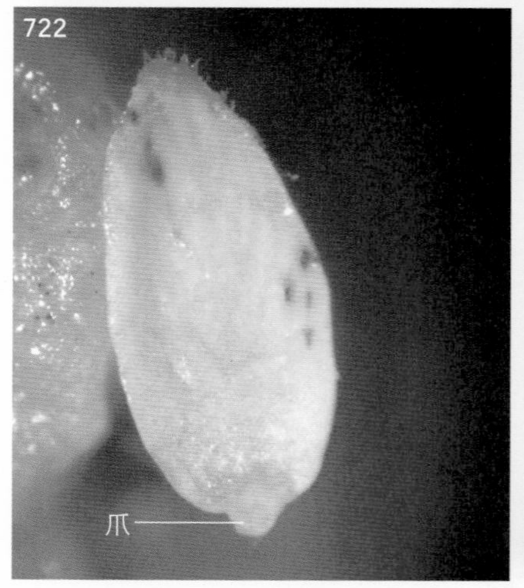

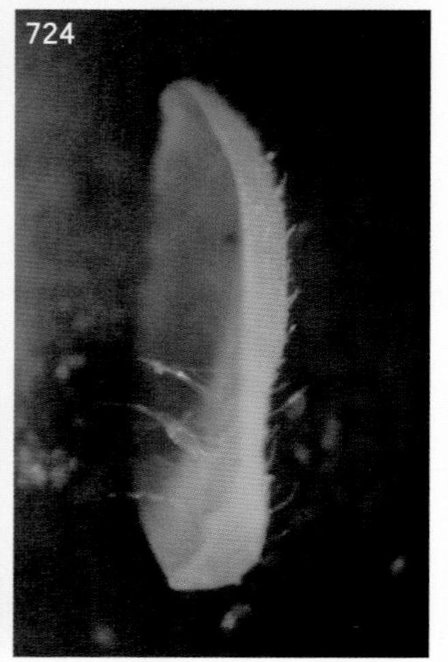

图2-720 除去2片花瓣后，花的侧面观

雌蕊的子房上位，花柱和柱头均为3个。

图2-721 除去1片（花）萼裂片和2片花瓣后，另一朵雌花的侧面观

不育的退化雄蕊扁而小，雌蕊的子房表面密生柔毛，子房上位，花柱较短，柱头头状，花柱和柱头均为3个。图中的萼筒位于花的底部，相当于被丝托，花为下位花，而非周位花。

图2-722 花瓣的外面观

花瓣的基部细缩成很短的爪。

图2-723 花瓣的内面观

图2-724 花瓣的近侧面观

花瓣在内面凹陷，两面生有柔毛。

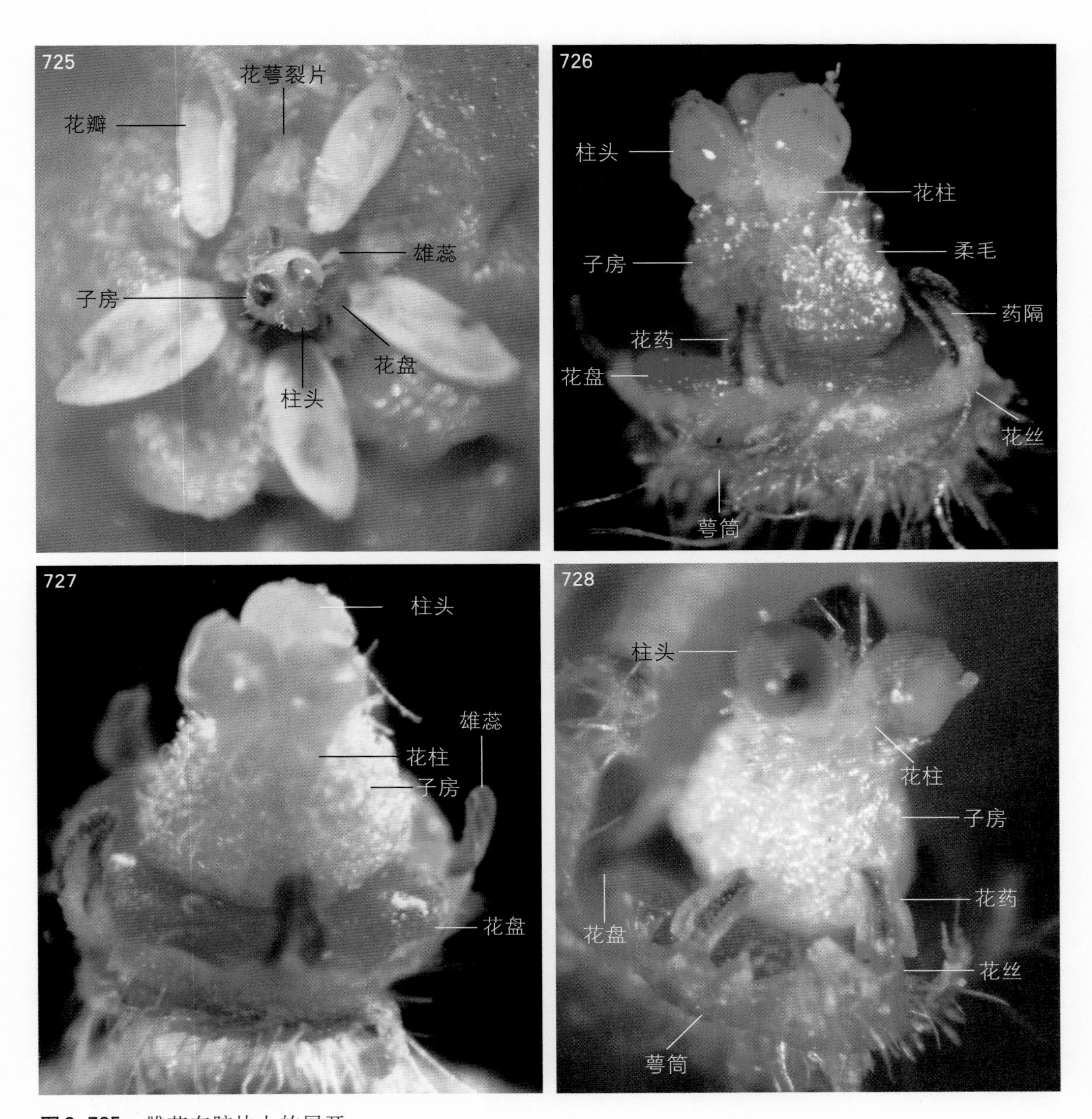

图2-725　雌花在胶块上的展开

花萼裂片和花瓣均为5片，两者为互生排列，花盘位于雄蕊和雌蕊之间，雌蕊的柱头3个。

图2-726　除去花萼裂片和花瓣后，花的侧面观

雄蕊较小，不育，位于红色环状花盘的外缘，其花药较扁，花丝较短；雌蕊的基部被环状花盘包绕，花柱短而明显，柱头上有黏液，为湿柱头。

图2-727　除去雌花的花萼裂片和花瓣后，花蕊的近侧面观

图2-728　除去花瓣和大部分萼裂片后，另一朵雌花的近侧面观

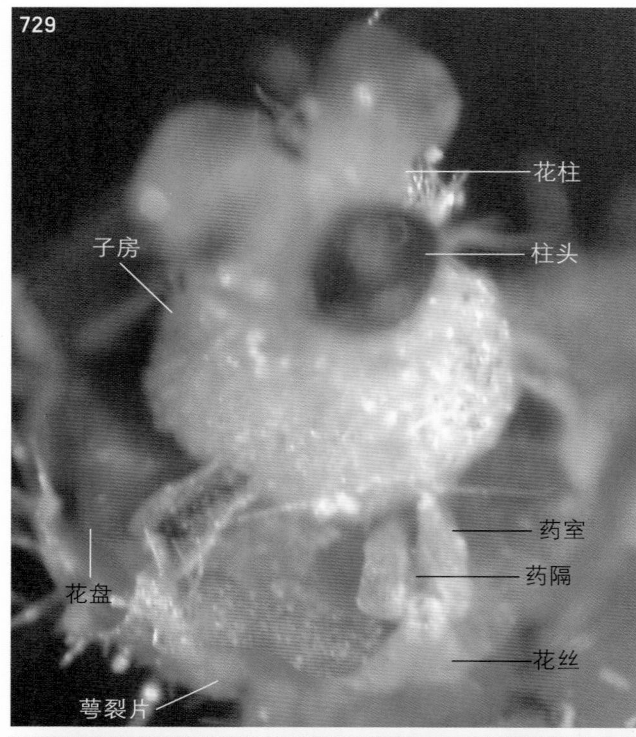

图2-729 （雌花）花蕊的不同角度观察

退化雄蕊的花药扁，药室不饱满，花丝下宽上窄，呈三角形。

图2-730 （雌花）花蕊中的花盘

5个离生的雄蕊生于红色花盘的外缘，与花萼裂片对生。

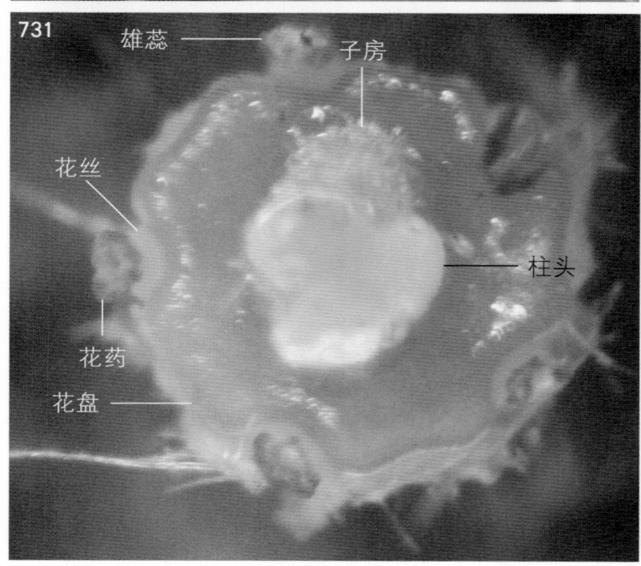

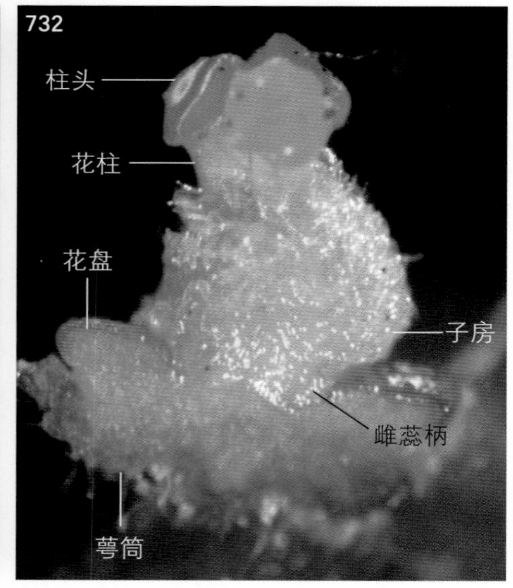

图2-731 花盘的上面观

花盘有5个凹缺，凹缺处有雄蕊（的花丝）嵌入。

图2-732 将花盘纵剖除去一部分，示雌蕊被花盘环绕的部分

雌蕊的近基部被花盘环绕的部分细缩成较粗的柄，即雌蕊柄。柱头表面有黏液，为湿柱头。

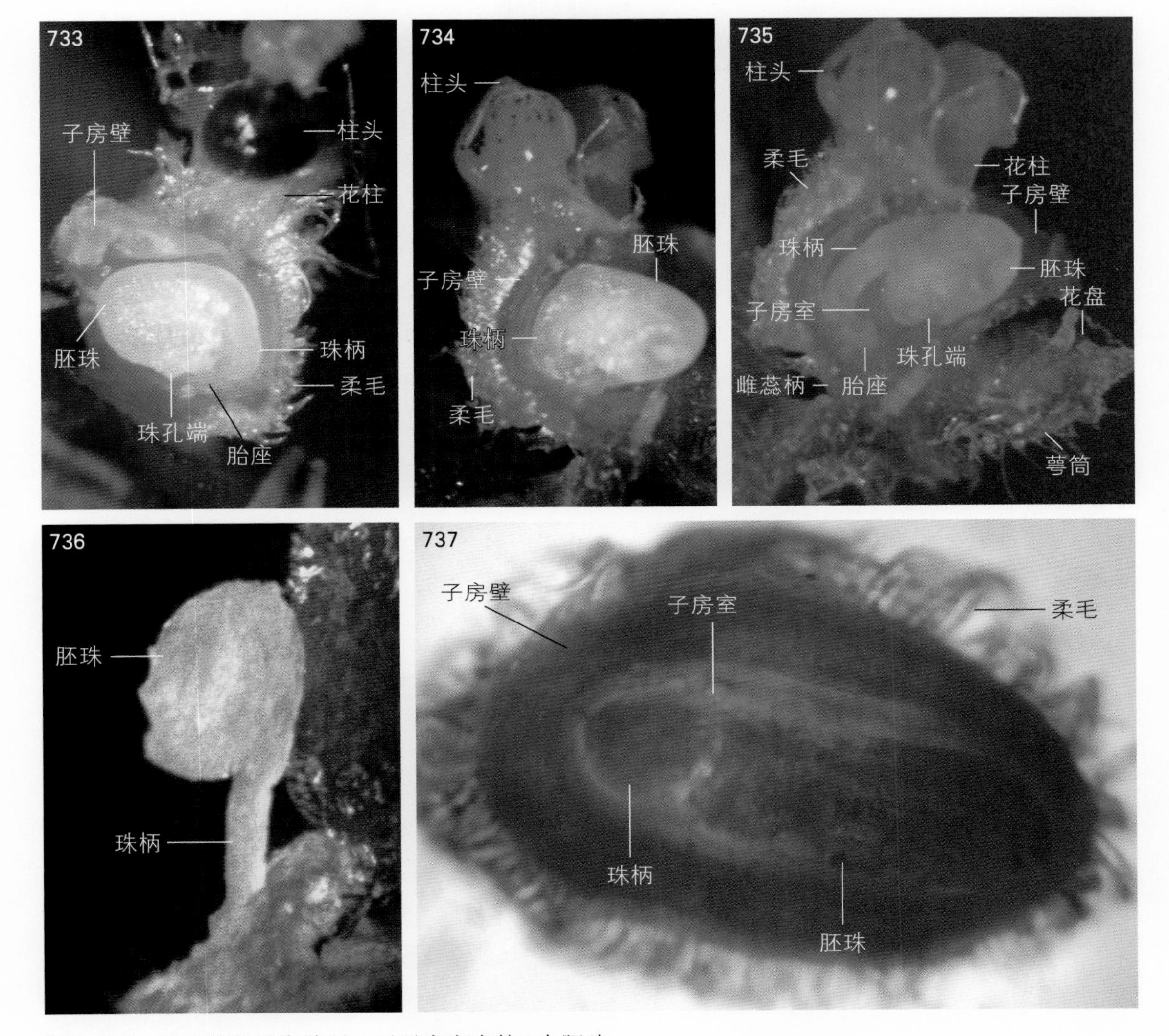

图2-733 除去部分子房壁后，示子房室内的1个胚珠

胚珠的珠柄位于胚珠右侧，珠孔端朝下。从形态上看，此胚珠属于拳卷胚珠，只是珠柄稍短，其胎座为基生胎座。

图2-734 另一个子房室内的胚珠

图2-735 在子房室内将胚珠的珠柄展开，示拳卷胚珠及其基生胎座

图2-736 拳卷胚珠在胶块上的展开

火炬树和仙人球的胚珠虽然都是较为少见的拳卷胚珠，但是两者在形态上有一些差异（图2—755）。

图2-737 子房横切片的显微镜观察

子房壁的表面密生柔毛，子房1室，室内有1个胚珠的横切面，胚珠的左侧有1个近圆形并与胚珠分离的珠柄的横切面。

十三、仙人掌科（Cactaceae）

仙人球 [*Echinopsis tubiflora*（Pfeiff.）Zucc. ex A. Dietr.]

仙人球属（*Echinopsis*）。草本，肉质植物，茎球状，叶特化成刺状；两性花，无花梗；花被片多数，螺旋状着生在花被筒（花托筒，被丝托）上，外层的花被片萼片状，内层的花被片花瓣状；雄蕊多数，生于花被筒内面的中上部；复雌蕊，由5个心皮合生而成，子房下位，1室，侧膜胎座，拳卷胚珠，花柱较长，1个，柱头4～5个。

盆栽的仙人球由河南省洛阳市某超市购买，花材料于2018年11月25日至12月1日解剖。用于整体透明处理的胚珠取自同株仙人球，于2020年5月29～31日进行整体透明处理及观察。仙人球是外来的盆栽观赏植物，在《中国植物志》中无记载，这里依据“中国植物图像库”书写其拉丁名。

图2-738 花期的仙人球

图2-739 肉质（变态）枝顶端小窠内的（叶）刺和刚毛

小窠内的2根刺粗而硬、尖，扎手。

图2-740　小窠的近上面观

小窠内生有刺、刚毛和一些短绵毛，刚毛隐约可见有节。

图2-741　仙人球表面的部分放大，示肉质枝和开败后枯萎的花（上面观）

花由肉质枝间的小窠生出，在花的周围生有密而厚的、白色的绵毛。

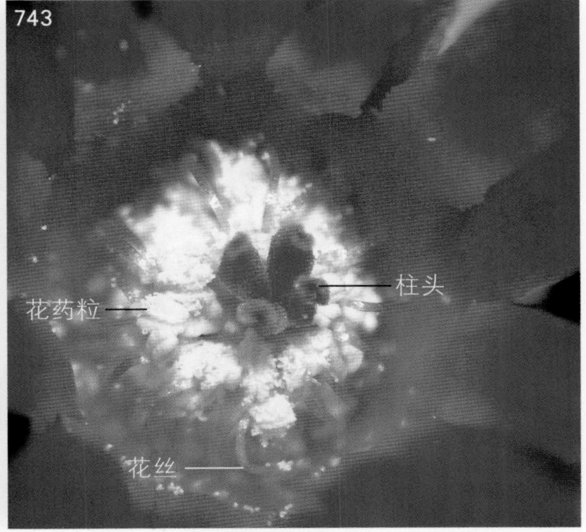

图2-742　花的上面观

内层的花被片多数，花瓣状。

图2-743　花蕊的放大

雄蕊多数，离生，图中的花药已开裂，释放出大量的花粉粒；雌蕊的柱头从雄蕊群中露出，4个。

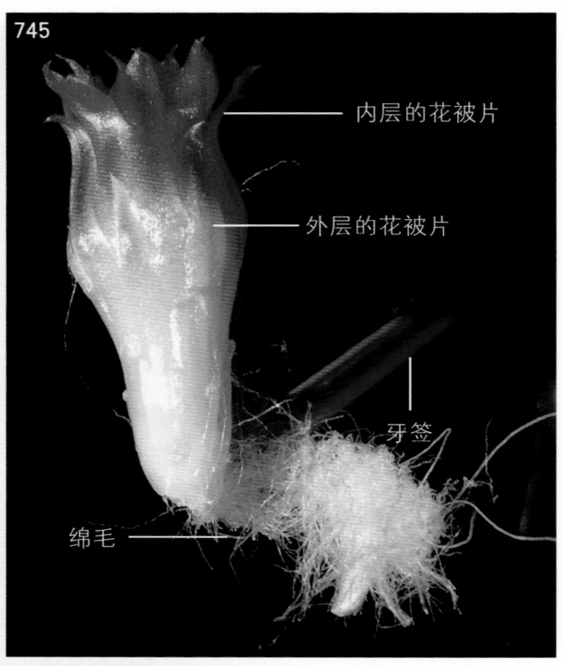

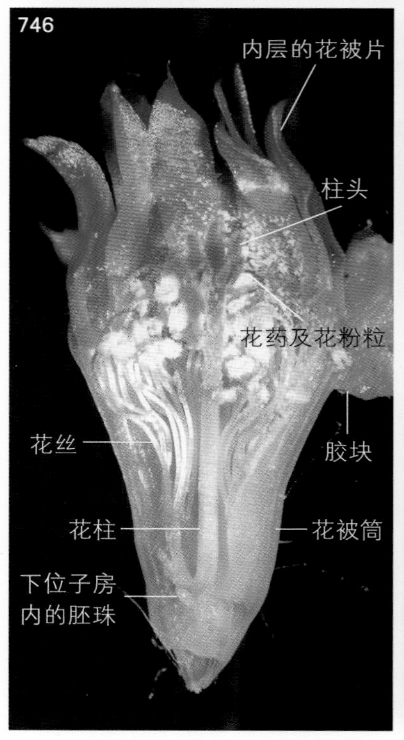

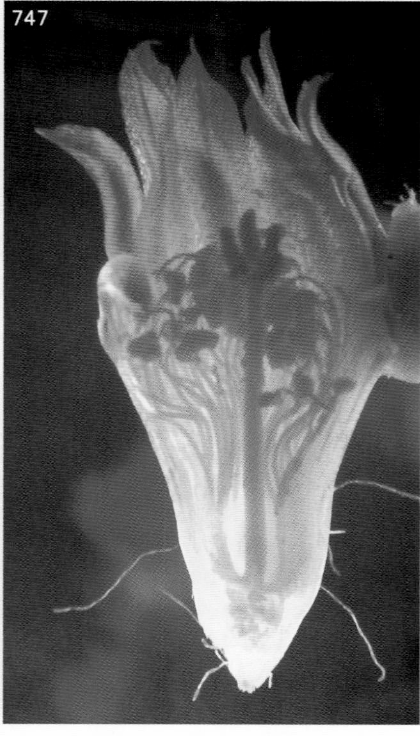

图2-744 花的侧面观

图2-745 午后摘下的花，花被片逐渐闭合

图中右侧的右侧下方，是从花周围剥下的密生的白色绵毛。

图2-746 花的纵剖

花被片着生在花被筒（花托筒，被丝托）的上部，雄蕊群的花丝着生在花被筒的中下部，雌蕊的子房下位，花柱长柱状，较长，1个，柱头4个，花为上位花。

图2-747 花的纵剖（暗视野观察）

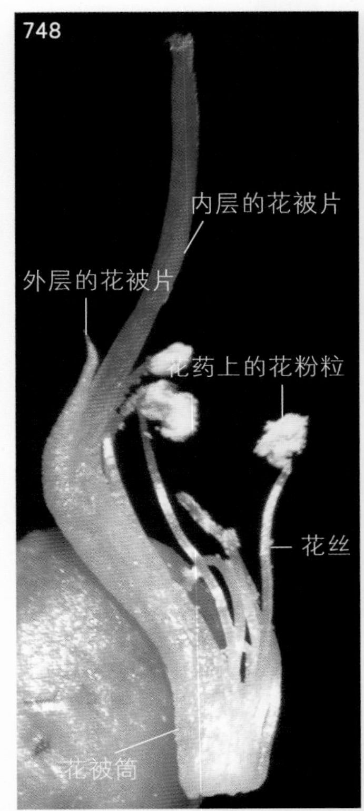

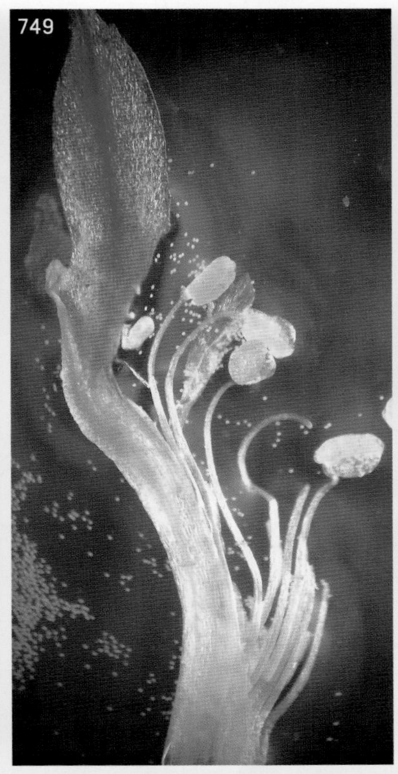

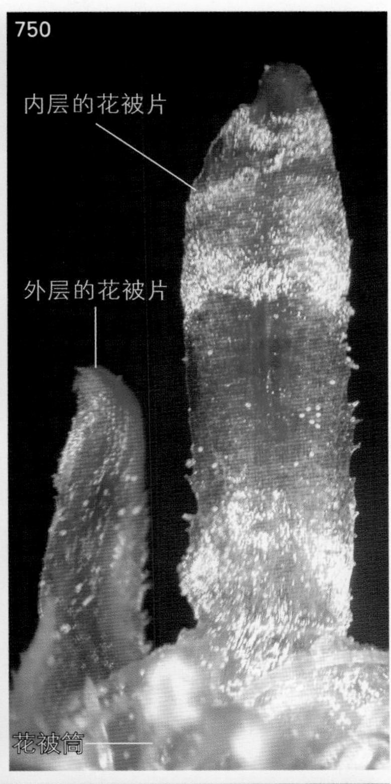

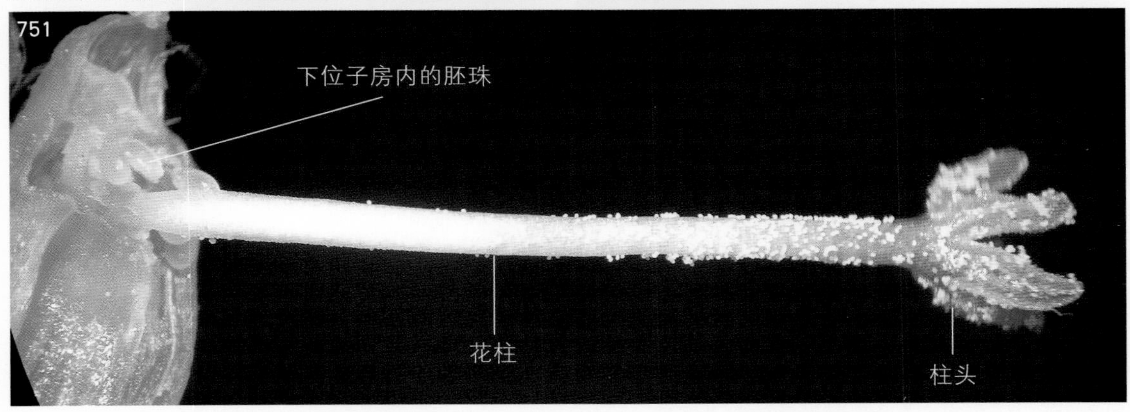

图2-748 部分花被筒、花被片和雄蕊

图2-749 部分花被筒、花被片和雄蕊的临时水装片观察

图2-750 花被筒上的1片外层的花被片和1片内层的花被片（内面观）

图2-751 雌蕊的花柱和柱头

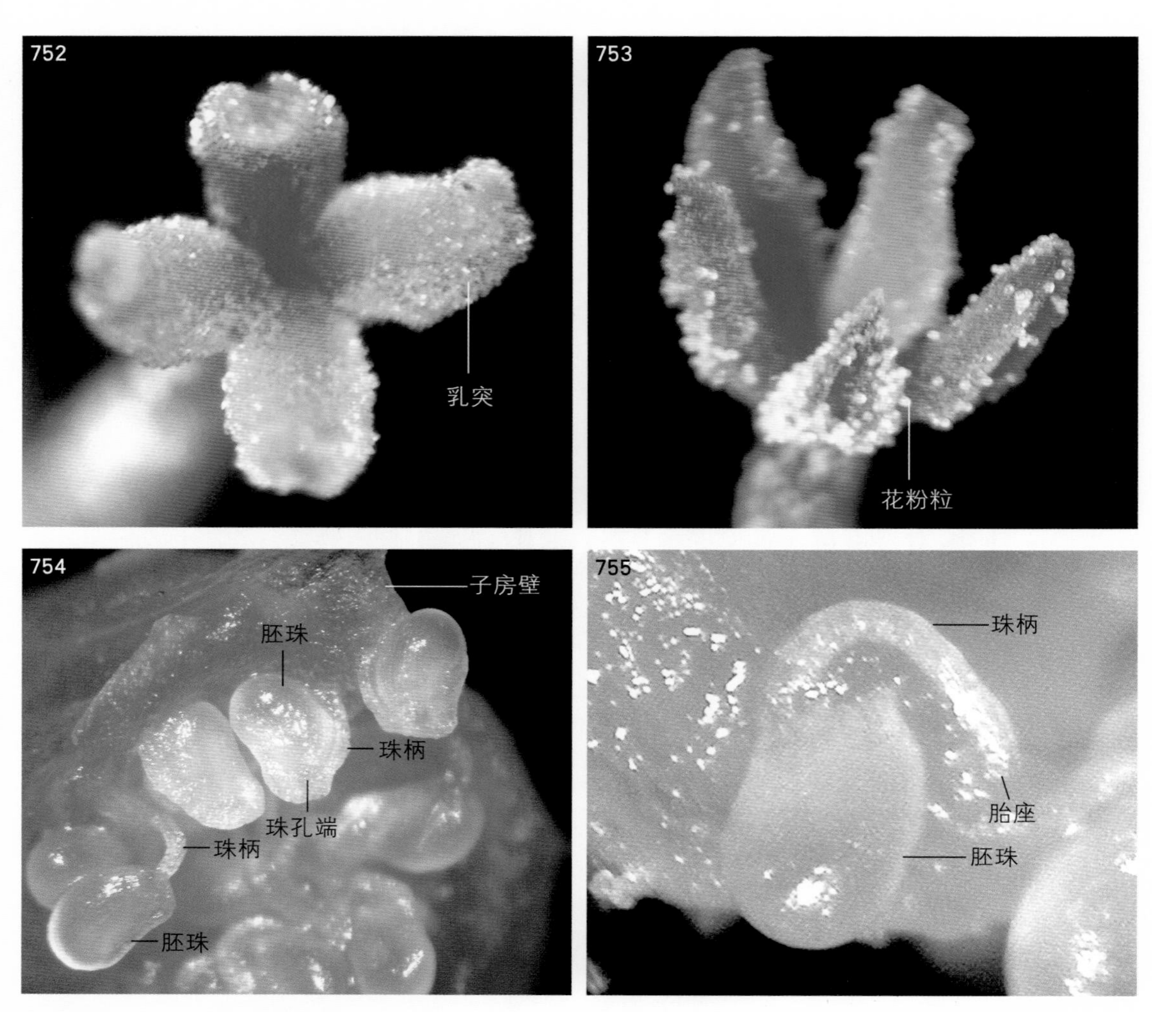

图2-752 花柱顶端的4个柱头

柱头表面不光滑，有乳突，并且无明显的黏液，为干柱头。

图2-753 花柱顶端的5个柱头

图2-754 将破损的子房内壁展开，示子房室内的部分拳卷胚珠

这些胚珠着生在子房室内的侧膜胎座上，其观察角度与子房横切片上的观察角度不同。

图2-755 子房室内1个珠柄展开的拳卷胚珠

在《植物学》教科书中，要么无拳卷胚珠的插图或照片，要么将拳卷胚珠的珠柄画得特别长，几乎环绕胚珠一圈，但是从本图和前述火炬树胚珠的图片可知，教科书中对拳卷胚珠的描述并不十分准确。若撇去珠柄的长度不谈，拳卷胚珠就是一种倒生胚珠。

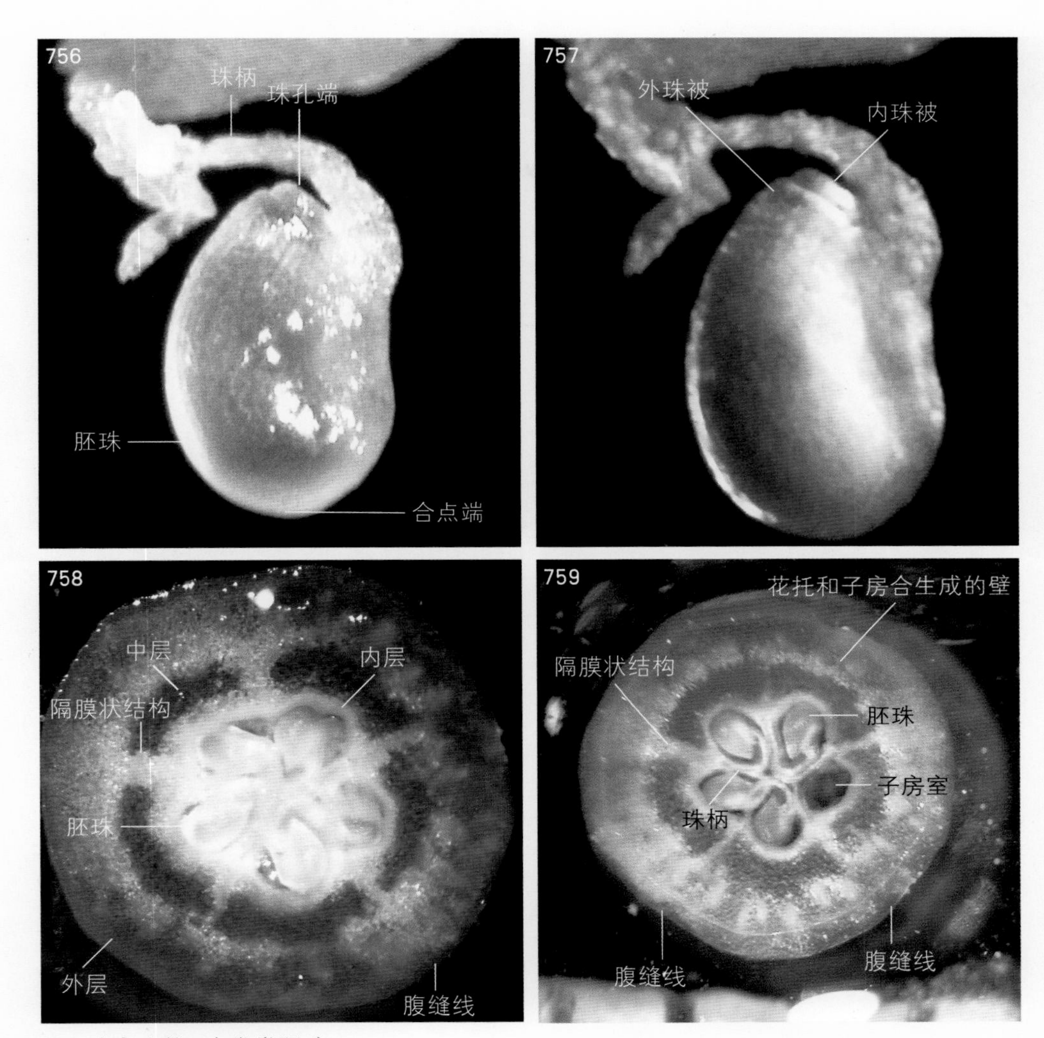

图2-756 分离出的1个拳卷胚珠

从胚珠的形态看，仙人球的拳卷胚珠就是一种珠柄稍长的倒生胚珠。

图2-757 图2-756胚珠的暗视野观察

从珠孔端的珠被着生情况看，珠被分为两层。

图2-758 下位子房的1个横切片（暗视野观察）

仙人球的雌蕊为复雌蕊，由5个心皮合生而成，子房1室，侧膜胎座，但是切片看起来却像子房5室，中轴胎座。图中，花托和（下位）子房合生的壁可分为外层、中层和内层三层，其中外层最厚，中层透明，外层与内层间有不透明的隔膜状结构相连。此隔膜状结构与子房内壁上的腹缝线位置相对，可根据其位置确定花托表面（子房）腹缝线的大致位置，背缝线大致位于2条腹缝线间的中央位置，具体位置需根据背束的位置来确定。

图2-759 使用显微解剖方法除去子房横切片的部分胚珠后，示子房室内拳卷胚珠的着生方式

图中右侧子房室内“空腔”是除去胚珠后留下的空隙，胚珠的珠柄在子房室内的分布看起来像是子房室隔膜，整个子房室看似5室，实为1室。

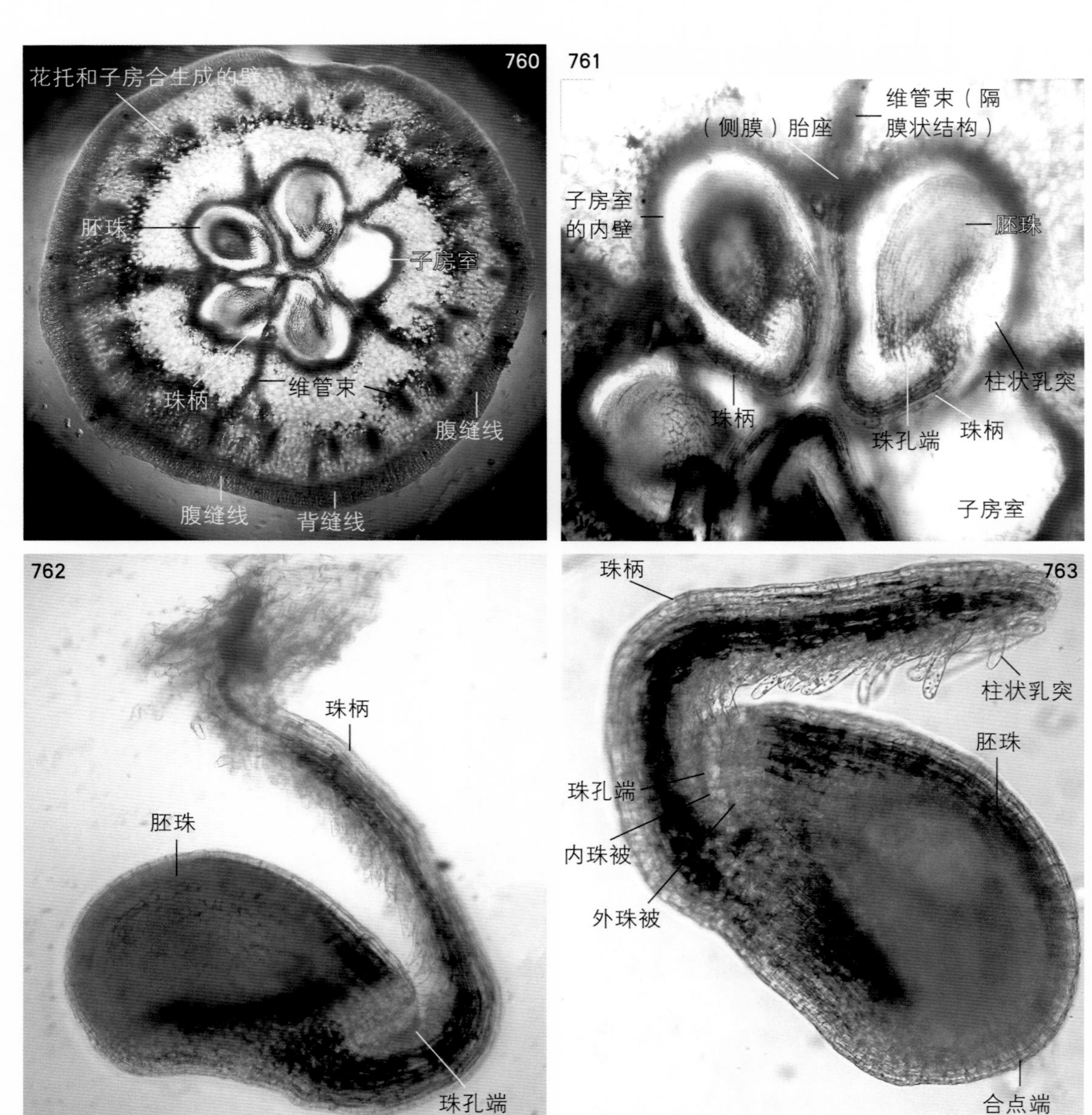

图2-760 图2-759切片的显微镜观察结果

图中，花托和子房合生壁的三层结构“消失”，壁的外层和内层间的“隔膜状结构”其实就是与(胚珠）珠柄相连的维管束。

图2-761 图2-760切片部分子房室的放大

2个拳卷胚珠的珠柄似子房室隔膜，子房室的内壁上生有柱状乳突。

图2-762 分离出的1个拳卷胚珠（临时水装片，显微镜照片）

图2-763 胚珠的放大观察

珠被2层，在珠柄的近胚珠面还生有柱状乳突。

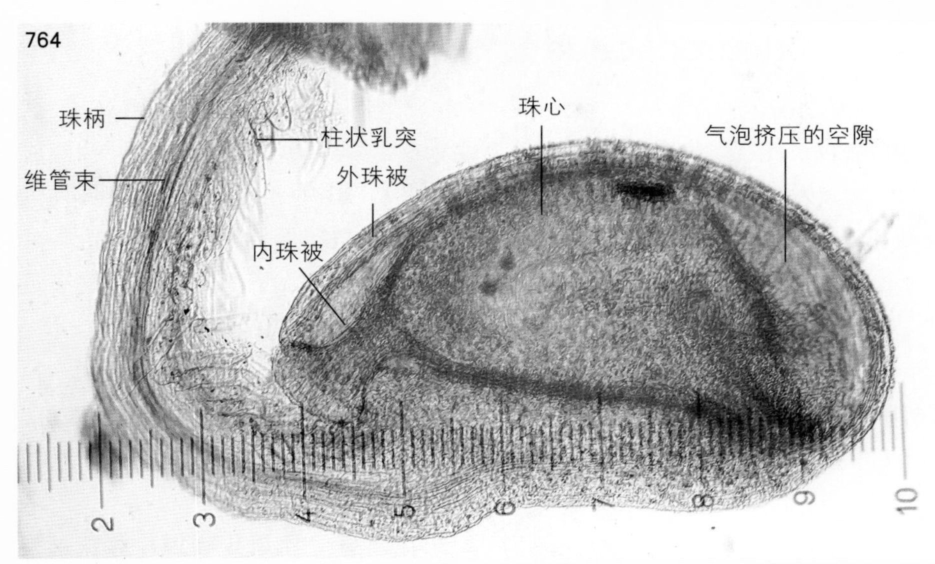

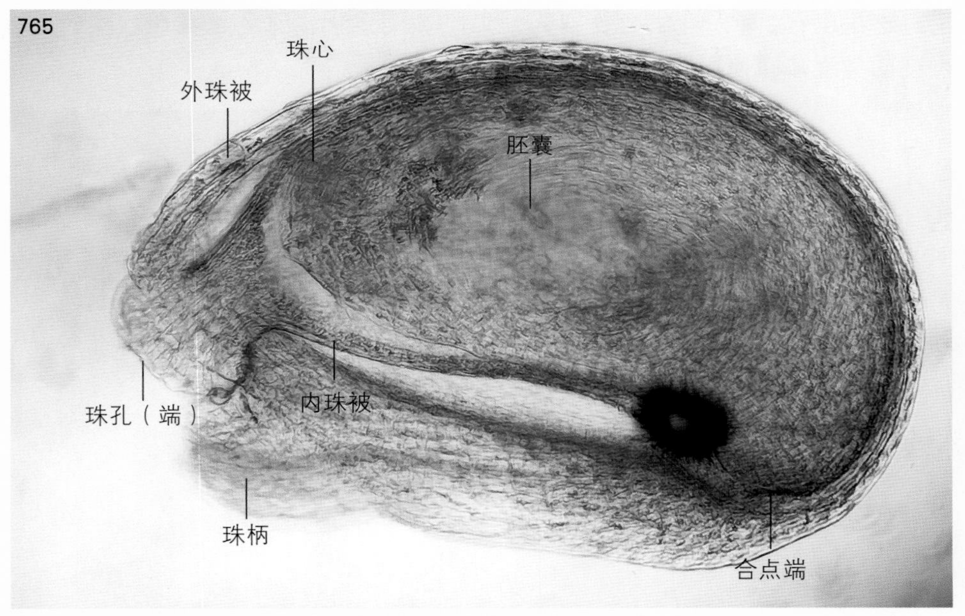

图2-764　胚珠的整体透明观察（未染色）

使用84消毒液进行胚珠的整体透明处理，处理后，由于胚珠的结构已经清晰，未对胚珠进行染色处理（若需对胚珠进行染色，需先用水浸泡胚珠以除去残存的84消毒液）。图中目镜测微尺的格值为0.01mm。

图2-765　另一个胚珠的整体透明观察

珠被2层，内珠被顶端先细缩成柄，然后在末端膨大，并露出外珠被之外，似珠心喙，在珠心内可见空腔状的胚囊，胚囊与珠心的珠孔端有多层细胞，为厚珠心。

十四、葫芦科（Cucurbitaceae）

1. 钮子瓜 [*Zehneria bodinieri*（H. Léveillé）W. J. de Wilde & Duyfjes]

马瓟（bó）儿属（*Zehneria*）。草质藤本，单叶互生，有卷须；单性花，雌雄同株。雄花：花萼裂片4～5个，较小，与花冠裂片互生；花冠裂片4～5片；雄蕊3个，花药均为2室；花内无退化雌蕊，有花盘。雌花：花萼裂片5个，较小，与花冠裂片互生；花冠裂片5片；退化雄蕊3个，花药不育；复雌蕊，由2～3个心皮合生而成，子房下位，花柱在近顶端处分为2～3枝，柱头2～3个，（上位）花盘生于花柱的基部；瓠（hù）果。

花材于2018年10月4日采自河南省南阳市镇平县贾宋镇张楼村，于2018年10月7日解剖。据《中国植物志》和《Flora of China》记载，钮子瓜产于四川、贵州、云南、广西、广东、海南、江西和福建，在河南及南阳无分布。这里依据《Flora of China》书写钮子瓜的拉丁名。

雄花有2种，一种是花萼裂片和花冠裂片均为4的雄花，另一种是花萼裂片和花冠裂片均为5的雄花。雌花也有2种，柱头数分别为2或3。花冠裂片为4的雄花和柱头数为2的雌花都是新发现的类型，即使在马瓟儿属里也无记载。

图2-766 叶片的上面观

图2-767 雄花序的侧面观

花序轴顶端生有正在开放的雄花及雄花蕾。雄花的花梗上部有关节，此关节和萼筒之间未见雌蕊的下位子房。

图2-768　花萼裂片和花冠裂片均为4的雄花（上面观）

雄蕊3个，花药已纵裂，药室内充满花粉粒，在《中国植物志》和《Flora of China》中均未记载这种雄花。

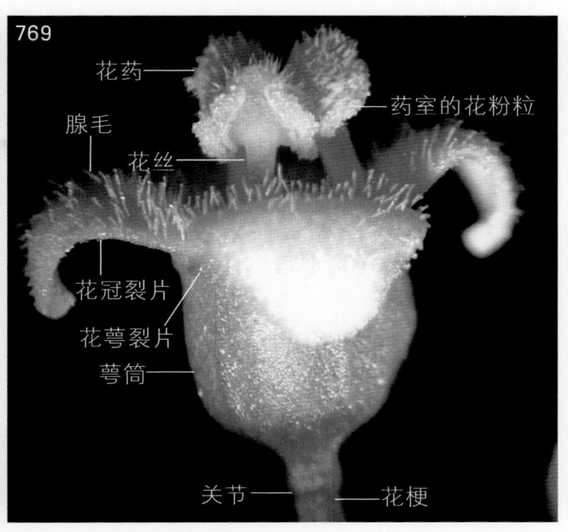

图2-769　雄花的侧面观

花冠裂片的内面生有腺毛。

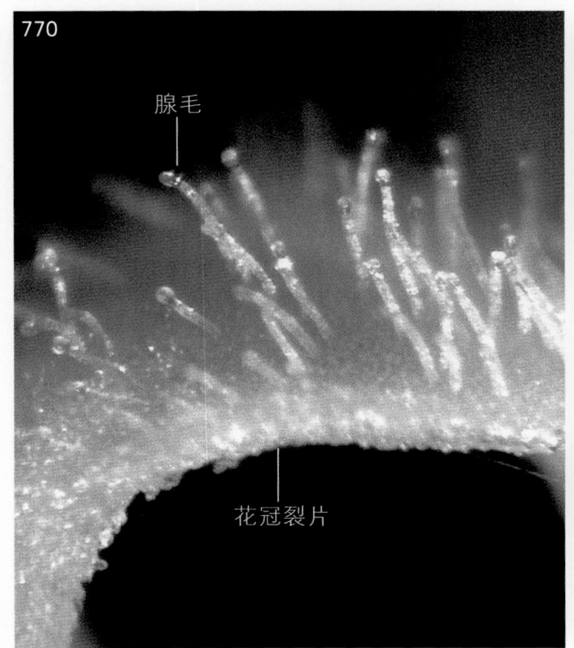

图2-770　花瓣内面着生的腺毛

腺毛的顶端稍膨大，呈球状。

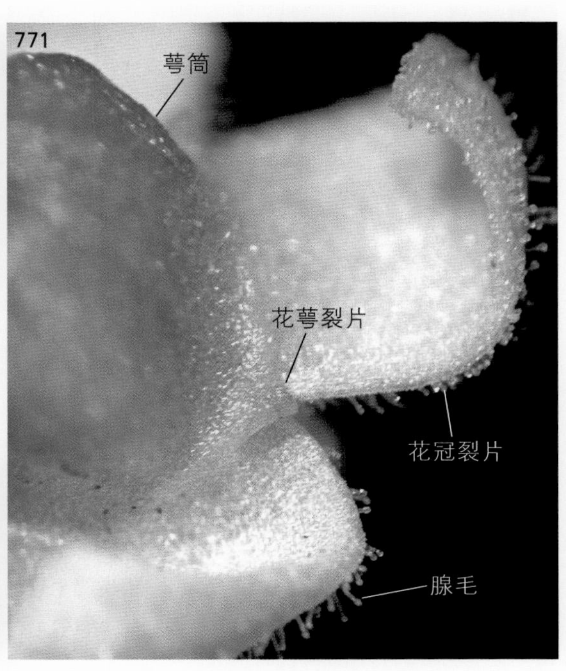

图2-771　将花倒置，示花萼裂片（外面观）

萼裂片4个，与花冠裂片互生。

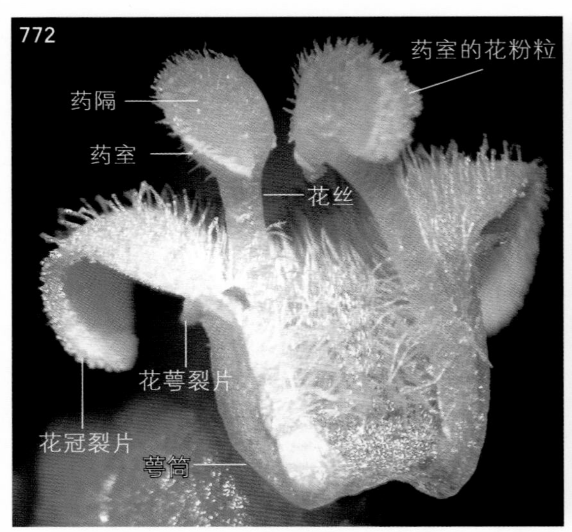

图2-772　将雄花纵剖为两半后，示其中的一半（内面观）

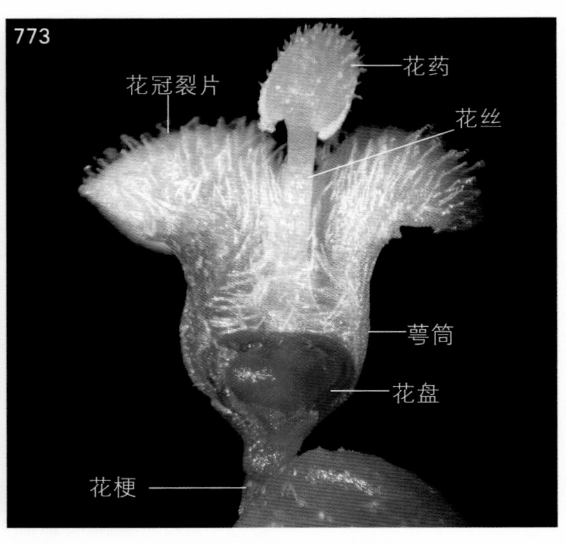

图2-773　纵剖雄花的另一半（内面观）

在雄花内有绿色的花盘，花盘的上下未见退化雌蕊的痕迹，这与《中国植物志》记载的马瓟儿属的“退化雌蕊形状不变”不符。

图2-774　图2-773的暗视野观察

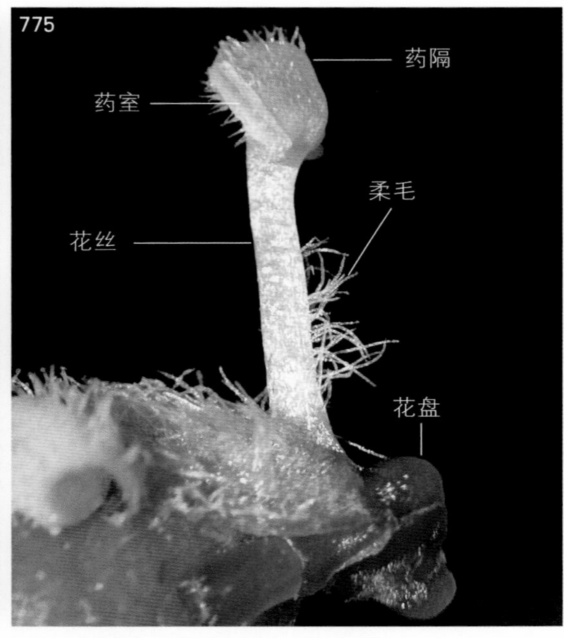

图2-775　雄蕊的近侧面观

花丝的近中部的内面生有柔毛，放大后可见其具有节，为单列细胞构成的多细胞的表皮毛。

图2-776　花萼裂片和花冠裂片均为5的雄花（上面观）

这种雄花的雄蕊仍为3个。由于花材料采集后放置和受损的原因（在河南镇平采集，回到河南洛阳进行解剖），花冠裂片的部分区域出现褐化。

图2-777　花冠裂片有些褐化的花

花冠裂片褐化后，花冠裂片内面的腺毛变得清晰可见。

图2-778　雄花的侧面观

图2-779　雄花的下面观

花萼裂片较小，5个，与5个花冠裂片互生。

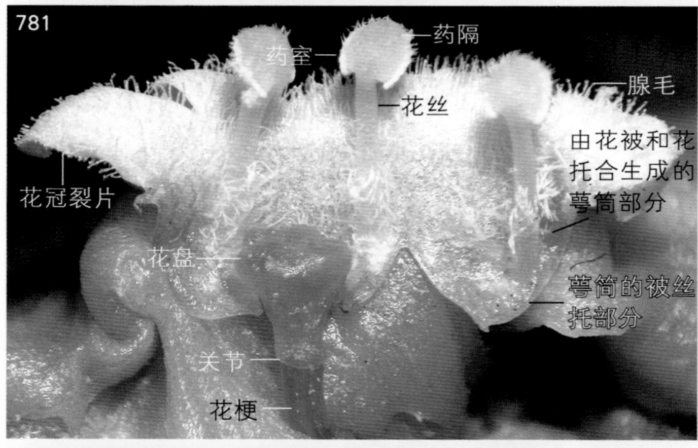

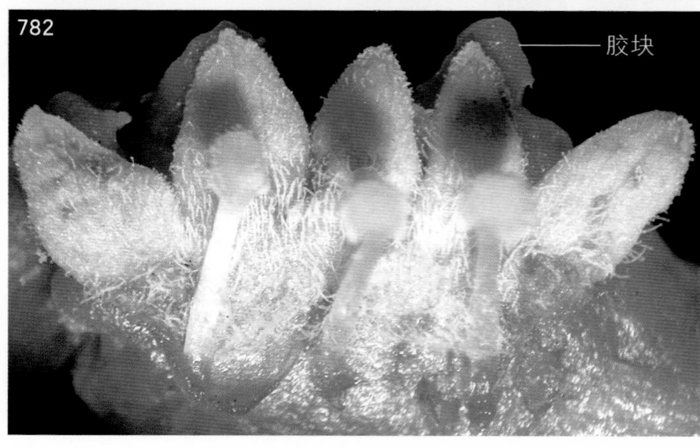

图2-780 图2-779雄花的部分放大，示花萼裂片（外面观）

图2-781 雄花的纵剖并展开

雄蕊3个，花丝的大部分离生，基部约着生在萼筒内面的下部。根据花丝在萼筒内面的着生位置，可将萼筒分为2个部分：⑴由花被（花萼和花冠）和花托合生而成的萼筒部分，即花丝着生处及其上方的萼筒部分。⑵萼筒的被丝托部分，即花丝着生处及其下方的萼筒，是由花被、花丝和花托合生而成的部分。雄花内还有花盘，但无退化雌蕊。

花萼和花冠裂片均为5，雄蕊3个，从图中看，这种雄花无雌蕊分化，这与《中国植物志》记载的马瓟儿属"退化雌蕊不变"不符。

图2-782 展开的花冠，示5个花冠裂片

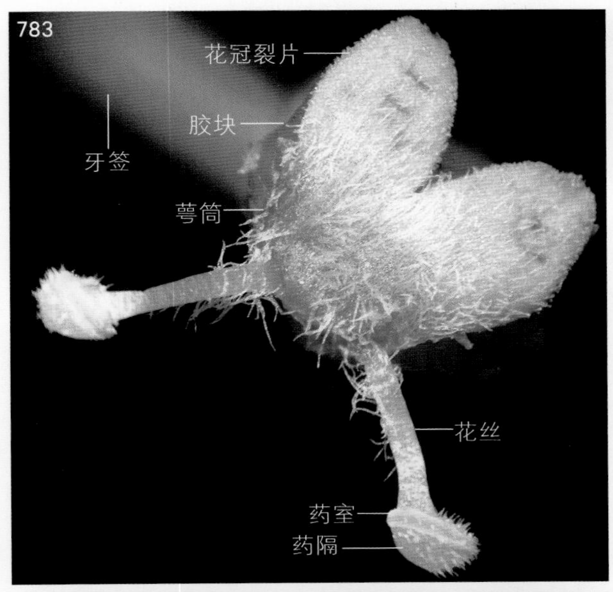

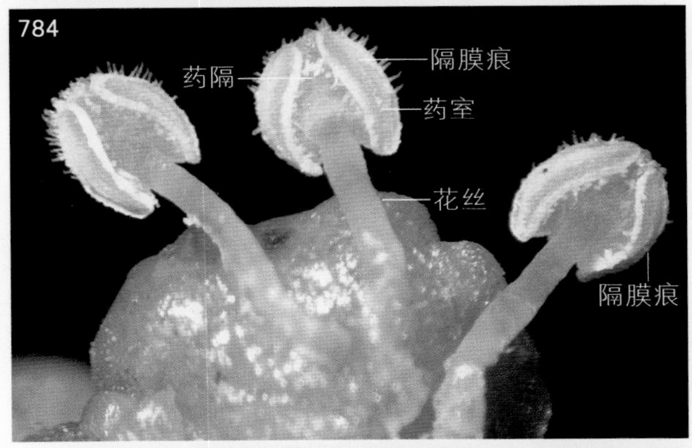

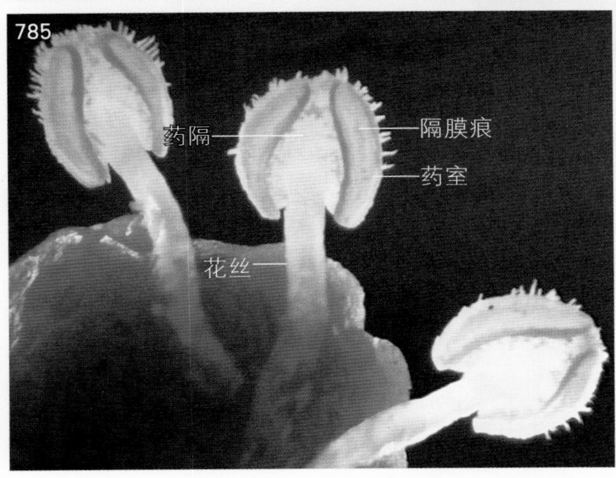

图2-783 分离出的2片花冠裂片和部分萼筒

着生在萼筒下部的2个雄蕊已被展开。

图2-784 从花内分离出的3个雄蕊（花药的外面观或远轴面观）

每个花药均有2个药室，每个药室都是由2个相邻的花粉囊纵裂形成。当花粉囊或药室开裂后，每个药室中都保存有相邻2个花粉囊间的隔膜痕迹。《中国植物志》里记载了钮子瓜的雄蕊有2种类型，“雄蕊3枚，2枚2室，1枚1室，有时全部为2室”。由于解剖花的数量有限，这里未见到1个药室的花药。

图2-785 3个雄蕊的暗视野观察（花药的外面观）

3个花药均为2个药室。教科书在描述葫芦科的雄蕊时，一般常说葫芦科的3个雄蕊实为5个雄蕊，其中2个雄蕊是由4个雄蕊经过两两结合而成，每个雄蕊的花药均为2个药室，而非结合而成的第3个雄蕊的花药仅有1个药室，几乎都不提3个雄蕊的花药均为2个药室的情况。

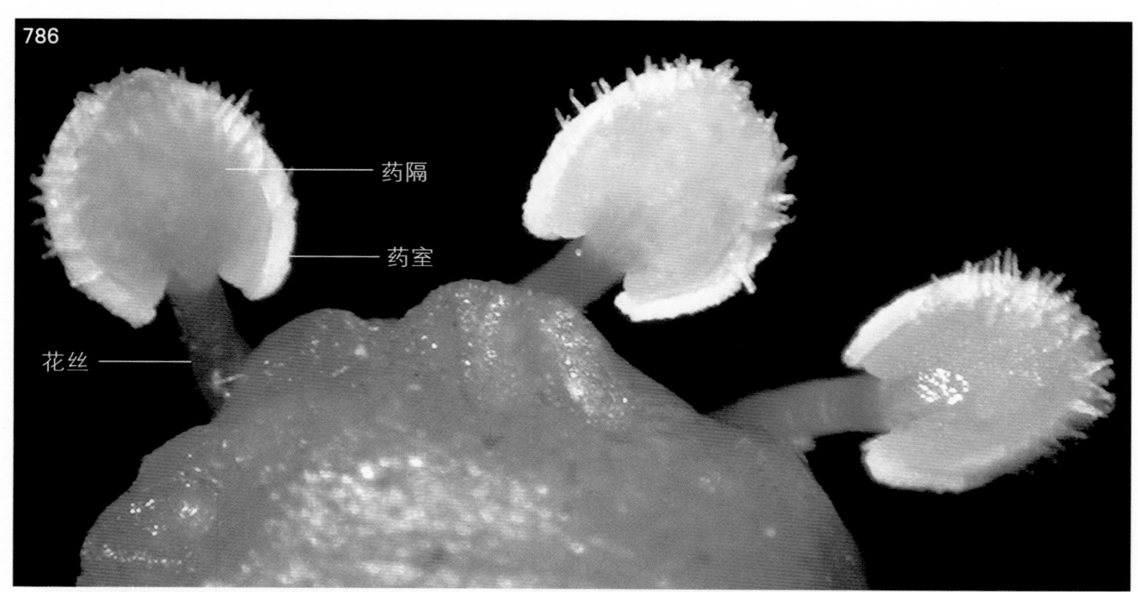

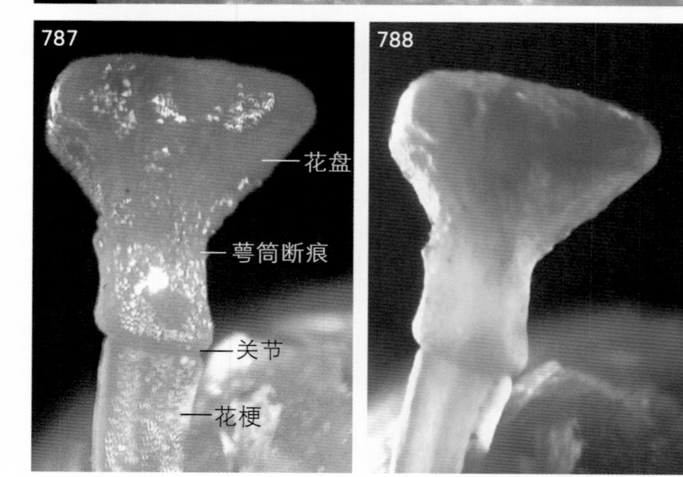

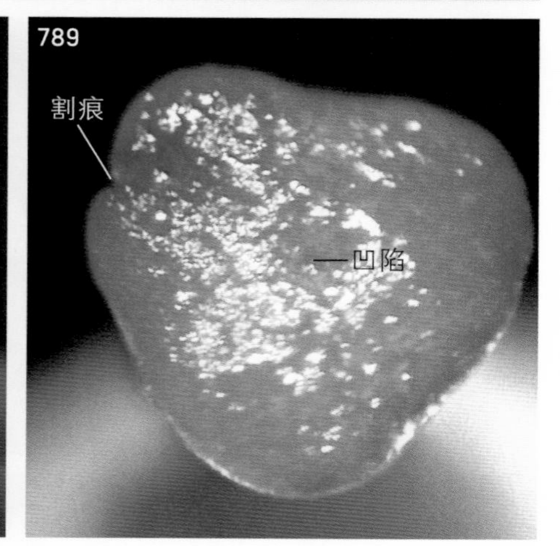

图2-786 图2-785花药的内面观（近轴面观）

图2-787 除去花被、萼筒和雄蕊后，雄花内花盘的侧面观

花盘的上方未见退化雌蕊的花柱及柱头，花盘的下部也未分化出下位子房。

图2-788 花盘的暗视野观察

图2-789 花盘的上面观

花盘的近中央位置有一个凹陷，其中未见雌蕊的花柱及柱头，花盘的左上方的凹陷为割痕。

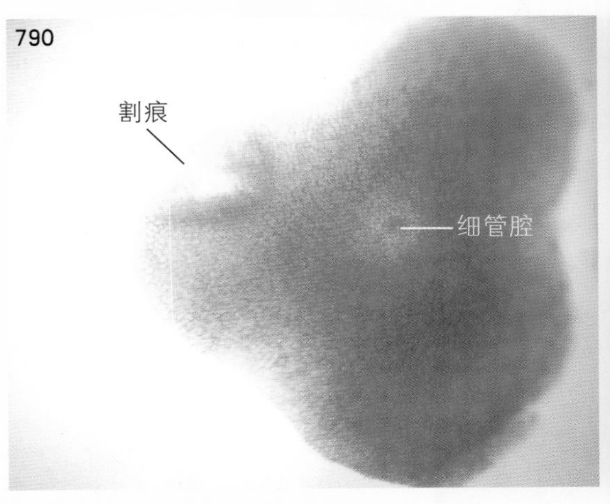

图2-790　雄花花盘横切片的显微镜观察

花盘横切片的近中央位置有一个细管腔，它与花盘表面近中央处的凹陷相连。

图2-791　柱头为2的雌花

这种雌花的花萼裂片和花瓣裂片互生，均为5个，退化雄蕊3个，柱头2个，在《中国植物志》和《Flora of China》中均未记载这种雌花。

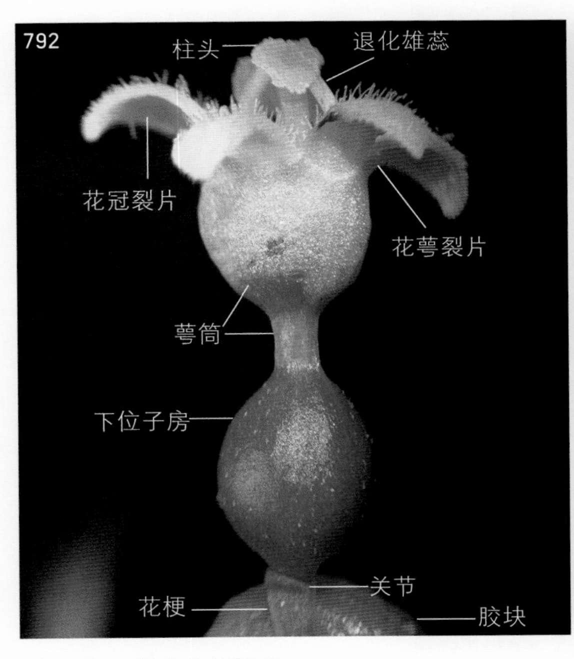

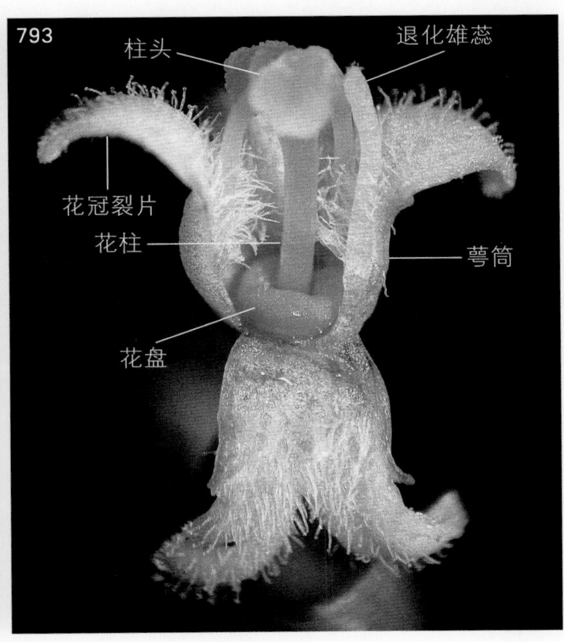

图2-792　雌花的侧面观

萼筒基部骤缩成柄（这里将此柄状物看作萼筒的下部），其下为下位子房（由雌蕊的子房和其外贴生的花托合生而成），下位子房的下端有关节。

图2-793　将雌花上部的萼筒和花冠纵剖并展开后，示萼筒内的花盘和花柱。

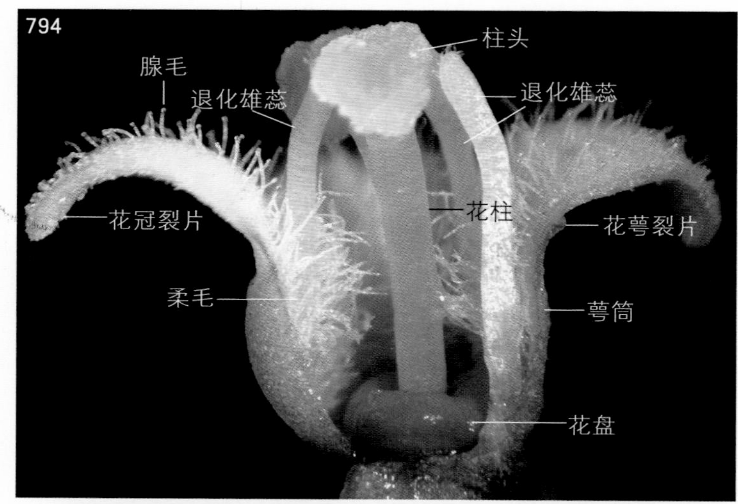

图2-794 图2-793雌花上部的放大

退化雄蕊3个。雌花的萼筒构成与雄花一样，由2个部分组成，见图2-781。

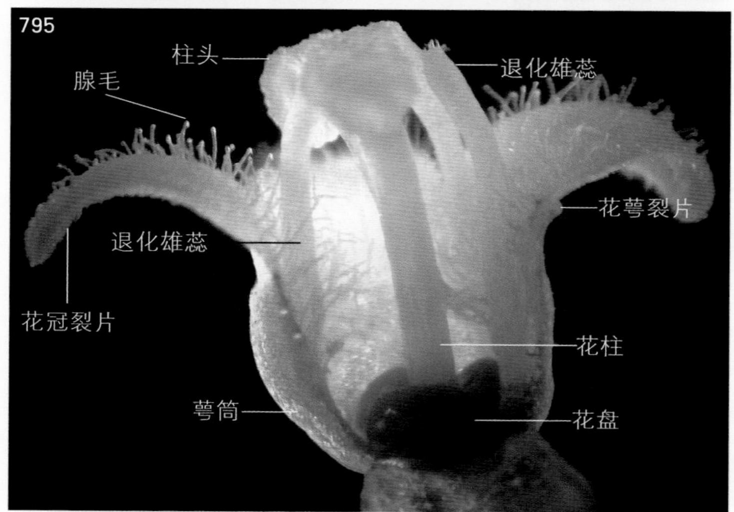

图2-795 图2-794的暗视野观察

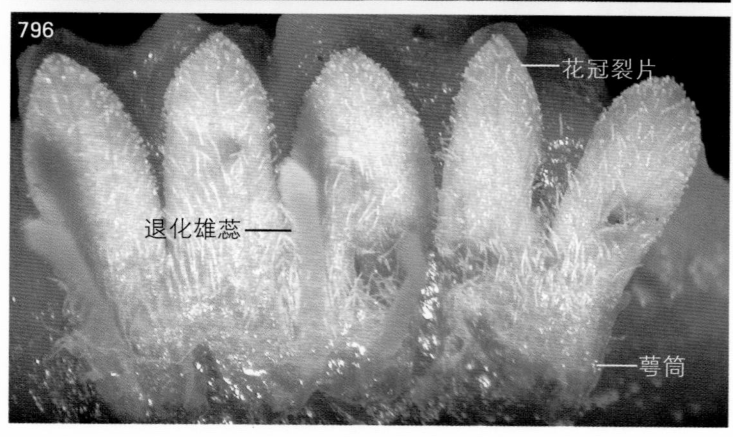

图2-796 将雌花的萼筒和花冠展开后，花冠的内面观

退化雄蕊3个。

图2-797 萼筒下部着生的3个退化雄蕊

可根据萼筒内花丝的着生位置将萼筒分为2个部分（图2-781）。

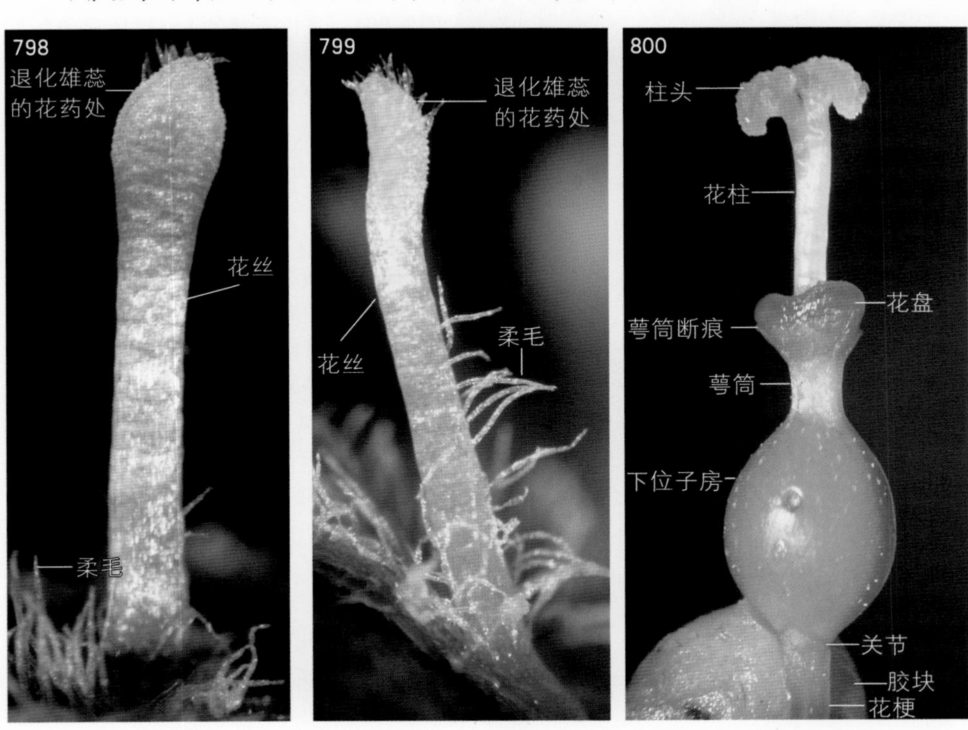

图2-798 退化雄蕊的内面观

退化雄蕊的花药未分化出正常的药室，不形成花粉粒，花药不育。

图2-799 退化雄蕊的侧面观

离生花丝的中下部生有稀疏的柔毛，柔毛有节，为单列细胞构成的多细胞的表皮毛。

图2-800 除去花萼、花冠和部分萼筒后，柱头为2的雌花的侧面观

雌蕊的子房下位，花柱的下部、萼筒内有肉质的花盘环绕，花柱在上端分为两枝，柱头2个。

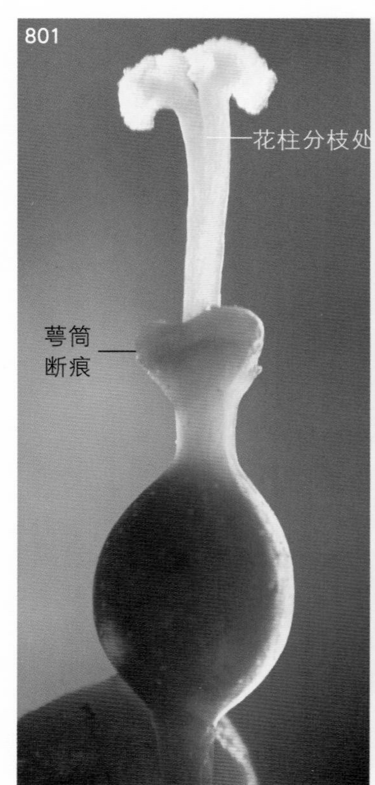

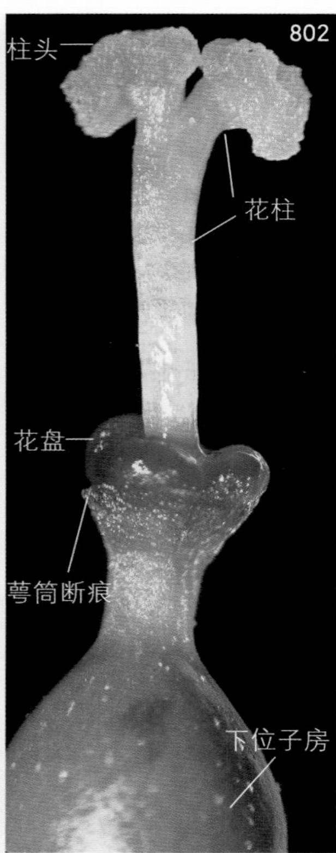

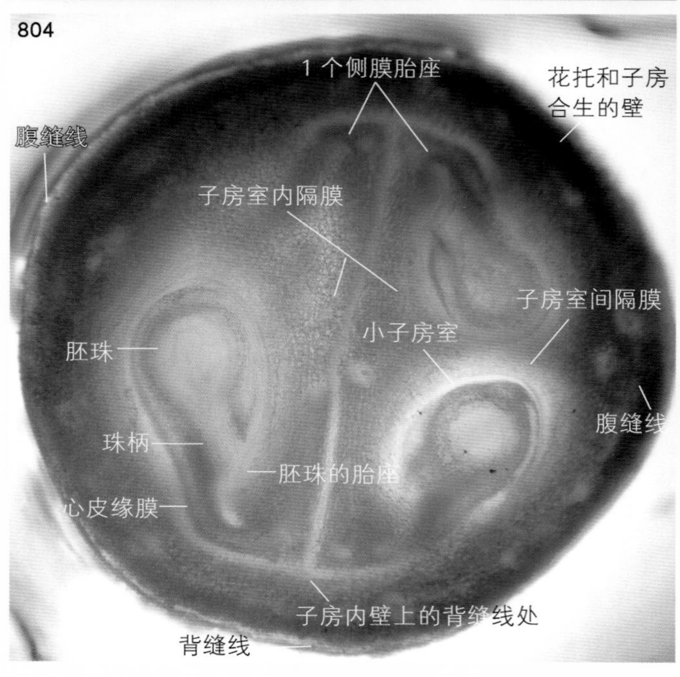

图2-801 雌花上部的不同角度观察

花柱在上端分为2枝。

图2-802 2个柱头的上面观

柱头表面不光滑，有乳突。

图2-803 图2-801柱头的暗视野观察

图2-804 下位子房的1个横切片的显微镜观察

柱头为2的雌花，其复雌蕊是由2个心皮合生而成。《中国植物志》和《Flora of China》认为马瓟儿属3心皮的子房有3个子房室，但是《植物学》教科书等则认为葫芦科的子房1室。如果按照《中国植物志》的说法，此切片的子房为2个子房室。图中，2条腹缝线之间的子房壁和2条腹缝线内对应的子房室间隔膜围成1个子房室，在这个子房室内还有1个子房室内隔膜，其末端大致位于子房内壁的背缝线处。子房室内隔膜的末端（同一心皮的两侧边缘贴合在一起形成）在两侧各产生1个胚珠，在子房内实为2排，由它们组成了1个侧膜胎座。此切片共有2个侧膜胎座，实为4排，每排胚珠还会因胚珠在心皮边缘的着生位置和排列方向的不同而成为多排。每个胚珠外都有由心皮边缘形成的子房内壁（心皮缘膜，自拟名）包被，该膜将胚珠与子房内壁形成的小子房室分隔开来。在心皮缘膜围成的空间内，可见1个胚珠及其珠柄和胎座（图2-813）。图中的背缝线和腹缝线是指下位子房的背缝线和腹缝线在花托（或果皮）表面的大致位置（下同）。

图2-805 柱头为3的雌花（上面观）

雌花的花萼裂片和花冠裂片均为5个，退化雄蕊3个，柱头3个，这种雌花是植物志文献中记载的类型。

图2-806 雌花的侧面观

图2-807 雌花上部的不同角度观察，示花萼裂片

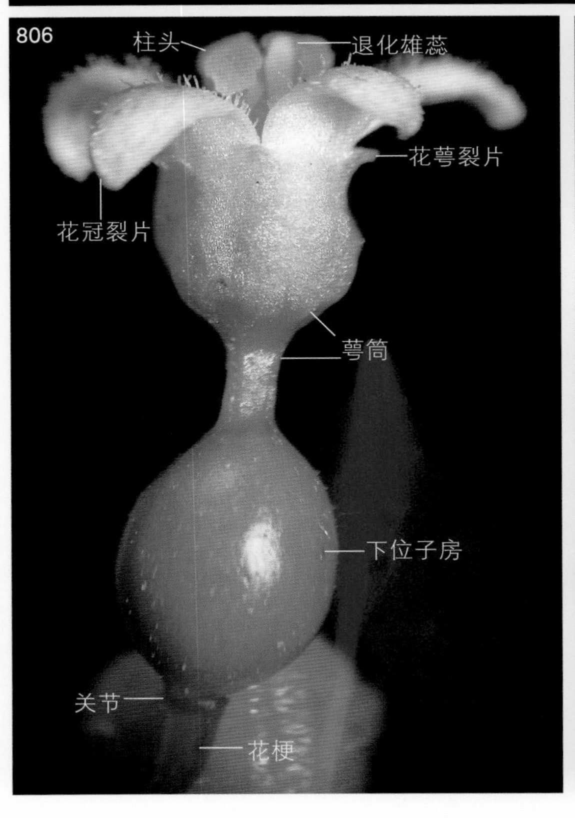

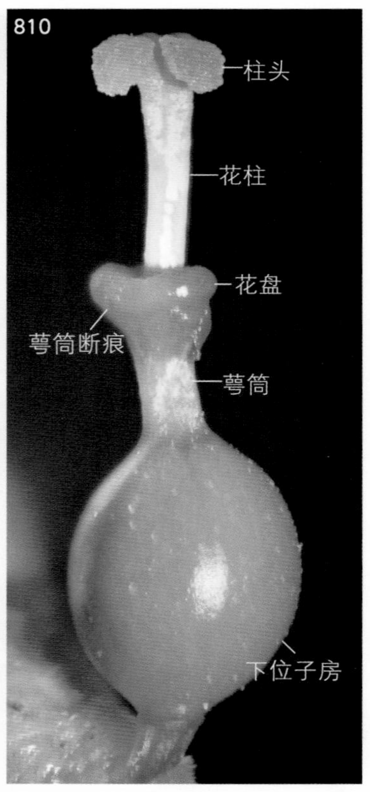

图2-808 花冠裂片的展开

花冠内有3个离生的退化雄蕊。

图2-809 花冠的展开（内面观）

退化雄蕊的花丝大部分离生，基部贴生在萼筒内壁。根据萼筒内面的花丝着生位置，可将萼筒分为2个部分（图2-781，图2-797）。

图2-810 除去花被裂片、部分萼筒和雄蕊后，雌花的侧面观

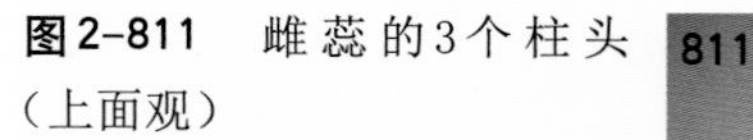

图2-811 雌蕊的3个柱头（上面观）

在柱头下方可见花柱顶端有3个分枝。

图2-812 下位子房在胶块上的横切制片

下位子房的横切片间已转移进去一些水液，这样既可防止切片干缩，又可降低胶块对切片的黏性，便于切片的夹取制片。

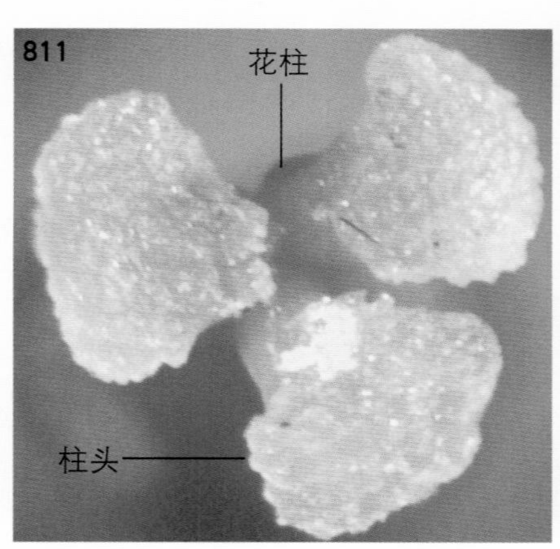

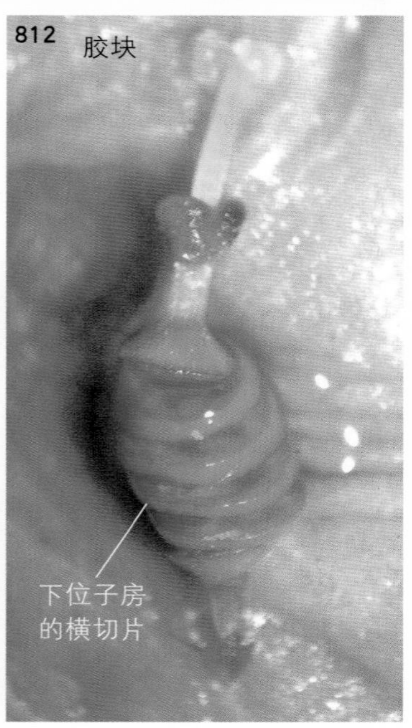

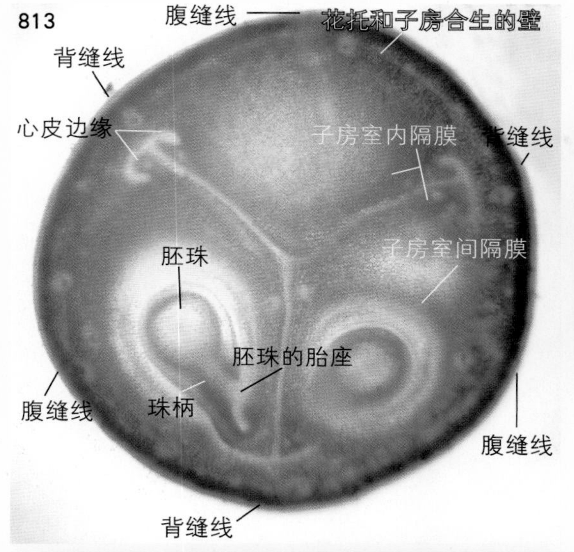

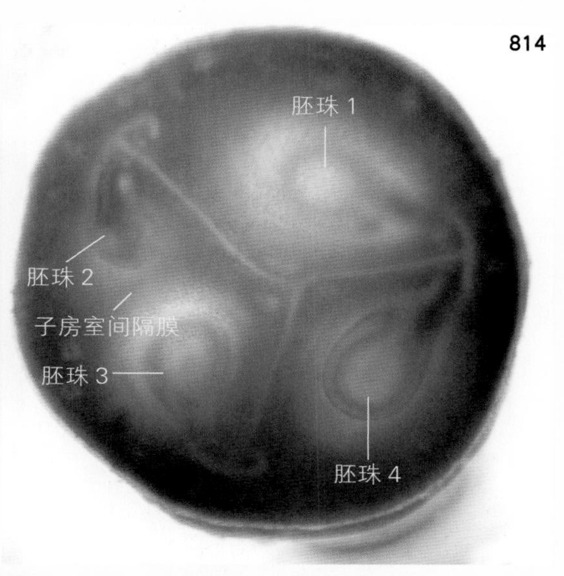

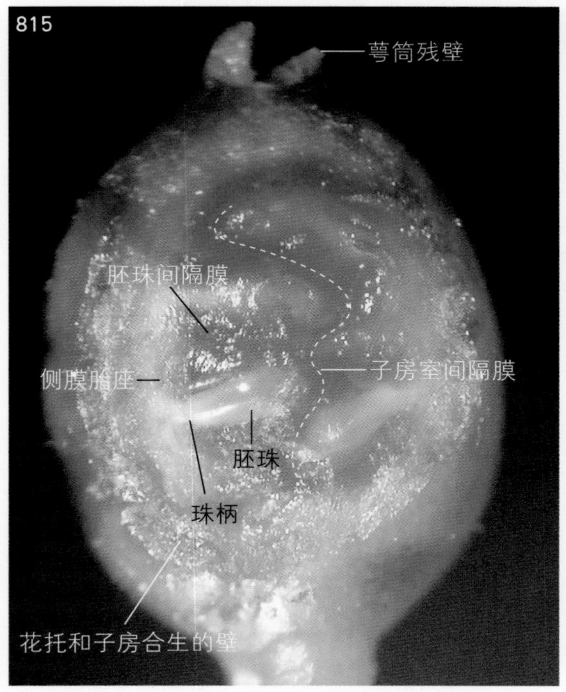

图2-813　下位子房的1个横切片的显微镜观察

复雌蕊由3个心皮合生而成，侧膜胎座3个，按照《中国植物志》和《FLORA OF China》的说法，将该子房切片看成3个子房室（图2-804）。图中的胚珠未着生在一个水平面上。图的左上方可见无胚珠着生的心皮边缘，图的下方中央可见子房室内隔膜末端的2个胎座未在一个平面上（左侧胚珠的胎座已在切片上露出，右侧胚珠的胎座尚未露出。）

图2-814　另一个下位子房横切片的显微镜观察

切片左侧子房室隔膜的上、下两侧，因胚珠2和胚珠3彼此错开、未在一个平面上，因而2个胚珠显示不等大。胚珠1和胚珠4是同1个子房室内的2个胚珠，它们也彼此错开、未在一个平面上。与胚珠2或胚珠3同在一个子房室内的、另一侧的胚珠可能未着生在此切片内，因而未见。胚珠1和胚珠3的大小和模糊程度近一致，说明它们着生在一个相近的平面上（图2-816）。

图2-815　将花托和下位子房合生的壁纵剖、除去一部分后，示子房内胚珠的着生情况

图中，白色虚线类似于图2-814胚珠2和胚珠3之间的子房室间隔膜的走向，其左侧为1个子房室，右侧为相邻的另一个子房室。在左侧的子房室内，上、下叠生的胚珠由同一侧的侧膜胎座上生出，胚珠之间有横向的胚珠间隔膜（自拟名）隔开，每个胚珠（胚珠外有心皮缘膜苞被，图2-804）都着生在1个小子房室内。左侧的胚珠与右侧相邻的子房室内的胚珠在子房室间隔膜的两侧相互交错而生，子房室间的隔膜（与腹缝线相对）因此变得曲折。

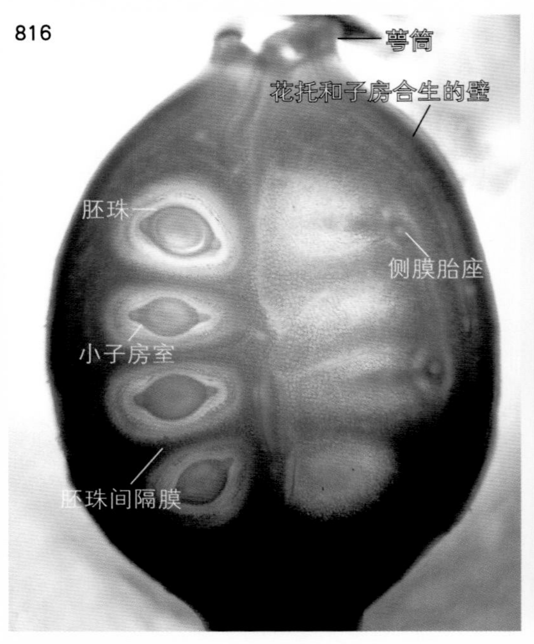

图2-816 子房的1个纵切片

图中左、右两侧为2个不同的子房室，子房室内的胚珠分布在相似的平面上（图2-814）。

图2-817 叶腋处的雄花序和1个幼果

雄花序和1个雌花结的果实着生在同一个叶腋处，由此可知钮子瓜为雌雄同株。

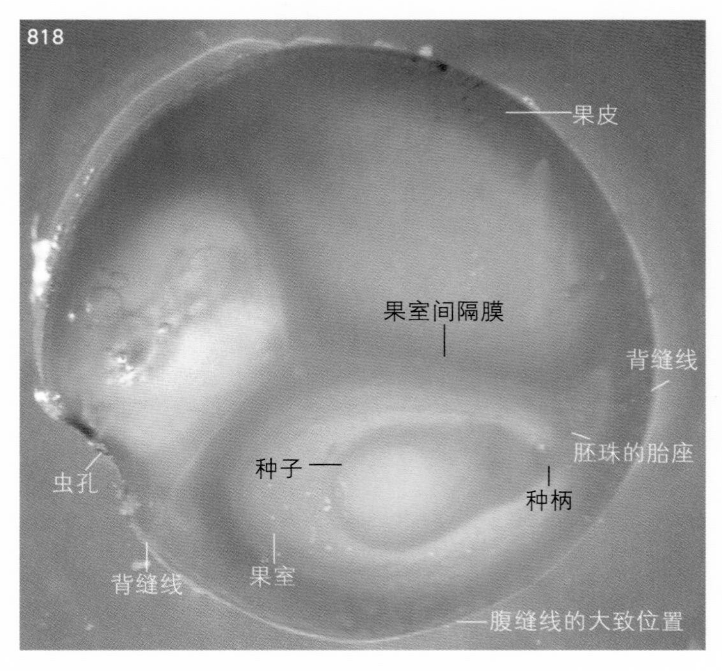

图2-818 未成熟果实的横切片（解剖镜观察）

钮子瓜的瓠果是由3个心皮组成的复雌蕊的下位子房发育而来，果皮是由花托与合生的子房壁共同发育而成（属于假果），果室3个。与图2-813和图2-815相比，在果实成熟过程中，胚珠间隔膜、与腹缝线相对的子房室间隔膜都肉质化，这些肉质化的组织通常被看作是发达的胎座。图中，果室间隔膜是由与背缝线相对的子房室内隔膜形成，它与图2-804的子房室间隔膜（与腹缝线相对）不是同一个隔膜，即每个果室是由2个背缝线间的果壁和2个相邻的果室间隔膜围成。

2. 小马泡（*Cucumis bisexualis* A. M. Lu et G. C. Wang）

黄瓜属（*Cucumis*）。草本，茎平卧（非匍匐茎，节上无不定根），有卷须，叶互生。两性花，有花梗；花萼裂片线形，5个；花冠裂片5个；雄蕊3个，其中2个雄蕊分别具有2个药室，1个雄蕊只具有1个药室，花药的药隔突出；复雌蕊，由3个心皮合生而成，子房下位，3室，胚珠多数，排列成多列，花柱1个，柱头由3个裂瓣组成；瓠果。

花、果材料于2017年7月9～13日采自河南省洛阳市河南科技大学开元校区。

小马泡的花为两性花，此性状在葫芦科植物中较少见。在《植物学》《植物生物学》教科书中，葫芦科都被误写为单性花。小马泡为田间杂草，果实小，未熟时发苦，熟时味酸，无法作为瓜果食用。在《Flora of China》中，小马泡被处理为甜瓜的原亚种，混入甜瓜后，连名称也失去了。由于甜瓜的花为单性花，它与小马泡的两性花不同，而且把小马泡称为甜瓜显然不妥，似乎应给予小马泡与甜瓜并列的种或变种的地位才比较合适。这里依据中国科学院昆明植物研究所官网上的iFlora（智能植物志）书写小马泡的拉丁名。

图2-819　植株的一部分

平卧茎，节上无不定根，叶互生。

图2-820　叶片的上（表）面观

叶片的上表面（向光面）为叶片的腹面或近轴面，叶片的下表面为叶片的背面或远轴面。

图2-821 节上着生的1个卷须

节上的卷须未着生在叶腋内，而是侧生于叶柄基部，卷须与叶柄的夹角约90°、135°或180°（葡萄科植物的卷须与叶对生）。图中，枝条被粘在瓶盖上的胶块上。

图2-822 节上着生的2个卷须

在叶腋内生有花，在茎或枝、叶片的下表面和叶柄上生有小刺。

图2-823 图2-822节处的不同角度观察

叶腋内生有1朵花（图中仅见花梗和下位子房），2个卷须侧生于叶柄基部的两侧，似1对托叶变成的卷须。在叶柄和枝上有小刺和疣状突起。

图2-824　叶腋内的2朵花

图2-825　花的上面观

花冠深裂，未达到花冠喉部，花冠裂片5个，雄蕊的顶端部分在花冠喉部露出。

图2-826　将叶柄剪断后，花的侧面观

花为下位子房，上位花。

图2-827　将图2-823的枝剪去后，花的暗视野观察

花萼裂片线形。

图2-828 图2-827花的固定方法（侧面观）

枝条被粘在瓶盖上的胶块上，瓶盖的底部粘在胶块的底座上。图中，耐热的玻璃工作盘由单面毛玻璃和1对倒扣的培养皿等组成，具体的制作方法参见第一章。

图2-829 花的下面观

花萼裂片与花冠裂片互生。

图2-830 图2-829花的暗视野观察

图2-831 将花粘在胶块上进行纵切制片

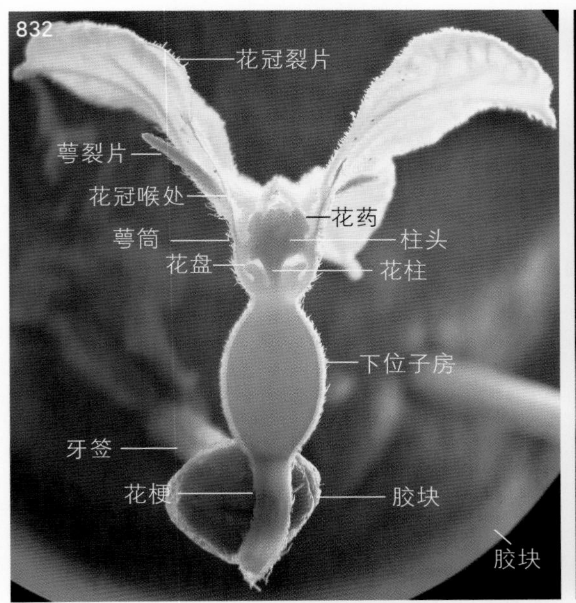

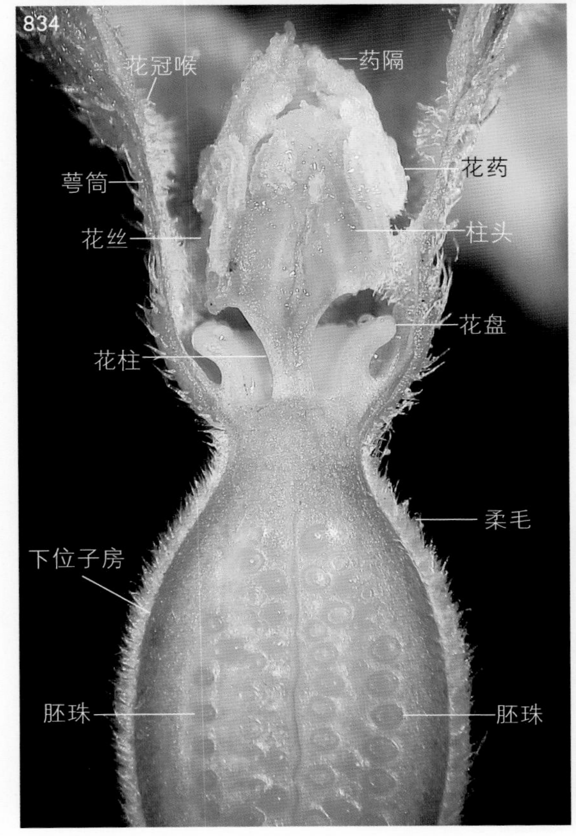

图2-832　图2-831花的左侧纵切片的内面观（暗视野观察）

图中，花萼与花冠离生处位于花冠喉处。

图2-833　图2-832花的部分放大。

图2-834　萼筒和下位子房的进一步放大

雄蕊的花丝较短，花药的药室及药隔从四周将柱头的大部分包裹住，而花药上部的药隔部分则向上突出，将柱头的上部包裹住。所以，雌蕊的柱头被雄蕊群完全包裹起来后，外形上不可见。

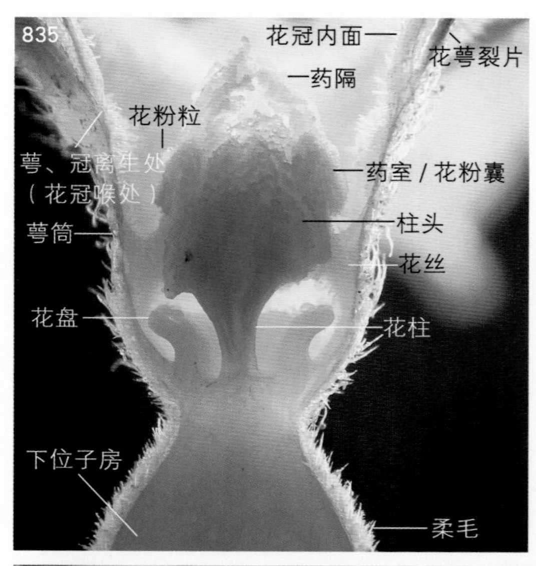

图 2-835 萼筒的进一步放大（暗视野观察）

花盘环绕花柱，环形，上端外展，立领状。

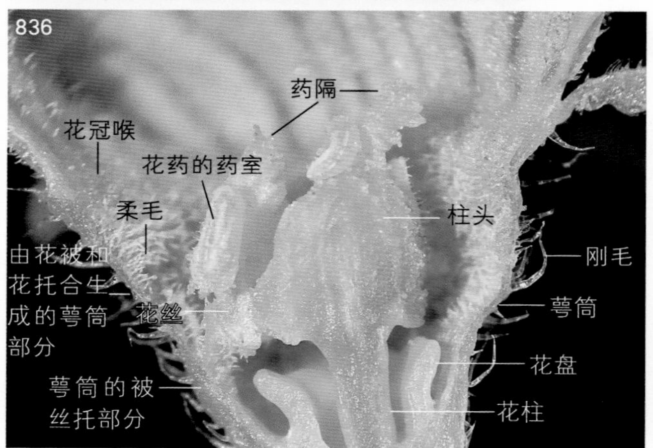

图 2-836 将雌、雄蕊分开，示萼筒内的花蕊

萼筒外生有刚毛，其下部稍粗，由单列细胞构成，其上有节。雄蕊的花丝约着生在萼筒的下部，位于柱头的底部外缘。根据花丝在萼筒内面的着生位置，可将萼筒分为2个部分：⑴由花被（花萼和花冠）和花托合生而成的萼筒部分，是花丝着生处上方的萼筒部分。⑵萼筒的被丝托部分，是花丝着生处下方的萼筒，是由花被、花丝和花托合生而成。

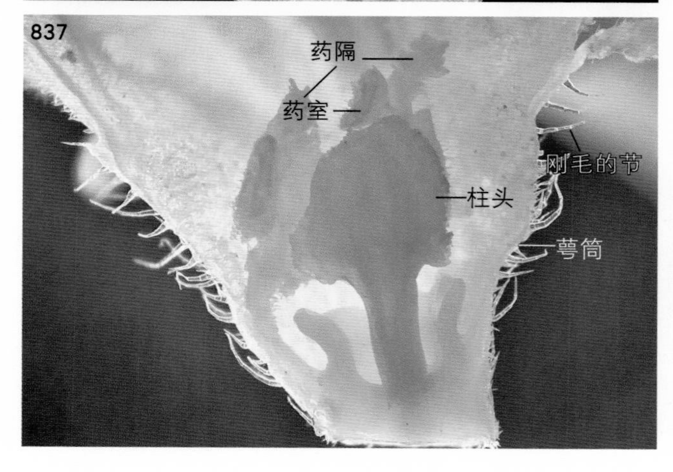

图 2-837 图 2-836 的暗视野观察

刚毛有明显的节，它由两细胞之间的隔膜及细胞壁形成。萼筒的2个组成部分较明显（图 2-836）。

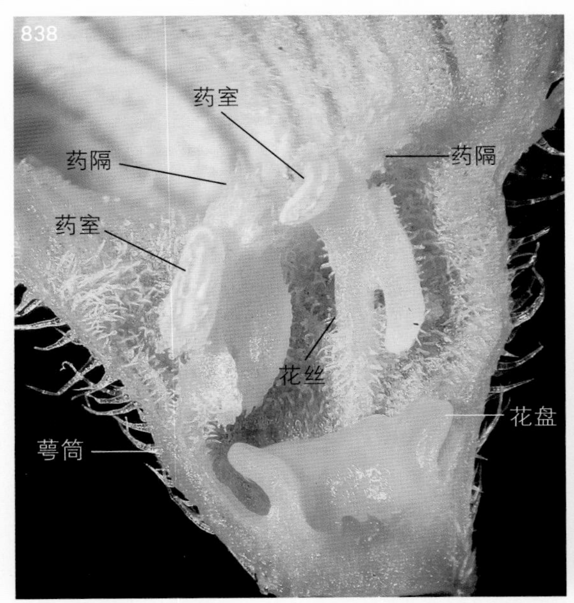

图2-838　除去图2-837的花柱和柱头后，示花冠内的2个雄蕊

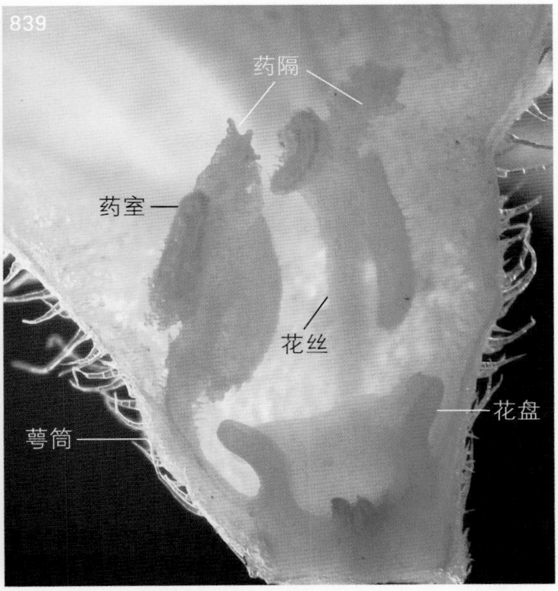

图2-839　图2-838的暗视野观察

图中，左侧的雄蕊具有2个药室，右侧的雄蕊具有1个药室。

图2-840　分离出的1个花冠裂片及其下方的花冠筒部分

花冠裂片被小胶块粘在载玻片上。

图2-841　除去花冠裂片及部分花冠筒后，花萼裂片及其花蕊的上面观

雌蕊的柱头因被雄蕊群的花药包裹，外形上不可见。

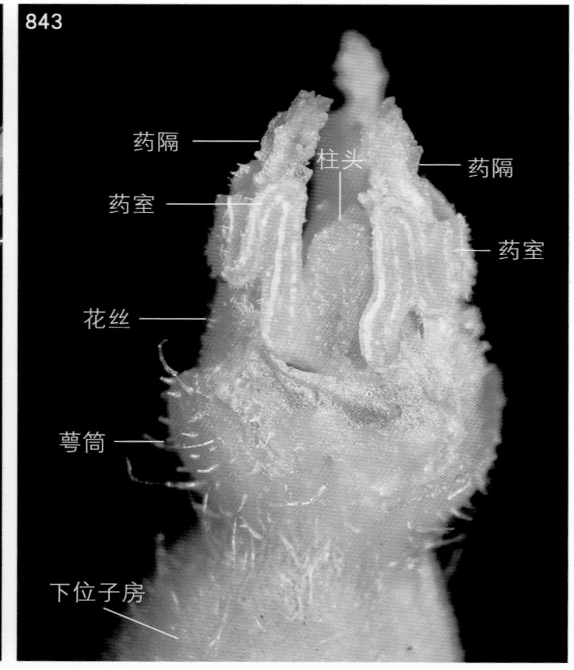

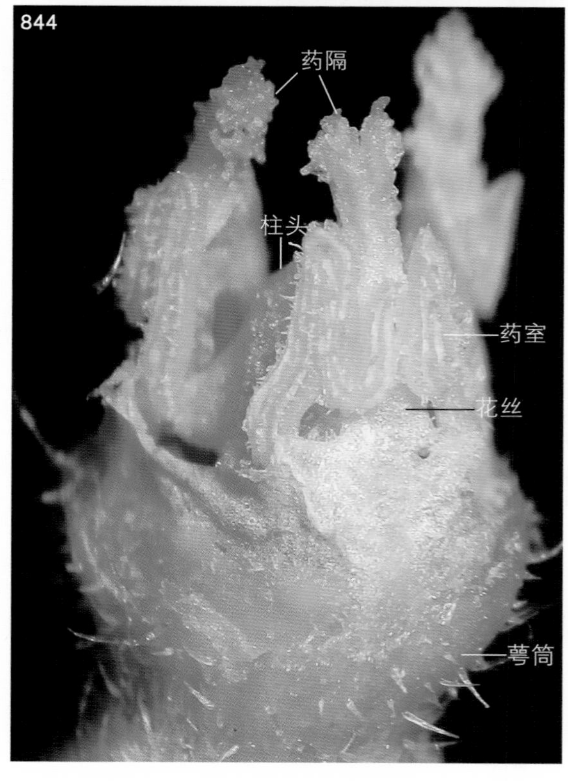

图2-842 除去花冠及部分萼筒后，花蕊的侧面观

从雄蕊间的缝隙中，隐约可见雄蕊群内的柱头，花药为外向药，花药的药室纵裂。

图2-843 除去萼筒并将靠在一起的花药分开后，示雄蕊群内的柱头

图2-844 图2-843花蕊的不同角度观察。

图2-845　花蕊的不同角度观察，示花药只有1个药室的雄蕊（外面观）

在其左右两侧，各有1个花药及2个药室的雄蕊。

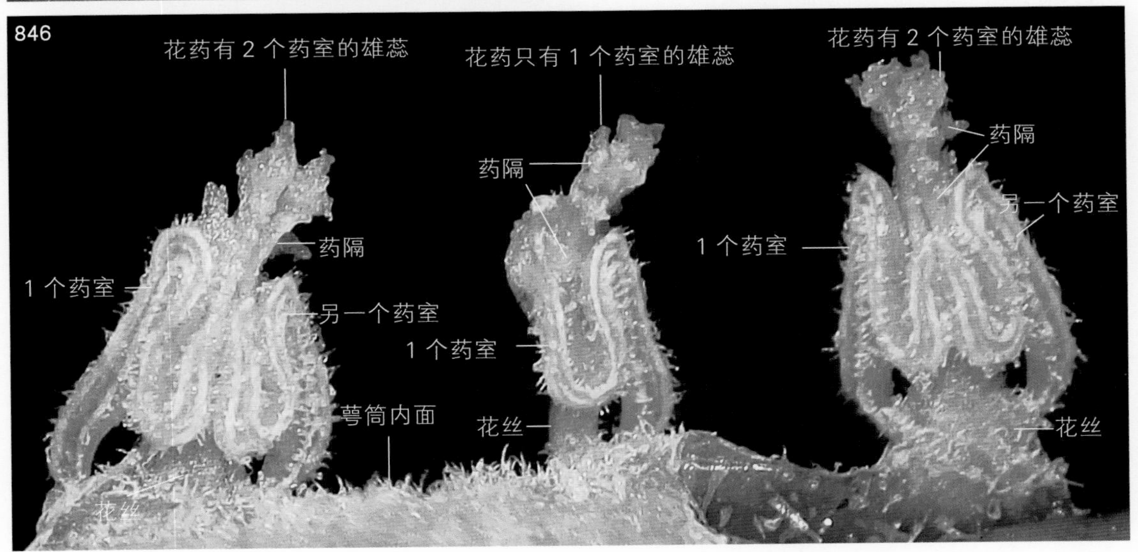

图2-846　分离出的3个雄蕊（外面观）

萼筒内面生有柔毛。雄蕊3个，左、右两侧的雄蕊，花药有2个药室，而中间位置的雄蕊，花药仅有1室，雄蕊的药隔均在花药的顶端突出。《植物学》教科书都认为，葫芦科的3个雄蕊实际上是由5个雄蕊（两两合生，1个单独生长）形成，按此说法，图中左、右两侧的雄蕊均由2个雄蕊合生而成，每个雄蕊的花药都有2个药室，而中间的雄蕊为1个单独生长的雄蕊，其花药只有1个药室。但是，如果从前述钮子瓜3个雄蕊的花药均为2个药室的角度看，这种观点似乎又站不住脚。

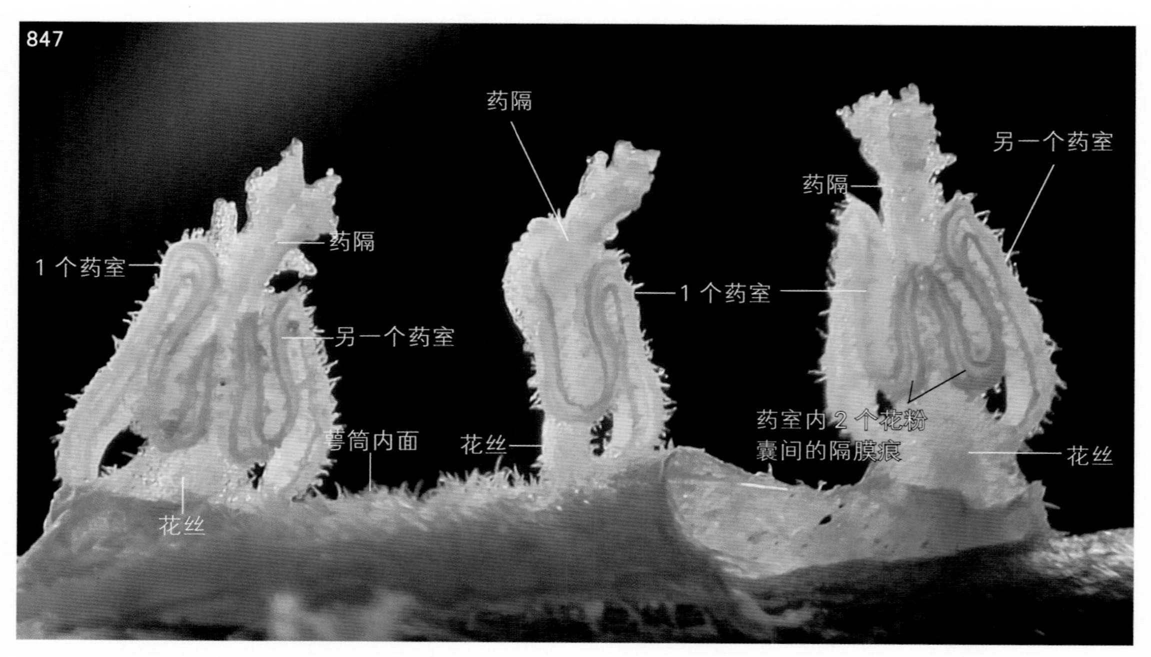

图 2-847 图 2-846 雄蕊群的暗视野观察

右侧雄蕊的 2 个药室中，各有 1 条 2 个花粉囊间的隔膜痕。

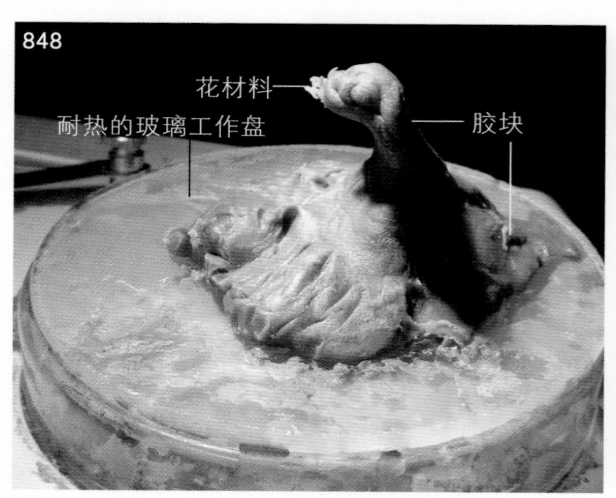

图 2-848 图 2-847 花材料的固定方法（侧面观）

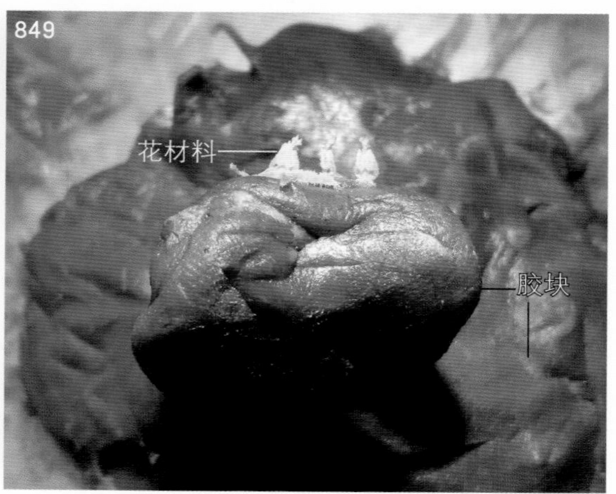

图 2-849 图 2-847 花材料的固定方法（上面观）

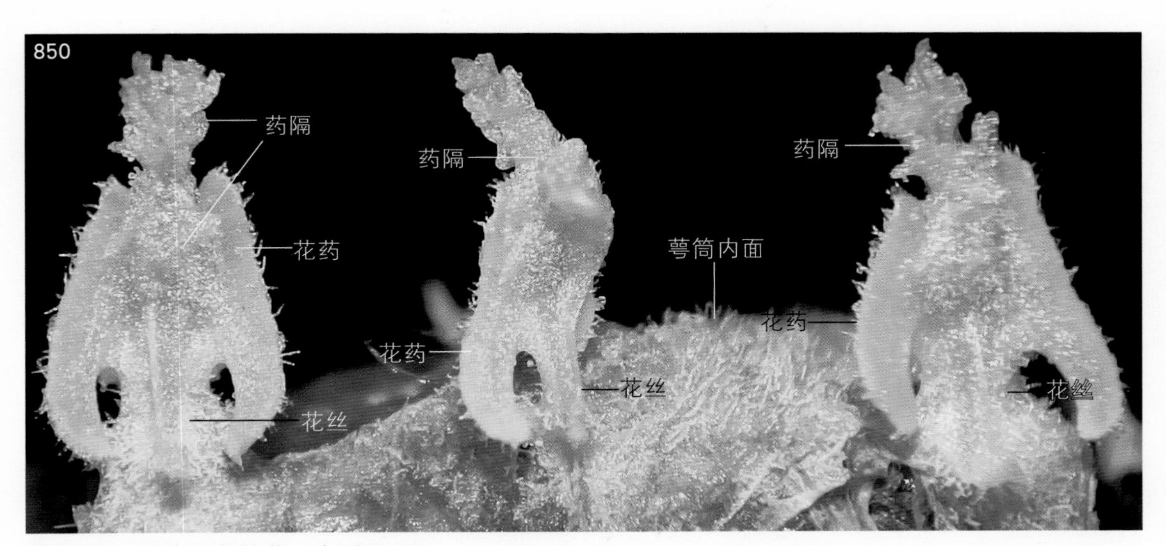

图2-850　分离出的雄蕊（内面观）

左右两侧的雄蕊，花药有2个药室，中间位置的雄蕊，花药只有1个药室。

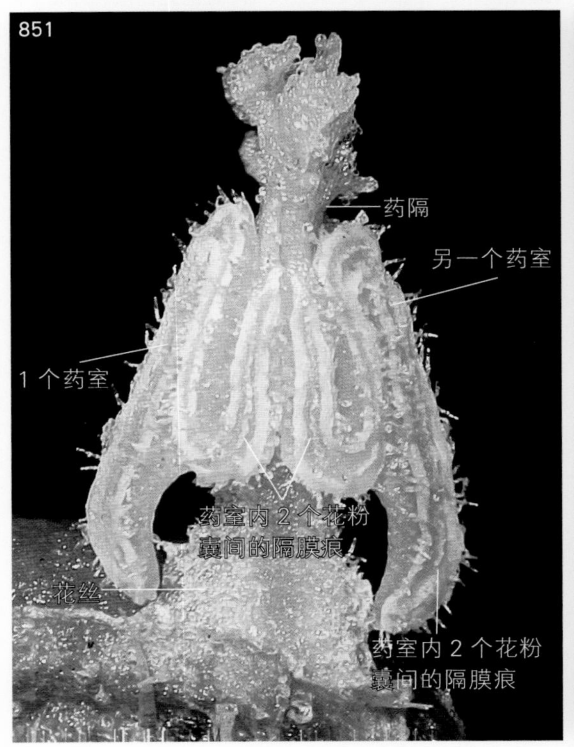

图2-851　花药有2个药室的雄蕊（外面观）

花药的药室缘生有柔毛。图中，左、右2个药室内还残留着2个花粉囊间的隔膜。

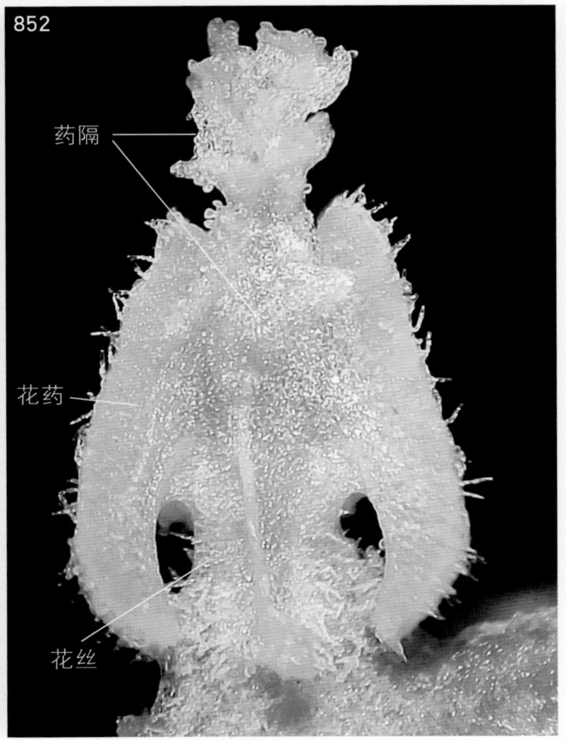

图2-852　图2-851　雄蕊的内面观

花丝上生有柔毛，花药的外缘生有稀疏的柔毛。

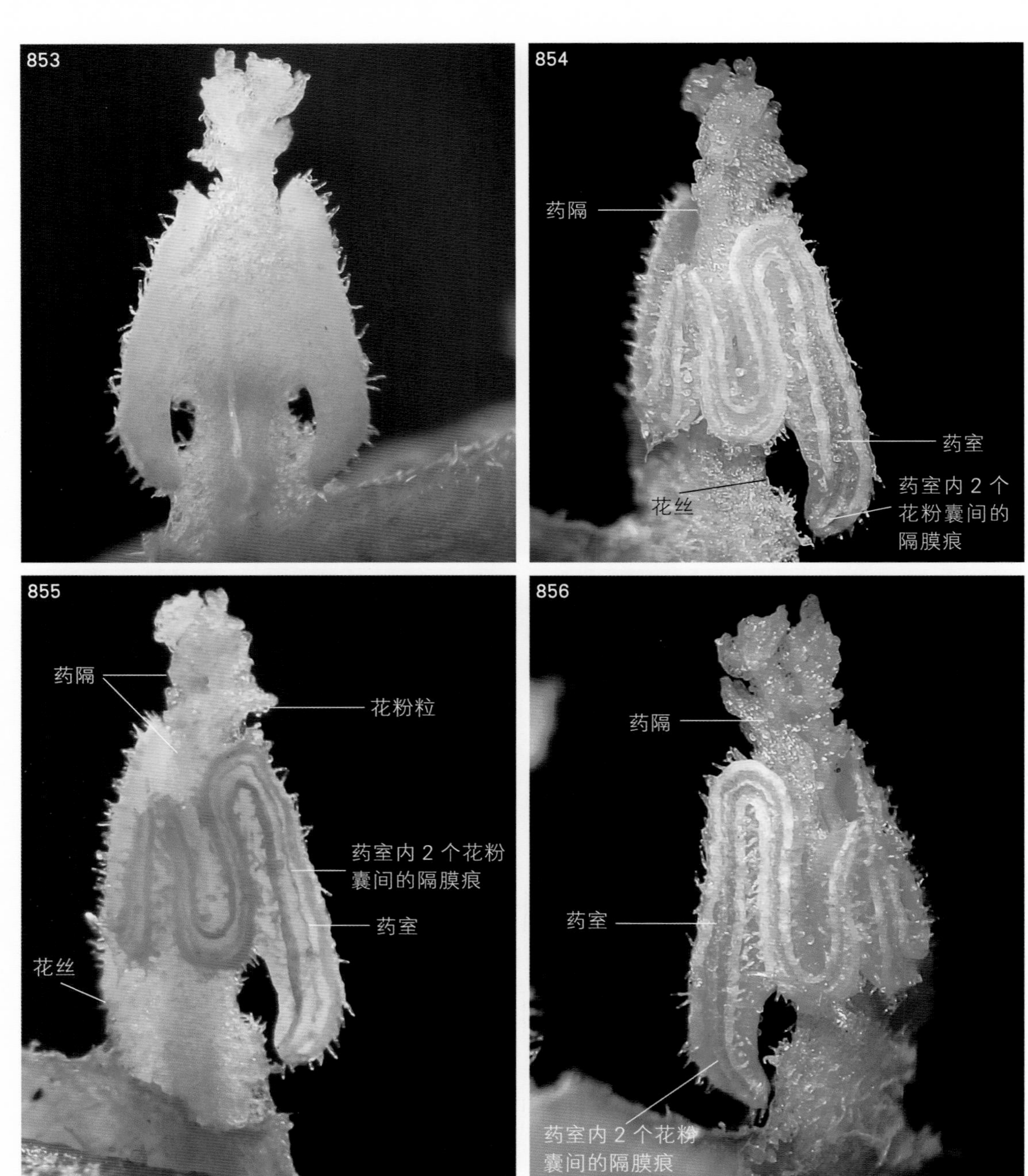

图2-853 图2-852的暗视野观察

图2-854 图2-851雄蕊右侧的药室（外面观）

图2-855 图2-854花药的暗视野观察

图2-856 图2-851雄蕊左侧的药室（外面观）

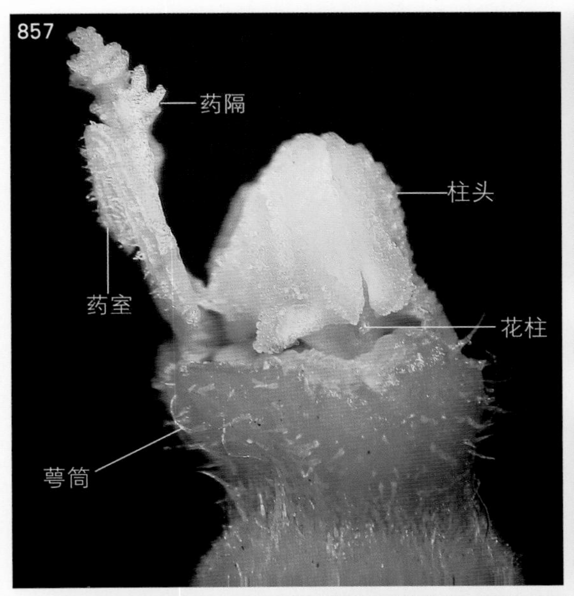

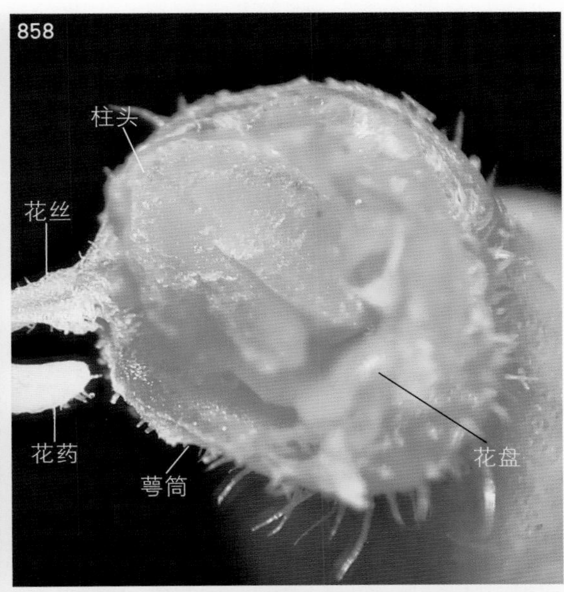

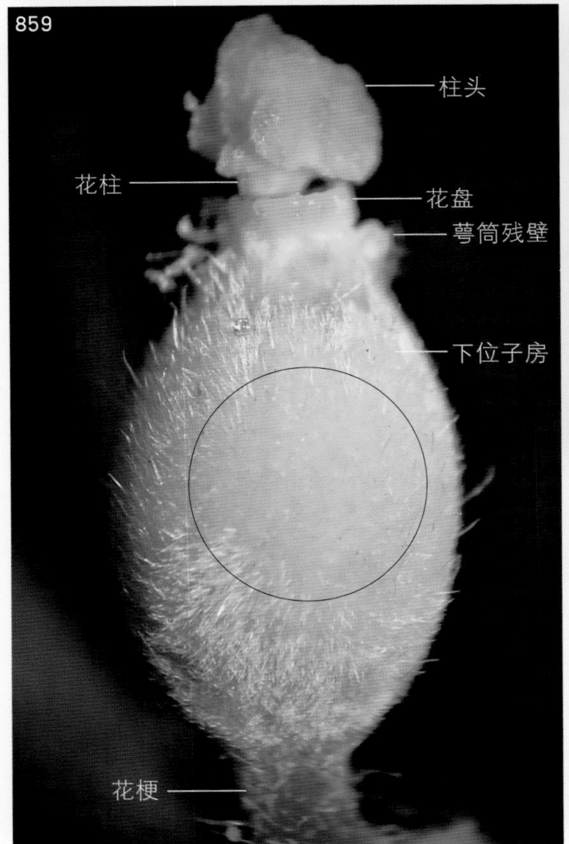

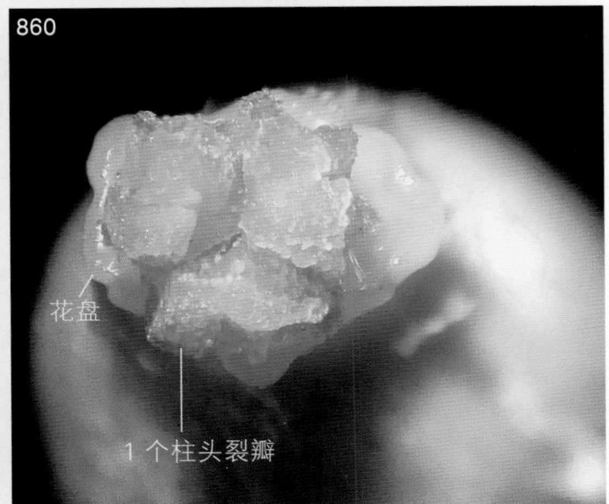

图2-857 单药室的花药和柱头的侧面观

图2-858 图2-857雌蕊的柱头（近上面观）

图2-859 分离出的雌蕊

雌蕊的子房下位，在萼筒内的下位子房顶端和花柱外有环状的花盘。图中，下位子房的表面密生柔毛（未卷曲缠结，非绵毛），由于光照射、拍摄角度和柔毛的伸展角度等问题，造成子房表面圈内似乎无柔毛的假象。

图2-860 将靠在一起的3个柱头裂瓣分开后，柱头的上面观

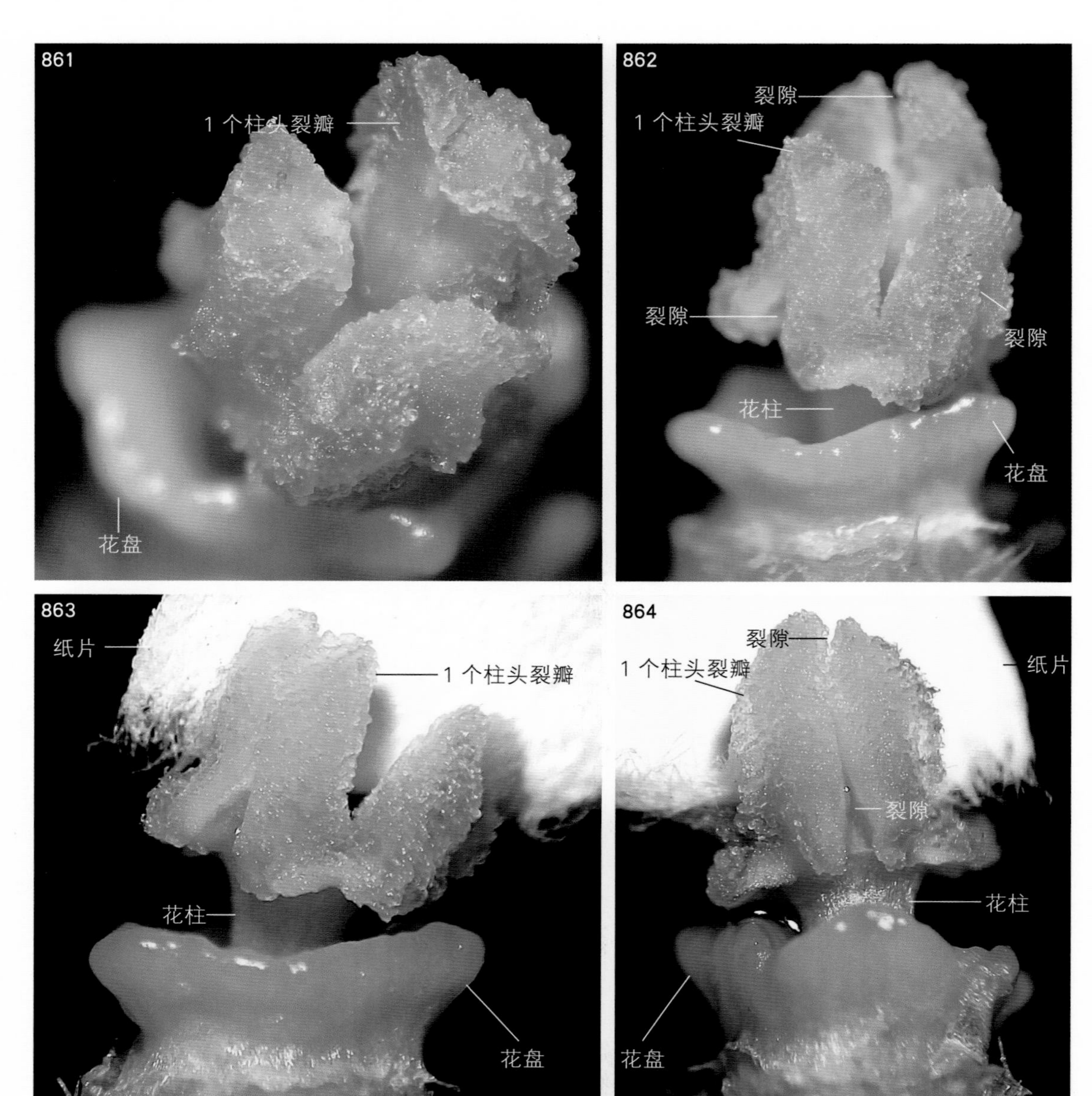

图2-861　将靠合在一起的3个柱头裂瓣分开后，柱头的近侧面观

柱头深裂，3个裂瓣未相互分离。

图2-862　被分开的3个柱头裂瓣（侧面观）

柱头有3个深裂的裂瓣，每个裂瓣较厚，在其顶端和下部及外侧都有裂隙。

图2-863　将小白纸片夹在柱头裂瓣间，示深裂的柱头裂瓣

在花部之间夹入一块异色的小纸片，可增大反差，便于对特定部位进行清晰观察和照相。

图2-864　1个柱头裂瓣的外面观

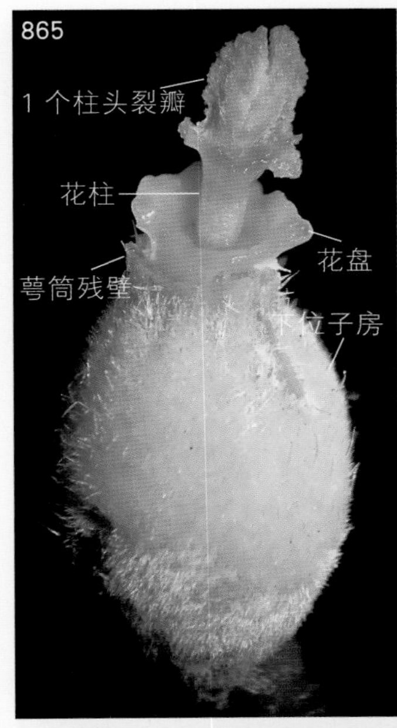

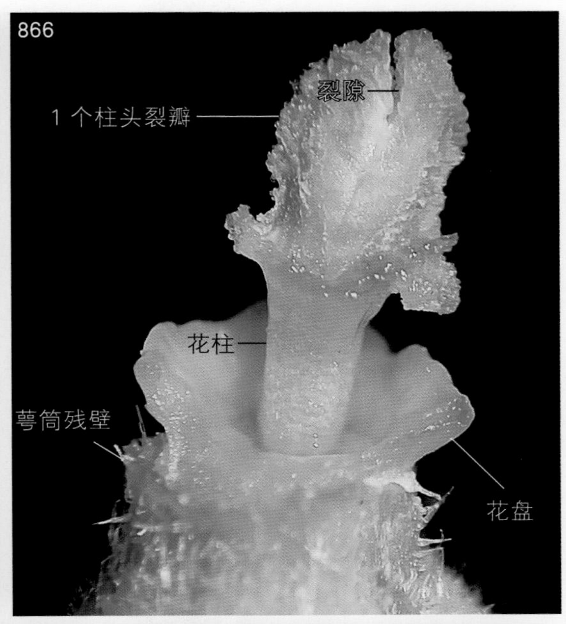

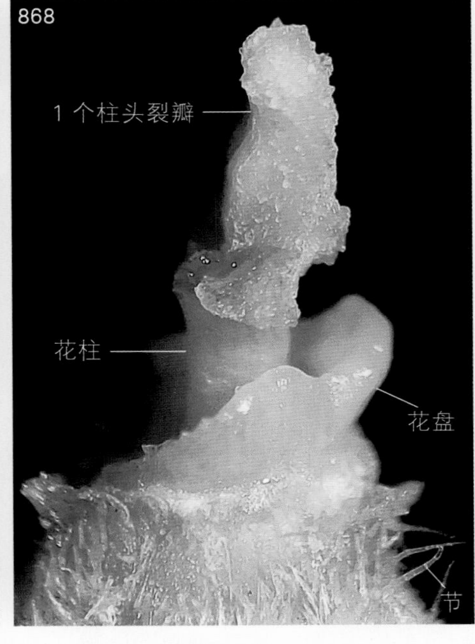

图 2-865　除去2个柱头裂瓣和部分花盘后，1个柱头裂瓣的内面观

图 2-866　图2-865柱头裂瓣的放大

图 2-867　图2-866的暗视野观察

图 2-868　图2-867柱头裂瓣的侧面观

柱头裂瓣较厚，其下方环状花盘的顶端不规则浅裂，部分裂片较宽（图2—869），柔毛有明显的节。

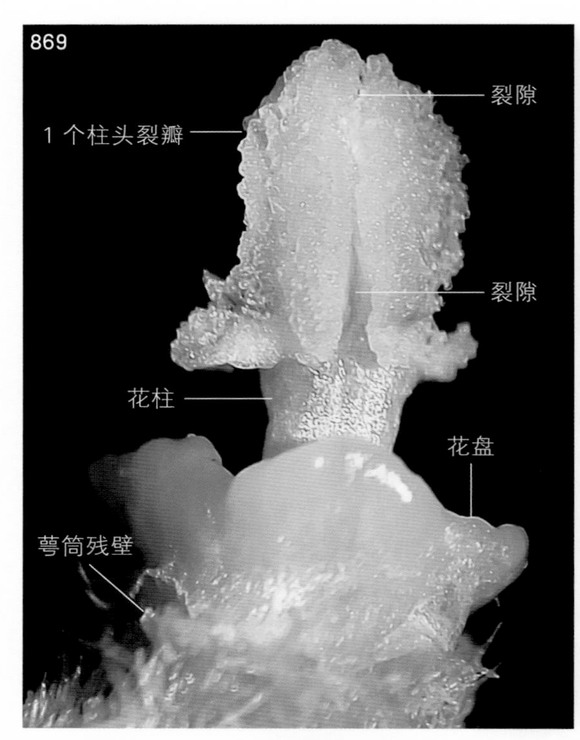

图2-869　图2-868柱头裂瓣的外面观

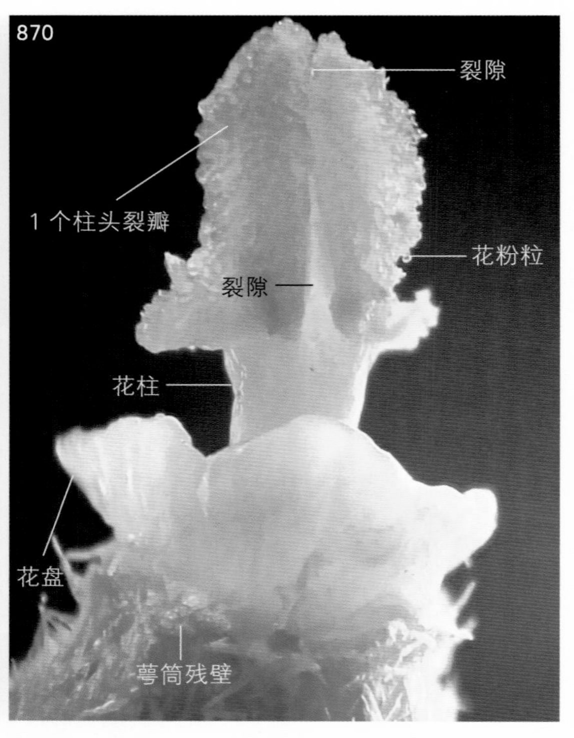

图2-870　图2-869的暗视野观察

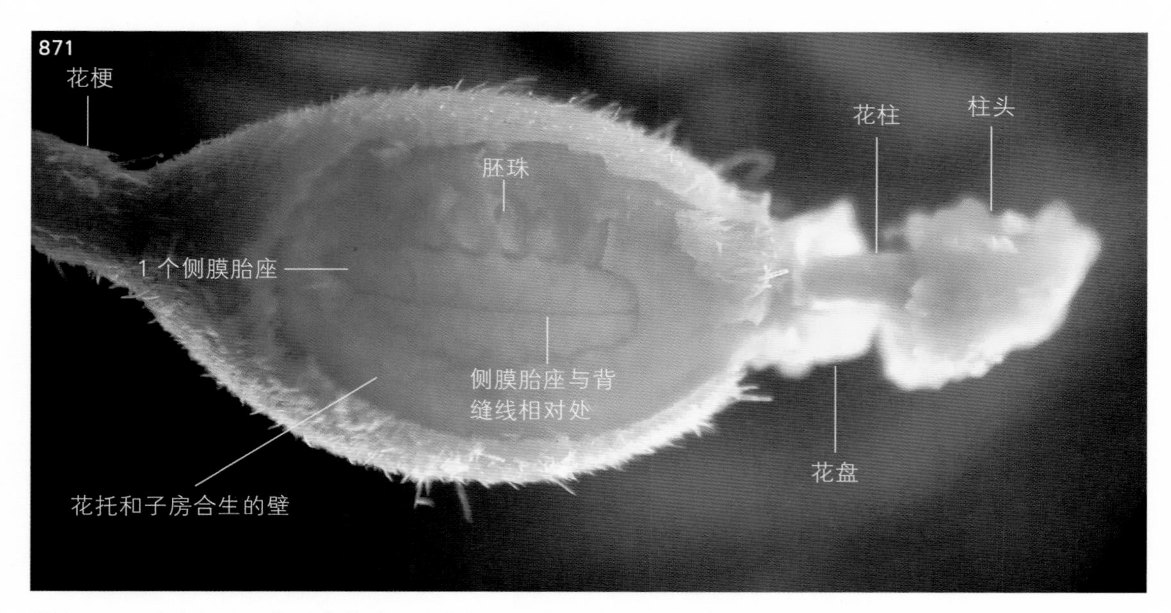

图2-871　除去部分下位子房的壁（由花托和子房的壁合生而成）后，示子房室内的胚珠（混合光观察）

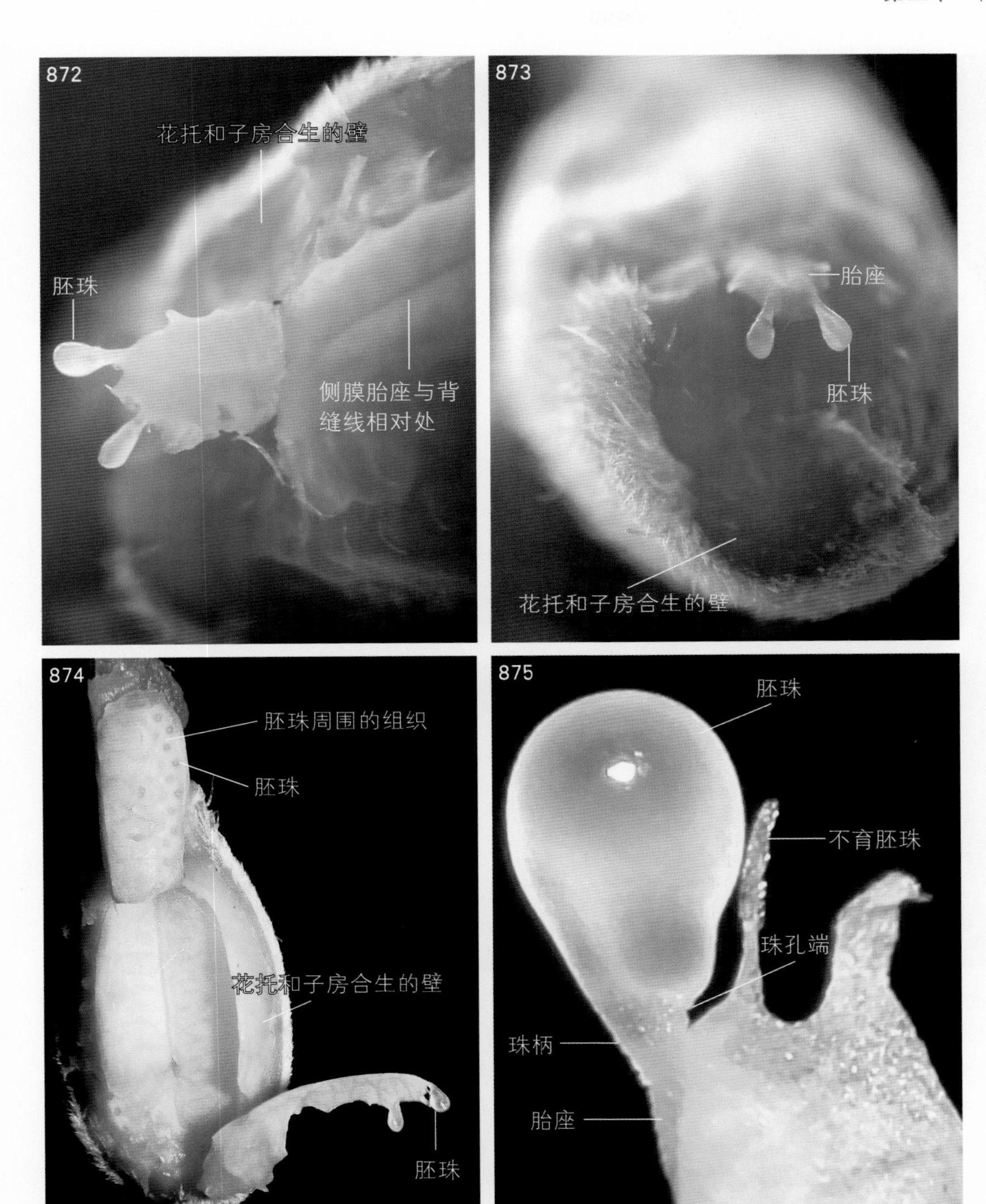

图2-872 从胎座内分离出的2个胚珠（暗视野观察）

图2-873 图2-872胚珠的不同角度观察

图2-874 从子房室内掀出的部分胎座

胚珠被其周围的组织包围，并与相邻的胚珠分隔开来。

图2-875 分离出的1个倒生胚珠

胚珠的右侧有1个长刷状结构，从着生位置看，可能属于不育胚珠。

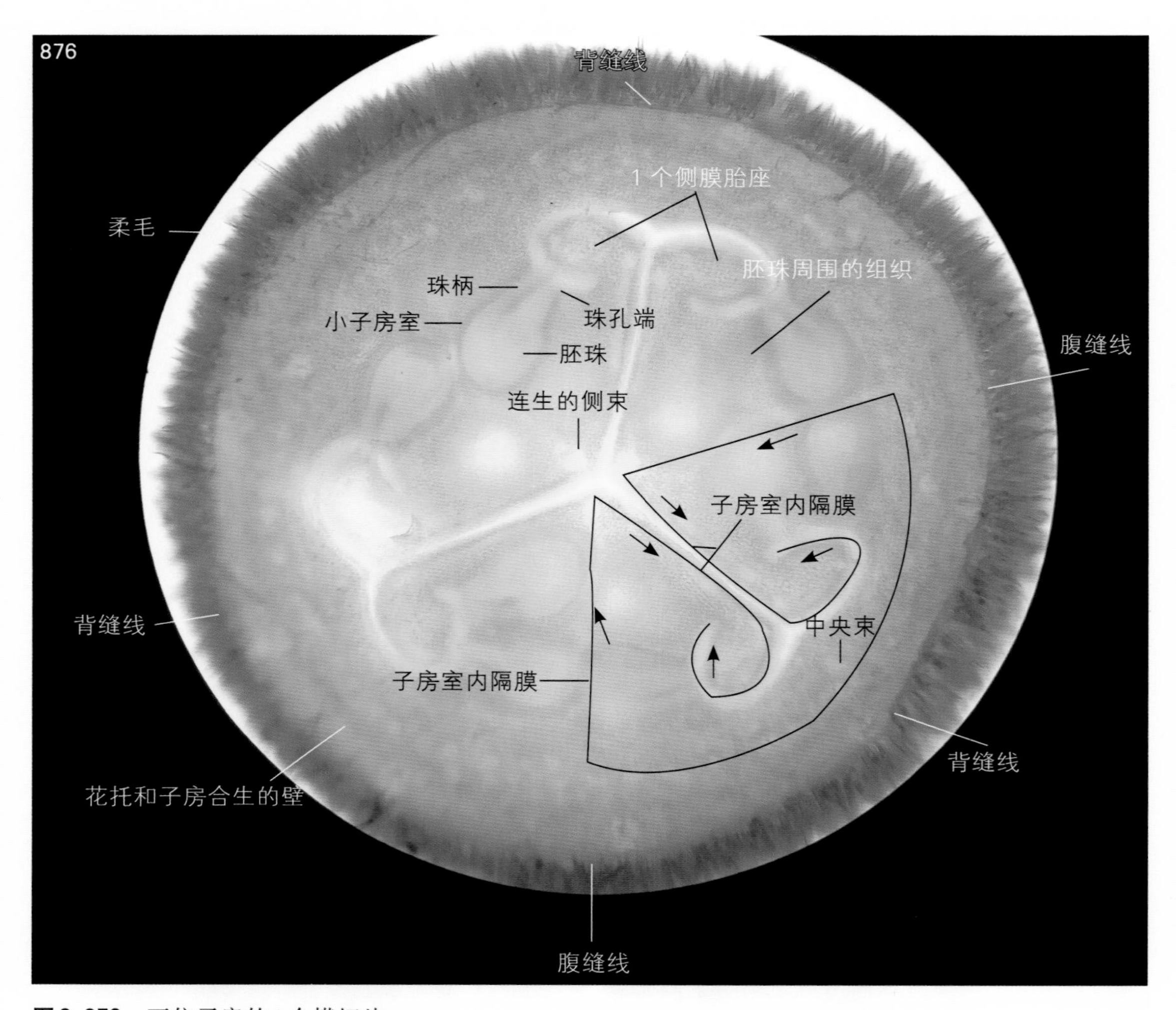

图2-876 下位子房的1个横切片

小马泡的雌蕊为复雌蕊，由3个心皮（2个腹缝线之间的子房壁为1个心皮在子房壁表面上的界限）合生而成，其3个侧膜胎座类似于西瓜的胎座。图中黑线及箭头画出了小马泡的1个心皮形成侧膜胎座的走向。在《植物学》教科书中，一般都将葫芦科的瓠果笼统地描述为"果皮和胎座肉质化"或"胎座发达"，只有少数教材对其进行较详细地描述。例如，李景原在《简明植物学教程》(2008年) 中描述了瓠果的结构："在瓠果的发育过程中，中果皮生入果实的中心，填满了子房的腔室并包被着胎座和种子。当果实成熟后，有些瓠果的内果皮形成一透明的薄膜包被着种子，如西瓜、西葫芦等"。其实，早在花期时，除了胎座和胚珠之外，下位子房内的空间就已经被子房内的组织（即图中胚珠周围的组织，通常被看作是发达的胎座的一部分）填充、占据了，这些组织围绕每个胚珠形成1个独立的小子房室（自拟名。果期时，对应的名称是种子外的小果室，图2—804)。图中的"中央束"，是文献中的叫法，指子房壁内背缝线处的维管事，即背束。此图中的背缝线和腹缝线是指下位子房的背缝线和腹缝线在花托（或果皮）表面的大致位置（下同）。

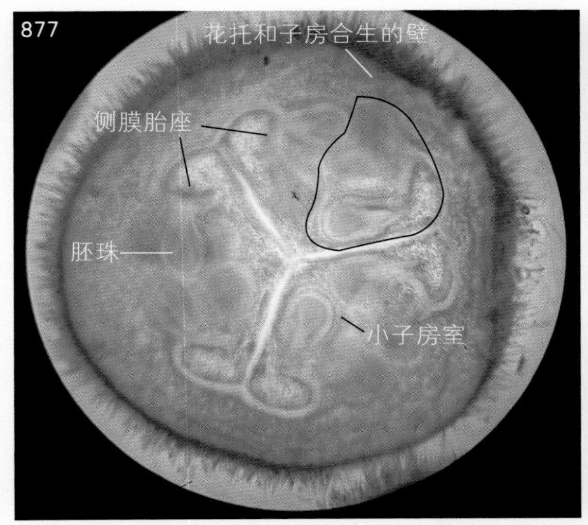

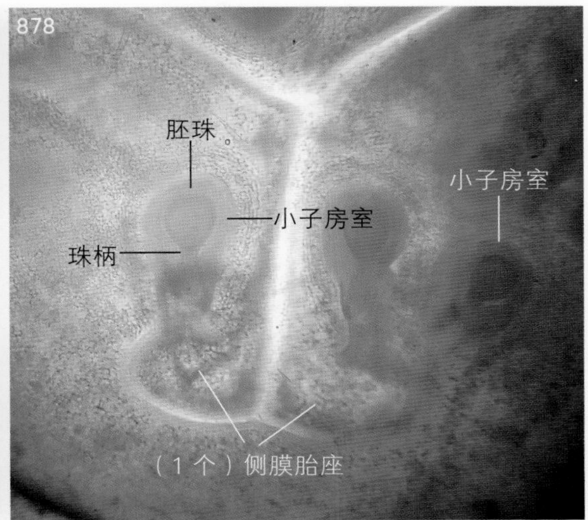

图2-877　下位子房横切片的临时水装片处理后的观察结果

图中，小子房室及其胚珠的图像变得更清楚了。圈内（侧膜胎座的一侧）可见3个胚珠的投影（在下位子房内，此侧的胎座上实际上分布着3列胚珠），这3个胚珠的清晰度不同，说明他们分布在3个不同的水平面上。

图2-878　下位子房横切片的放大观察

小马泡的子房结构与钮子瓜的子房结构相似，每个小子房室内都有1个胚珠，胚珠外有膜包被，胚珠有珠柄（图2—804）。

图2-879　植株上的未成熟果实

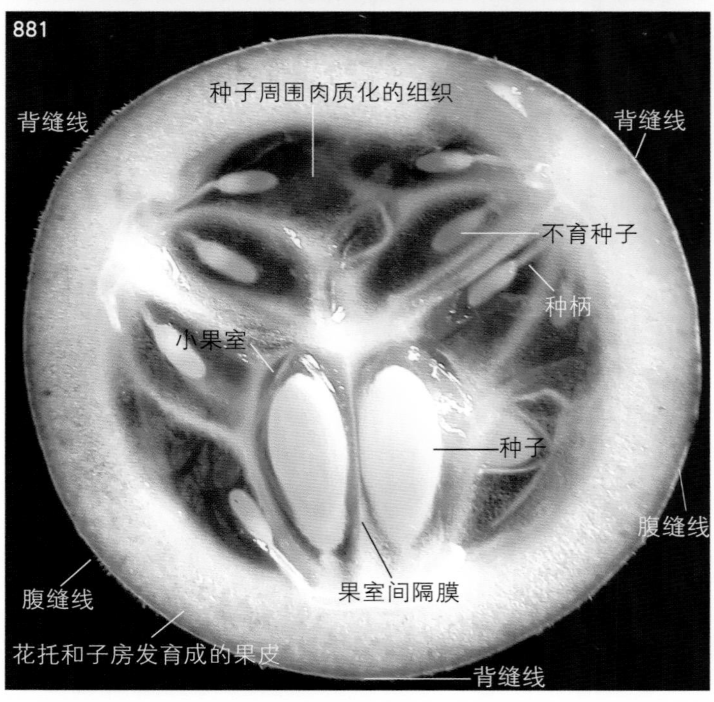

图2-880 多个未成熟果实的横切片
图2-881 单个未成熟果实的横切片

果皮是由花托和与之合生的下位子房的壁共同发育而成，花托和外果皮（两者之间没有明显的界限）形成果实的外层。果实内可大致分为3个果室，其结构与钮子瓜相似，由3个果室间隔膜（由子房室内隔膜发育而成）围成（图2—818）。果实内有很多种子，有些种子的体积较小、果柄相对较长，是未能正常发育的退化种子。

从图下方左侧的1个发育正常的较大种子看，种子（由胚珠发育而成，图2—879）着生在小果室内，种子外有一层较透明的膜包被。正常发育的种子不仅体积较大，而且种柄较短。

种子周围肉质化的组织是由花期时胚珠周围的组织发育而来，通常被看作是瓠果内发达、肉质化的胎座部分。

十五、百合科（Liliaceae）

1. 绵枣儿 [*Scilla scilloides* (Lindl.) Druce]

绵枣儿属（*Scilla*）。草本，叶基生；两性花，有花梗和苞片；花被片6片，排列成2轮，每轮3片；雄蕊6个，离生，生于花被片的基部，与花被片对生，花丝的基部较宽阔；复雌蕊，由3心皮合生而成，子房3室，每室生有1个胚珠，柱状花柱，不分枝，柱头小。

花材料采自河南省洛阳市（野生），于2011年8月25日解剖。

图2-882 绵枣儿花期的植株

植株有花莛，总状花序。

图2-883 花的近侧面观

花被片6片，排列成2轮，每轮3片，外轮花被片稍宽；离生雄蕊6个，与花被片对生，也可分为内、外互生的两轮；雌蕊的子房上位。

图2-884 将部分花被片展开后，花的侧面观

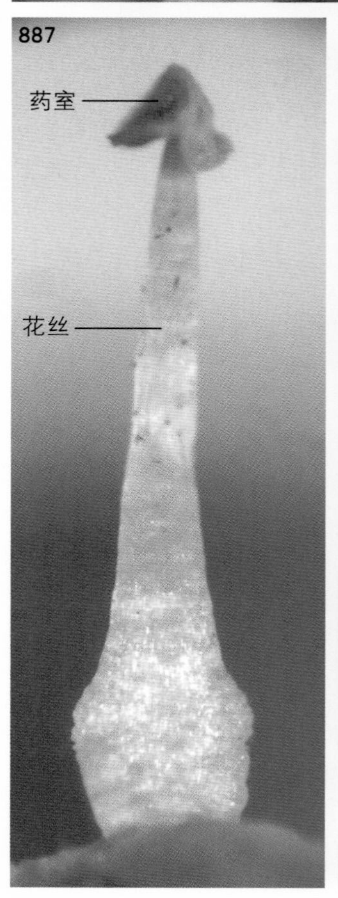

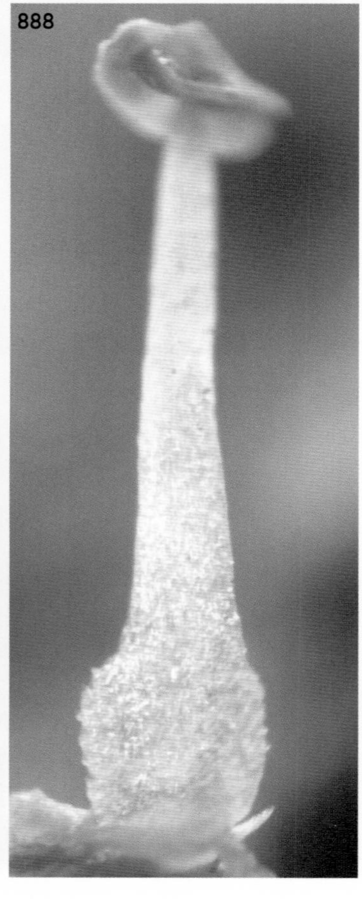

图2-885 花的不同照明光观察

雄蕊的花丝，下部比较宽阔。拍照时，让强透射光从一侧照明，照明效果介于透射光照明和暗视野照明之间（偏透射光照明）。

图2-886 花的下面观

图2-887 雄蕊的外面观

图2-888 另一个雄蕊的不同照明光观察

雄蕊的花药为T形着药，花药纵裂，花丝边缘可见小乳突（白绿绵枣儿变种几乎无小乳突）。

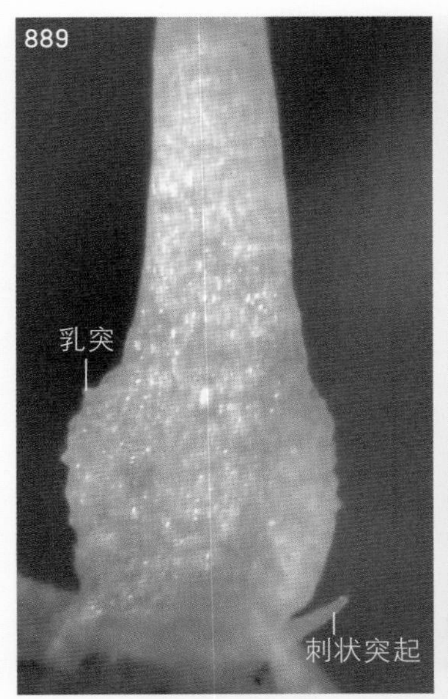

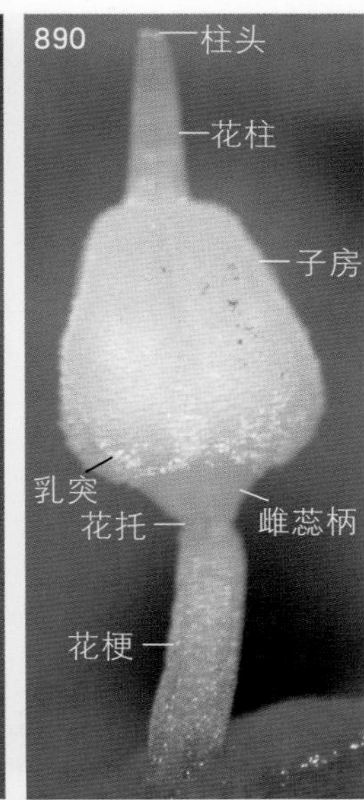

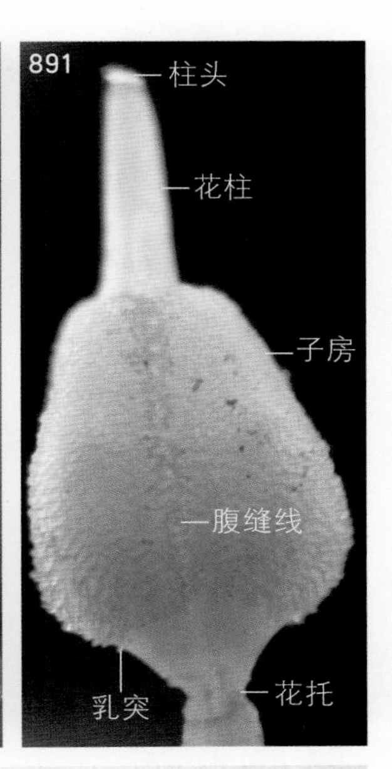

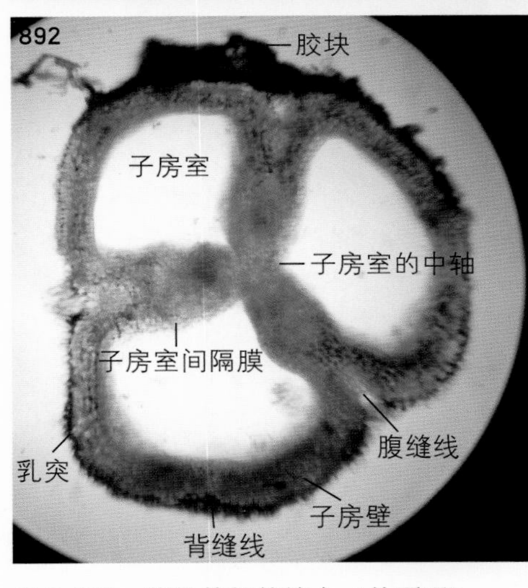

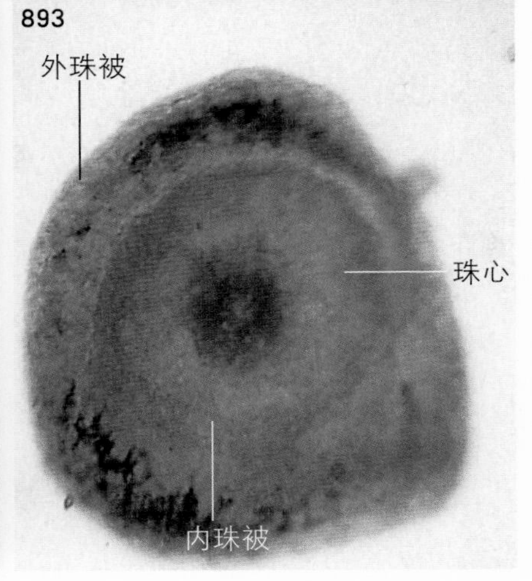

图2-889 花丝基部的放大（外面观）

花丝表面不光滑，生有乳突，在花丝基部的一侧生有肉质的刺状突起。

图2-890 雌蕊的侧面观

子房下部细缩，形成雌蕊柄，雌蕊柄表面无乳突。

图2-891 雌蕊的暗视野观察，示子房表面的乳突

图2-892 子房横切片的显微镜观察

复雌蕊由3个心皮合生而成，腹缝线位于子房表面的凹陷处。复雌蕊的子房3室由于胚珠在制片过程中脱落，因此在子房室内未见胚珠。

图2-893 胚珠横切片的放大

从胚珠的图像上看，胚珠有2层珠被。

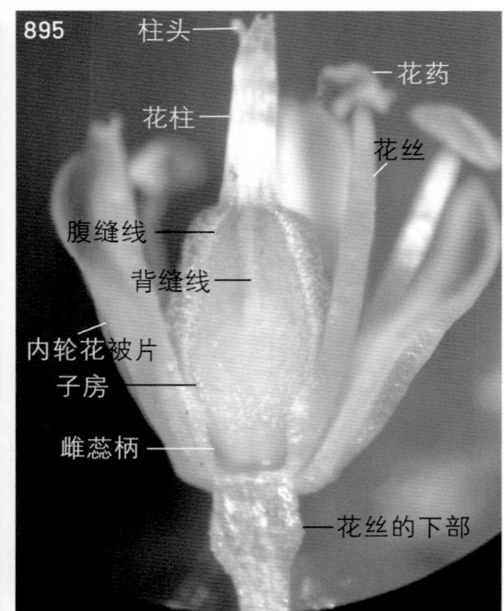

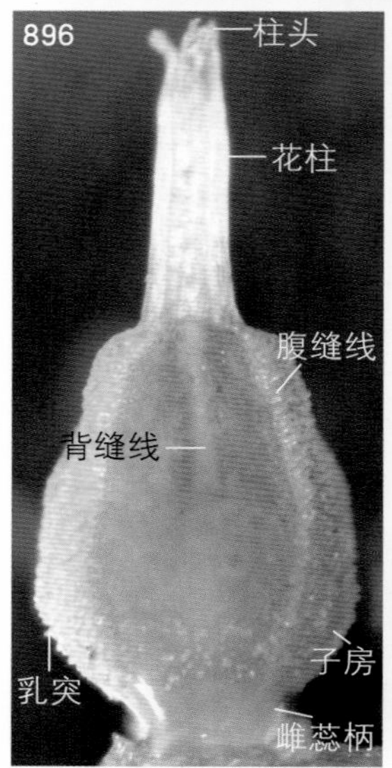

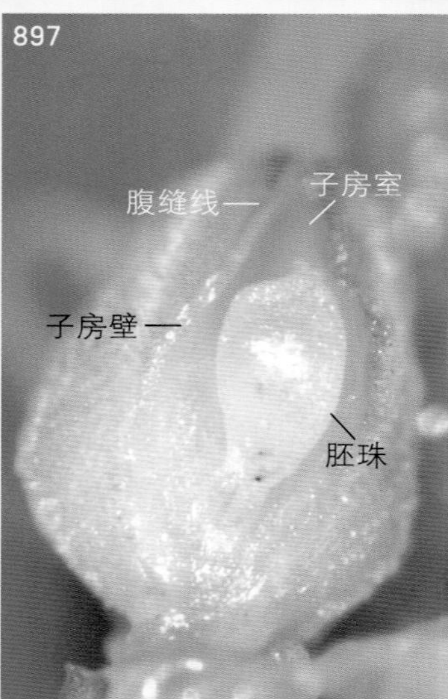

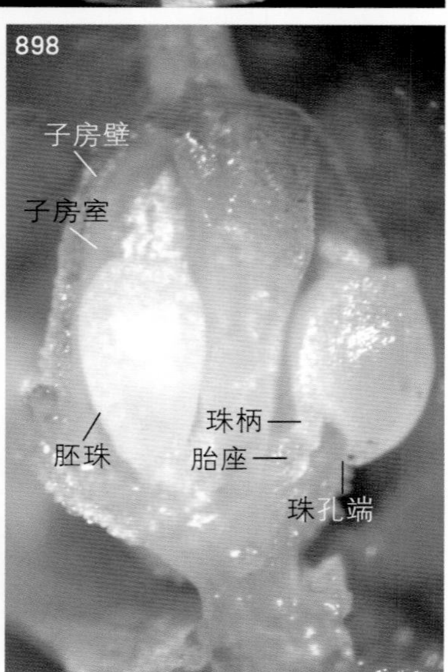

图2-894 另一朵花的近侧面观

雄蕊6个，其中2个雄蕊的花药已脱落，花药纵裂。腹缝线为子房壁表面的凹陷处（下同）。

图2-895 除去3个外花被片并将1个雄蕊展开后，花的侧面观

图2-896 除去花被片和雄蕊后，雌蕊的侧面观

子房表面有色浅的背缝线和腹缝线凹陷，子房的下部有雌蕊柄，雌蕊柄的表面无乳突。

图2-897 除去1个子房室的部分子房壁后，示子房室内的胚珠

每个子房室内只有1个胚珠，基生胎座。

图2-898 进一步除去部分子房壁后，示2个子房室内的胚珠

胚珠为倒生胚珠。

2. 假叶树（*Ruscus aculeata* L.）

假叶树属（*Ruscus*）。半灌木，叶退化成干膜质状的小鳞片，叶腋内的枝扁化成全缘、革质的叶状枝，叶状枝的顶端形成扎手的硬尖，基部扭转；单性花，有花梗和苞片，雌雄异株。雄花：未见。雌花：在叶状枝的中脉上生有2朵花；花被片淡绿色，排列成互生的2轮，外轮3片大而宽阔，内轮3片较窄；雄蕊的花丝合生成紫色较厚的杯状体，包在雌蕊外，杯状体的顶端生有白色萎缩的花药，不育；雌蕊的子房上位，1室，子房室内生有2个胚珠，花柱和柱头均为1个，柱头膨大呈头状，在退化雄蕊的杯状体顶端露出。

假叶树原产欧洲南部，为外来观赏植物。《中国植物志》记载，假叶树是半灌木，即它是“在木本与草本之间没有明显的区别，仅在基部木质化的植物”（《中国高等植物科属检索表》，P548）。洛阳市内露天栽培的假叶树虽然比较低矮，但形态上更像是灌木。

（1）雌花的花蕾

雌花的花蕾采自河南省洛阳市，于2015年9月27日解剖。

图2-899 枝的一部分

叶状枝上生有花蕾。

图2-900 叶状枝的部分放大

叶状枝着生在叶腋内，其基部扭转，这能使相邻的叶状枝都尽可能地少被遮挡（以获得更多的光照），即叶状枝也具有叶镶嵌形象。叶状枝上的花蕾是着生在干膜质的叶腋内。

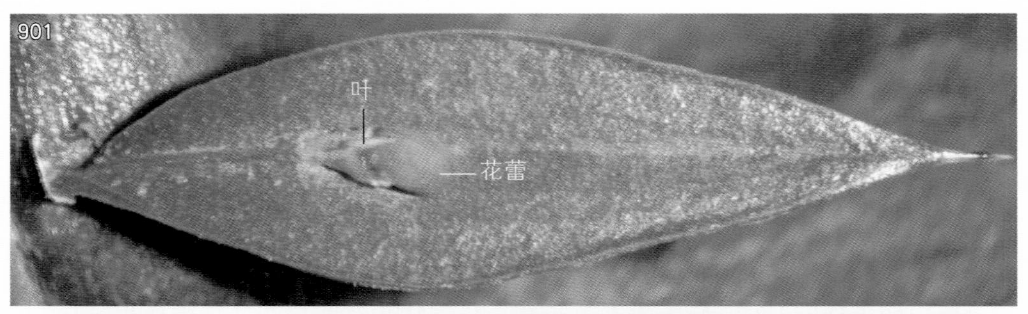

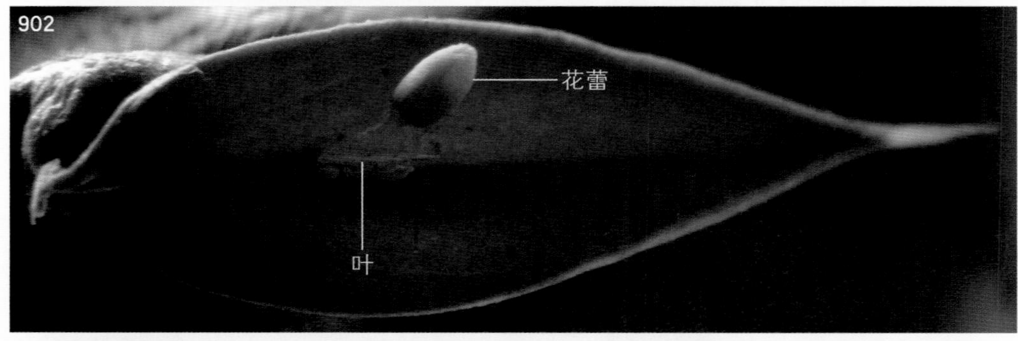

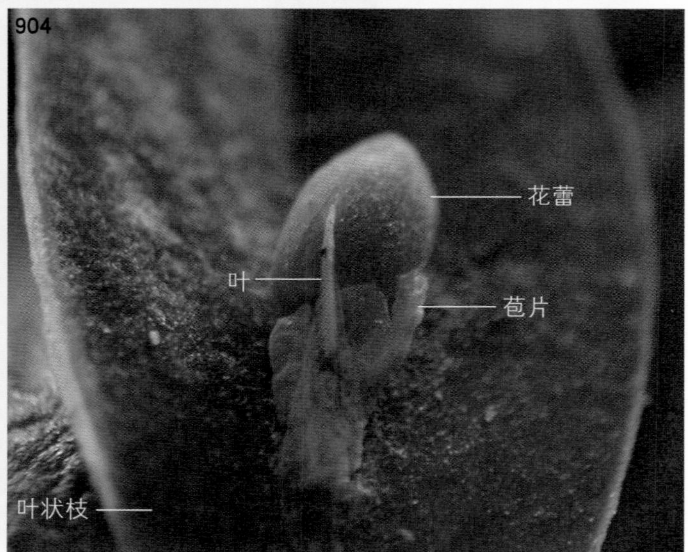

图2-901 叶状枝的顶端形成扎手的硬尖

图2-902 另一个叶状枝的暗视野观察

图2-903 叶状枝基部的放大

图2-904 叶状枝上的花蕾

观察时，将叶状枝适当倾斜（前低后高），使叶状枝与解剖镜的物镜镜头之间成钝角，这样可使花蕾在叶状枝背景上表现得更突出。叶状枝上的叶腋内，生有干膜质的变态叶（苞片）和花蕾。

图2-905 将花蕾下的叶去掉，示叶腋内的多片苞片

右侧苞片腋内，隐约可见1个小花蕾。

图2-906 除去叶和苞片后，示一大一小的2个花蕾

叶腋内的2个花蕾组成的花序更像是单歧聚伞花序。固定叶状枝时，其左侧较高，这样倾斜放置可突出花芽，并能看到叶状枝的边缘较厚，呈厚板状。

图2-907 将外轮和内轮的花被片展开后，花蕾的上面观

外轮花被片和内轮花被片各3片，两者之间呈互生排列。

图2-908 上图：只将外轮花被片展开时，花蕊的上面观

图中，3片内轮花被片内的厚环状结构为退化雄蕊的花丝形成的杯状体，杯状体的内侧顶端有排列成环状的、退化雄蕊的花药，环状花药内有柱头伸出。

下图：将外轮花被片和内轮花被片展开后，花蕊的近上面观（暗视野观察）

柱头的表面有一个浅凹陷，此缝隙和子房的横切片（图2—924）说明假叶树的雌蕊可能是由1个心皮组成，为单雌蕊。

图2-909 花被片展开后，花蕊的侧面观

杯状体顶端有环状的退化花药。

图2-910 花蕊的侧面观（暗视野观察）

图2-911 花蕊的不同角度观察（暗视野观察）

花蕊稍倾斜后，可见柱头的左侧有凹陷。假叶树的退化雄蕊，花丝合生成杯状体，这样的雄蕊属于单体雄蕊，由于杯状体上端的退化花药合生在一起，成环状，因此它的雄蕊又属于聚药雄蕊。

图2-912 除去退化雄蕊后，雌蕊的侧面观

图2-913 雌蕊的暗视野观察，示柱头顶端的凹陷

图2-914 雌蕊的不同角度观察，示柱头顶端的凹陷（暗视野观察）

图2-915　除去部分子房壁后，示子房室内的1个胚珠

图2-916　进一步除去部分子房壁后，示子房室内的2个倒生胚珠

图2-917　另一个稍大的花蕾。叶腋内有多个苞片

图2-918　雌花的6片花被片的展开

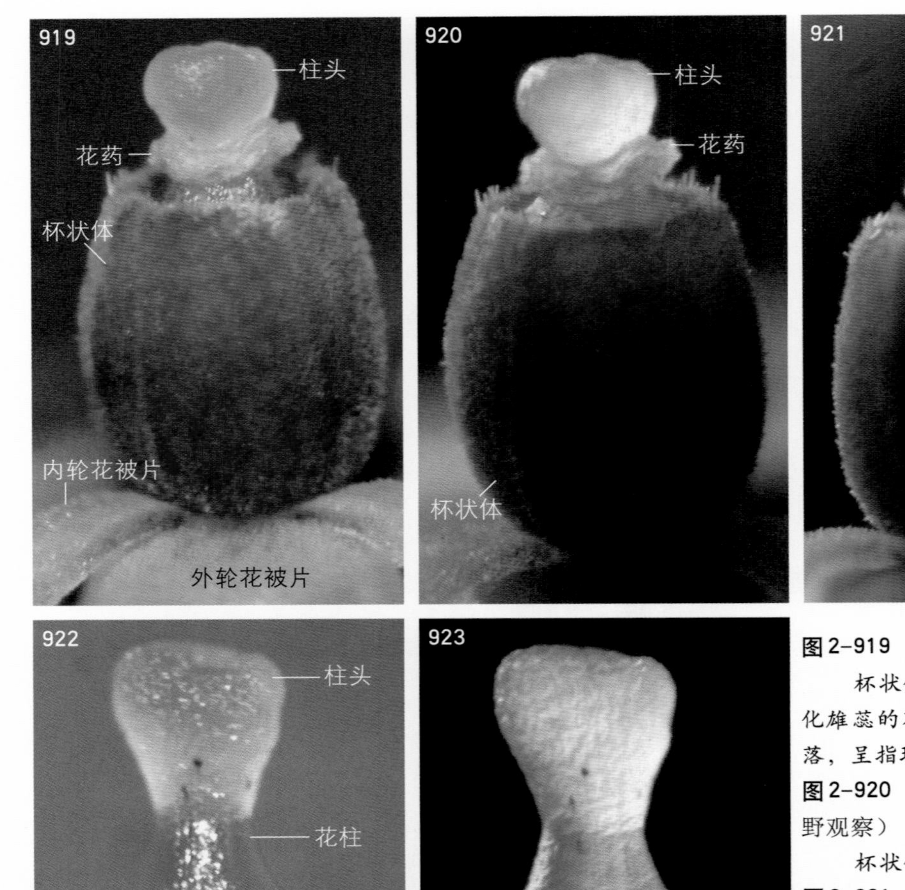

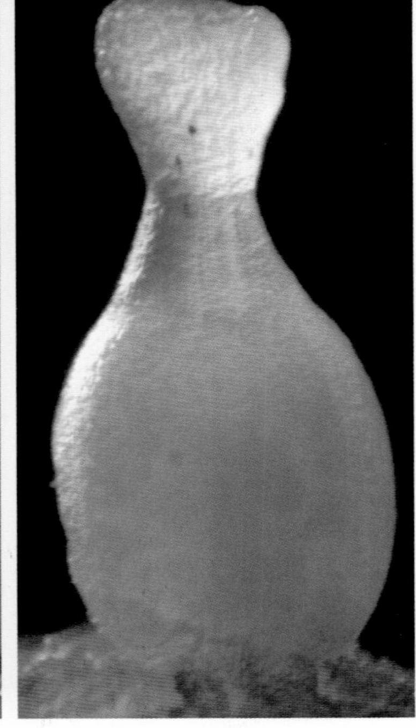

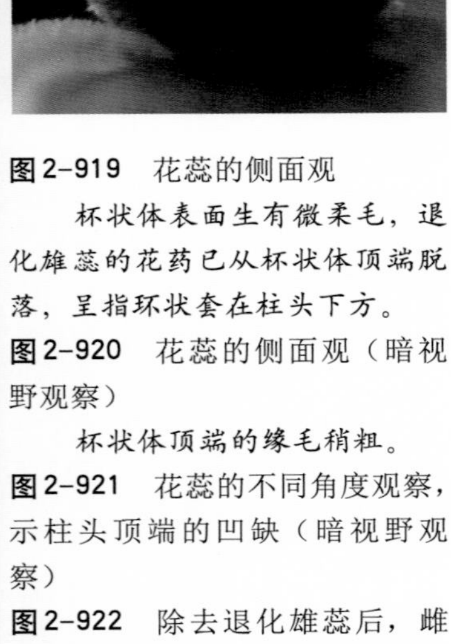

图2-919 花蕊的侧面观

杯状体表面生有微柔毛，退化雄蕊的花药已从杯状体顶端脱落，呈指环状套在柱头下方。

图2-920 花蕊的侧面观（暗视野观察）

杯状体顶端的缘毛稍粗。

图2-921 花蕊的不同角度观察，示柱头顶端的凹缺（暗视野观察）

图2-922 除去退化雄蕊后，雌蕊的侧面观

图2-923 图2-922雌蕊的暗视野观察

924

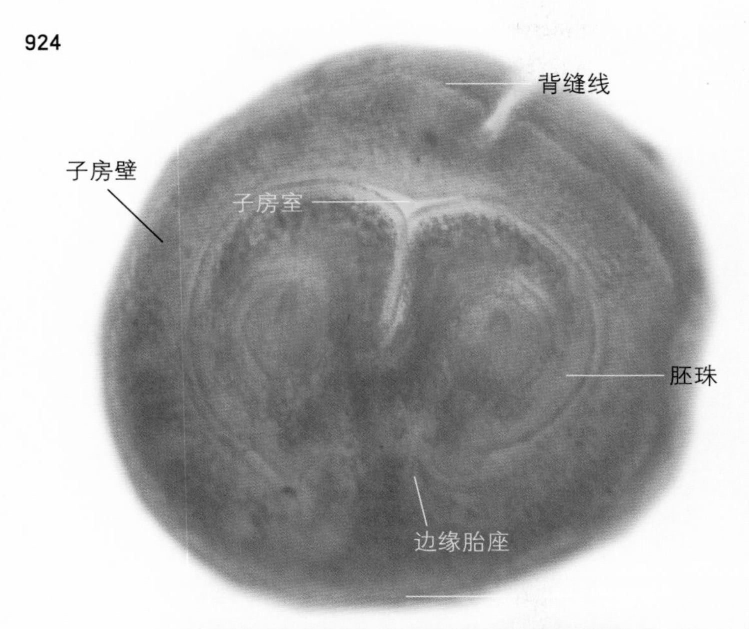

925

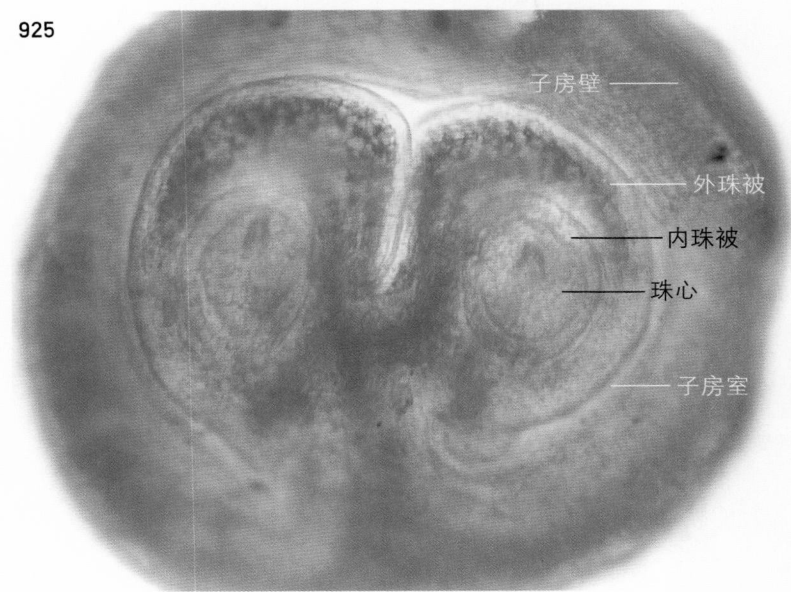

图2-924　子房横切片的显微镜观察（临时水装片）

子房是由1个心皮组成的单雌蕊，子房1室，室内有2个胚珠的横切面，边缘胎座。但是，在《中国植物志》等文献中，假叶树被归入百合科，默认其雌蕊是由3个心皮合生而成的复雌蕊，侧膜胎座。

图2-925　子房横切片的部分放大

子房室内的胚珠具有2层珠被，其外珠被较厚，而内珠被较薄。

（2）雌花

雌花材料与上述花蕾采自同一处，于2015年10月15日解剖。

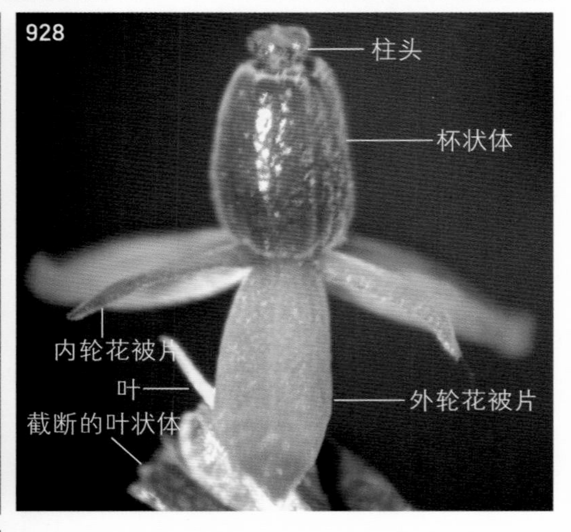

图2-926 叶状枝上的雌花

花被片淡绿色（《中国植物志》记载，假叶树“花白色”），紫红色的杯状体是由退化雄蕊的花丝合生而成，柱头伸出杯状体之外。

图2-927 雌花的上面观

外轮花被片较宽阔，内轮花被片较窄。

图2-928 雌花的侧面观

图2-929 花蕊的侧面观

杯状体的表面生有柔毛，在杯状体顶端退化雄蕊的环状花药已不明显。

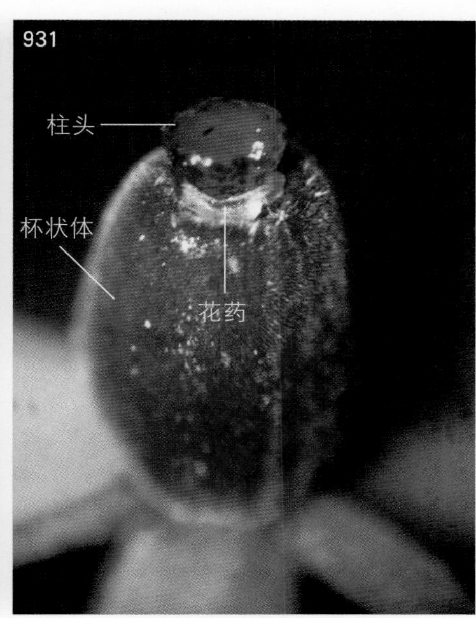

图2-930 花的侧面观（暗视野观察）

在花下，可见叶、苞片和花蕾。

图2-931 花蕊的近侧面观

在杯状体的顶端，白色膜质的退化花药呈横向开裂；柱头的表面有黏液，为湿柱头。

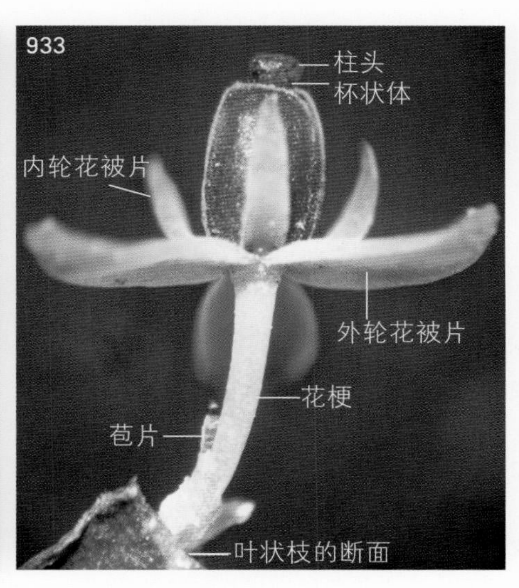

图2-932 雌花的下面观

外轮花被片3片，矩圆形，较宽阔，内轮花被片与外轮花被片互生，3片，约为条形，较窄。

图2-933 雌花的侧面观

在对雌花进行观察的过程中，内轮花被片逐渐闭合，贴近杯状体（可能和花被片的脱水有关）。

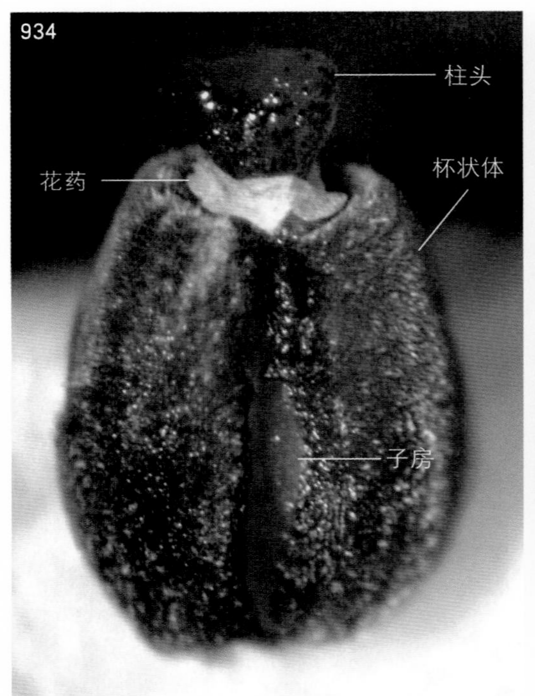

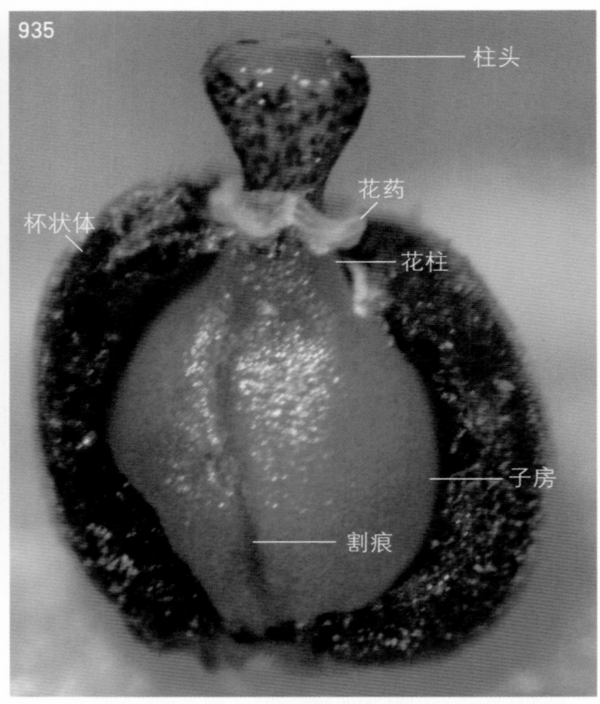

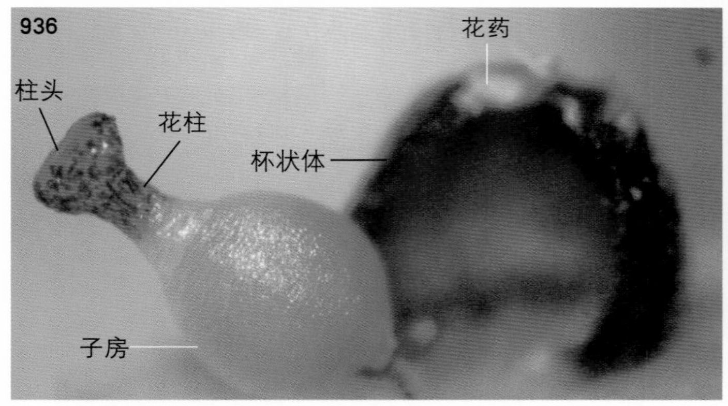

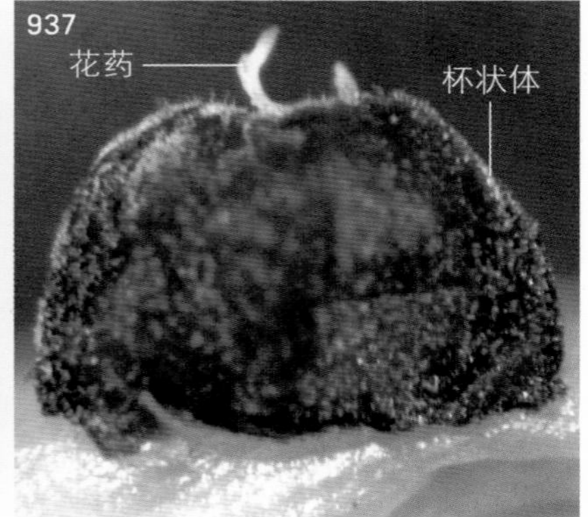

图2-934 杯状物的纵剖

杯状体上端的白色膜状物为退化的花药。

图2-935 将杯状体展开，示杯状体内的子房

子房的表面有纵剖杯状体时留下的割痕。

图2-936 将雌蕊从杯状体内分离出来

图2-937 除去雌蕊后，杯状物的外面观

受杯状物的三维立体形状所限，无法将其平展在一个平面上。

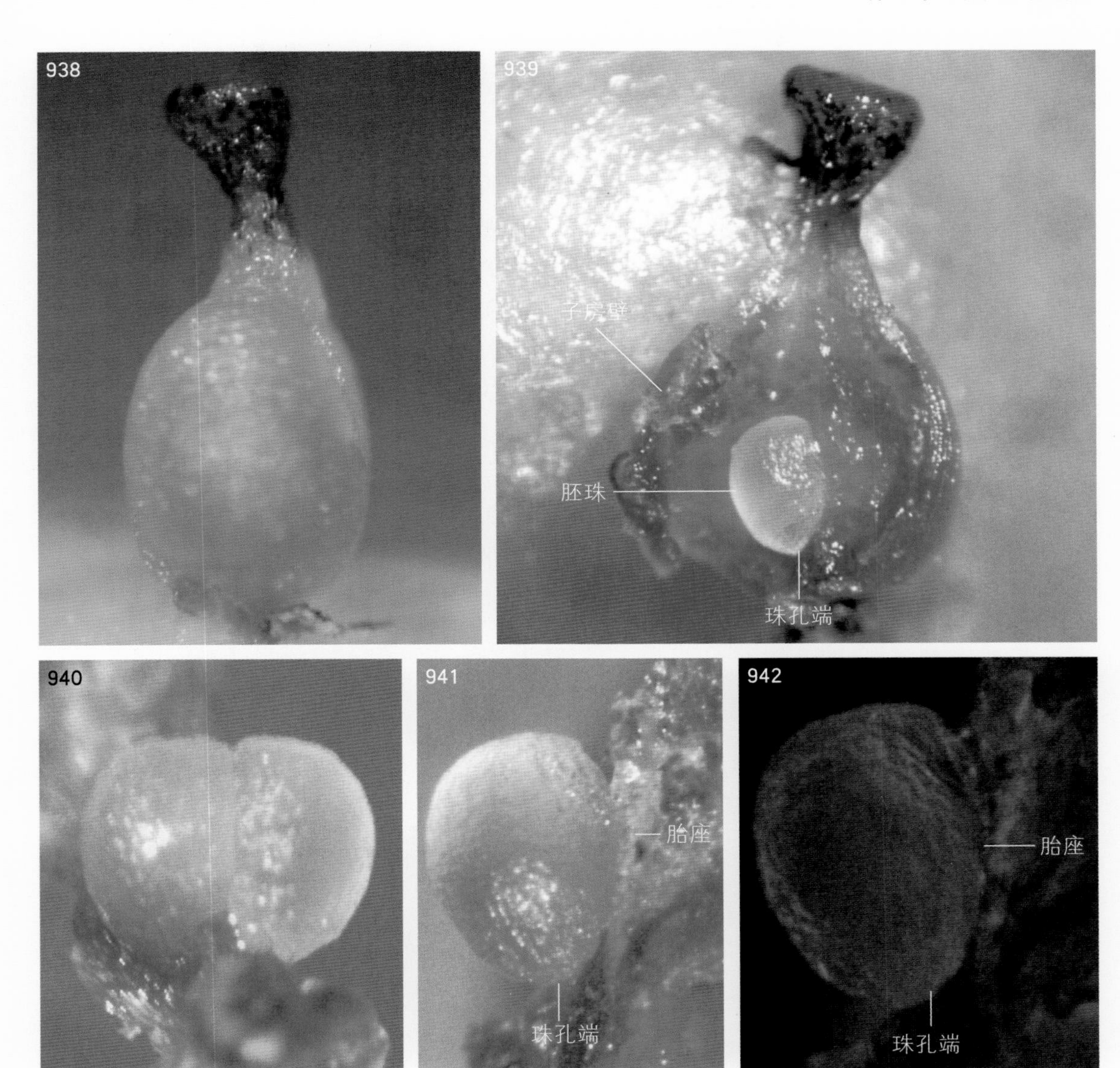

图2-938 雌蕊的不同角度观察

图2-939 将子房壁纵剖并部分展开后，示子房室内露出的1个胚珠

图2-940 除去大部分子房壁后，示子房室内的2个胚珠

图2-941 子房室内的1个胚珠（侧面观）

胚珠为倒生胚珠，珠孔端朝下。

图2-942 子房室内的1个倒生胚珠（暗视野观察）

十六、芭蕉科（Musaceae）

芭蕉（*Musa basjoo* Sieb. & Zucc.）

芭蕉属（*Musa*）。多年生草本，叶由叶片、叶柄和叶鞘三部分组成，茎为假茎，由叶鞘层层相套而成；单性花，无花梗。雄花：合生花被片位于花的远轴面和花被的外轮，顶端有5个齿裂，离生花被片位于花的近轴面和花被的内轮，舟形，顶端具有长尖头；离生雄蕊5个，形态上完全可育或部分可育；复雌蕊形似可育，实为不育，由3个心皮合生而成，子房下位，子房内无子房室和胚珠的分化，花柱较长，柱头呈头状，花柱和柱头均为1个。雌花：未采集。未成熟果实：浆果，由3个心皮合生而成的复雌蕊发育而成，果室3个，中轴胎座，种子多数。

1. 雄花

雄花可分为2种，一种为雄蕊部分可育，另一种为雄蕊全部可育。

花材采自河南省洛阳市，于2016年5月8日解剖，另外选了3张其他时间的观察照片（见图注）。

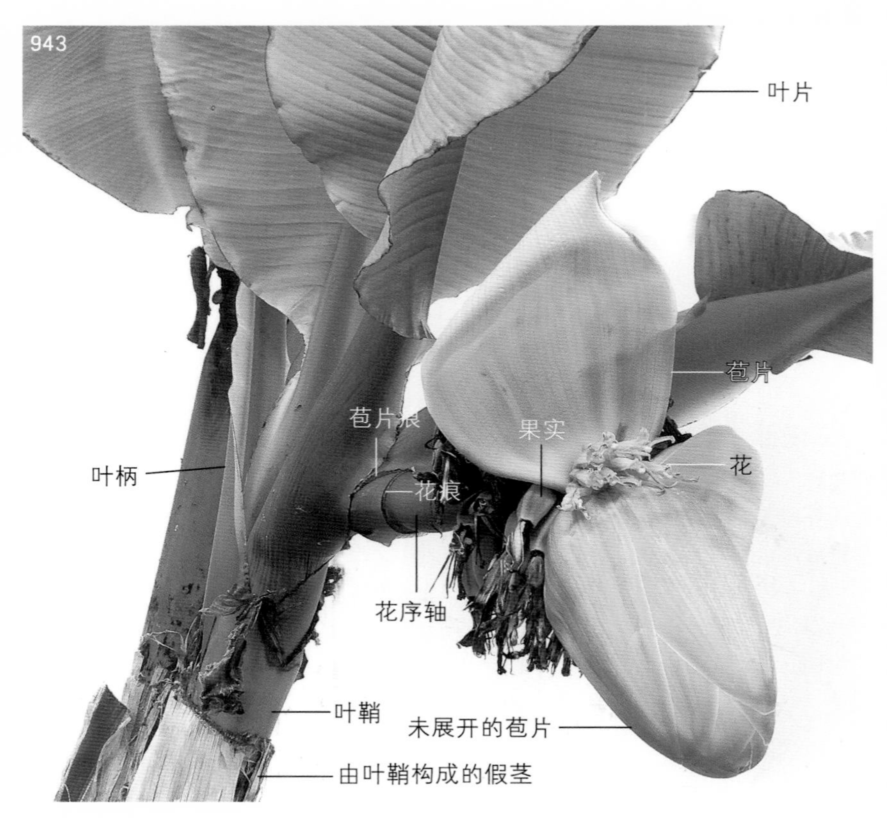

图2-943 开花的植株

芭蕉的花序为球穗状，不是严格意义上的穗状花序。图中，花序轴上有1片大型的苞片已展开，在其腋内生有内、外2排横向排列的花。花序轴的上方，有一些尚未展开的未成熟的苞片（其腋内有未成熟的花），花序轴的下方有苞片和2行花脱落后留下的苞片痕和花痕，苞片痕位于花痕下方，两者紧密相接。

图2-944 部分下垂的花序（2016年10月26日）

根据《中国植物志》记载，芭蕉属“下部苞片内的花在功能上为雌花，但偶有两性花”，芭蕉“雄花生于花序的上部，雌花生于花序下部”。图中，花序轴下方已生出未成熟的果实，而花序轴上方的苞片还在陆续展开，在展开的苞片腋内生有内、外两排花。图中，在展开的苞片之上，还有一个未成熟的花序部分，它由很多未成熟的苞片及其腋内的花组成，呈长卵状。这部分未成熟的花序，越趋近花序轴的顶端，其苞片和花就越幼嫩，而且从理论上讲，花序轴的顶端在花期内还能源源不断地产生出新的苞片及花，属于无限花序。

图2-945 正在开放的花（2017年7月1日）

《中国植物志》认为芭蕉科的花“常排成顶生或腋生的聚伞花序”，即苞片腋内的花属于一种有限花序。但是，图中苞片腋内的花近等大并接近同时开放，已看不出其开花样式是否符合聚伞花序的开花顺序。

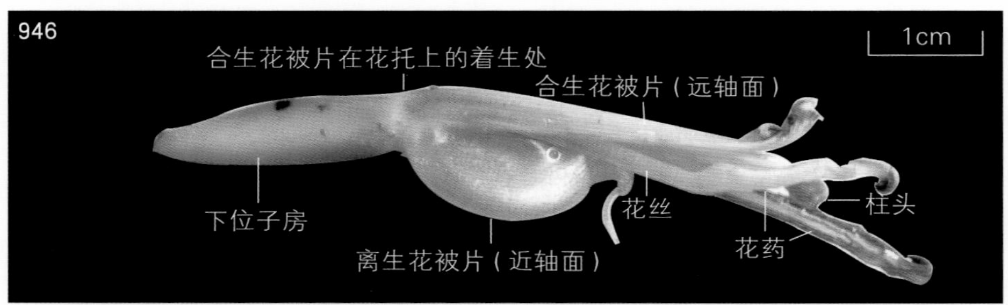

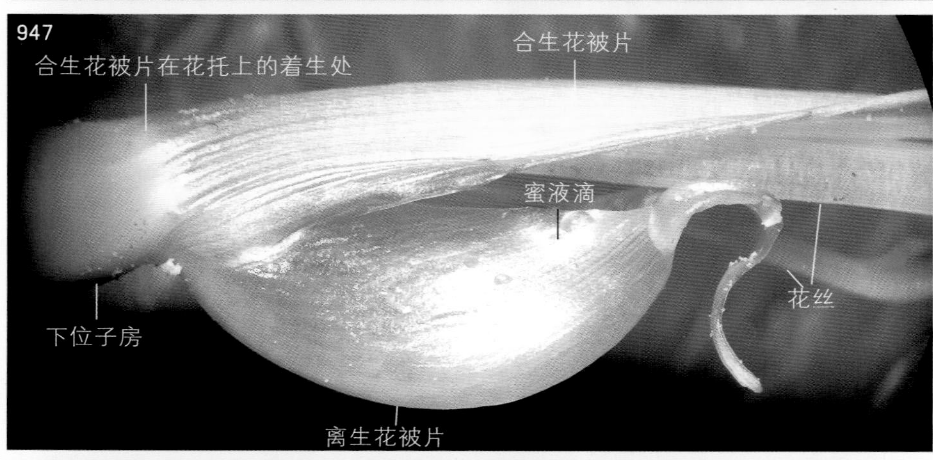

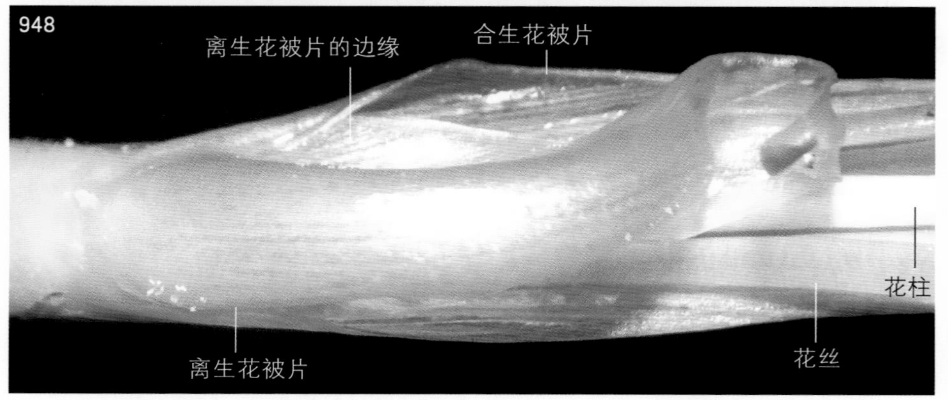

图2-946 雄花的侧面观

从形态上看，芭蕉的花有雄蕊和雌蕊，为两性花，但是此花的雌蕊不育（见下述），实为单性花。芭蕉花的子房下位，花被和雄蕊都着生在下位子房上端的花托上，为上位花。

图2-947 下位子房上端的花被片

位于外侧的花被片为合生花被片，位于内侧的花被片为离生花被片。离生花被片的侧面观约为扁舟状，囊内一般贮存有黏液（蜜液）。

图2-948 离生花被片的外面观

离生花被片的两侧外展的边缘被合生花被片的两侧边缘分别遮盖住，整体约呈囊状。

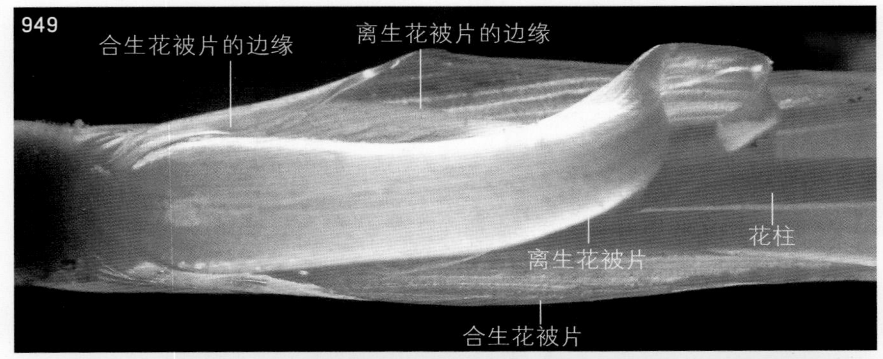

图2-949 图2-948的暗视野观察

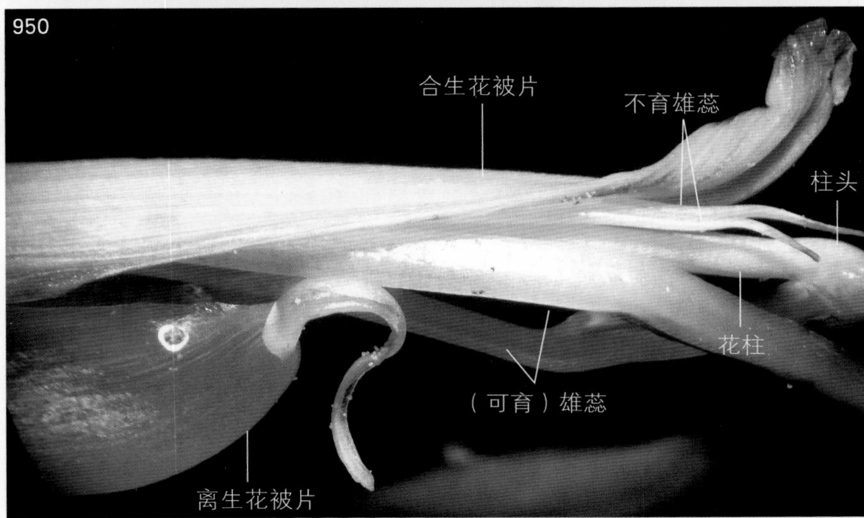

图2-950 花的上部

在花柱和合生花被片之间，可见2个（实为3个）雄蕊的花丝上端呈锥状，无花药，这些雄蕊为不育雄蕊。在花柱和离生花被片之间，可见2个有花药和花粉囊分化的可育雄蕊。

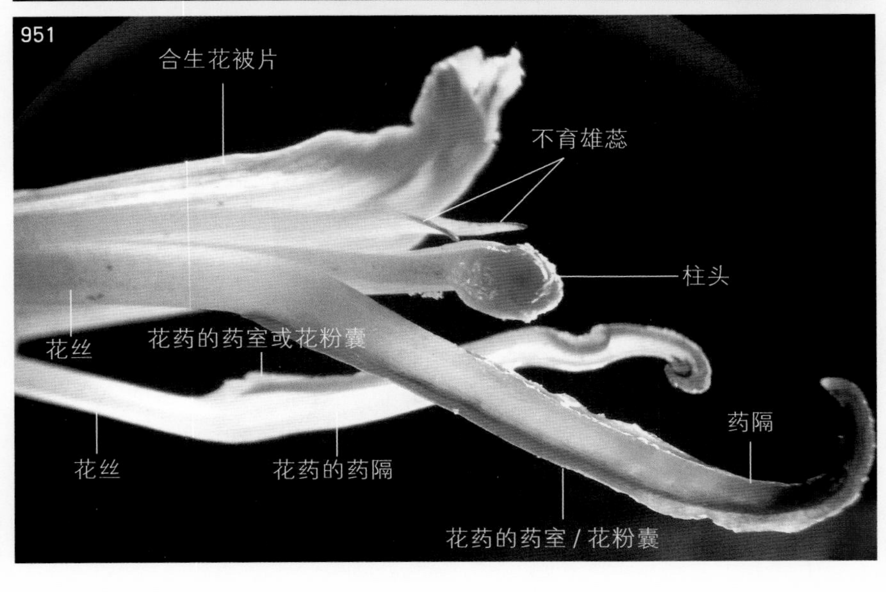

图2-951 花的上端（暗视野观察）

可育雄蕊的花药两侧有药室或花粉囊，花药纵裂。

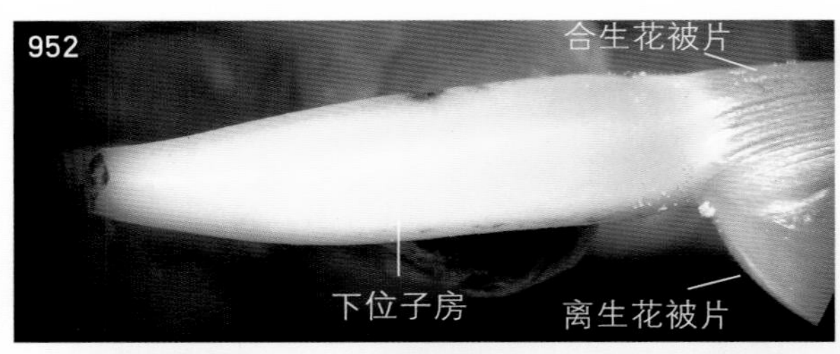

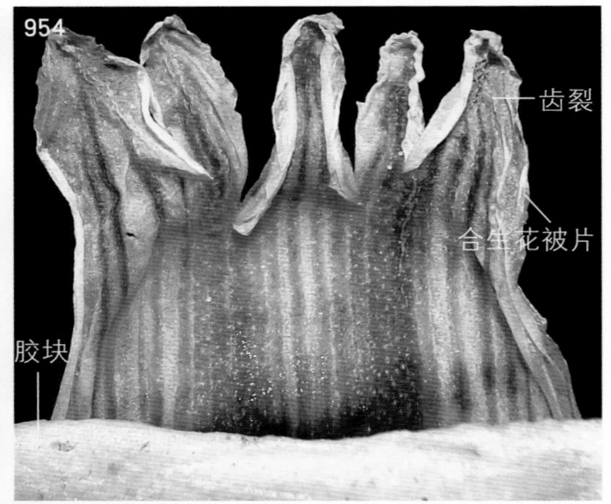

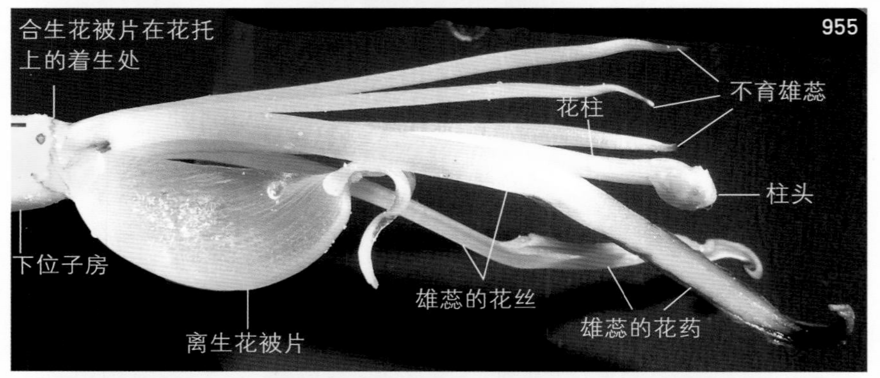

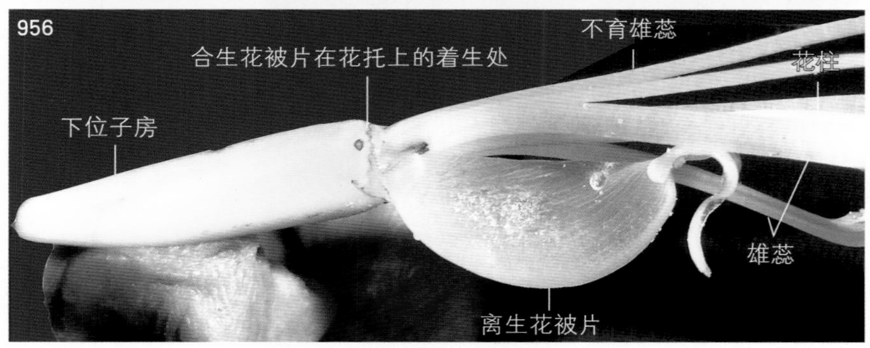

图2-952 芭蕉的下位子房

图2-953 分离出的合生花被片，其边缘上部和常卷褶

图2-954 合生花被片顶端的展开，示5个齿裂（2018年5月21日照片）

图2-955 除去合生花被片后，花上部的侧面观

离生雄蕊5个，其中3个雄蕊不育，2个雄蕊可育，花药为背着药（贴着药）。

图2-956 除去合生花被片后，示花的中下部

花丝多少有些透明，而花柱白色，不透明。

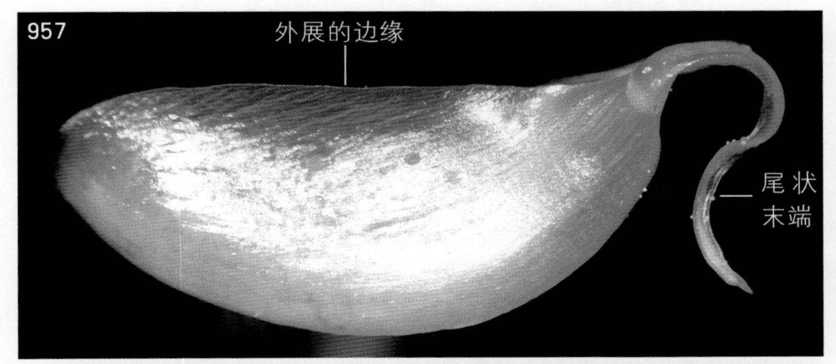

图2-957 离生花被片的侧面观

离生花被片近扁舟状，在近轴面纵向开裂，上部细缩成尾状，尾状末端具小尖头。《中国植物志》未具体描述芭蕉离生花被片的形状。

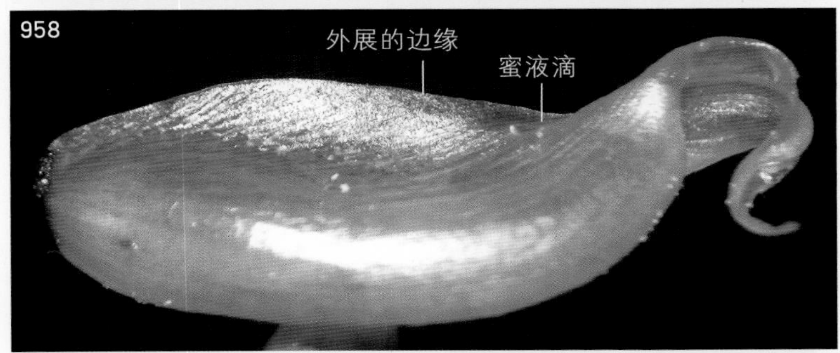

图2-958 离生花被片的不同角度观察

扁舟状的离生花被片的两侧边缘外展，其外展的边缘在花内恰好被合生花被片的两侧边缘分别遮盖住。

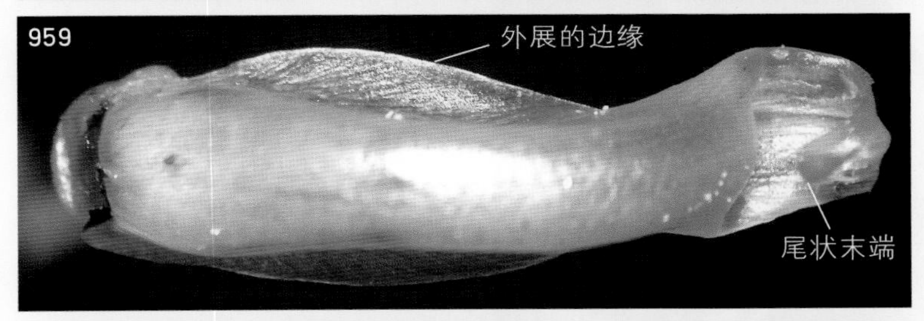

图2-959 离生花被片的外面观，示其向外扩展的边缘

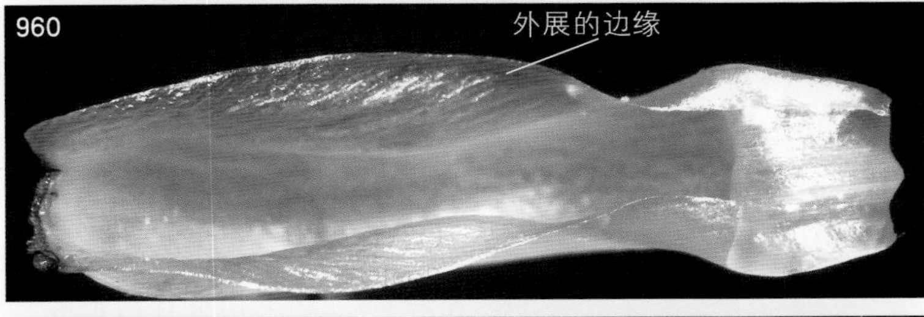

图2-960 离生花被片的近内面观

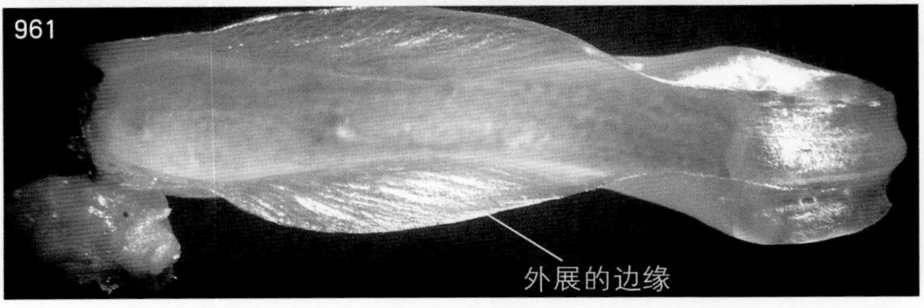

图2-961 离生花被片的内面观，示其外展的边缘

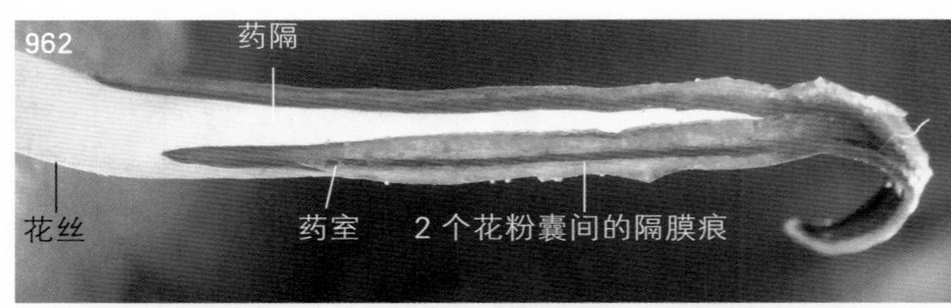

图2-962 可育雄蕊的花药（暗视野观察）

花药为背着药（贴着药），花药或药室在开裂时纵裂。在图下方开裂的药室内，相邻2个花粉囊间的隔膜痕清晰可见。

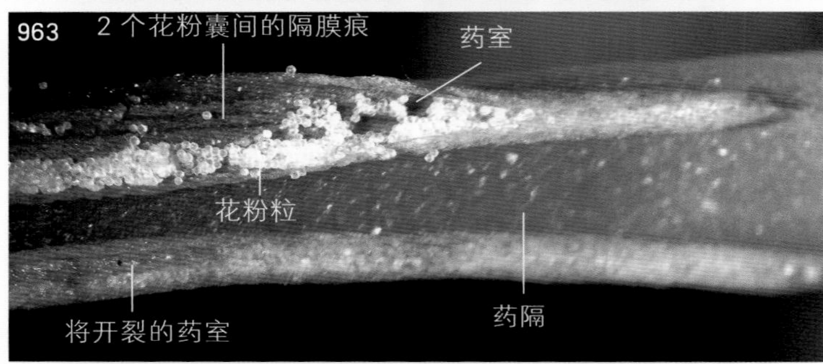

图2-963 花药的部分放大，示药室/花粉囊的开裂方式

图上方雄蕊的药室或花粉囊即将完成开裂，而图下方雄蕊的药室或花粉囊将要开裂（纵裂）。

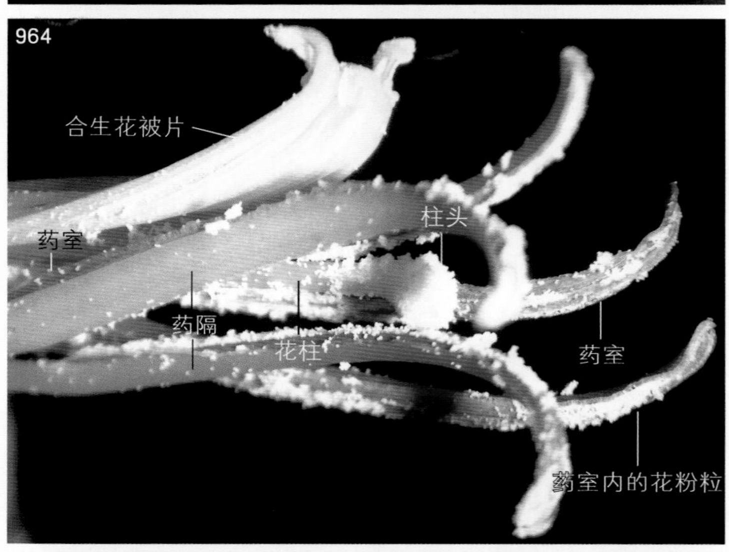

图2-964 另一朵雄花，其雄蕊全部可育

花药的药室或花粉囊均已开裂，释放出大量的花粉粒，柱头已经粘满花粉粒。

图2-965 离生花被片内贮存的蜜液

合生花被片从离生花被片的两侧将离生花被片外展的边缘包住，使离生花被片呈囊状，其内贮存的黏液为蜜液。

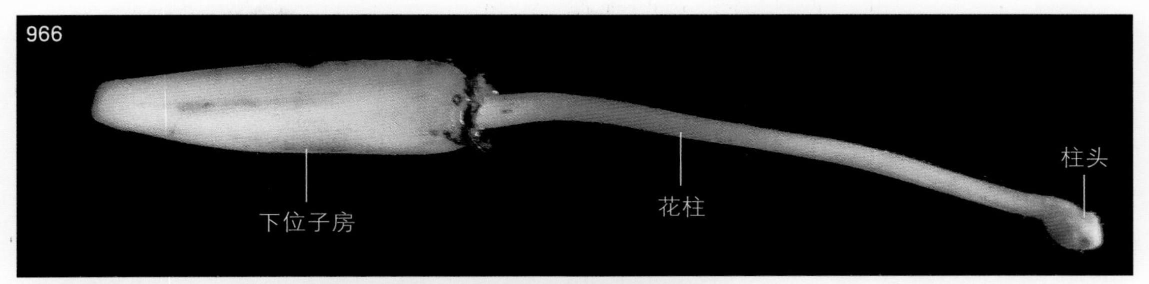

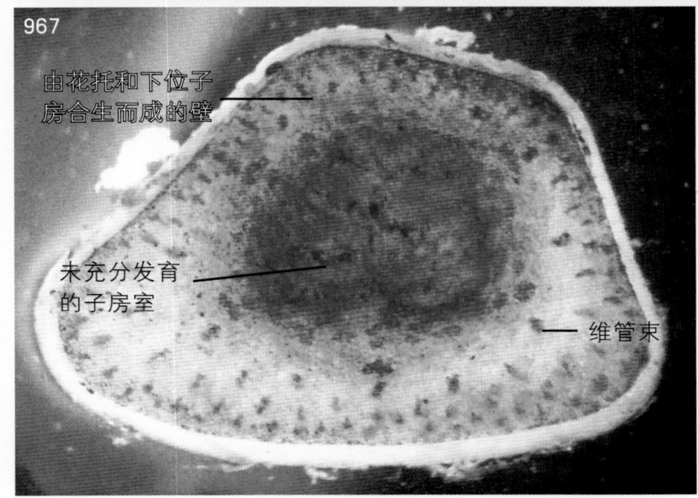

图2-966 除去花被片和雄蕊后，分离出的雌蕊

雌蕊的子房下位，即花托与子房的壁合生。

图2-967 子房的横切片

由花托和下位子房合生而成的壁较厚，子房室的结构不清，下位子房内无胚珠，此雌蕊或子房不育，即花为形态上的两性花，实为雄花。

图2-968 未成熟的果实（本图至图2-970为2016年6月22日拍摄）

图上方的果实顶端还保存着枯萎的花蕊。

2. 未成熟的果实

果实材料采自河南省洛阳市，分别于2016年6月22日和2017年8月21日进行观察或切片。

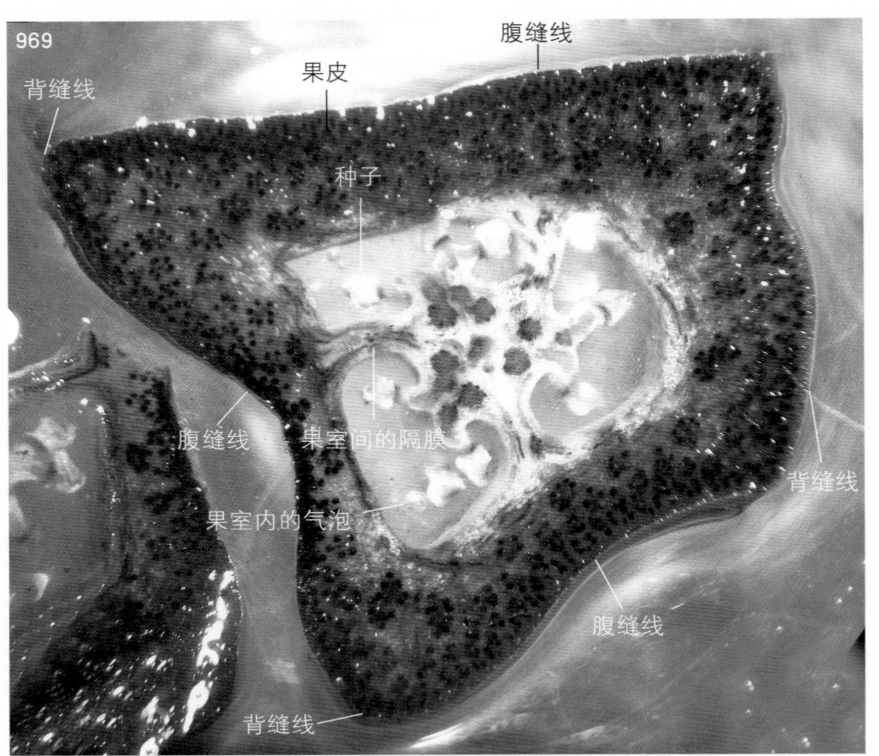

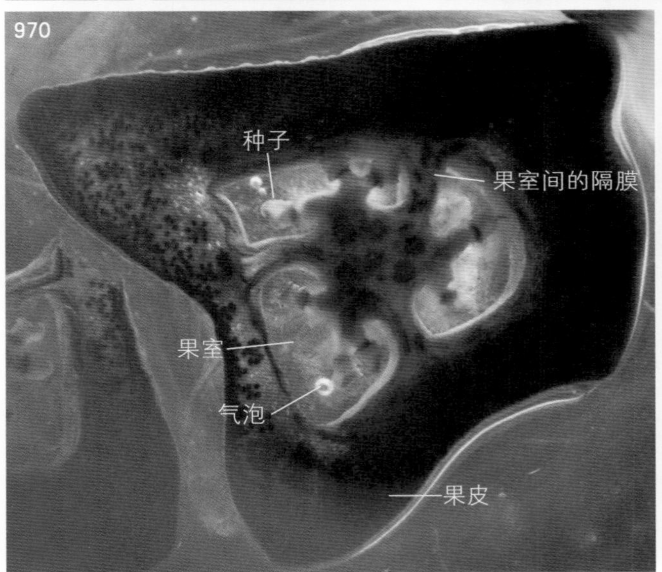

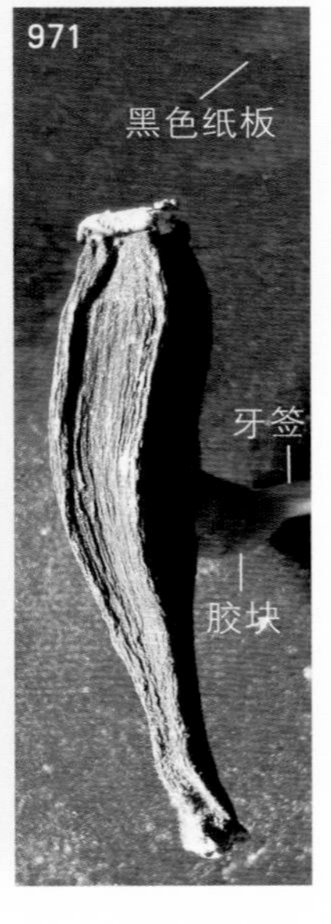

图2-969 未成熟果实的横切片（临时水装片）

由果实的结构可知，发育成该果实的雌蕊为复雌蕊，由3个心皮合生而成，子房下位，有3个果室，种子多数，中轴胎座。果室内有气泡，非中空，被凝胶状的半透明物（可能是薄壁组织）填充。果皮上的腹缝线和背缝线为大致位置（下同），腹缝线正对着果室间的隔膜。2个腹缝线之间为1个心皮在外果皮上的界限范围。

图2-970 上图的暗视野观察

果室内及种子周围被凝胶状的半透明物填充，其内可见3个小气泡。

图2-971 干枯的果实（本图至图2-973为2017年8月21日拍摄）

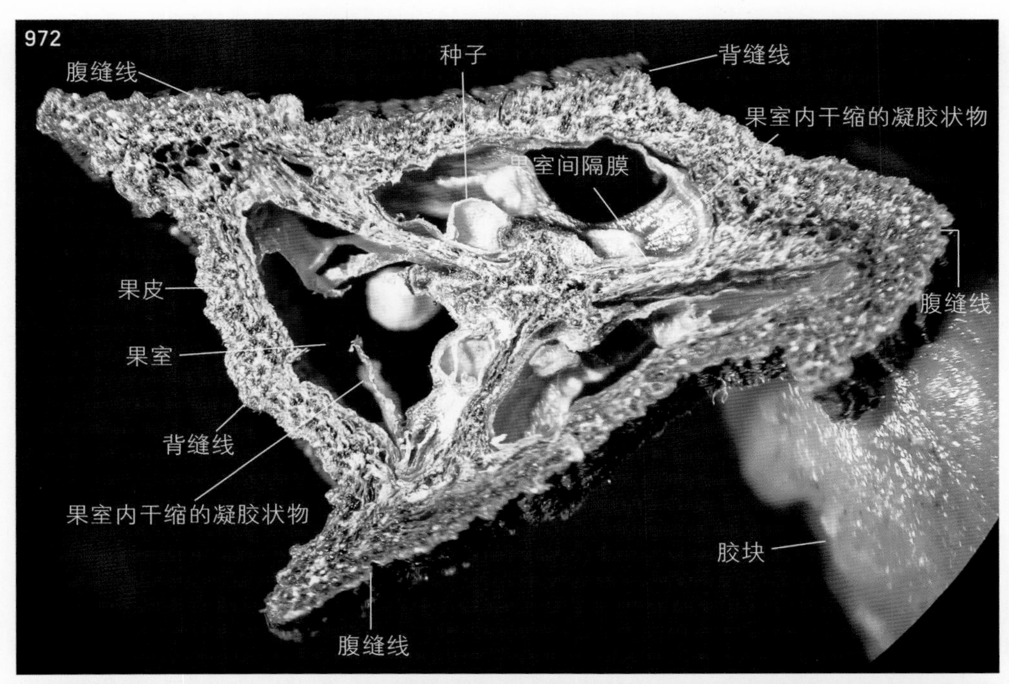

图2-972 芭蕉干枯果实的横切片（黑色纸板作背景）

果室3个，中轴胎座，种子多数。充满果室内的凝胶状物在干缩后成膜状或块状。

图2-973 图2-972的暗视野观察

主要参考文献

贺学礼，2010. 植物学[M]. 2版. 北京：高等教育出版社.

洪亚平，2007. 光镜下新鲜植物花粉的简易制片、观察和摄像方法[J]. 生物学通报，42(1):56-57.

洪亚平，侯小改，2007. 低成本制作光学显微镜（正立、倒置）/解剖镜的实时观察与记录系统[J]. 生物学通报，42(4):51.

洪亚平，朱喜荣，胡亚琼，2008. 在解剖镜下利用胶块观察植物花形态的方法[J]. 安徽农业科学，36(22):9482-9483，9539.

洪亚平，张亚冰，吴国锋，等，2009. 一种新的非酶法分离荠幼胚的方法[J]. 安徽农业科学，37(23):10852-10853.

洪亚平，张亚冰，2010. 一种改善普通数码相机对微小花果拍摄功能的方法[J]. 安徽农业科学，38(1):548-549.

洪亚平，李友军，仝克勤，等，2010. 一种新整体透明技术的研究[J]. 安徽农业科学，38(8):4035-4038.

洪亚平，张亚冰，2010. 一种新的非酶法分离毛白杨珠心的方法[J]. 林业科学，46(10):183-185，图版I.

洪亚平，2010. 一种不使用切片机的石蜡制片及其数码照片的光学信息解析[J]. 安徽农业科学，38(32):17996-17998.

洪亚平，2010. 植物花形态观察新方法[M]. 郑州：河南科技出版社.

洪亚平，2013. 牡丹胚珠的结构观察与珠心的非酶法分离[J]. 中国农学通报，29(1):118-121.

洪亚平，李友军，仝克勤，等. 整体透明方法：ZL200910308396.5[P]. 2009-10-17.

洪亚平，张亚冰. 一种分离毛白杨胚珠及珠心的方法：ZL201010300490.9[P]. 2012-01-25.

洪亚平. 一种观察植物花形态的方法：ZL201210331998.4[P]. 2015-02-18.

洪亚平，张有福，陈春艳. 一种解剖镜用样品固定装置及解剖镜：201711056894.6[P]. 2019-05-07.

洪亚平，2017. 花的精细解剖和结构观察新方法及应用[M]. 北京：中国林业出版社.

胡适宜，2005. 被子植物生殖生物学[M]. 北京：高等教育出版社.

胡正海，2010. 植物解剖学[M]. 北京：高等教育出版社.

李景原，2008. 简明植物学教程[M]. 北京：科学出版社.

马炜梁，2015. 植物学[M]. 2版. 北京：高等教育出版社.

马炜梁，2018. 中国植物精细解剖[M]. 北京：高等教育出版社.

石旭，王玉良，李牡丹，等，2010. 淫羊藿属7种植物的雌蕊及果实形态描述的订正[J]. 武汉植物学研究，28(2):234-238.

杨世杰，汪矛，张志翔，2017. 植物生物学[M]. 3版. 北京：高等教育出版社.

叶创兴，朱念德，廖文波，等，2014. 植物学[M]. 2版. 北京：高等教育出版社.

中国科学院植物研究所，1983. 中国高等植物科属检索表[M]. 北京：科学出版社.